中等职业学校教学用书（计算机技术专业）

中文 Flash 8.0 案例教程

洪小达　沈大林　主编
陶　宁　郑　瑜　曾　昊　等参编

電子工業出版社
Publishing House of Electronics Industry
北京 · BEIJING

内 容 简 介

Flash 是一个非常受欢迎的矢量绘图和动画制作软件，它可以制作出一种字节量很小、扩展名为.swf 的高质量矢量图形和具有很强交互性的网页动画。这种文件可以插入在 HTML 中，也可以单独保存为网页；可以在专业级的多媒体制作软件 Authorware 和 Director 中导入使用，也可以独立成为多媒体课件。另外，还可以制作游戏和教学课件，以及处理视频等。

全书通过 10 章内的 84 个实例和相关知识，较全面地介绍了中文 Flash 8 的使用方法，动画制作和程序设计方法。本书起点低、跨度大，循序渐进，通俗易懂，使读者可以快速入门，而且还可以得到较大的提高。本书采用任务驱动的实例教学方式，融通俗性、实用性和技巧性于一身。通过这些实例，带动学习知识点和掌握软件的使用技巧。

本书还配有电子教学参考资料包（包括教学指南、电子教案、素材、录屏等），详见前言。

本书可作为中等职业学校计算机专业的教材，还可以作为广大计算机爱好者、多媒体程序设计人员的自学读物。

图书在版编目 (CIP) 数据

中文 Flash 8.0 案例教程 / 洪小达，沈大林主编. —北京：电子工业出版社，2009.3
中等职业学校教学用书. 计算机技术专业
ISBN 978-7-121-06551-4

Ⅰ. 中…　Ⅱ. ①洪…②沈…　Ⅲ. 动画－设计－图形软件，Flash 8.0－专业学校－教材　Ⅳ. TP391.41

中国版本图书馆 CIP 数据核字（2008）第 211467 号

责任编辑：关雅莉　肖博爱　　特约编辑：李新承
印　　刷：北京虎彩文化传播有限公司
装　　订：北京虎彩文化传播有限公司
出版发行：电子工业出版社
　　　　　北京市海淀区万寿路 173 信箱　邮编　100036
开　　本：787×1 092　1/16　印张：19.75　字数：505.6 千字
版　　次：2009 年 3 月第 1 版
印　　次：2021 年 8 月第12次印刷
定　　价：29.80 元

凡所购买电子工业出版社图书有缺损问题，请向购买书店调换。若书店售缺，请与本社发行部联系，联系及邮购电话：（010）88254888，88258888。

质量投诉请发邮件至 zlts@phei.com.cn，盗版侵权举报请发邮件至 dbqq@phei.com.cn。

本书咨询联系方式：（010）88254617，luomn@phei.com.cn。

前　言

Flash 是原 Macromedia 公司生产的一款非常受欢迎的动画制作软件。它可以制作出一种字节量很小、扩展名为.swf 的高质量矢量图形和具有很强交互式性的网页动画。这种文件可以插入 HTML 中，也可以单独成为网页；可以在专业级的多媒体制作软件 Authorware 和 Director 中导入使用，也可以独立成为多媒体课件。另外，还可以制作游戏和教学课件等。本书介绍的是中文 Flash 8。

全书共 10 章。第 1 章通过 4 个实例介绍了中文 Flash 8 的基本知识，文件、场景和帧的基本操作，以及影片输出等，使读者对中文 Flash 8 有一个整体了解，为以后的学习打下基础；第 2 章通过 5 个实例介绍了对象的一些基本操作。第 3 章通过 6 个实例介绍了 Flash 8 的绘制图形和编辑图形等。第 4 章通过 9 个实例介绍了导入外部图像、视频和音频等对象的方法，分离位图和套索工具的使用方法，以及文本编辑等。第 5 章通过 10 个实例介绍了库、元件、实例和时间轴特效动画，以及遮罩层和被遮罩层等。第 6 章通过 8 个实例介绍了基本动画的制作方法，以及按钮元件的制作方法等。第 7 章通过 9 个实例介绍了“动作”面板的使用方法，按钮、按键和帧的事件与制作简单的交互式动画， ActionScript 程序设计基本方法，以及一些全局函数、三种类型的文本和数学对象等。第 8 章通过 9 个实例介绍了分支语句、循环语句，以及部分全局函数等。第 9 章通过 11 个实例进一步介绍了面向对象编程一些基本概念，字符串、数组、键盘、鼠标、颜色、时间和声音等对象。第 10 章通过 13 个实例介绍了组件和模板等。

本书采用任务驱动的实例教学方式，融通俗性、实用性和技巧于一身。全书以节为一个教学单元，在每个教学单元中先介绍一个或多个实例，通过这些实例学习相关的知识和程序设计技巧，再在“相关知识”栏目中介绍与本教学单元有关的知识，有总结和提高的作用，然后提供一些与本教学单元有关的思考与练习题。全书通过 84 个实例，较全面地介绍了中文 Flash 8 的使用方法，动画制作和程序设计方法。它的起点低、跨度大、循序渐进、通俗易懂，使读者在阅读学习时，不但能够快速入门，而且还可以得到较大的提高。通过这些实例，可以带动学习知识点和快速掌握软件的使用技巧。采用这种方法，特别有利于教师进行教学和学生自学。

本书的主编为洪小达、沈大林。主要作者有陶宁、郑瑜、曾昊、张晓雷、王爱赪、刘璐、于建海、郭政、丰金兰、罗红霞、陈凯硕、郑鹤、张桂亭、张伦、张凤红、袁柳、崔玥、曲彭生、郭海、张磊、马广月、曹永冬、杨东霞、崔元如、季明辉、李征、刘锋、郝侠、黄启宝、马开颜、薛红、杨旭、卢贺、李宇辰、孔凡奇、徐晓雅、陈恺硕、罗丹丹、焦佳、杜忻翔、计虹、王晓萌、张娜、王加伟、穆国臣等。

本书可作为中等职业学校教材，也可以作为广大计算机爱好者、多媒体程序设计人员的自学读物。

为了方便教师教学，本书还配有电子教学参考资料包（包括教学指南、电子教案、素材、录屏等），请有此需要的教师登录华信教育资源网（www.huaxin.edu.cn或www.hxedu.com.cn）免费注册后再进行下载，有问题时请在网站留言板留言或与电子工业出版社联系（E-mail：hxedu@phei.com.cn）。

作　者

2009 年 3 月于北京

目 录

第 1 章 中文 Flash 8 基础……1
1.1 中文 Flash 8 工作区和工作区布局……1
1.1.1 中文 Flash 8 工作区简介……1
1.1.2 舞台工作区……6
1.1.3 工作区布局……6
1.1.4 获取帮助……7
思考与练习 1-1……8
1.2 时间轴……8
1.2.1 时间轴的组成和特点……8
1.2.2 编辑图层……10
1.2.3 图层文件夹……12
思考与练习 1-2……12
1.3 文件的基本操作……13
【实例 1】图像切换 1……13
【相关知识】文件的基本操作……16
思考与练习 1-3……17
1.4 播放影片……17
【实例 2】图像切换 2……17
【相关知识】文件的基本操作和播放 Flash 动画……19
思考与练习 1-4……20
1.5 场景和帧的基本操作……20
【实例 3】图像切换 3……20
【相关知识】场景……21
【相关知识】帧的基本操作……21
思考与练习 1-5……22
1.6 影片输出……23
【实例 4】渐隐渐现图像切换……23
【相关知识】影片输出……24
思考与练习 1-6……25
第 2 章 对象的基本操作……26
2.1 网格、标尺和辅助线……26
【实例 5】水平行驶的圣诞车……26
【相关知识】网格、标尺和辅助线……30

思考与练习 2-1 ……31
2.2 对象的基本操作和对齐对象 ……32
【实例 6】撞击框架的四彩球 ……32
【相关知识】对象的基本操作……34
思考与练习 2-2 ……35
2.3 改变对象的形状 ……36
【实例 7】公司徽标 ……36
【相关知识】改变对象的形状……38
思考与练习 2-3 ……42
2.4 多个对象的编辑 ……42
【实例 8】花丛蝴蝶飞 ……42
【相关知识】编辑多个对象……44
思考与练习 2-4 ……45
2.5 绘制模式和合并对象 ……45
【实例 9】网页 LOGO ……45
【相关知识】绘制模式和合并对象……48
思考与练习 2-5 ……49
第 3 章 绘制图形和编辑图形 ……50
3.1 绘制线和编辑线 ……50
【实例 10】自转彩珠环 ……50
【相关知识】设置线属性和绘制线……52
【相关知识】编辑线和相关工具……56
思考与练习 3-1 ……57
3.2 “混色器”面板和编辑填充 ……57
【实例 11】水晶按钮 ……57
【实例 12】移动的透明光带 ……59
【相关知识】“混色器”面板……61
【相关知识】编辑填充和相关工具……64
思考与练习 3-2 ……66
3.3 绘制和编辑图形 ……67
【实例 13】彩球跳跃 ……67
【实例 14】闪耀的五角红星 ……68
【相关知识】绘制图形……72
思考与练习 3-3 ……74
3.4 钢笔工具和部分选择工具 ……74
【实例 15】青竹映明月 ……74
【相关知识】钢笔工具和部分选择工具……78
思考与练习 3-4 ……79
第 4 章 导入对象和文本编辑 ……80
4.1 导入位图和编辑位图 ……80

【实例 16】美景佳人 …… 80
【相关知识】导入位图和编辑位图 …… 82
思考与练习 4-1 …… 84
4.2 导入与编辑视频 …… 85
【实例 17】跟我学用 Flash 8 制作电影文字 …… 85
【实例 18】视频播放器 …… 88
【相关知识】生成 FLV 文件和视频属性的设置 …… 89
思考与练习 4-2 …… 90
4.3 导入与编辑音频 …… 91
【实例 19】MP3 播放器 1 …… 91
【相关知识】导入与编辑音频 …… 91
思考与练习 4-3 …… 94
4.4 输入文本 …… 95
【实例 20】滚动字幕 …… 95
【实例 21】变化的文字 …… 96
【相关知识】输入文本 …… 99
思考与练习 4-4 …… 101
4.5 编辑文本 …… 101
【实例 22】电影文字 1 …… 101
【实例 23】荧光文字 …… 103
【实例 24】立体文字 …… 106
【相关知识】编辑文本 …… 107
思考与练习 4-5 …… 108
第 5 章 元件、时间轴特效动画和遮罩层 …… 109
5.1 库、元件和实例 …… 109
【实例 25】变色图像 …… 109
【相关知识】库、元件和实例 …… 110
思考与练习 5-1 …… 113
5.2 实例“属性”面板和转换为元件 …… 113
【实例 26】三原色混色 …… 113
【实例 27】水中游鱼 …… 114
【相关知识】实例“属性”面板 …… 116
思考与练习 5-2 …… 118
5.3 转换为元件 …… 118
【实例 28】晨练 …… 118
【相关知识】转换为元件和复制元件 …… 121
思考与练习 5-3 …… 122
5.4 时间轴特效动画 …… 122
【实例 29】转换分离图像切换 …… 122
【相关知识】时间轴特效动画 …… 125

思考与练习 5-4 …… 125
5.5 遮罩层和被遮罩层 …… 126
【实例 30】变清晰探照灯 …… 126
【实例 31】上下移出图像切换 …… 128
【实例 32】彩珠环内滚动图像 1 …… 129
【实例 33】小河流水 …… 131
【实例 34】百叶窗式图像切换 …… 132
【相关知识】遮罩层 …… 135
思考与练习 5-5 …… 136
第 6 章 基本动画和按钮元件 …… 138
6.1 动画简介和动作动画“属性”面板 …… 138
【实例 35】摆动彩珠环 …… 138
【实例 36】中华剪纸画册 …… 141
【实例 37】透明星球 …… 143
【相关知识】动画简介 …… 147
思考与练习 6-1 …… 148
6.2 引导动画和设置图层的属性 …… 149
【实例 38】海底世界 …… 149
【实例 39】玩具火车 …… 152
【相关知识】引导动画 …… 156
思考与练习 6-2 …… 158
6.3 形状动画 …… 158
【实例 40】翻页画册 …… 158
【实例 41】热爱大自然 …… 160
【相关知识】形状动画 …… 163
思考与练习 6-3 …… 165
6.4 按钮元件 …… 166
【实例 42】图像动画展示 …… 166
【相关知识】按钮元件 …… 168
思考与练习 6-4 …… 169
第 7 章 “动作”面板和 ActionScript 程序设计初步 …… 171
7.1 “动作”面板、事件和“时间轴控制”函数 …… 171
【实例 43】按钮控制的渐隐渐现图像切换 1 …… 171
【实例 44】按钮控制的渐隐渐现图像切换 2 …… 173
【实例 45】苹果熟了 …… 174
【实例 46】按钮控制图像浏览 1 …… 175
【相关知识】“动作”面板和事件 …… 176
【相关知识】“时间轴控制”全局函数 …… 182
思考与练习 7-1 …… 183
7.2 ActionScript 基本语法和“影片剪辑控制”函数 …… 184

【实例 47】跟随鼠标移动的飞蝶……184
【实例 48】按钮控制图像浏览 2……185
【实例 49】彩珠环内滚动图像 2……186
【相关知识】ActionScript 基本语法……187
【相关知识】层次结构和路径……189
【相关知识】“影片剪辑控制”全局函数和 tellTarget 及 with 语句……191
思考与练习 7-2……193
7.3 文本、数学函数、转换函数和数学对象……194
【实例 50】请您算算看……194
【实例 51】雪花飘 1……195
【相关知识】文本的 3 种类型和文本“属性”面板……197
思考与练习 7-3……200
第 8 章 ActionScript 程序设计进级……202
8.1 分支语句……202
【实例 52】生日快乐……202
【实例 53】跟随鼠标移动的气泡……205
【实例 54】雪花飘 2……206
【相关知识】分支语句……207
思考与练习 8-1……208
8.2 循环语句……209
【实例 55】迎接北京奥运……209
【实例 56】求连续偶数的和……211
【相关知识】循环语句……212
思考与练习 8-2……213
8.3 “其他”全局函数求和……214
【实例 57】2 位数四则运算练习……214
【相关知识】“其他”全局函数……216
思考与练习 8-3……217
8.4 “浏览器/网络”全局函数……218
【实例 58】显示外部一组图像……218
【实例 59】滚动文本……220
【实例 60】Flash 作品欣赏网页……222
【相关知识】setMask( )函数和“浏览器/网络”全局函数……226
思考与练习 8-4……227
第 9 章 面向对象的程序设计……229
9.1 面向对象编程和字符串对象……229
【实例 61】滚动文字……229
【相关知识】面向对象编程和字符串对象……231
思考与练习 9-1……233
9.2 数组对象……234

【实例 62】字母猜猜看 1 ······ 234
【实例 63】字母猜猜看 2 ······ 236
【相关知识】数组（Array）对象 ······ 238
思考与练习 9-2 ······ 239
9.3 键盘对象和鼠标对象 ······ 240
【实例 64】按键控制水中游鱼 ······ 240
【实例 65】转动眼睛的小狗 ······ 242
【相关知识】键盘（Key）对象 ······ 243
【相关知识】鼠标（Mouse）对象 ······ 244
思考与练习 9-3 ······ 245
9.4 颜色对象 ······ 246
【实例 66】电视墙配色 ······ 246
【相关知识】颜色对象 ······ 248
思考与练习 9-4 ······ 249
9.5 时间对象 ······ 249
【实例 67】数字表 ······ 249
【实例 68】荧光数字表 ······ 252
【实例 69】指针表 ······ 254
【相关知识】时间（Date）对象 ······ 256
思考与练习 9-5 ······ 257
9.6 声音对象 ······ 257
【实例 70】小小 MP3 播放器 ······ 257
【实例 71】播放外部 MP3 ······ 259
【相关知识】声音（Sound）对象的构造函数 ······ 262
思考与练习 9-6 ······ 265
第 10 章 组件和模板 ······ 266
10.1 组件简介和 UIScrollBar 与 ScrollPane 组件 ······ 266
【实例 72】“端午节简介”滚动文本 ······ 266
【实例 73】滚动浏览多幅图像 1 ······ 268
【相关知识】组件简介和 UIScrollBar 及 ScrollPane 组件 ······ 270
思考与练习 10-1 ······ 272
10.2 RadioButton、CheckBox、Label 和 Button 组件 ······ 272
【实例 74】滚动浏览多幅图像 2 ······ 272
【实例 75】四则运算 ······ 274
【相关知识】RadioButton、CheckBox、Label 和 Button 组件 ······ 277
思考与练习 10-2 ······ 279
10.3 ComboBox 和 List 组件 ······ 280
【实例 76】列表浏览图像 ······ 280
【相关知识】ComboBox 和 List 组件 ······ 283
思考与练习 10-3 ······ 285

10.4 音乐和视频组件…… 285
【实例 77】MP3 播放器 1 …… 285
【实例 78】MP3 播放器 2 …… 287
【相关知识】“Media–Player 6–7”类组件 …… 288
思考与练习 10–4…… 290
10.5 视频组件…… 290
【实例 79】视频播放器 1…… 290
【实例 80】视频播放器 2…… 291
【相关知识】FLVPlayback 和 FLV Playback Custom UI 类组件 …… 292
思考与练习 10–5…… 294
10.6 DateChooser 和 Alert 等组件及模板…… 294
【实例 81】日历 …… 294
【实例 82】进入暴风影音网站 …… 294
【实例 83】中国名胜庐山 …… 296
【相关知识】DateChooser、Alert 和 Accordion 组件 …… 299
思考与练习 10–6…… 301

第1章　中文 Flash 8 基础

1.1　中文 Flash 8 工作区和工作区布局

1.1.1　中文 Flash 8 工作区简介

1. “Macromedia Flash Professional 8”窗口

通常在刚刚启动中文 Flash 8 或关闭所有 Flash 文档时，会自动调出“Macromedia Flash Professional 8”窗口，如图 1-1 所示。该窗口由 4 部分组成，各部分的作用如下。

（1）“打开最近项目”栏：其中列出了 Flash 最近打开过的项目，单击其中一个项目名称，即可调出相应的 Flash 文档。单击“打开”按钮 打开...，弹出“打开”对话框，利用该对话框可以打开外部的一个或多个 Flash 文档。

（2）“创建新项目”栏：其中列出了可以创建的项目，单击“Flash 文档”项目，即可新建一个普通的 Flash 文档。单击其他项目名称，可以快速地创建一个相应项目的 Flash 文档。

（3）“从模板创建”栏：其中列出了一些 Flash 8 提供的模板类型，单击其中一个模板类型图标按钮 或名称，即可弹出“从模板新建”对话框，如图 1-2 所示。利用该对话框可以选择一个具体的模板，以便进一步利用模板创建 Flash 影片。

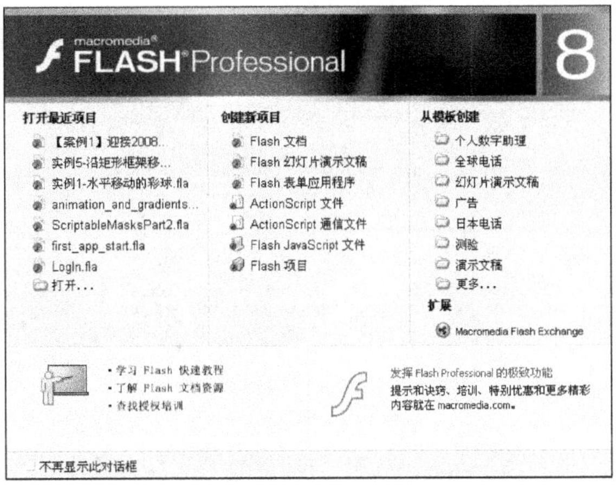

图 1-1　“Macromedia Flash Professional 8”窗口

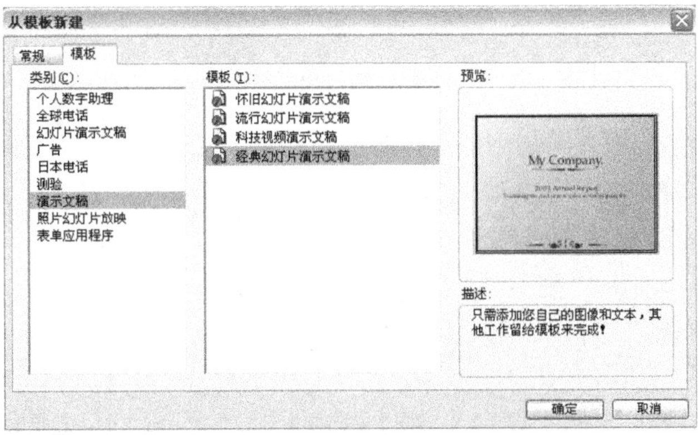

图 1-2　“从模板新建”对话框

在“从模板创建”栏的底部有一个 Macromedia Flash Exchange 按钮，单击此按钮后，将链接到 Macromedia Flash Exchange 网站。

（4）“帮助”栏：它在“打开最近项目”栏的下边，单击“学习 Flash 快速教程”或“了解 Flash 文档资源”文字链接，可以登录 macromedia.com 网站，显示相关的学习信息。

如果选择“Macromedia Flash Professional 8”对话框下边的“不再显示此对话框”复选框，则下次启动中文 Flash 8 或关闭所有 Flash 文档时，就不会再出现此对话框，而是直接进入“新建文档”对话框。

2. 了解中文 Flash 8 的工作区

新建一个普通的 Flash 文档，再选择“文件”→“打开”命令，弹出“打开”对话框，利用该对话框打开“C:\Program Files\Macromedia\Flash 8\Samples and Tutorials\Samples\Graphics\AnimatedDropShadow”文件夹下的两个 Flash 文档，此时中文 Flash 8 的工作区如图 1-3 所示。从中可以看出，中文 Flash 8 的工作区由标题栏、菜单栏、主工具栏、工具箱、时间轴、舞台工作区、“属性”面板、“动作”面板、“库”面板和其他各种面板等组成。

图 1-3　中文 Flash 8 的工作区

选择“窗口”→“工具栏”→“××××”命令，可以打开或关闭主工具栏、控制器（用于播放影片）和编辑栏。选择“窗口”→“工具”命令，可以打开或关闭工具箱。选择“窗口”→“时间轴”命令，可以调出或关闭时间轴窗口。选择“窗口”→“属性”→“××”命令，可以打开或关闭“属性”、“滤镜”或“参数”面板。

Flash 8 还有许多面板，要打开或关闭其他面板，可以选择“窗口”→“××××”命令或选择“窗口”→“其他面板”→“××××”命令。如果有的面板打不开，则可以选择“窗口”→“工作区布局”→“默认”命令。选择“窗口”→“隐藏面板”命令，可以隐藏所有面板；选择“窗口”→“显示面板”命令，可以显示所有隐藏的面板。

3. 主工具栏

主工具栏有 15 个按钮，如图 1–4 所示。其中各按钮的作用如表 1–1 所示。将鼠标指针移到各按钮之上，会显示该按钮的中文名称。

图 1–4　主工具栏

表 1–1　主工具栏按钮的名称与作用

序　号	图　标	名　称	作　　用
1		新建	新建一个 Flash 文档
2		打开	打开一个已存在的 Flash 文档
3		保存	将当前编辑的 Flash 文件保存（.fla 格式）
4		打印	将当前编辑的 Flash 图像打印输出
5		剪切	将选中的对象剪切到剪贴板中
6		复制	将选中的对象复制到剪贴板中
7		粘贴	将剪贴板中的内容粘贴到光标所在的位置
8		撤销	撤销刚刚完成的操作
9		重做	重新进行刚刚被撤销的操作
10		贴紧至对象	可以使编辑时进入“贴紧”状态。此时，绘制图形和移动对象都可以自动贴紧到对象、网格或辅助线。不适合用于微量调整
11		平滑	可以使选中的曲线或图形外形更加平滑，多次单击具有累积效果
12		伸直	使选中的曲线或图形外形更加平直，多次单击可以累积效果
13		旋转与倾斜	可以改变舞台中对象的旋转角度和倾斜角度
14		缩放	可以改变舞台中对象的大小尺寸
15	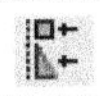	对齐	用来将舞台中多个选中对象按设定的方式排列对齐

4. 面板

（1）调整面板组的位置：调出的面板通常会放置在 Flash 窗口的下边（如“属性”面板等）和右边。几个面板可以组合成一个面板组，单击面板组内的面板标签可以切换面板。用鼠标拖曳面板组左上角的图标，可以将面板组拖曳到其他的位置。例如，将“对齐&信息&变形”面板组拖曳到其他位置后，如图 1–5 所示。

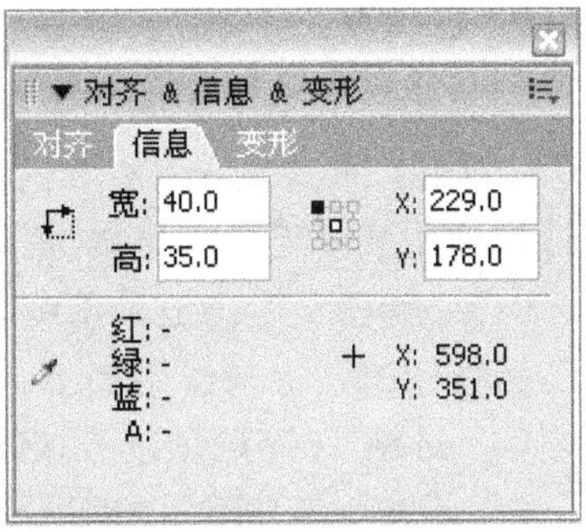

图 1–5　“对齐&信息&变形”面板组

（2）面板组的展开和折叠：单击面板组左上角的▼按钮或标题栏，可以折叠面板组。同时面板组左上角的▼按钮会变为▶形状。再单击▶图标，又可以将面板组展开。单击面板组的标题栏，也可以将面板组折叠。

（3）面板菜单：单击面板组标题栏右边的图标，可以调出该面板组内，选中面板（单击该面板的标签）的面板菜单，利用该菜单可以对选中的面板进行相关操作。例如，单击“信息”面板标题栏右边的图标，可调出“信息”面板的面板菜单。

（4）面板组合的调整：选择“信息”面板菜单中的“将信息组合至”命令，会调出其子菜单，如图 1–6 所示。选择该子菜单中的“新组合面板”命令，可将“信息”面板独立组合成一个面板。选择该子菜单中的其他面板名称命令，可将“信息”面板与其他面板组合在一个面板组内。

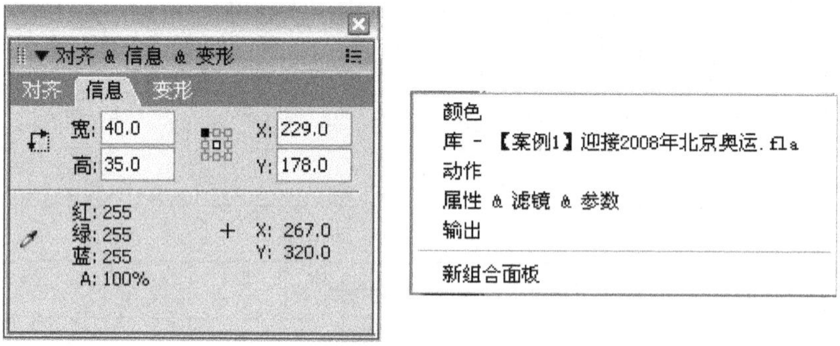

图 1–6 “信息”面板的面板菜单

（5）“属性”面板：该面板是一个非常有用的特殊面板，选中不同的对象或工具箱中的工具时，会自动调出不同的“属性”面板，其中集中了相应的参数设置选项。例如，单击工具箱中的“文本工具”按钮 A，再单击舞台工作区，此时的“属性”面板如图 1–7 所示，其中提供了文字字体、大小和颜色等工具选项。

图 1–7 文本工具的“属性”面板

单击“属性”面板右下角的箭头按钮，可以收缩“属性”面板的下半部分内容；单击“属性”面板右下角的箭头按钮，可以展开“属性”面板的下半部分内容。

5. 工具箱

工具箱提供了用于图形绘制和图形编辑的各种工具。工具箱内从上到下分为“工具”、“查看”、“颜色”和“选项”4 个栏。单击某个工具按钮，即可激活相应的操作功能，以后把这一操作称为使用某个工具。将鼠标指针移到各个按钮之上，会显示该按钮的中文名称。

（1）“颜色”栏：工具箱中“颜色”栏的工具用来确定绘制图形的线条和填充的颜色。其中各工具按钮的名称与作用如下。

◎ （笔触颜色）按钮：用于给线条着色。

◎ （填充色）按钮：用于给填充着色。

◎ （从左到右分别是黑白、没有颜色、交换颜色）按钮：单击“黑白”按钮，可以使笔触颜色和填充色恢复到默认状态（笔触颜色为黑色，填充色为白色）。在选择了椭圆或矩形工具后，“没有颜色”按钮才有效，变为，单击此按钮可以在没有颜色和有颜色之间进行切换。单击“交换颜色”按钮，可以使笔触颜色与填充色互换。

（2）“查看”栏：工具箱中“查看”栏内的工具用来调整舞台编辑画面的观察位置和显示比例。其中两个工具按钮的名称与作用如表 1–2 所示。

表 1–2　“查看”栏中工具按钮的名称与作用

序　号	图　标	名　称	快 捷 键	作　用
1		手形工具	H	在舞台上通过鼠标拖曳，来移动编辑画面的观察位置
2		缩放工具	M，Z	可以改变舞台工作区和工作区内对象的显示比例

（3）“工具”栏：工具箱中“工具”栏内的工具用来绘制图形、输入文字和编辑图形。其中各工具按钮的名称与作用如表 1–3 所示。

表 1–3　“工具”栏中工具按钮的名称与作用

序号	图标	中文名	快捷键	作　用
1		选择工具	V	选择舞台中的对象，移动、改变对象的大小和形状
2		部分选取工具	A	选择加工矢量图形，增加和删除曲线节点和改变图形形状等
3		线条工具	N	绘制各种形状、粗细、长度、颜色和角度的直线
4		套索工具	L	在图形中选择不规则区域内的部分图形
5		钢笔工具	P	采用贝塞尔绘图方式绘制矢量曲线图形
6		文本工具	T	输入和编辑字符和文字对象
7		椭圆工具	O	绘制椭圆形或圆形轮廓线，或有填充的圆形图形
8–1		矩形工具	R	绘制矩形或正方形的轮廓线，或有填充的矩形图形
8–2		多角星形工具	R	绘制多边形和多角星形轮廓线或有填充的多边形和多角星形图形
9		铅笔工具	Y	绘制任意形状的曲线矢量图形
10		刷子工具	B	可以像画笔一样绘制任意形状和粗细的矢量曲线图形
11		任意变形工具	Q	用于改变对象的位置、大小、旋转角度和倾斜角度等
12		填充变形工具	F	用于改变填充的位置、大小、旋转角度和倾斜角度等
13		墨水瓶工具	S	用于改变线条的颜色、形状和粗细等属性
14		颜料桶工具	K	给矢量线围成的（填充）区域填充彩色或图像内容
15		滴管工具	I	用于将选中对象的一些属性赋予相应的面板
16		橡皮擦工具	E	擦除舞台上的图形和打碎后的图像与文字等对象

（4）“选项”栏：工具箱中“选项”栏放置了用于对当前激活的工具进行设置的一些属性和功能按钮等选项。这些选项是随着用户选用的工具而变化的，大多数工具都有自己相应的属性设置。在绘图、输入文字或编辑对象时，通常应当在选中绘图或编辑工具后，再对其属性和功能进行设置。

1.1.2 舞台工作区

1. 什么是舞台和舞台工作区

在创建或编辑一段 Flash 影片时离不开舞台，像导演指挥演员演戏一样，要给演员一个排练演出的场所，这在 Flash 中被称为舞台。舞台中有一个白色或其他颜色的矩形区域，它是舞台的工作区，只有在舞台工作区内的对象才能够作为影片输出和打印。通常，在运行 Flash 后，它会自动创建一个新影片的舞台。舞台工作区是用于绘制图形和输入文字，编辑图形、文字和图像等对象的矩形区域，也是创建影片的区域。图形、文字、图像和影片等对象的展示也可以在舞台工作区中进行。

可以使用舞台周围的区域存储图形和其他对象，而在播放 SWF 文件时不在舞台上显示它们。Macromedia 现在扩展了这块称为“工作区”的区域，使用户能够在那里存储更多项目。用户可以使用工作区存储打算以后在舞台上制作成影片的图形，或者存储在回放期间没有图形表示形式的对象，如数据组件等。

2. 舞台工作区显示比例的调整方法

（1）方法一：在舞台工作区的上方是编辑栏，编辑栏内的右边有一个可改变舞台工作区显示比例的下拉列表框，如图 1-8 所示。选择下拉列表框中的选项或输入百分比来改变显示比例。该下拉列表框内各选项的作用如下。

图 1-8 显示比例的下拉列表框

◎ 选择“符合窗口大小”选项，可按窗口大小来显示舞台工作区。

◎ 选择“显示帧”选项，可按舞台的大小自动调整舞台工作区的显示比例，使舞台工作区能够完全显示出来。

◎ 选择“显示全部”选项，可以自动调整舞台工作区的显示比例，将舞台工作区内所有对象完全显示出来。

◎ 选择“100%”（或其他比例数）选项，可以按 100%比例（或其他比例）显示。

（2）方法二：选择“视图”→“缩放比率”命令，调出其子菜单，它的命令选项与图 1-8 所示的基本相同。

（3）方法三：使用工具箱中的“缩放工具”可以改变舞台工作区的显示比例，同时也改变了其中的对象显示比例。单击工具箱内的“缩放工具”按钮，则工具箱选项栏内会出现和两个按钮。单击按钮，再单击舞台可放大；单击按钮，再单击舞台可缩小。

单击“缩放工具”按钮后，在舞台工作区内拖曳出一个矩形，该矩形区域中的内容将会撑满整个舞台工作区。

屏幕窗口的大小是有限的，有时画面中的内容会超出屏幕窗口可以显示的面积，这时可以使用窗口右边和下边的滚动条，把需要的部分移动到窗口中。单击工具箱内的“手形工具”按钮，拖曳舞台工作区，就可以看到整个舞台工作区随着鼠标的拖曳而移动。

在舞台中，为了使对象准确定位，可在舞台的上边和左边加入标尺，在舞台工作区内显示网格和辅助线，它们是不会随影片输出的。具体方法将在第 2 章的 2.1 节中介绍。

1.1.3 工作区布局

工作区布局就是中文 Flash 8 工作区，可以根据自己的喜好或工作需要，重新调整各面板的位置，打开那些面板和调整工作区大小等。

1. 保存工作区布局

调整工作区后，选择“窗口”→“工作区布局”→“保存当前”命令，弹出“保存工作区布局”对话框，如图 1-9 所示。在“名称”文本框中输入名称（例如“工作区布局 1”），单击“确定”按钮，即可在“窗口”→“工作区布局”菜单中添加“工作区布局 1”命令。

2. 使用工作区布局

选择“窗口”→“工作区布局”→“工作区布局 1”命令，可将工作区改变为当时保存的状态；选择“窗口”→“工作区布局”→“默认”命令，可将工作区改变为默认状态；选择“窗口”→“工作区布局”→“管理”命令，即可弹出“管理工作区布局”对话框，如图 1-10 所示。利用该对话框可以给保存的工作区名称更名或删除。

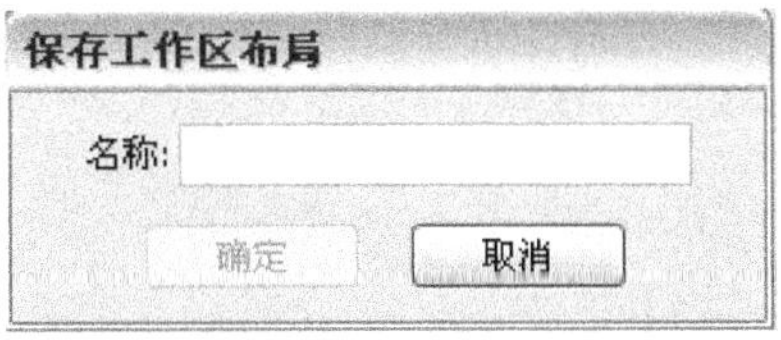

图 1-9 “保存工作区布局”对话框

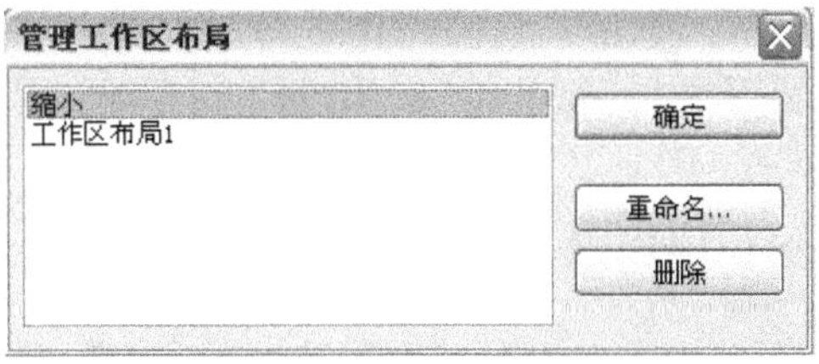

图 1-10 “管理工作区布局”对话框

1.1.4 获取帮助

中文 Flash 8 提供了非常强大的帮助功能，下面进行简要介绍。

（1）选择“帮助”→“Flash 帮助”命令或按 F1 键，可调出“帮助”对话框，如图 1-11 所示。在该对话框内左边是“帮助目录”列表框，其利用树形结构列出了帮助信息的目录，在该对话框内右边是相应的“帮助信息”列表框，其中给出了要获取的中文 Flash 8 帮助信息。选中目录中的题目，即可在右边的列表框中显示相应的帮助信息。

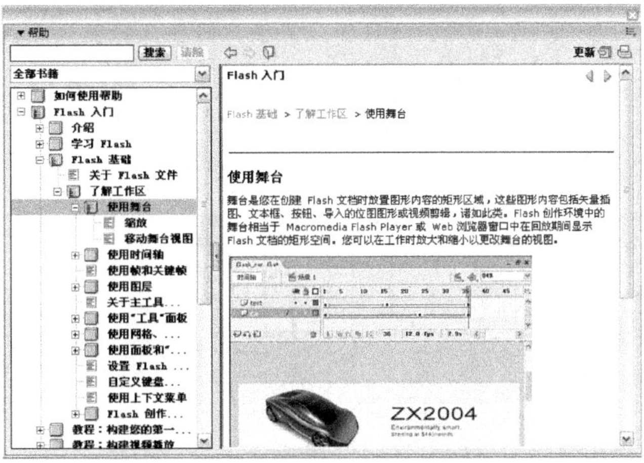

图 1-11 “帮助”对话框

（2）在“帮助”对话框的“帮助目录”列表框中，单击⊞图标，可以展开目录列表，单击⊟图标，可以收缩目录列表。

（3）单击“帮助”对话框内中的“下一页”按钮▷和“上一页”按钮◁，可以翻页浏览，单击“历史记录回退”按钮和“历史记录前进”按钮，可以翻看曾看过的帮助页，单击“打印”按钮，可打印显示的帮助信息，单击“下载帮助内容”按钮，可下载新的帮助信息。

（4）在“搜索”按钮左边的文本框中输入要搜索的单词，这时，“清除”按钮变为可用状态。单击“搜索”按钮，即可搜索与输入的关键词有关的文件，并列在左边的目录栏内。单击“清除”按钮，可将“搜索”按钮左边文本框中输入的内容清除。单击“清除搜索项并恢复目录视图”按钮，可回到原来的目录状态，如图 1-11 所示。

思考与练习 1-1

（1）通过操作了解中文 Flash 8 工作区的特点，了解主工具栏和工具箱内所有工具的名称。

（2）新建一个 Flash 文档，参照表 1-2 和表 1-3 所示的工具按钮的作用，练习使用工具箱内的工具。了解工具箱内各工具的作用。

（3）调整一种工作区布局，将这种工作区布局以“我的工作区”名称保存。然后将工作区布局还原为默认状态，再将工作区布局设置名称为“我的工作区”的工作区布局状态。

（4）利用中文 Flash 8 的“帮助”对话框，了解什么是 Flash 的特点和 Flash 8 的新增功能。

1.2 时间轴

1.2.1 时间轴的组成和特点

1. 时间轴的组成

时间轴是中文 Flash 8 进行影片创作和编辑的主要工具，通常位于舞台与主要工具栏之间，用鼠标拖曳时间轴，也可以改变其位置。时间轴就好像导演的剧本，它决定了各个场景的切换及演员出场、表演的时间顺序。Flash 把影片按时间顺序分解成帧，在舞台中直接绘制的图形或从外部导入的图像，均可形成单独的帧，再把各个单独的帧画面连在一起，合成影片。每一个影片都有它的时间轴。如图 1-12 所示，给出了一个 Flash 影片的时间轴。

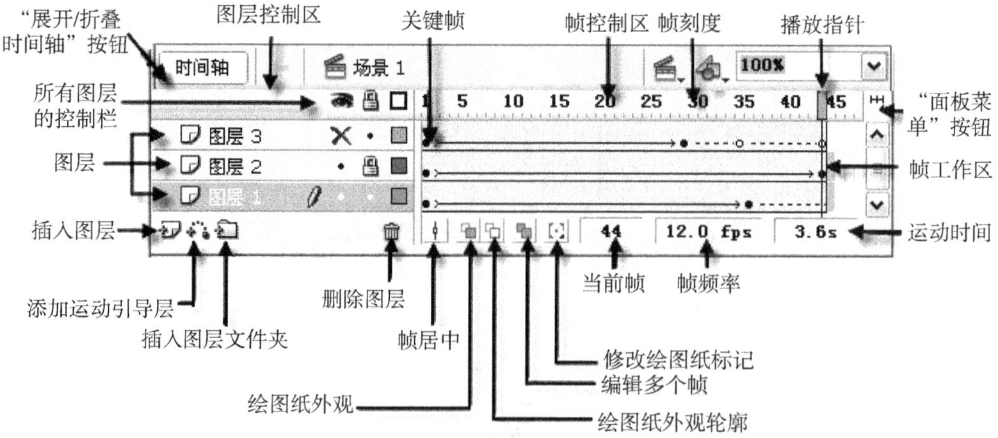

图 1-12 时间轴

由图 1-12 可以看出，时间轴可以分为左右两个区域。左边是图层控制区域，它主要用来进行各图层的操作；右边是帧控制区域，它主要用来进行各帧的操作。所谓图层就相当于舞台中演员所处的前后位置。图层靠上，相当于该图层的对象在舞台的前面。在同一个纵深位置，前面的对象会挡住后面的对象。

（1）图层控制区域：图层控制区域按列划分，从左到右有“图层名称”、“显示/隐藏图层”、“锁定/解除锁定”和“轮廓”4 列。它上边第 1 行的 3 个按钮是用来对所有图层的属性进行控制。图层控制区域的下边是图层工作区，其内有许多行，每行表示一个图层。其中左边一列用来表示该图层的属性信息。图层的属性有图层的名称、类型和状态等。单击图层控制区域中的按钮，可以改变图层的状态属性。右击图层控制区域的图层，可以调出图层快捷菜单，利用图层快捷菜单可以完成对图层的大部分操作。

（2）帧控制区域：帧控制区域上边的第 1 行是时间轴帧刻度区，用来标注随时间变化所对应的帧号码。帧控制区域的下边是帧工作区，它给出各帧的属性信息。其内也有许多行，每行也表示一个图层。在一个图层中，水平方向上划分为许多个帧单元格，每个帧单元格表示一帧画面。单击一个单元格，即可在舞台工作区中将相应的对象显示出来。在时间轴中还有一条红色的竖线，这条竖线指示的是当前帧，称为播放指针，它指示了舞台工作区内显示的是哪一帧画面。可以用鼠标拖曳它来改变舞台显示的画面。向右拖曳时间轴窗口的分隔条，可以调整帧控制区域的大小，还可以将其隐藏起来。有一个小黑点的单元格表示关键帧（即动画中起点、终点或转折点的帧）。右击帧控制区域的帧，可以调出帧快捷菜单，利用帧快捷菜单可以完成对帧的大部分操作。

2. 时间轴帧控制区域

时间轴内有许多图层和帧单元格（简称帧），每一行表示一个图层，每个图层的一列表示一帧。帧主要有以下几种，不同种类的帧表示了不同的含义。

（1）空白帧：也称为帧。该帧内是空的，没有任何对象，也不可以在其内创建对象。

（2）空白关键帧：也称为白色关键帧，帧单元格内有一个空心的圆圈，表示它是一个没有内容的关键帧，可以创建各种对象。如果新建一个 Flash 文件，则在第 1 帧会自动创建一个空白关键帧。选中某一个空白帧，再按 F7 键，即可将其转换为空白关键帧。

（3）关键帧：帧单元格内有一个实心的圆圈，表示该帧内有对象，可以进行编辑。选中一个空白帧，再按 F6 键，即可创建一个关键帧。

（4）普通帧：在关键帧右边的浅灰色背景帧单元格是普通帧，表示它的内容与左边的关键帧内容相同。选中关键帧右边的一个空白帧，再按 F5 键，则从关键帧到选中帧之间的所有帧均变成普通帧。

（5）动作帧：该帧本身也是一个关键帧，其中有一个字母“a”，表示这一帧中分配有动作脚本。当影片播放到该帧时会执行相应的脚本程序。有关内容将在第 5 章中介绍。

（6）过渡帧：它是两个关键帧之间创建补间动画后由 Flash 计算生成的帧，它的底色为浅蓝色（动作动画）或浅绿色（形状动画）。不可以对过渡帧进行编辑。

创建不同帧的方法：选中某一个帧单元格，再选择“插入”→“时间轴”→“××××”命令。或者右击帧单元格，弹出帧快捷菜单，再选择相应的命令。

3. 时间轴图层控制区域

（1）图层名称：双击图层名称，可以进入图层名称的编辑状态，此时可以更改图层的名称。

（2）（显示/隐藏所有图层）按钮：单击该按钮，可以使所有图层的内容显示或隐藏。

（3）（锁定/解除锁定所有图层）按钮：使所有图层的内容锁定（其中的所有对象不可以被操作）或解锁。

（4）□（显示所有图层的轮廓）按钮：使所有图层中的图形只显示其轮廓。单击该列图层

行内的 • 图标，使该图标变为 □ 图标，则该图层中的对象只显示其轮廓；单击该列图层行内的 □ 图标，使该图标变为 • 图标，则该图层的对象正常显示。

（5）图层控制区域和帧控制区域下面一行有一些按钮和信息框，它们的作用如下。

◎“插入图层”按钮：在选定图层的上面再增加一个新的普通图层。

◎“添加运动引导层”按钮：在选定图层的上面新增一个引导图层。

◎“插入图层文件夹”按钮：在选定图层的上面新增一个图层文件夹。

◎“删除图层”按钮：删除选定的图层。

◎“帧居中”按钮：用来改变帧控制区的显示范围。在动画所用的帧数较多时，单击该按钮，即可将当前帧（播放指针所在的帧）显示到帧控制区窗口中间。

◎“绘图纸外观”按钮：单击此按钮，即可在时间轴上显示出一个多帧选择区域，并将该区域内的所有帧所对应的对象同时显示在舞台上。

◎“绘图纸外观轮廓”按钮：单击此按钮，即可在时间轴上制作多帧选择区域，除当前帧外，其余帧中的对象仅显示其轮廓线，实现多帧同时显示，如图 1-13 所示。

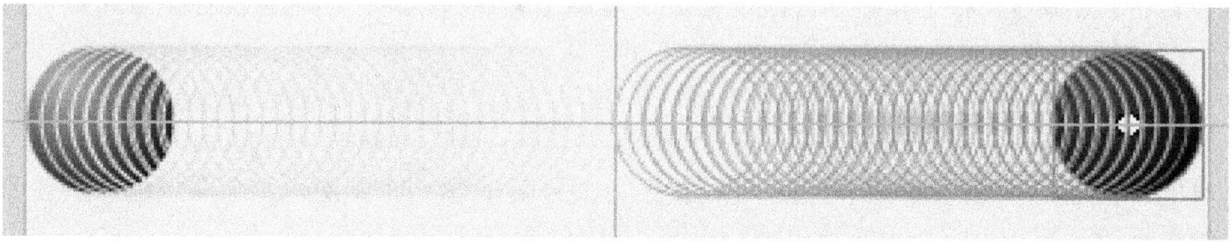

图 1-13　单击“绘图纸外观轮廓”按钮后的效果

◎“编辑多个帧”按钮：单击此按钮，即可在时间轴上制作多帧选择区域，该区域内关键帧内的对象均显示在舞台工作区中，可以同时编辑它们。

◎“修改绘图纸标记”按钮：显示一个“多帧显示”菜单。利用该菜单可以定义多帧选择区域的范围，可以定义显示 2 帧、5 帧或全部帧的内容。

◎ 44 | 12.0 fps | 3.6s 信息栏：信息栏从左到右分别用来显示当前帧、帧频（即影片播放速率）和运动时间。真正的影片标准播放速度是 24fps（24 帧/秒），由于在 Internet 网上传输和播放的速度不是求很高，所以影片的播放速度可以定为 12fps。

◎ 按钮：其位于时间轴的右上角。单击此按钮会弹出一个菜单，利用它可以改变时间轴单元格的显示方式。

1.2.2　编辑图层

1. 图层的特点

图层就相当于舞台中演员所处的前后位置。在制作一个 Flash 电影的过程中，可以根据图形和动画的需要在时间轴中建立多个图层。图层的多少，不会影响输出电影文件的大小。图层靠上，相当于该图层的对象在舞台的前面。在同一个纵深位置，前面的对象会挡住后面的对象。而在不同纵深位置，可以透过前层看到后层的对象。各个图层之间是完全独立的，一般不会出现相互的影响。

图层中有两种特殊的图层，一个是引导层，另一个是遮罩层。当普通图层与引导层关联后，就成为被引导层；而与遮罩层关联后，则成为被遮罩层。在时间轴中，各种图层通过图层名称左边不同的图标来表示，如图 1-14 所示。

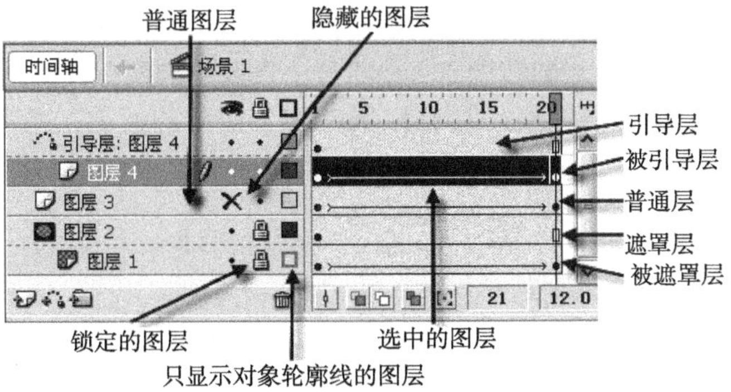

图 1–14　各种图层

2. 选择图层

选一个或多个图层中的所有帧，也就是选中了该图层。

（1）选中一个图层：在时间轴中单击图层控制区的相应图层行。选中的图层，其图层控制区的相应图层行呈黑底色，在图层名称的右边出现一个笔状图标，如图 1–14 所示。另外，在舞台工作区中，选中一个对象，该对象所在的图层就会同时被选中。

（2）选中多个图层：按下 Shift 键或 Ctrl 键，同时单击控制区内相应图层行，即可选中多个图层。

3. 显示/隐藏图层和锁定/解锁图层

（1）显示/隐藏所有图层：单击图层控制区第一行的图标，可隐藏所有图层的对象，所有图层的显示列会出现红色的×，表示该层被隐藏了。再单击图标，可显示所有图层，红色的×也会取消。被隐藏的图层中对象不会显示出来，但可以正常输出。

（2）显示/隐藏一个图层：单击图层控制区某一个图层的显示列上的小黑点•，可使小黑点•变为红色的×，表示该层被隐藏了，如图 1–14 所示。再单击红色的×，可将该图层显示出来。

（3）显示/隐藏连续的几个图层：在图层控制区显示列，拖曳鼠标圈起多个图层。

（4）显示/隐藏未选中的所有图层：按下 Alt 键，单击图层控制区某一个图层的显示列。

锁定/解锁图层的操作方法与显示/隐藏图层的方法相似，只是操作的不是图标，而是图标。所有图形与动画制作都是在选中的当前图层中进行的，任何时刻只能有一个当前图层。在任何可见的并且没有被锁定的图层中，可以进行对象的编辑。

4. 给图层重命名和改变图层的顺序

（1）给图层重命名：双击图层控制区相应图层的名称，使黑底色变为白底色，然后输入新的图层名称即可。

（2）改变图层顺序：图层的顺序决定了工作区各图层的前后关系。用鼠标拖曳图层控制区域内的图层，即可将图层上下移动，改变图层的顺序。

5. 删除图层和复制图层

（1）删除图层：首先选中一个或多个图层，然后单击“删除图层”图标或拖曳选中的图层到“删除图层”图标上。

（2）复制图层：复制图层就是复制该图层中的所有帧。利用帧快捷菜单中的命令，通过剪贴板可以将选中图层中的所有帧复制到时间轴的其他图层中。具体操作方法如下。

◎ 选中要复制的图层。将鼠标指针移到选中的帧上，单击鼠标右键，弹出帧快捷菜单。

◎ 选择帧快捷菜单中的“复制帧”命令，将选中图层中的所有帧复制到剪贴板中。

◎ 新建一个图层，选中该图层。将鼠标指针移到选中的帧上，单击鼠标右键，弹出帧快捷菜单，选择该菜单中的“粘贴帧”命令，将剪贴板中的内容粘贴到选中图层的各帧中。

1.2.3 图层文件夹

当一个 Flash 影片的图层较多时，会给阅读、调整和修改 Flash 影片等带来不便。图层文件夹就是用来解决该问题的。可以将同一类型的图层放置到一个图层文件夹中，形成图层文件夹结构。例如，有一个 Flash 影片的时间轴如图 1-15 所示。插入图层文件夹的操作方法如下。

1. 插入图层文件夹

选中“图层 3”图层，单击时间轴的“插入图层文件夹”按钮，即可在“图层 3”图层上面插入一个名称为“文件夹 1”的图层文件夹，如图 1-16 所示。双击图层文件夹的名称，使黑底色变为白底色，然后即可输入新的图层文件夹名称。

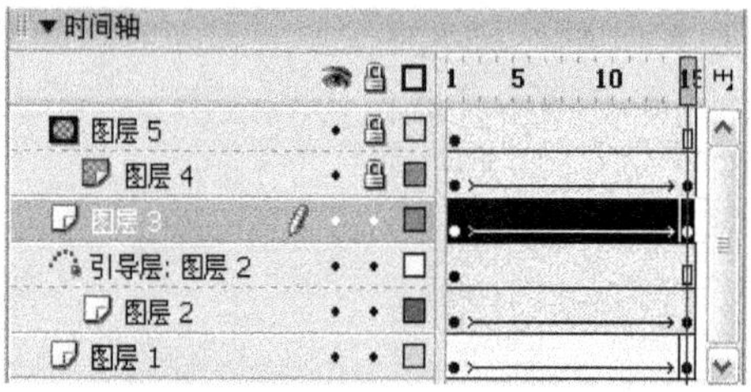

图 1-15 一个 Flash 影片的时间轴

图 1-16 插入一个图层文件夹

2. 编辑图层文件夹的方法

（1）按住 Ctrl 键，单击要放入图层文件夹的图层，选中这些图层，如图 1-17 所示。

（2）用鼠标拖曳选中的图层，移到“文件夹 1”图层文件夹中，选中的图层会自动向右缩进，如图 1-18 所示，表示被拖曳的图层已经放置到“文件夹 1”图层文件夹中。

（3）单击“文件夹 1”图层文件夹左边的箭头按钮▽，可以将“文件夹 1”图层文件夹收缩，不显示该图层文件夹内的图层，如图 1-19 所示。单击“文件夹 1”图层文件夹左边的箭头按钮▷，可以将“文件夹 1”图层文件夹展开，如图 1-18 所示。

图 1-17 选中多个图层

图 1-18 图层文件夹展开

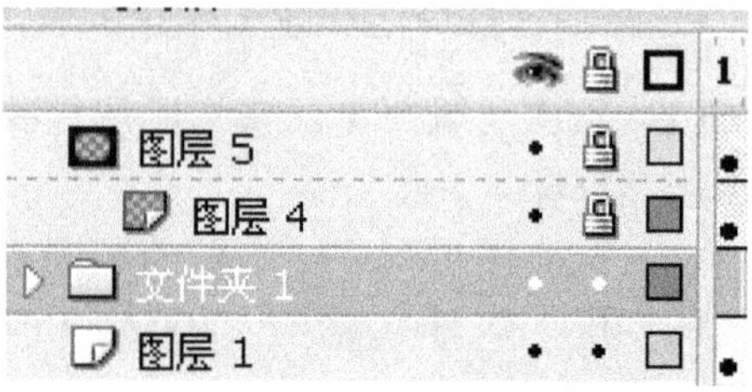

图 1-19 图层文件夹收缩

思考与练习 1-2

（1）在“图层 1”图层上面添加两个图层，将这两个图层的名称分别改为“矩形”和“圆形”。

（2）在“矩形”图层第 1 帧的舞台工作区内绘制一幅绿色矩形图形，在“圆形”图层第 1

帧绘制一幅蓝色圆形图形。分别将 3 个图层隐藏，观察舞台工作区内画面的变化。

（3）创建一个名称为“图形”的图层文件夹，将所有图层置于“图形”图层文件夹中。

1.3　文件的基本操作

【实例 1】图像切换 1

“图像切换 1”影片播放后，显示第 1 幅图像，稍等片刻后，在第 1 幅图像上显示蓝色文字“绿色世界美好未来”并逐渐变大，同时第 2 幅图像从右向左水平移动，逐渐将第 1 幅图像完全覆盖。影片播放中的 2 幅画面如图 1-20 所示。该影片的制作方法如下。

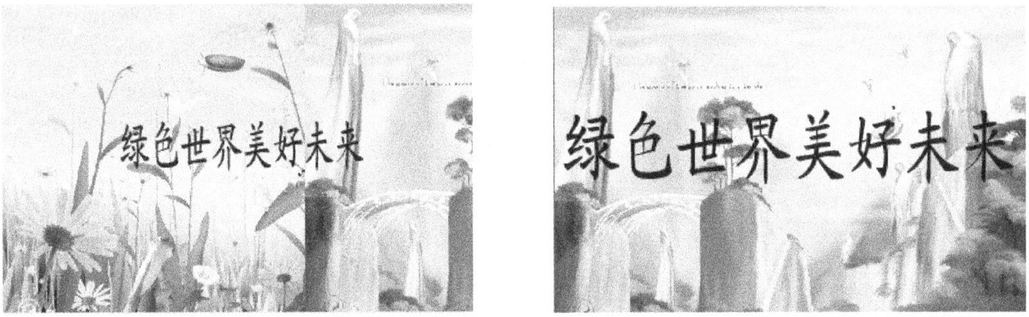

图 1-20　“图像切换 1”影片播放后的 2 幅画面

1. 新建 Flash 文档并设置文档属性

（1）新建 Flash 文档：选择“文件”→“新建”命令，弹出“新建文档”对话框，如图 1-21 所示。选中“常规”选项卡中的“Flash 文档”选项，单击“确定”按钮，即可创建一个新的 Flash 空文档。

单击主工具栏内的“新建”按钮，可以直接创建一个空的 Flash 文档。

（2）设置文档属性：选择“修改”→“文档”命令，弹出“文档属性”对话框，如图 1-22 所示。在“宽”文本框内输入舞台工作区的宽度 400px（像素），在“高”文本框内输入舞台工作区的高度 260px（像素）。设置完 Flash 文档的属性后，单击“确定”按钮，即可完成设置，退出该对话框。

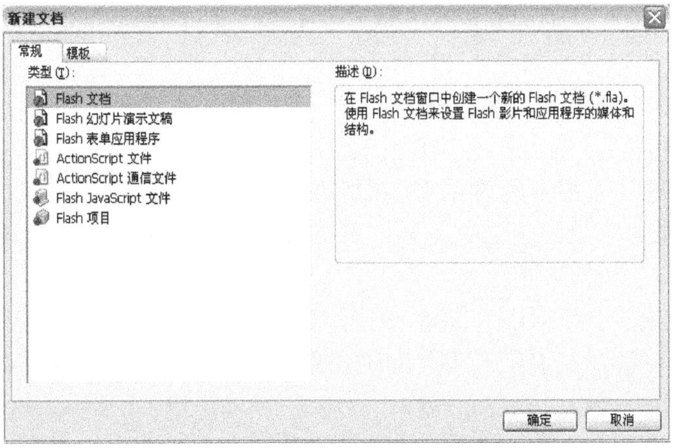

图 1-21　“新建文档”对话框

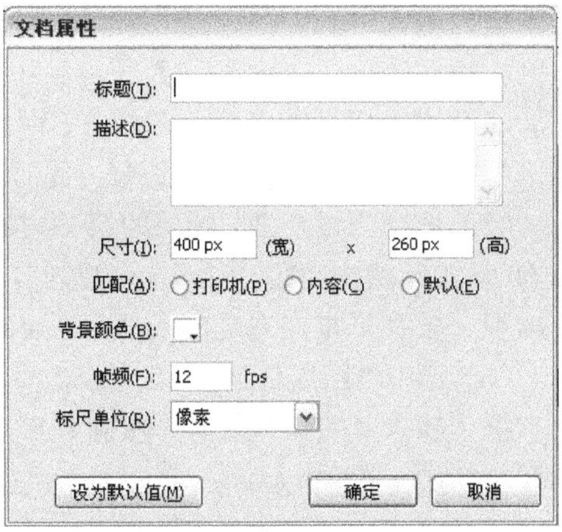

图 1-22　“文档属性”对话框

2. 导入图像

（1）单击工具箱内的“选择工具”按钮 ，选中时间轴中“图层 1”图层的第 1 帧。选择“文件”→“导入”→“导入到舞台”命令，弹出“导入”对话框，如图 1–23 所示。在该对话框中选择“P1.jpg”图像文件。再单击“打开”按钮，弹出一个“Flash 8”对话框，如图 1–24 所示，提示是否导入文件名为序列的多幅图像。单击“否”按钮，即可将选定的“P1.jpg”图像导入到舞台工作区和“库”面板中。

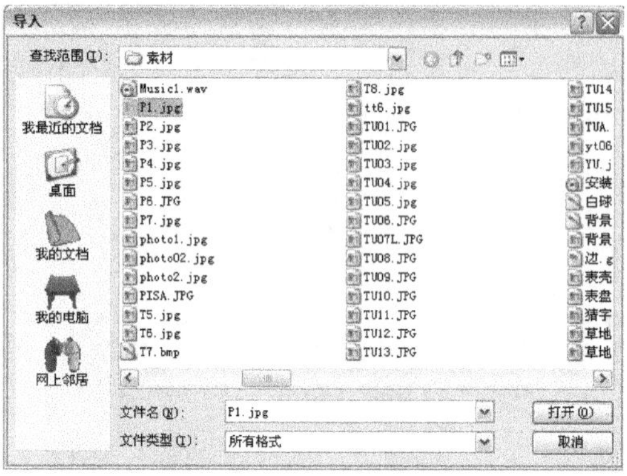

图 1–23 “导入”对话框

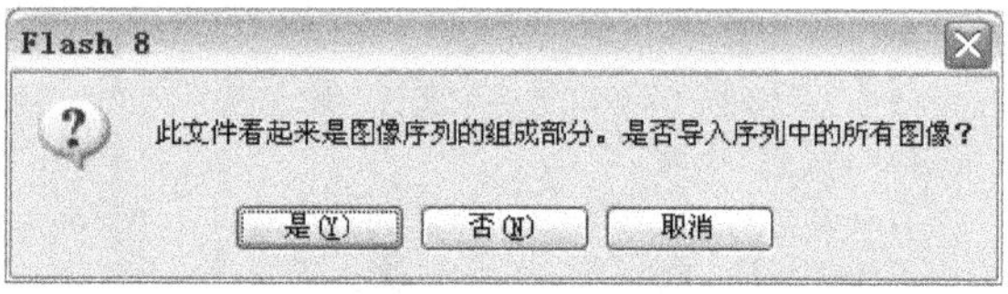

图 1–24 “Flash 8”对话框

（2）单击工具箱中的“任意变形工具”按钮 ，再单击工具箱中“选项”栏内的“缩放”按钮 。拖曳图像四周的控制柄，将图像调整为与舞台工作区相同大小。拖曳图像，使图像刚好将整个舞台工作区覆盖。

另外，可以选中图像，在其“属性”面板中的“宽”文本框内输入 400，在“高”文本框内输入 260，在“*X*”和“*Y*”文本框内输入 0，精确调整图像的大小和位置。

3. 创建图像水平移动动画

（1）单击工具箱内的“选择工具”按钮 ，选中“图层 1”图层，再单击时间轴左下角的“插入图层”按钮 ，在“图层 1”图层上面添加一个名称为“图层 2”的图层。

（2）选中“图层 2”图层的第 10 帧，按 F7 键，创建一个空关键帧。

（3）选中“图层 2”图层的第 10 帧，按照上述方法导入另一幅图像“P2.jpg”到舞台工作区中。在该图像“属性”面板中的“宽”文本框内输入 400，在“高”文本框内输入 260，在“*X*”文本框内输入 400，在“*Y*”文本框内输入 0，精确调整图像的大小和位置，使其大小与舞台工作区大小相同，位置水平移到舞台工作区的右边，如图 1–25 所示。

（4）将鼠标指针移到“图层 2”图层的第 10 帧，单击鼠标右键，弹出帧快捷菜单，选择该菜单中的“创建补间动画”命令。此时，该帧具有了补间动画的属性。

（5）选中“图层 2”图层的第 60 帧，按 F6 键，创建第 10 帧到第 60 帧的补间动画。此时，第 60 帧单元格内出现一个实心的圆圈，表示该单元格为关键帧；第 10 帧到第 60 帧的单元格内会出现一条水平指向右边的箭头，表示影片制作成功。

（6）选中“图层 2”图层的第 60 帧，再选中该帧内的图像，在该图像“属性”面板中的“*X*”文本框内输入 0，“*Y*”文本框内输入 0，将第 2 幅图像移到第 1 幅图像上，使其完全覆盖第 1 幅图像，如图 1–26 所示。

图 1–25　第 10 帧画面

图 1–26　第 60 帧画面

4. 创建文字逐渐变大的动画

（1）单击工具箱内的“选择工具”按钮，选中“图层 2”图层，再单击时间轴左下角的“插入图层”按钮，即可在“图层 2”图层上面添加一个名称为“图层 3”的图层。选中“图层 3”图层的第 10 帧，按 F7 键，创建一个空关键帧。

（2）单击工具箱内的“文本工具”按钮，再单击舞台工作区内中间偏左处。同时，调出文本工具“属性”面板。鼠标指针移到该面板的各选项上时，会显示相应的名称。

（3）在该“属性”面板内左上角的“文本类型”下拉列表框 静态文本 中选择“静态文本”选项，在“字体”下拉列表框 楷体_GB2312 中，设置字体为“楷体”，在“字体大小”下拉列表框 10 中输入 70，设置字大小为 70 磅；单击“切换粗体”按钮 B，设置文字为加粗。单击“文本（填充）颜色”按钮，调出一个颜色板。在不松开鼠标左键的同时，将鼠标指针（此时为吸管状）移到绿色色块处，然后松开鼠标左键，即可设定文字的颜色为绿色。此时，静态文本的“属性”面板如图 1–7 所示。

（4）在舞台工作区内输入“绿色世界美好未来”文字。此时，时间轴的“图层 3”图层的第 10 帧变为关键帧，第 10 帧单元格内出现一个实心的圆圈，表示这是一个关键帧。

（5）单击工具箱内的“选择工具”按钮，再选中刚刚输入的文字。然后拖曳文字，将其移到舞台工作区的正中间。

（6）将鼠标指针移到“图层 3”图层的第 10 帧，单击鼠标右键，在弹出的帧快捷菜单中选择“创建补间动画”命令。此时，该帧具有了补间动画的属性。

（7）选中“图层 3”图层的第 60 帧，按 F6 键，创建第 10 帧到第 60 帧的补间动画。

（8）单击工具箱内的“任意变形”按钮，选中“图层 3”图层的第 10 帧，同时选中了该帧内的文字对象，如图 1–27 所示。此时，文字有一个黑色矩形框，有 8 个黑色正方形控制柄，表示文字对象处于选中且可以任意变形的状态。

（9）按住 Shift 键，用鼠标水平向内拖曳文字右上角的黑色正方形控制柄，使文字放大，如图 1–28 所示。至此，文字水平逐渐放大的动画制作完毕。

图 1–27　输入的文字

图 1–28　水平放大小文字

（10）为了使图像切换与文字放大至最大后，再显示一段时间，按住 Ctrl 键，同时分别选中 3 个图层的第 90 帧，再按 F5 键，使各图层第 61 帧到第 90 帧的内容相同。

（11）选中“图层 2”和“图层 3”图层的第 60 帧，单击鼠标右键，在弹出的帧快捷菜单中选择“删除补间”命令，取消这两帧的动画属性，此时“图层 2”和“图层 3”图层第 60 帧右边的各帧虚线变为灰色普通帧。

至此，整个影片制作完毕。该影片的时间轴如图 1–29 所示。

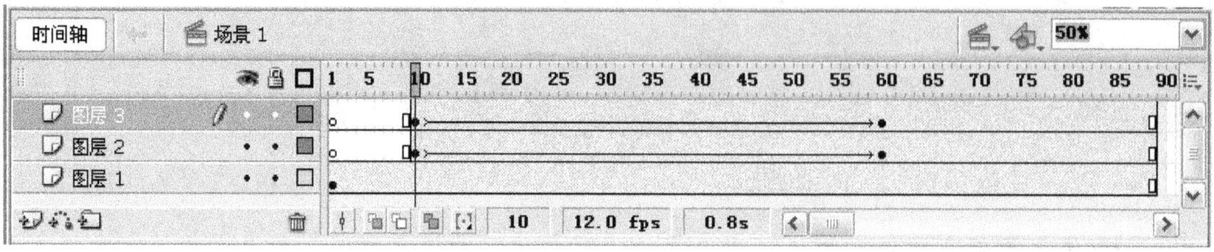

图 1–29 “图像切换 1”影片的时间轴

（12）选择“文件”→“另存为”命令，弹出“保存为”对话框。在“保存类型”下拉列表框中选择“Flash 8 文档”选项，选择文件夹，输入文件名称“【实例 1】图像切换 1”，单击“保存”按钮，将该实例保存为 Flash 8 文档。按 Ctrl+Enter 组合键，在播放窗口中播放影片。单击播放窗口右上角的按钮，可以关闭播放窗口。

【相关知识】文件的基本操作

1. 设置文档属性

单击工具箱中的“选择工具”按钮，再单击舞台，调出舞台工作区的“属性”面板，单击该面板内的“文档属性”按钮大小: 400 x 260 像素，可调出“文档属性”对话框。单击“修改”→“文档”菜单命令，也可以调出该“属性”面板。“文档属性”对话框中各选项的作用和设置如下。

（1）“尺寸”栏：它的两个文本框可以设置舞台工作区的大小。在“宽”文本框内输入舞台工作区的宽度，在“高”文本框内输入舞台工作区的高度，默认单位为 px（像素）。舞台工作区最大可设置为 2880px × 2880px，最小可设置为 1px × 1px。

（2）“匹配”栏：单击“打印机”单选按钮，可以使舞台工作区与打印机相匹配。单击“内容”单选按钮，可以使舞台工作区与影片内容相匹配，并使舞台工作区四周具有相同的距离。要使影片尺寸最小，可以把场景内容尽量向左上角移动，然后单击该单选按钮即可。单击“默认”单选按钮，可以按照默认值设置文档的属性。

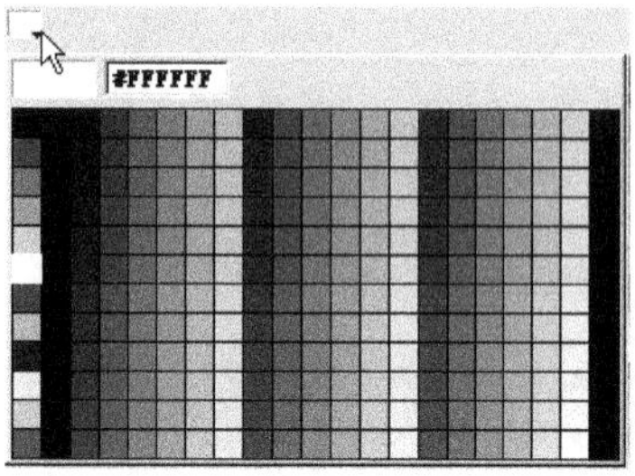

图 1–30　颜色面板

（3）“背景颜色”按钮：单击此按钮，会弹出颜色面板，如图 1–30 所示。单击颜色面板中的某一色块，即可设置舞台工作区的背景颜色。

（4）“帧频”文本框：用来输入影片的播放速度，影片的播放速度默认为 12fps，即每秒钟播放 12 帧画面。

（5）“标尺单位”下拉列表框：它用来选择舞台上边与左边标尺的单位，可以选择英寸、点、像素、厘米和毫米等。

（6）“设置默认值”按钮：单击此按钮后，可使文档属性的设置状态成为默认状态。

2. 保存和打开 Flash 文档

（1）保存 Flash 文档：如果是第一次存储 Flash 影片，可选择“文件”→“保存”或“文件”→

“另存为”命令，调出“保存为”对话框。利用该对话框将影片存储为扩展名是“.fla”的 Flash 8 文档（在“保存类型”下拉列表框中选择“Flash 8 文档”选项）或扩展名是“.fla”的 Flash MX 2004 文档（在“保存类型”下拉列表框中选择“Flash MX 2004 文档”选项）。如果要再次保存修改后的 Flash 文档，可选择“文件”→“保存”命令。如果要以其他名称保存当前的 Flash 文档，可选择“文件”→“另存为”命令。

（2）打开 Flash 文档：选择“文件”→“打开”命令，调出“打开”对话框。利用该对话框，选择扩展名为“.fla”的 Flash MX 2004 或 Flash 8 文件，再单击“打开”按钮，即可打开选定的 Flash 文档。

3. 关闭 Flash 文档和退出 Flash 8

（1）关闭 Flash 文档窗口：选择“文件”→“关闭”命令或单击 Flash 舞台窗口右上角的“关闭”按钮（或按钮）。如果在此之前没有保存影片文件，则会弹出一个提示框，提示是否保存文档。单击“是”按钮，即可保存文档，然后关闭 Flash 8 文档窗口。

（2）退出 Flash 8：选择“文件”→“退出”命令或单击窗口右上角的按钮。如果在此之前还有没关闭的修改过的 Flash 文档，则会弹出提示框，提示是否保存文档。单击“是”按钮，即可保存文档，并关闭 Flash 文档窗口，然后退出 Flash 8。

思考与练习 1-3

（1）新建一个标题名称为“图像切换”，描述文字为“绿色世界美好未来”，舞台工作区宽 600px（像素），高 400px（像素），帧速为 12fps，背景色为绿色的 Flash 文档。

（2）在舞台工作区内导入 6 幅风景图像，调整这 6 幅风景图像的大小和位置，使它们的大小是舞台工作区大小的六分之一。然后，将 6 幅风景图像完全覆盖舞台工作区。

（3）修改【实例 1】“图像切换 1”影片，使第 1 幅图像从舞台工作区的左边移到舞台工作区的中间，文字的颜色为绿色。

1.4　播放影片

【实例 2】图像切换 2

“图像切换 2”影片播放后，先显示第 1 幅图像，接着第 2 幅图像逐渐从右向左移入画面，将第 1 幅图像遮挡，其中的 2 幅画面如图 1-20 所示（只是文字颜色在变化）。然后，第 3 幅图像再逐渐由小变大，再将第 2 幅图像完全遮挡，如图 1-31 所示。在整个影片播放的过程中，“绿色世界美好未来”文字逐渐由绿色变为红色。该影片的制作方法如下。

图 1-31　“图像切换 2”影片播放后的 2 幅画面

1. 创建第 3 幅图像移动的动画

（1）打开“【实例 1】图像切换 1.fla” Flash 文档。将该文档以名称“【实例 2】图像切换 2.fla”保存。

（2）在“图层 2”图层的上面创建一个名称为“图层 4”的图层。使用工具箱内的“选择工具”，单击选中该图层的第 60 帧，按 F7 键，创建一个空的关键帧，导入第 3 幅图像。

（3）选中舞台工作区中的第 3 幅图像。在它“属性”面板中的“宽”文本框内输入 400，在“高”文本框内输入 260，在“X”文本框内输入 0，在“Y”文本框内输入 0，精确地调整图像的大小和位置，使其刚好将第 2 幅图像完全覆盖，如图 1-32 所示。

（4）右击“图层 4”图层的第 60 帧，弹出帧快捷菜单，选择该菜单中的“创建补间动画”命令。此时，该帧具有了补间动画的属性。

（5）选中“图层 4”图层的第 100 帧，按 F6 键，创建第 60 帧到第 100 帧的补间动画。选中第 60 帧内的第 3 幅图像，将该图像调小。

2. 创建文字变色的动画

（1）选择工具箱中的“选择工具”，选中“图层 3”图层的第 1 帧，再选择舞台工作区中的文字，此时“属性”面板会发生变化，如图 1-33 所示。

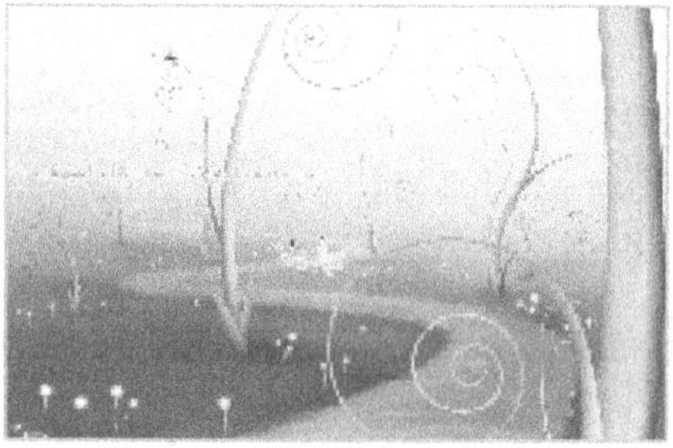

图 1-32　第 60 帧的画面

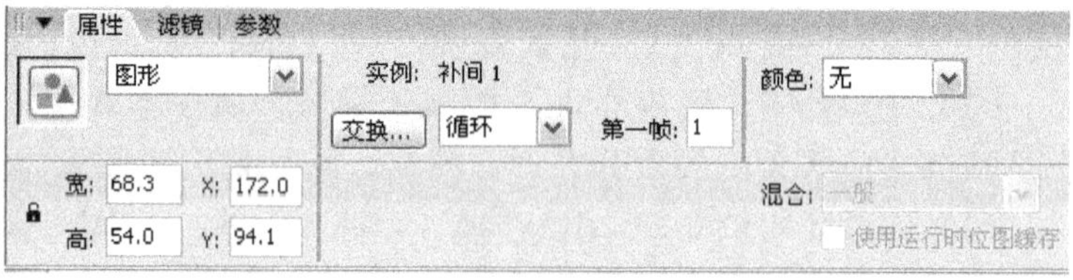

图 1-33　“属性”面板

（2）在“属性”面板的“颜色”下拉列表框中选择“色调”选项，然后在“RGB”栏内“绿”文本框中输入 255，在“红”和“蓝”文本框中分别输入 0，在“色彩数量”文本框中输入 100%，如图 1-34 所示。也可以单击文本框右边的按钮，弹出它的滑条，用鼠标拖曳滑条上的滑块来调整文本框中的数值，如图 1-35 所示。在调整中会看到文字的颜色变为绿色。

（3）拖曳“图层 3”图层的第 90 帧到第 100 帧，使第 90 帧的关键帧移到第 100 帧。

（4）选中“图层 3”图层的第 100 帧，再单击选中的文字。在“属性”面板内“颜色”下拉列表框中选择“色调”选项，设置“RGB”栏内文本框中的数据，如图 1-35 所示。

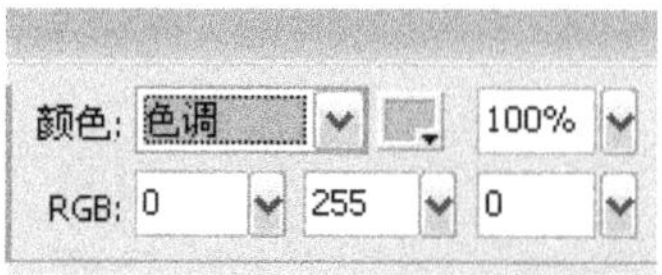

图 1-34　“属性”面板设置

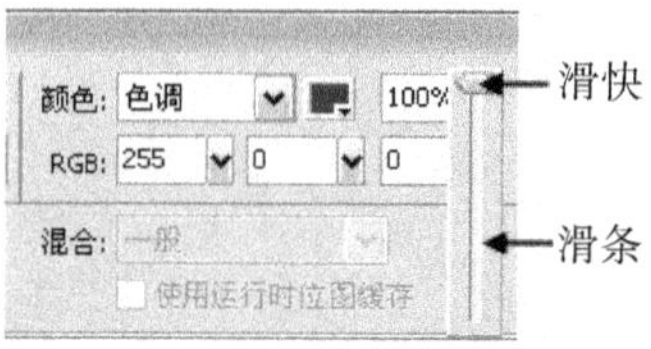

图 1-35　滑条和滑块

（5）按住 Ctrl 键，选中“图层 1”和“图层 2”图层的第 100 帧，按 F5 键，使“图层 1”和“图层 2”图层的第 61 帧到第 100 帧内容与第 60 帧内容相同。

至此，整个影片制作完毕。该影片的时间轴如图 1-36 所示。

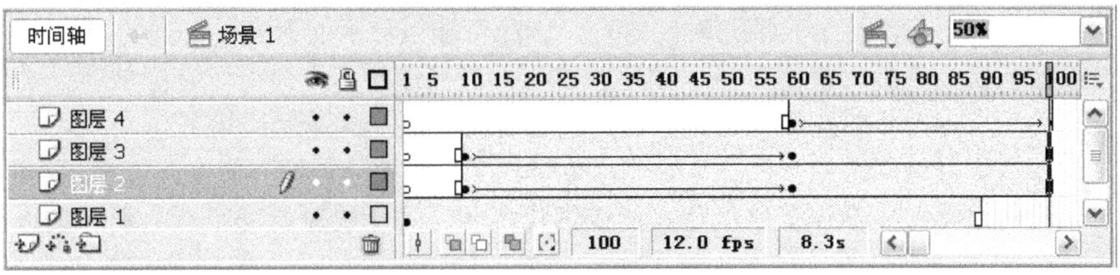

图 1-36 “图像切换 2”影片的时间轴

【相关知识】文件的基本操作和播放 Flash 动画

1. 播放 Flash 影片的几种方法

播放与测试 Flash 影片，可执行“控制”菜单中的命令或使用“控制器”面板。

图 1-37 “控制器”面板

（1）使用“控制器”面板播放：选择“窗口”→“工具栏”→“控制器”命令，可调出“控制器”面板，如图 1-37 所示。单击该面板中的“播放”按钮▶，即可在舞台工作区内播放影片；单击“停止”按钮■，可以使正在播放的影片停止播放；单击“后退”按钮⏮，可使播放头回到第 1 帧；单击“转到结尾”按钮⏭，可使播放头到最后一帧；单击“后退一帧”按钮◀◀，可使播放头后退一帧；单击“前进一帧”按钮▶▶，可使播放头前进一帧。

（2）单击“控制”→“播放”菜单命令（或按 Enter 键），即可在舞台窗口内播放该影片。采用这种播放方式不能够播放影片中的影片剪辑实例。

选择“控制”→“停止”命令（或按 Enter 键），即可使舞台窗口内播放的影片暂停播放。再选择“控制”→“播放”命令（或按 Enter 键），又可以从暂停处继续播放。

（3）选择“控制”→“测试影片”命令（或按 Ctrl+Enter 组合键），可在播放窗口内播放影片。单击播放窗口右上角的✕按钮，即可关闭播放窗口。这种方法可循环依次播放各场景。

（4）选择“控制”→“测试场景”命令，可循环播放当前场景的影片。

（5）Macromedia Flash Player 8（独立播放器）：它是一个独立的应用程序，名称是 SAFlashPlayer.exe。使用它可以播放 SWF 格式的文件。在 Macromedia\Flash 8\Players 目录下可以找到它。双击 SAFlashPlayer.exe 图标，可以调出 Mecromedia Flash Player 8 播放器。

2. 播放影片方式的设置

（1）在舞台工作区循环播放：选择“控制”→“循环播放”命令，使该菜单命令左边出现对钩后，选择“控制”→“播放”命令（或按 Enter 键）的动画播放或使用“控制器”面板播放的动画（均为在舞台工作区内的动画播放）都将是循环播放。

（2）在舞台工作区播放所有场景的动画：选择“控制”→“播放所有场景”命令后，可以通过选择“控制”→“播放”命令（或按 Enter）或使用“控制器”面板进行影片所有场景的播放（均为在舞台工作区内的动画播放）。

3. 改变预览模式

为了加速显示过程或改善显示效果，可以在查看菜单中选择有关图形质量的选项。图形质量越好，显示的速度会越慢一些；如果要显示速度快一些，则可以降低显示质量。

（1）外边框显示：选择“视图”→“预览模式”→“轮廓”命令，在播放时，只显示场景中所有对象的轮廓，而不显示其填充时的内容，因此可加快显示的速度。

（2）高速显示：选择“视图”→“预览模式”→“高速显示”命令，在播放时，关闭消除锯齿功能，显示所有对象的轮廓和填充内容，显示速度较快。这是默认状态。

（3）消除锯齿显示：选择“视图”→“预览模式”→“消除锯齿”命令，可使显示的线条、图形和位图看起来平滑一些，它比高速显示要慢得多，但显示质量要好一些。消除锯齿功能在提供成千（16 位）或上百万（24 位）种颜色的显卡上处理效果最好。在 16 色或 256 色模式下，黑色线条比较平滑，但是颜色的显示在快速模式下可能会更好。

（4）消除文字锯齿显示：选择“视图”→“预览模式”→“消除文字锯齿”命令，可使显示的文字边缘平滑一些，使显示的质量更好一些。此命令处理较大的字体时效果最好，如果文本数量太多，则速度会减慢。这是最常用的工作模式。

（5）整个：选择“视图”→“预览模式”→“整个”命令，可完全呈现舞台上的所有内容。此设置可能会降低显示速度。

4. 动画反向播放

动画反向播放就是使起始帧变为终止帧，终止帧变为起始帧。选中一段动画，可以包括多个图层，然后将鼠标指针移到动画的某一帧上，单击鼠标右键，弹出帧快捷菜单，选择该快捷菜单中的“翻转帧”命令。

思考与练习 1-4

（1）尝试用不同的方法来播放【实例 2】“图像切换 2”影片。

（2）修改【实例 2】“图像切换 2”影片，更换第 3 幅图像。

（3）制作一个“图像切换”影片，该影片播放后，5 幅图像依次展示，后显示的图像将先显示的图像覆盖。5 幅图像显示的方式均不同（可从上向下或从左上角向中间移动等）。

1.5 场景和帧的基本操作

【实例 3】图像切换 3

“图像切换 3”影片的播放效果与“图像切换 2”影片的播放效果完全相同，只是它们的制作方法不同。“图像切换 3”影片采用了多个场景，一个场景完成一种图像的切换。该影片的制作方法如下。

（1）打开“【实例 2】图像切换 2.fla” Flash 文档。再将该文档以名称“【实例 3】图像切换 3”保存。

（2）选中“图层 3”图层的第 60 帧，按 F6 键，创建一个关键帧。

（3）按住 Shift 键，选择“图层 2”图层的第 100 帧，再选择“图层 3”图层第 60 帧，选中“图层 2”、“图层 3”和“图层 4”图层中的第 60 帧到第 100 帧的所有帧。右击选中的帧，调出帧快捷菜单，选择该菜单中的“复制帧”命令，将选中的所有帧复制到剪贴板中。

（4）选择“插入”→“场景”命令，进入场景 2 的编辑窗口。

（5）右击“图层 1”图层的第 1 帧，调出帧快捷菜单，选择该菜单中的“粘贴帧”菜单命令，将剪贴板中的所有帧粘贴到时间轴中。

至此，完成将第 3 个图像切换动画复制粘贴到场景 2 中的操作。

（6）单击时间轴中的“编辑场景”按钮，弹出其快捷菜单，如图 1–38 所示。单击该菜单中的“场景 1”名称，切换到“场景 1”的时间轴。

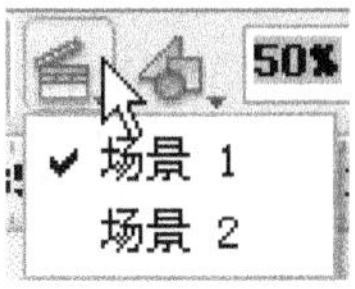

图 1–38　菜单

（7）按住 Shift 键，选中“图层 1”图层的第 100 帧，选择“图层 3”图层的第 61 帧，选中所有图层中第 61 帧到第 100 帧的所有帧。右击选中的帧，调出帧快捷菜单，选择该菜单中的“删除帧”命令，将选中的所有帧删除。

（8）选中“图层 4”图层，单击时间轴中的“删除图层”按钮，删除“图层 4”图层。

【相关知识】场景

1. 增加场景与切换场景

在 Flash 影片中，演出的舞台只有一个，但在演出的过程中，可以更换不同的场景。

（1）增加场景：选择“插入”→“场景”命令，即可增加一个场景，并进入到该场景的编辑窗口。在编辑栏的左边会显示出当前场景的名称 场景 2。

（2）切换场景：单击编辑栏右边的“编辑场景”按钮，可弹出它的快捷菜单。如图 1–38 所示。单击该菜单中的场景名称，可以切换到相应的场景。另外，选择“视图”→“转到”命令，弹出其下一级子菜单。利用该子菜单中的命令，可以完成场景的切换。

2. “场景”面板的使用

选择“窗口”→“其他面板”→“场景”命令，弹出“场景”面板，如图 1–39 所示。利用该面板，可显示、新建、复制和删除场景，以及给场景更名和改变场景的顺序等，如图 1–40 所示。

（1）单击“场景”面板右下角的“添加场景”按钮 + ，可新建场景。

（2）用鼠标上下拖曳“场景”面板内的场景图标，可以改变场景的前后次序，也就改变了场景的播放顺序，如图 1–41 所示。

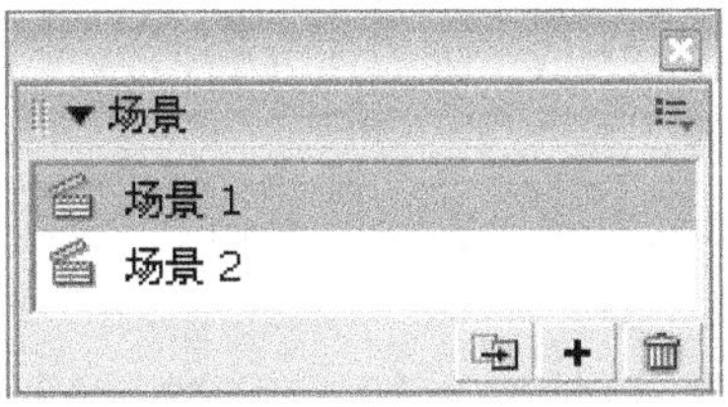

图 1–39　“场景”面板

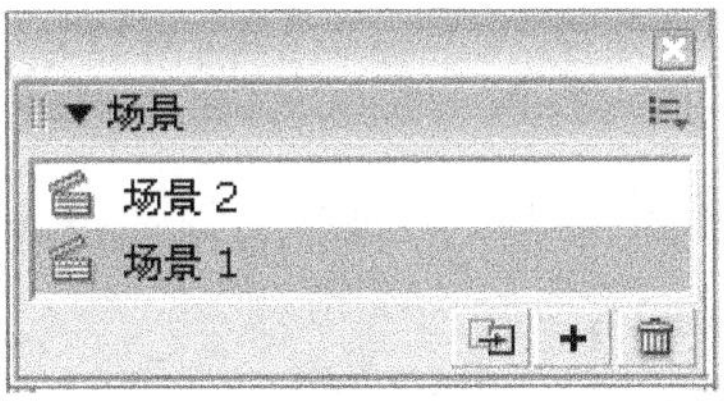

图 1–40　调整场景播放顺序

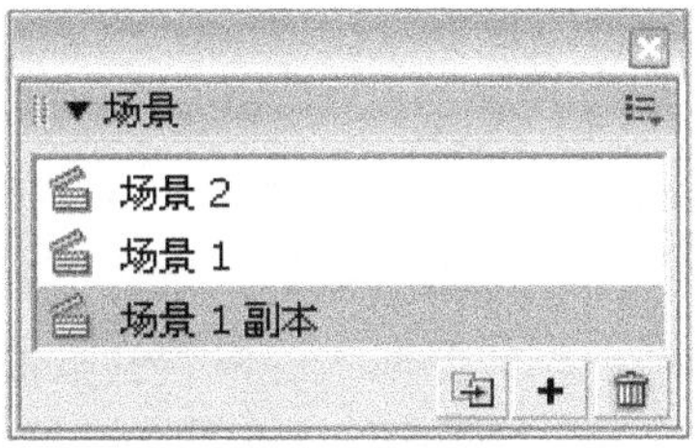

图 1–41　复制场景

（3）单击“场景”面板中的一个场景名称，再单击“场景”面板右下角的“删除场景”按钮，即可将选中的场景删除。

（4）双击“场景”面板中的一个场景名称，即可进入场景名称的编辑状态。

（5）用鼠标上下拖曳“场景”面板中的场景图标，可以改变场景的前后顺序，也就改变了场景的播放顺序。

【相关知识】帧的基本操作

1. 选择帧

（1）选中一个帧：单击一帧的单元格，即可选中该帧。

（2）选中连续的多个帧：按住 Shift 键，选中一个或多个动画所在图层内左上角的帧，再选择右下角的帧，即可选中连续的所有帧。另外，选中某一个非关键帧，再拖曳鼠标，也可以选中连续的多个帧。

（3）选中一个图层的所有帧：单击控制区域内的某一图层，即可选中该图层的所有帧。

（4）选中多个连续图层的所有帧：按住 Shift 键，单击控制区域内的连续图层中的第 1 个图层，再单击连续图层中最后一个图层，即可选中多个连续图层内的所有帧。

（5）选中多个图层的所有帧：按住 Ctrl 键，单击控制区域内的各个图层。

（6）选择所有帧：选择帧快捷菜单中的“选择所有帧”命令。

2. 移动帧、复制帧和调整关键帧的位置

（1）调整关键帧的位置：用鼠标水平拖曳该帧单元格，即可调整关键帧的位置。如果要调整动画帧的长度，可以先选中起始或终止关键帧，然后调整关键帧的位置。

（2）鼠标移动帧：选中若干帧，用鼠标拖曳选中的帧，可以把它们移到目的位置。

（3）复制帧和移动帧：选中要移动的帧，选择帧快捷菜单中的“复制帧”（或“剪切帧”）命令，将选中的帧复制（或剪切）到剪贴板内。在时间轴中选中一个帧单元格，然后，右击弹出帧快捷菜单，选择快捷菜单中的“粘贴帧”命令，即可把剪贴板中的若干帧粘贴到时间轴窗口选定的帧内，从而实现复制帧（移动帧）。

3. 插入帧、删除帧和转换为关键帧

（1）插入普通帧：选中要插入普通帧的帧单元格，然后按 F5 键。这时就会在选中的帧单元格中新添加一个普通帧，该帧单元格中原来的帧及其右面的帧都会向右移动一帧。

（2）删除帧：在时间轴中选中要删除的一个或多个帧，然后选择帧快捷菜单中的“删除帧”命令。按 Shift+F5 组合键，也可以删除选中的帧。

（3）插入关键帧：选中要插入关键帧的帧单元格，然后按 F6 键或选择帧快捷菜单中的“插入关键帧”命令。

（4）插入空白关键帧：选中要插入空白关键帧的帧单元格，然后按 F7 键或选择帧快捷菜单中的“插入空白关键帧”命令。

（5）清除关键帧：选中要删除的关键帧，然后选择帧快捷菜单中的“删除关键帧”命令。此时，原关键帧中的内容会被前面的关键帧内容取代。

（6）清除帧：选中要清除的帧，然后选择帧快捷菜单中的“清除帧”命令，可将选中帧中的内容清除，使该帧成为空白关键帧。

（7）转换为关键帧：选中要转换的普通帧，然后选择帧快捷菜单中的“转换为关键帧”（或“转换为空白关键帧”）命令，即可将普通帧转换为关键帧（或空白关键帧）。

思考与练习 1-5

（1）修改【实例 3】“图像切换 3”影片，使文字由绿色变为蓝色，再变为红色。

（2）将思考与练习 1-4 中的“图像切换”影片进行修改，使不同图像的切换动画在不同的场景中。

（3）制作一个“变色文字”影片，该影片播放后，“绿色世界美好未来”文字由黄色变为绿色，再变为蓝色，最后变为红色。每一个文字变色动画在不同的场景中。

1.6　影片输出

【实例 4】渐隐渐现图像切换

“渐隐渐现图像切换”影片播放后，显示一幅云图图像，然后该图像逐渐消失，同时另一幅风景图像逐渐显示。影片播放后的 3 幅画面如图 1–42 所示。该影片的制作方法如下。

（1）创建一个新的 Flash 影片文件，设置舞台工作区的宽为 300 像素、高为 230 像素。

（2）选择“文件”→“导入”→“导入到库”命令，弹出“导入到库”对话框。选择文件夹，按住 Ctrl 键，选中一幅云图图像（见图 1–42 左图）和一幅风景图像（见图 1–42 右图）。单击“打开”按钮，将选中的两幅图像导入到“库”面板中。

图 1–42　“渐隐渐现图像切换”影片播放后的 3 幅画面

（3）选择“窗口”→“库”命令，弹出“库”面板。选中“图层 1”图层的第 1 帧，将“库”面板中的云图图像拖曳到舞台工作区中。在其“属性”面板内将图像的大小调整为宽 300 像素，高 230 像素，同时将舞台工作区覆盖，如图 1–42 第 1 幅图所示。

（4）在“图层 1”图层上添加一个名称为“图层 2”的图层。选择工具箱内的“选择工具”，选中“图层 2”图层的第 1 帧，用鼠标将“库”面板中的风景图像拖曳到舞台工作区中。调整该图像的大小和位置，将云图图像刚好完全覆盖。

（5）右击“图像 2”图层的第 1 帧，弹出帧快捷菜单，选择该菜单中的“创建补间动画”命令。此时，该帧具有了补间动画的属性。

（6）选中“图层 2”图层的第 1 帧，选中风景图像。在其“属性”面板中的“颜色”下拉列表框内选择“Alpha”选项，在其右边的文本框内输入“0%”，如图 1–43 所示，使风景图像完全透明。此时的画面如图 1–42 左图所示。

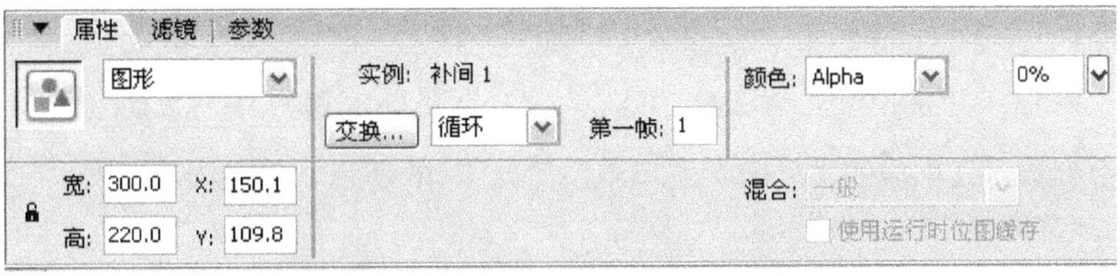

图 1–43　关键帧内图像的“属性”面板设置

（7）选中“图层 2”图层的第 100 帧，按 F6 键，创建“图层 2”图层第 1 帧到第 100 帧的补间动画。选中“图层 2”图层的第 90 帧，按 F6 键，创建一个关键帧。单击该帧内的透明图像，在其“属性”栏中的“颜色”下拉列表框内选择“Alpha”选项，在“颜色”下拉列表框右边的文本框内输入“100%”。此时的画面如图 1–42 右图所示。

（8）按住 Ctrl 键，选中“图层 1”图层的第 100 帧，按 F5 键，创建普通帧，使“图层 1”图层的第 1 帧到第 100 帧内容相同。

【相关知识】影片输出

1. 导出

（1）选择“文件”→“导出”→“导出影片”命令，弹出“导出影片”对话框，如图 1-44 所示。在该对话框中选择文件类型和输入文件名，单击“确定”按钮，即可将影片保存为指定名称的视频文件或图像序列文件，还可以导出影片中的声音。单击“保存”按钮，即可导出相应的文件。

声音的导出要兼顾考虑声音的质量与输出文件的大小。声音的采样频率和位数越高，声音的质量就越好，但输出的文件也越大。压缩比越大，输出的文件越小，但声音的音质越差。

（2）选择“文件”→“导出”→“导出图像”命令，弹出“导出图像”对话框，它与图 1-44 所示的“导出影片”对话框相似，只是“文件类型”下拉列表框内的文件类型只有图像文件类型。利用该对话框，可将影片当前帧保存成扩展名为“.swf”、“.jpg”和“.bmp”等格式的图像文件。选择文件的类型不同，单击“保存”按钮后的效果也会不同。

2. 发布设置

（1）选择“文件”→“发布设置”命令，弹出“发布设置”对话框，如图 1-45 所示。利用该对话框可以设置发布文件的格式等。

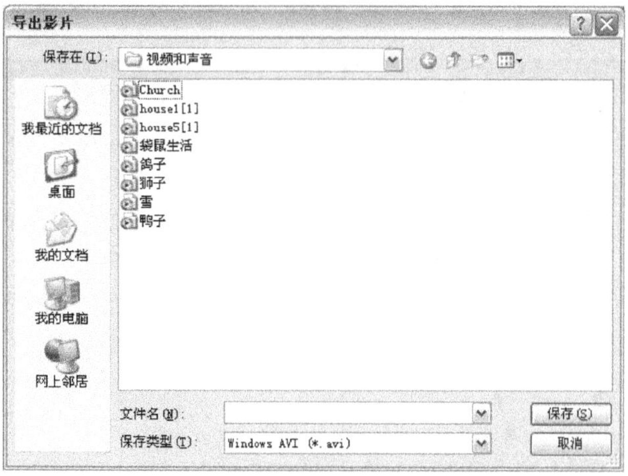

图 1-44 “导出影片”对话框

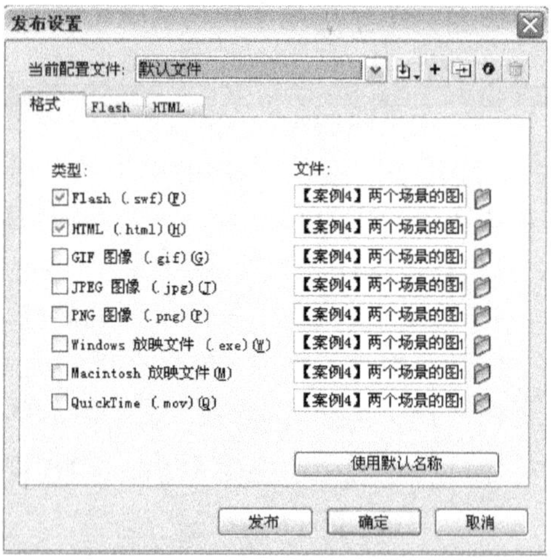

图 1-45 “发布设置”对话框

（2）切换到该对话框内的“Flash”选项卡，如图 1-46 所示。利用该对话框，可以设置输出 Flash 文件的参数和使用的播放器等。

（3）切换到“发布设置”对话框中的“HTML”选项卡，利用该对话框，可设置输出 HTML 文件的一些参数。

（4）在选择了文件格式的复选框后，会随之增加相应的标签和相应的设置选项。进行设置后，单击“发布”按钮，即可发布选定格式的文件。单击“确定”按钮，即可退出该对话框，完成发布设置，但不进行发布。

3. 发布预览和发布

（1）发布预览：进行发布设置后，选择“文件”→“发布预览”命令，可弹出其下一级子菜单，如图 1-47 所示。可以看出，子菜单命令正是刚刚选择的文件格式选项。

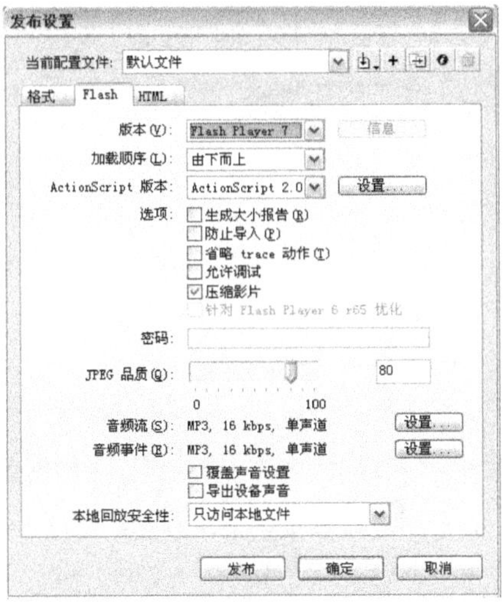

图 1-46 “发布设置”对话框

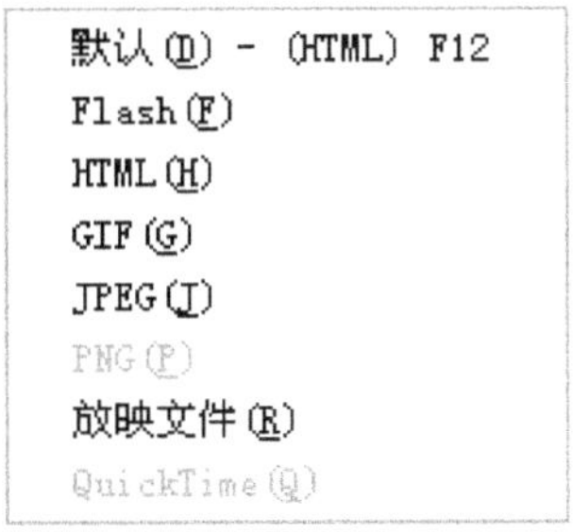

图 1-47 “发布预览”子菜单

（2）选择“文件”→“发布”命令，可按照选定的格式发布文件，并存放在相同的文件夹内。它与单击“发布设置”对话框中的“发布”按钮作用相同。

思考与练习 1-6

（1）将【实例 4】“渐隐渐现图像切换”影片生成 HTML、EXE、AVI 和 GIF 格式的动画。

（2）修改【实例 4】“渐隐渐现图像切换”影片，使风景图像完全显示出来后，这幅图像接着逐渐消失，同时第 2 幅图像逐渐显示出来。将修改后的【实例 4】“渐隐渐现图像切换”影片生成 HTML、EXE、AVI 和 GIF 格式的动画。

（3）参考【实例 4】“渐隐渐现图像切换”影片的制作方法，制作一个可以使图像逐渐由暗变亮，再由亮变暗的动画，并生成 HTML、EXE、AVI 和 GIF 格式的动画。

第 2 章　对象的基本操作

2.1　网格、标尺和辅助线

【实例 5】水平行驶的圣诞车

“水平行驶的圣诞车”影片运行后的 2 幅画面如图 2-1 所示。在金色立体框架内，一辆圣诞车从左向右水平行驶，另一辆圣诞车从右向左水平行驶，两辆圣诞车相遇后，调头再沿原来的路径返回，同时背景图像切换。周而复始，不断进行。该影片的制作方法如下。

图 2-1 “水平行驶的圣诞车”影片播放后的 2 幅画面

1. 绘制金色矩形框架

（1）设置舞台工作区的宽为 640 像素，高为 120 像素，背景色为白色。选择“视图”→“标尺”命令，使该命令左边出现对钩，在舞台工作区上边和左边添加标尺。

（2）单击工具箱中的“选择工具”按钮，从左边的标尺栏向舞台工作区拖曳两次，产生两条垂直的辅助线，再从上边的标尺栏向舞台工作区拖曳两次，产生两条水平的辅助线，如图 2-2 所示。这 4 条辅助线用来给矩形框架图形定位。

（3）单击工具箱内的“矩形工具”按钮，再单击工具箱内“颜色”栏中的“笔触颜色”按钮，然后单击“没有颜色”按钮，使绘制的矩形图形没有轮廓线。单击工具箱“颜色”栏内的“填充色”按钮，弹出如图 2-3 所示的颜色板。单击颜色板内的金黄色图标。

（4）如果工具箱内“选项”栏中的“对象绘制”按钮处于按下状态，则单击该按钮。然后，沿舞台工作区边缘拖曳，绘制一幅金黄色的矩形图形，如图 2-4 上图所示。

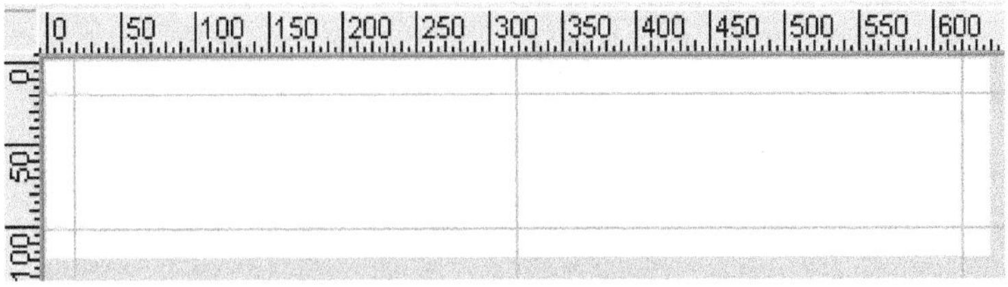

图 2-2　4 条辅助线

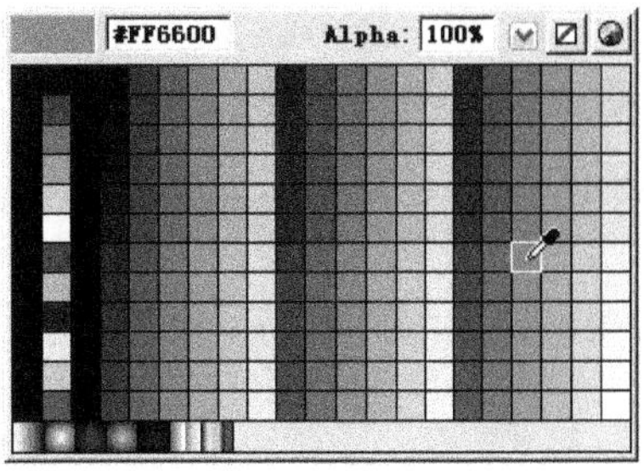

图 2-3　填充色的颜色板

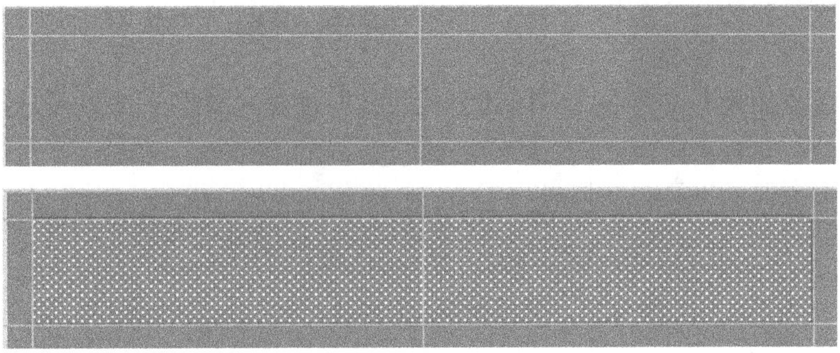

图 2-4　金色矩形图形和选中矩形图形

（5）使用工具箱内的“矩形工具”，单击工具箱内“颜色”栏中的“笔触颜色”按钮，弹出笔触颜色板，它与图 2-3 所示的相似。单击颜色板内的红色图标，设置矩形轮廓线颜色为红色。在其“属性”面板内“笔触高度”文本框中输入 2，设置轮廓线粗 2pts。

（6）单击工具箱“颜色”栏中的“填充色”按钮，再单击“颜色”栏中的“没有颜色”按钮，使绘制的矩形图形没有被填充。

（7）沿金色矩形内部的 4 条辅助线拖曳，绘制一个红色矩形框架图形。

（8）使用工具箱内的“选择工具”，单击红色矩形框架内的金色矩形图形，选中矩形框架图形所截取的矩形图形，这部分图形上蒙上了一层小白点，如图 2-4 下图所示。

（9）按“Delete”键，将选中的矩形图形删除，形成金色矩形框架，如图 2-5 所示。

图 2-5　金色矩形框架图形

2. 制作立体框架

（1）单击工具箱中的“选择工具”按钮，在舞台工作区中，再单击“属性”面板中“发布”栏内的“设置”按钮，弹出“发布设置”对话框，在该对话框内的“版本”下拉列表框中选择“Flash Player 8”选项。

注意

这项操作的目的是为了使用 Flash 8 新增的滤镜功能。

（2）选中整个金色矩形框架图形，再选择“修改”→“转换为元件”命令，弹出“转换为元件”对话框，如图 2-6 所示。单击该对话框内的“确定”按钮，关闭该对话框，将选中的图形转换为影片剪辑元件的实例。

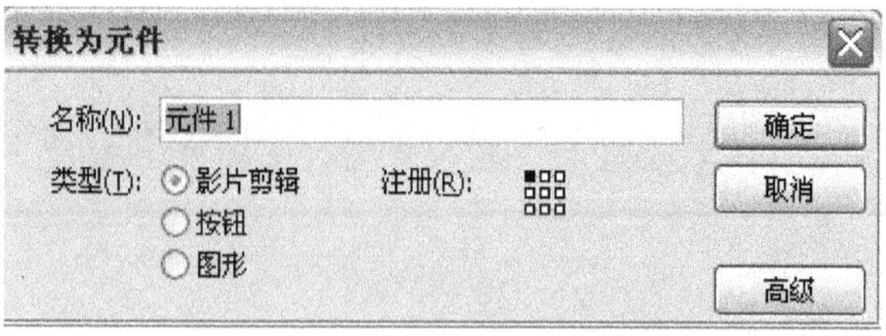

图 2-6 “转换为元件”对话框

注意

进行这步操作的目的是只有影片剪辑元件的实例才可以用滤镜对其进行立体化加工。

（3）选中刚刚创建的影片剪辑元件的实例，切换到“属性”面板的“滤镜”选项卡，这时可以看到“添加滤镜”按钮变为可用状态。

（4）单击“添加滤镜”按钮，即可调出“滤镜”菜单，如图 2-7 所示。选择该滤镜菜单中的“斜角”命令，此时“属性”面板的“滤镜”选项卡如图 2-8 所示。同时，选中的影片剪辑实例（金色矩形框架）也变成立体状。

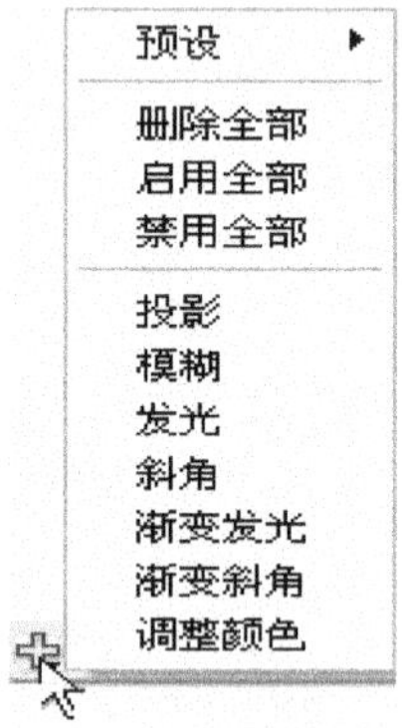

图 2-7 “滤镜”菜单

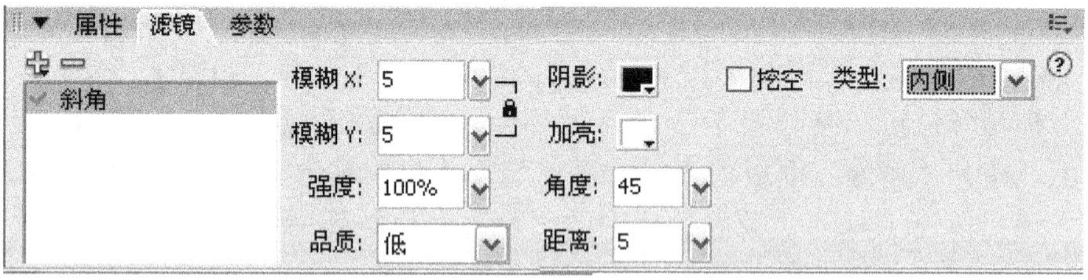

图 2-8 “滤镜”选项卡（斜角）设置

（5）在“图层 1”图层的上边创建一个名称为“图层 2”的图层，选中该图层的第 1 帧，导入第 1 幅风景图像。选中该图像，在它“属性”面板中的“宽”文本框内输入 600，在“高”文本框内输入 80，在“*X*”和“*Y*”文本框内输入 20，使其刚好将金色立体框架内部完全覆盖。

（6）选中“图层 1”图层的第 41 帧，按 F7 键，创建一个空的关键帧。导入第 2 幅图像，将该图像调整为与第 1 幅图像的大小和位置相同。

（7）按住 Ctrl 键，选中“图层 1”和“图层 2”图层的第 80 帧，按 F5 键，创建普通帧，使“图层 1”图层所有帧的内容相同，使“图层 2”图层的第 41 帧到第 80 帧内容相同。

3. 制作“圣诞车”影片剪辑元件和实例

（1）选择“插入”→“新建元件”命令，弹出“创建新元件”对话框，按照图 2-9 所示进行设置。单击“确定”按钮，关闭该对话框，进入一个名称为“圣诞车”的影片剪辑元件的编辑状态。

（2）选择“文件”→“导入”→“导入到舞台”命令，弹出“导入”对话框，利用该对话框导入一个名称为“C23.gif”的 GIF 动画。此时，“圣诞车”影片剪辑元件的时间轴如图 2-10 所示。然后单击元件编辑窗口中的按钮，回到主场景。

图 2–9 “创建新元件”对话框

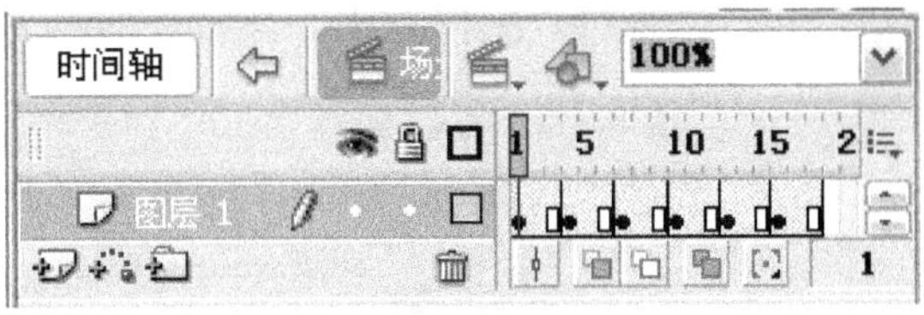

图 2–10 “圣诞车”影片剪辑元件的时间轴

（3）在“图层 2”图层之上添加一个名称为“图层 3”的图层。选中该图层的第 1 帧，将“库”面板内的“圣诞车”影片剪辑元件拖曳到舞台工作区内左边的垂直辅助线处，形成一个“圣诞车”影片剪辑元件的实例。

（4）在“图层 3”图层上面添加一个名称为“图层 4”的图层。选中“图层 4”图层的第 1 帧，将“库”面板内的“圣诞车”影片剪辑元件拖曳到舞台工作区内右边的垂直辅助线处，形成一个“圣诞车”影片剪辑元件的实例。

4. 创建动画

（1）选择工具箱内的“选择工具”，按住 Ctrl 键，选择“图层 3”和“图层 4”图层的第 1 帧。右击选中的帧，弹出帧快捷菜单，选择该菜单中的“创建补间动画”命令，使这两帧具有动作补间动画属性。

（2）按住 Shift 键，选中“图层 3”和“图层 4”图层的第 80 帧，按 F6 键，创建“图层 3”和“图层 4”图层第 1 帧到第 80 帧的动作补间动画。

（3）按住 Shift 键，选中“图层 3”和“图层 4”图层的第 40 帧，按 F6 键，在两个动画的第 40 帧创建一个关键帧。

（4）选中“图层 3”图层的第 40 帧，选中该帧的“圣诞车”影片剪辑实例，按住 Shift 键，用鼠标水平拖曳“圣诞车”影片剪辑实例到中间辅助线的左边，如图 2–11 左图所示。选中“图层 3”图层的第 41 帧，按 F6 键，创建一个关键帧。

图 2–11　第 40 帧和第 41 帧内的“圣诞车”影片剪辑实例

（5）选中“图层 3”图层第 41 帧内的“圣诞车”影片剪辑实例，选择“修改”→“变形”→“水平翻转”命令，将“圣诞车”影片剪辑实例水平翻转。再按照相同的方法，将“图层 3”图层第 80 帧的“圣诞车”影片剪辑实例水平翻转，如图 2–11 右图所示。

（6）按照上述方法，将“图层 4”图层的第 1 帧和第 40 帧内的“圣诞车”影片剪辑实例水平翻转。

（7）选中“图层 4”图层的第 40 帧，选中该帧的“圣诞车”影片剪辑实例，按住 Shift 键，同时水平拖曳“圣诞车”影片剪辑实例到中间辅助线的右边，如图 2–11 左图所示。

（8）选中“图层 4”图层的第 41 帧，选中该帧的“圣诞车”影片剪辑实例，按住 Shift 键，用鼠标水平拖曳“圣诞车”影片剪辑实例到中间辅助线的右边，如图 2–11 右图所示。

至此，整个影片制作完毕。该影片的时间轴如图 2-12 所示。

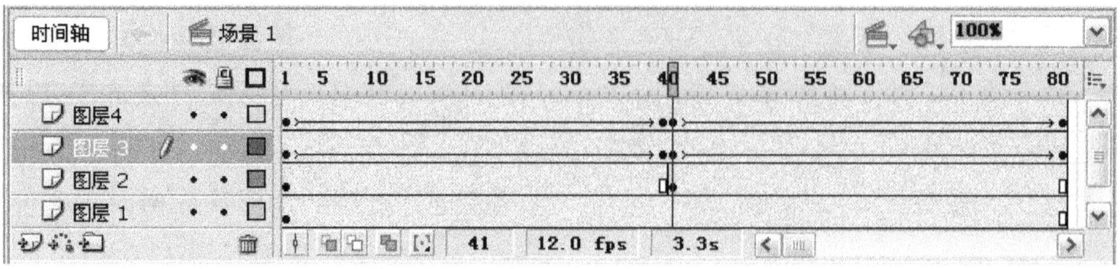

图 2-12 “水平行驶的圣诞车”影片的时间轴

【相关知识】网格、标尺和辅助线

1. 舞台工作区的网格

（1）选择“视图”→“网格”→“显示网格”命令，会在舞台工作区内显示网格。再选择该命令，可取消该命令左边的对勾，同时取消网格。

（2）选择“视图”→“网格”→“编辑网格”命令，弹出“网格”对话框，如图 2-13 左图所示。利用该对话框，可编辑网格颜色、网格线间距，确定是否显示网格，以及移动对象时是否紧贴网格和贴紧网格线的精确度等。加入网格的舞台工作区如图 2-13 右图所示。

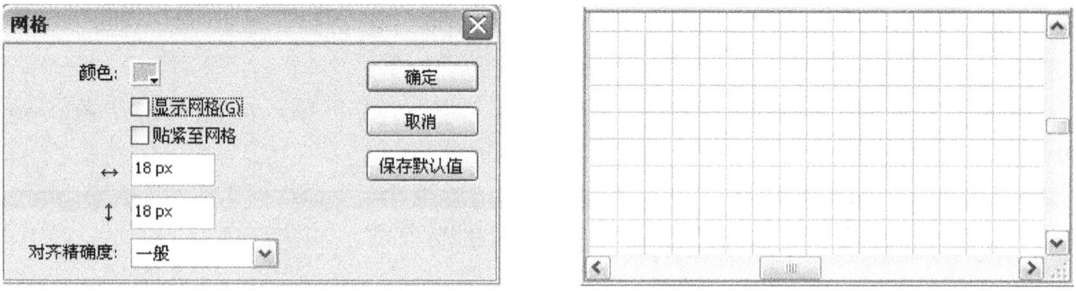

图 2-13 “网格”对话框和加入网格的舞台工作区

2. 舞台工作区的标尺和辅助线

（1）选择“视图”→“标尺”命令，使该命令左边出现对钩，此时会在舞台工作区上边和左边出现标尺。再选择该命令，可取消标尺。

（2）选择“视图”→“辅助线”→“显示辅助线”命令，再单击工具箱中的“选择工具”按钮 ，用鼠标从标尺栏向舞台工作区拖曳，即可产生辅助线，如图 2-14 所示。再选择该命令，可取消辅助线。用鼠标拖曳辅助线，可以调整辅助线的位置。

（3）选择“视图”→“辅助线”→“锁定辅助线”命令，即可将辅助线锁定，此时无法用鼠标拖曳来改变辅助线的位置。

（4）选择“视图”→“辅助线”→“编辑辅助线”命令，会弹出“辅助线”对话框，如图 2-15 所示。利用该对话框可以编辑辅助线的颜色，确定是否显示辅助线、是否对齐辅助线和是否锁定辅助线等。

（5）选择“视图”→“辅助线”→“清除辅助线”命令，可清除辅助线。

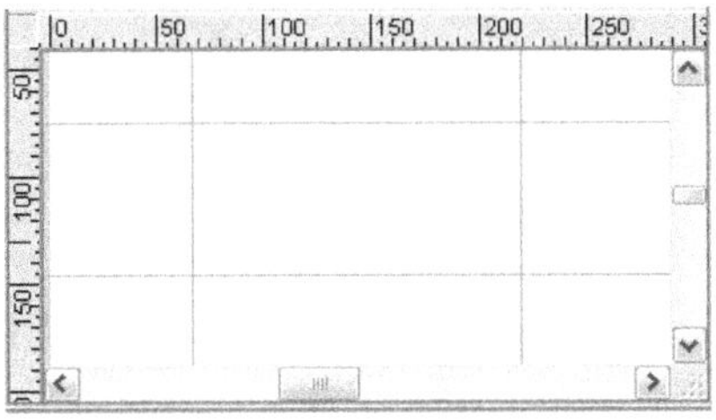

图 2-14　标尺栏和辅助线

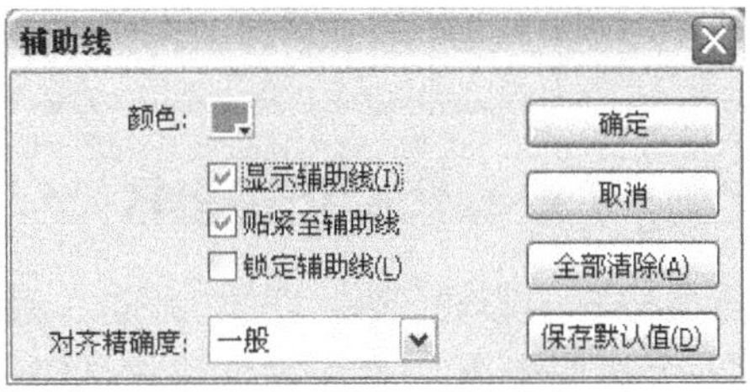

图 2-15　“辅助线”对话框

3. 对齐对象

（1）与网格贴紧：如果选择“网格”对话框（见图 2-12 左图）中的“贴紧至网格”复选框，则以后在绘制、调整和移动对象时，可以自动与网格线对齐。“网格”对话框内的“对齐精确度”下拉列表框中给出了“必须接近”、“一般”、“可以远离”和“总是对齐”4 个选项，表示贴紧网格的程度。

（2）与辅助线贴紧：在舞台工作区中创建了辅助线后，如果在“辅助线”对话框（见图 2-15 所示）中选择“贴紧至辅助线”复选框，则以后在创建、调整和移动对象时，可以自动与辅助线对齐。

（3）与对象贴紧：单击主工具栏内或工具箱“选项”栏（在选择了一些工具后的“选项”栏）内的“贴紧至对象”按钮后，在创建和调整对象时，即可自动与附近的对象贴紧。

如果选择“视图”→“贴紧”→“贴紧至像素”命令，则当视图缩放比率设置为 400%或更高的时候，会出现一个像素网格，它代表将出现单个像素。当创建或移动一个对象时，它会被限定到该像素网格内。如果创建的形状边缘处于像素边界内（例如，使用的笔触宽度是小数形式，如 6.5 像素），则“贴紧至像素”是贴紧像素边界，而不是贴紧图形的边缘。

思考与练习 2-1

（1）在舞台的左边和上边显示标尺，创建 4 条水平辅助线，4 条垂直辅助线，显示网格，网格的颜色为蓝色，水平和垂直间距均为 30px（像素）。

（2）在舞台工作区内绘制 4 幅任意形状的图形，利用滤镜使它们呈立体状。

（3）在舞台工作区内绘制 4 个圆形图形，3 个圆形图形的半径不同，颜色不同，而且圆形图形与舞台工作区的上 4 个边界相切。

（4）制作一个“水平撞击的彩球”影片。该影片播放后的 2 幅画面如图 2-16 所示。在七彩的立体框架内，一个红色彩球从左向右水平移动，同时另一个绿色彩球从右向左水平移动，两个彩球相互撞击后，沿原来的路径返回，周而复始，不断进行。

图 2-16　“水平撞击的彩球”影片播放后的 2 幅画面

2.2 对象的基本操作和对齐对象

【实例 6】撞击框架的四彩球

“撞击框架的四彩球”影片播放后的 2 幅画面如图 2-17 所示。4 个不同颜色的彩球不断依次撞击框架的内边框中点，而且 4 个彩球是错开的。该影片的制作方法如下。

图 2-17 “撞击框架的四彩球”影片播放后的 2 幅画面

1. 制作矩形框架和彩球

（1）设置舞台工作区的宽为 350 像素，高为 150 像素，背景色为白色。选择“视图”→“标尺”命令，使该命令左边出现对钩，在舞台工作区上边和左边添加标尺。

（2）单击工具箱中的“选择工具”按钮，从左边的标尺栏向舞台工作区拖曳两次，产生两条垂直的辅助线，再从上边的标尺栏向舞台工作区拖曳 3 次，产生 3 条水平的辅助线，如图 2-18 所示。这 5 条辅助线用来给矩形框架图形和彩球定位。

（3）按照【实例 5】“水平行驶的圣诞车”影片的制作方法，在“图层 1”图层的第 1 帧内制作一个七彩立体矩形框架。在“图层 1”图层上面创建一个“图层 2”图层，将该图层的名称改为“图像”。选中该图层的第 1 帧，导入一幅图像并调整其大小和位置，如图 2-17 所示。

（4）单击工具箱内的“椭圆工具”按钮，单击工具箱内的“笔触颜色”按钮，再单击“颜色”栏内的“没有颜色”按钮，使绘制的圆形图形没有轮廓线。单击工具箱中“颜色”栏内的“填充色”按钮，弹出颜色板。单击该颜色板左下边的第 4 个图标。

（5）按住 Shift 键，在框架内左边框辅助线处拖曳，绘制一个绿色的立体彩球，如图 2-19 左图所示。单击工具箱内的“颜料桶工具”按钮，再单击绿色立体彩球内左上角，使绿色彩球内的亮点偏移，这样绿色彩球的立体感会更强一些，如图 2-19 右图所示。

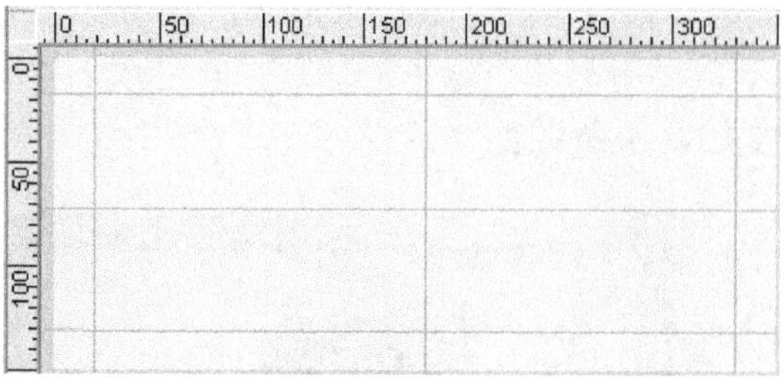

图 2-18 标尺和辅助线

图 2-19 绘制一个绿色的立体球

（6）采用相同的方法，创建“图层 3”图层，在该图层第 1 帧的舞台工作区内绘制一个红色的立体彩球。

2. 制作彩球移动动画

（1）选择工具箱内的“选择工具”，按住 Ctrl 键，同时选中“图层 2”和“图层 3”图层的第 1 帧，右击选中的帧，弹出帧快捷菜单，再选择该快捷菜单中的“创建补间动画”命令，使这两帧具有动作补间动画的属性。

（2）按住 Ctrl 键，选中“图层 2”和“图层 3”图层的第 80 帧，按 F6 键，创建两个图层各自的第 1 帧到第 80 帧的补间动画。

（3）按住 Ctrl 键，选中“图层 2”和“图层 3”图层的第 20、40 和 60 帧，按 F6 键，在两个动画的第 20、40 和 60 帧各创建 3 个关键帧。

（4）选中“图层 1”和“图像”图层的第 80 帧，按 F5 键，创建一个普通帧，使“图层 1”和“图像”图层的第 1 帧到第 80 帧的内容均与第 1 帧内容相同。

（5）按住 Shift 键，单击“图层 2”图层的第 80 帧，再单击“图层 3”图层的第 1 帧，选中“图层 2”和“图层 3”图层的所有帧。右击选中的帧，弹出帧快捷菜单，选择该快捷菜单中的“复制帧”命令，将选中的所有帧组成的动画复制到剪贴板中。

（6）在“图层 3”图层上面添加一个名称为“图层 4”的图层。按住 Shift 键，单击“图层 4”图层的第 80 帧，再单击“图层 4”图层的第 1 帧，选中“图层 4”图层的所有帧。单击鼠标右键，弹出帧快捷菜单，选择该快捷菜单中的“粘贴帧”命令，将剪贴板中的内容粘贴到“图层 4”图层和“图层 5”图层（自动生成的）的第 1 帧到第 80 帧，使“图层 4”图层与“图层 2”图层的内容相同，“图层 5”图层与“图层 3”图层的内容相同。

（7）将除了“图层 1”和“图层 2”图层以外的所有图层隐藏。选中“图层 2”图层的第 20 帧，将彩球调整到框架内上边缘的中心处，如图 2-20 左图所示。

图 2-20 “图层 2”图层第 20、40 帧彩球的位置

（8）选中“图层 2”图层的第 40 帧，将彩球调整到框架内右边缘的中心位置，如图 2-20 右图所示。选中第 60 帧，将彩球调整到框架内下边缘的中心位置。“图层 2”图层的第 1 帧和第 80 帧彩球的位置相同，均在框架内左边缘的中心处。

（9）按照上述方法，调整“图层 3”、“图层 4”和“图层 5”图层各关键帧彩球的位置。调整好后，将除了“图像”图层外的所有图层显示出来。此时，第 1 帧和第 80 帧的画面如图 2-21 左图所示，第 20 帧的画面如图 2-21 右图所示，第 40 帧的画面如图 2-22 左图所示，第 60 帧的画面如图 2-22 右图所示。然后显示“图像”图层。

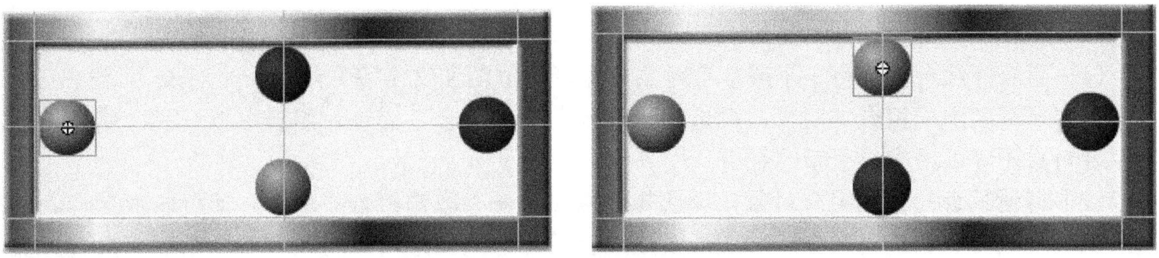

图 2-21 第 1 帧和第 80 帧及第 20 帧的画面

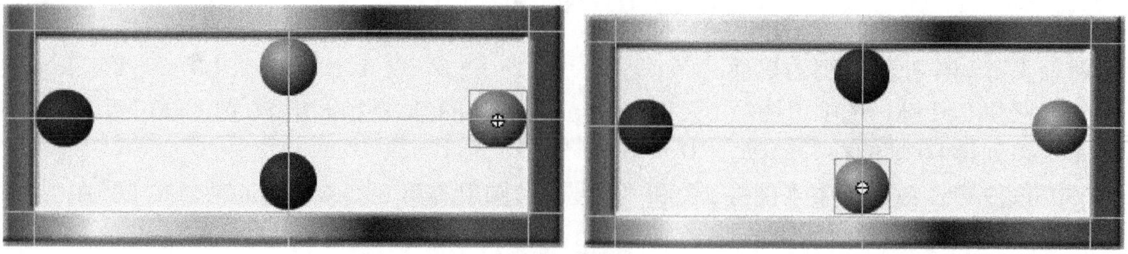

图 2-22　第 40 帧和第 60 帧的画面

至此，该动画制作完毕。该影片的时间轴如图 2-23 所示。

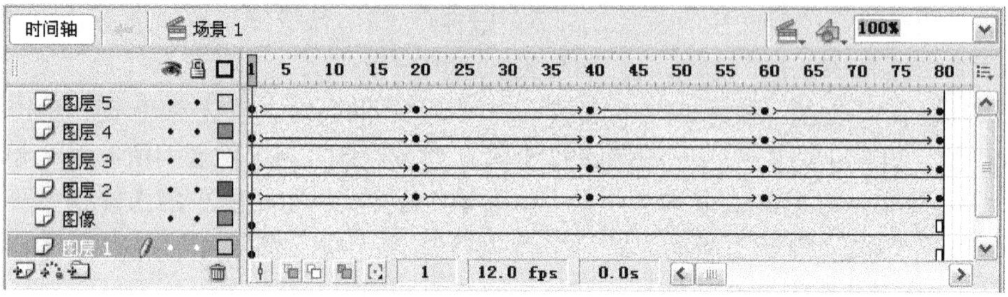

图 2-23　“撞击框架的四彩球”影片的时间轴

【相关知识】对象的基本操作

1. 选择对象

单击工具箱内的“选择工具”按钮，然后就可以选择对象了，操作方法如下。

（1）选取一个对象：单击一个对象，即可选中该对象。

（2）选取多个对象方法一：按住 Shift 键的同时依次单击各对象，可选中多个对象。

（3）选取多个对象方法二：用鼠标拖曳出一个矩形，可将矩形中的所有对象全部选中。

2. 移动、复制和删除对象

（1）用鼠标拖曳选中的对象，可以移动对象。如果在鼠标拖曳对象时按住 Ctrl 键（或 Alt 键），则可以复制被拖曳的对象。

（2）按住 Shift 键的同时拖曳对象，可沿 45° 整数倍角度方向移动对象。如果在鼠标拖曳对象时按住 Ctrl（或 Alt 键）的同时按住 Shift 键，则可沿 45° 整数倍角度方向复制对象。

（3）删除对象：选中要删除的对象，然后按 Delete 键，即可删除选中的对象。另外，选择“编辑”→“清除”（或选择“编辑”→“剪切”命令），也可以删除选中的对象。

3. 组合和取消组合

（1）组合：组合就是将一个或多个对象（图形、位图和文字等）组成一个对象。

选择所有要组成组合的对象，再选择“修改”→“组合”命令。组合可以嵌套，就是说几个组合对象还可以组成一个新的组合。

（2）取消组合：选择组合对象，再选择“修改”→“取消组合”命令，即可取消组合。组合对象和一般对象的区别是把一些图形组成组合后，这些图形可以将其作为一个对象来进行操作，例如复制、移动、旋转与倾斜等。

前面章节中介绍过，在同一层中，后画的图形会覆盖先画的图形，在移出后画的图形时，会将覆盖部分的图形擦除。但是对象组合后，将后画的组合对象移出后，不会将覆盖部分的图形擦除。另外，也不能用橡皮擦工具擦除。

4. 利用“信息”面板精确定位对象

使用选择工具选中对象。再选择“窗口”→“信息”命令，弹出“信息”面板，如图 2–24 所示。利用“信息”面板可以精确地调整对象的位置与大小，获取颜色的有关数据和鼠标指针位置的坐标值。“信息”面板的使用方法如下。

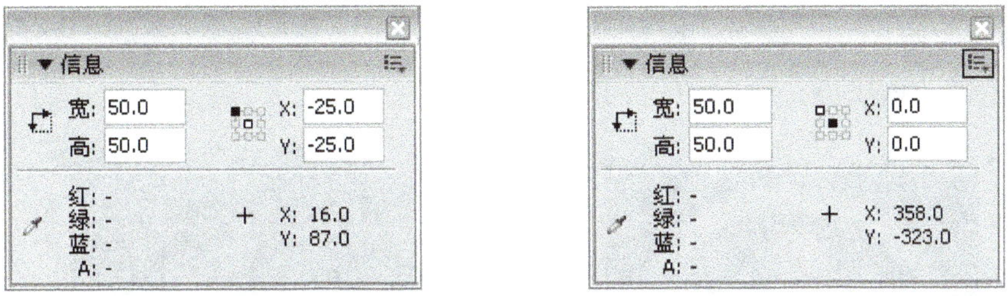

图 2–24 “信息”面板

（1）“信息”面板左下角给出了线和图形等对象当前（即鼠标指针指示处）颜色的 R、G、B 和 Alpha 的值。右下角给出了当前鼠标指针位置的坐标值。随着鼠标指针的移动，R、G、B、Alpha 和鼠标坐标值也会随着改变。

（2）“信息”面板中的“宽”和“高”文本框内给出了选中对象的宽度和高度值（单位为像素）。改变文本框内的数值，按 Enter 键，即可改变选中对象的大小。

（3）“信息”面板中的“X”和“Y”文本框内给出了选中对象的坐标值（单位为像素）。改变文本框内的数值，按 Enter 键，即可改变选中对象的位置。选中“X”和“Y”文本框左边的 9 个小方块中中间的白色小方块，使其变为黑色，则表示给出的是对象中心的坐标值；在选中左上角的小方框时，表示对象外切矩形左上角的坐标。

5. 利用“属性”面板精确定位对象

利用“属性”面板中左下角的“宽”和“高”文本框可以精确地调整对象的大小，利用“X”和“Y”文本框可以精确地调整对象的位置，如图 2–25 所示。

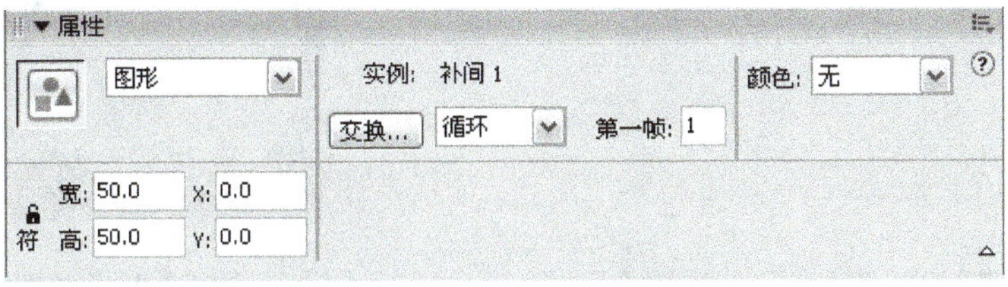

图 2–25 “属性”面板

思考与练习 2–2

（1）修改【实例 6】“撞击框架的四彩球”影片，使相邻的两个彩球的颜色不同。

（2）制作一个“垂直跳跃四彩球”动画，该影片播放后，4 个彩球上下垂直移动，4 个彩球的颜色不同，半径均为 50 像素，每一瞬间的垂直位置和水平位置均相差 20 像素。

2.3 改变对象的形状

【实例 7】公司徽标

“公司徽标”图形如图 2-26 所示。该图形的制作方法如下。

1. 制作立体圆形框架

（1）创建一个宽 300 像素，高 300 像素，背景色为黑色的舞台工作区。

（2）选择“视图”→“标尺”命令，在舞台工作区上边和左边显示标尺。创建一条垂直的辅助线和一条水平的辅助线，如图 2-27 所示。

图 2-26 “公司徽标”图形

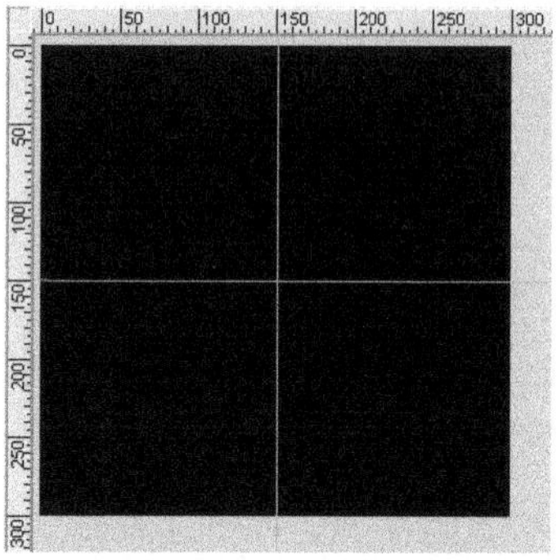

图 2-27 辅助线

（3）选择工具箱中的“椭圆工具”，设置笔触颜色为无，填充色为黄色。按住 Alt+Shift 组合键，将鼠标指针移到两条辅助线的交点处，按下鼠标左键，拖曳鼠标绘制一个以两条辅助线的交点为圆心的黄色圆形图形。

（4）选择工具箱中的“选择工具”，选中黄色圆形图形，在其“属性”面板中的“宽”和“高”文本框中均输入 260，在“X”和“Y”文本框内均输入 20，如图 2-28 所示。此时的黄色圆形图形如图 2-29 所示。

图 2-28 “属性”面板设置

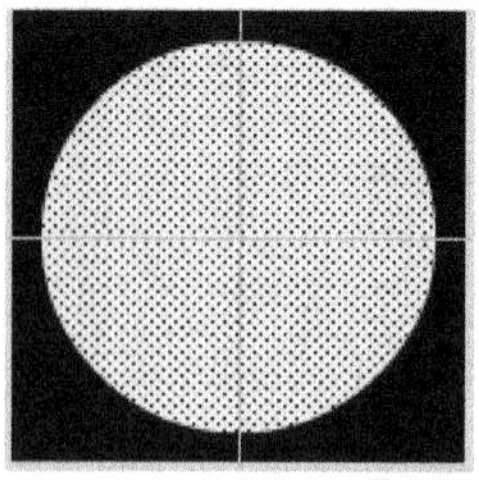

图 2-29 黄色圆形图形

（5）使用工具箱中的“椭圆工具”，设置笔触颜色为绿色，填充色为无。按住 Alt+Shift 组合键，将鼠标指针移到两条辅助线的交点处，按下鼠标左键，拖曳鼠标绘制一个以两条辅助线的交点为圆心的圆形轮廓线。

（6）使用工具箱内的“选择工具”，单击圆形轮廓线内部的圆形图形，按 Delete 键，删除选中的圆形图形，形成圆形框架图形，如图 2-30 所示。

（7）参考【实例 5】“水平行驶的圣诞车”影片中所述的方法，将圆形框架图形转换为影片剪辑实例，再添加“斜角”滤镜效果，圆形框架图形加工后的效果如图 2-31 所示。

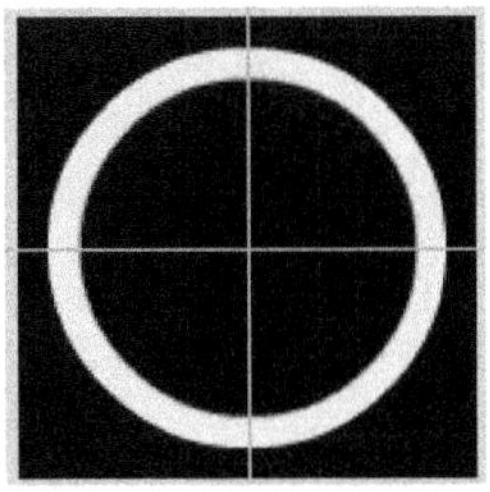

图 2–30　圆形框架图形

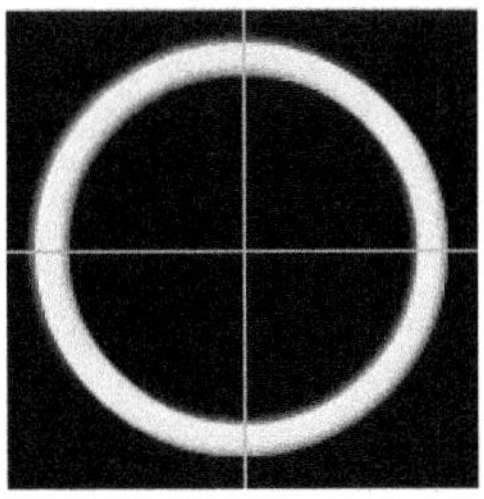

图 2–31　滤镜处理效果

2. 制作圆形框架内的图形

（1）在“图层 1”图层之上增加一个“图层 2”图层。将“图层 1”图层锁定。选中“图层 2”图层的第 1 帧，选择工具箱中的“椭圆工具”，设置笔触颜色为无，填充色为黄色。在舞台工作区的外边绘制一个黄色圆形，如图 2–32 所示。

（2）设置笔触颜色为无，填充色为蓝色。在舞台工作区外边绘制一个蓝色椭圆。选择工具箱内的“选择工具”，将蓝色椭圆移到黄色圆形处，覆盖其中的一部分，如图 2–33 所示。

（3）按 Delete 键，删除红色椭圆形图形，并将覆盖的黄色圆形图形删除，形成黄色月牙图形，效果如图 2–34 所示。

图 2–32　黄色圆形图形

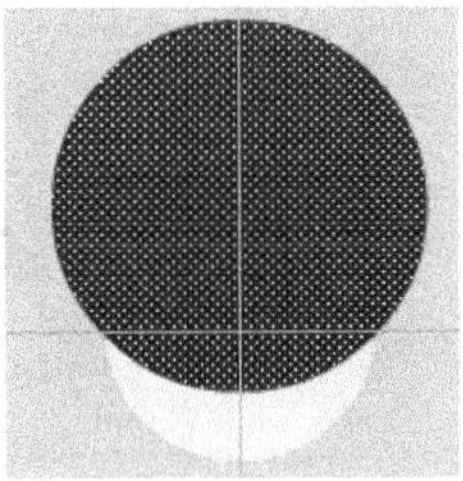

图 2–33　红色椭圆形图形

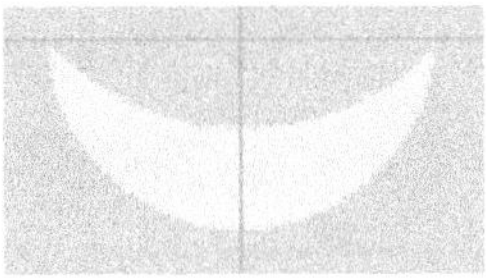

图 2–34　删除后的图形

（4）选择工具箱中的“选择工具”，单击图形对象外的舞台工作区，不选中要改变形状的黄色月牙图形。将鼠标指针移到图形的边缘处，会发现鼠标指针右下角出现一个小弧线。此时，用鼠标拖曳此线，即可看到被拖曳的线形状发生了变化，如图 2–35 左图所示。当松开鼠标左键后，图形形状发生了变化，如图 2–35 右图所示。

（5）绘制一条垂直的红色线条，选择工具箱中的“选择工具”，拖曳黄色月牙图形的边缘，如图 2–36 左图所示。当松开鼠标左键后，图形发生了变化，如图 2–36 右图所示。

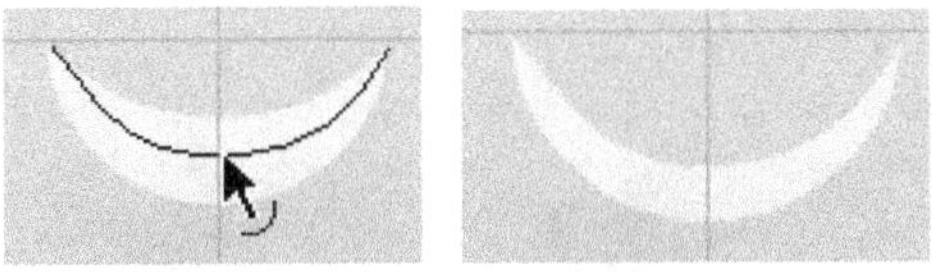

图 2–35　调整黄色圆形图形形状

图 2–36　红色椭圆形图形

（6）按照上述方法，改变黄色月牙图形左半边的形状，如图 2–37 左图所示。双击水平红色线条，选中垂直红色线条，按 Delete 键，删除选中的垂直红色线条。

（7）按照上述方法，继续修改图形的形状。还可以单击主工具栏内的“平滑”按钮，使图形的轮廓线平滑；选择工具箱中的“橡皮擦工具”，擦除多余的图形。

（8）单击工具箱中的“选择工具”，选中图形，再选择“修改”→“变形”→“套封”

命令。此时，选中的图形四周会出现许多控制柄，拖曳控制柄，调整图形的形状，效果如图 2–38 所示。

（9）选择工具箱中的“任意变形工具”，调整该图形的大小，如图 2–39 所示。然后，绘制一个黄色矩形和圆形图形，将它们移到图 2–36 右图所示的图形之上，如图 2–40 所示。

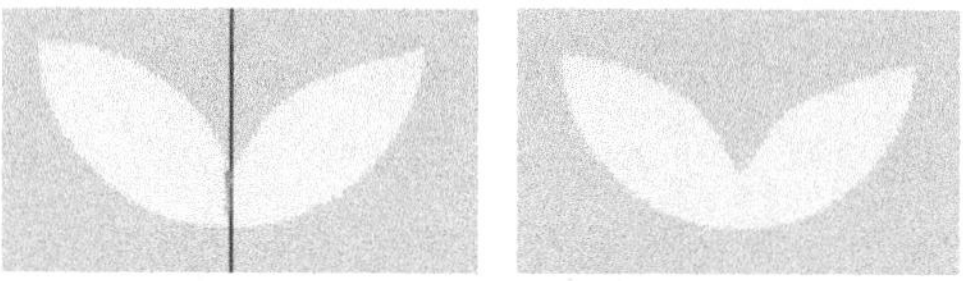

图 2–37　改变形状和删除线

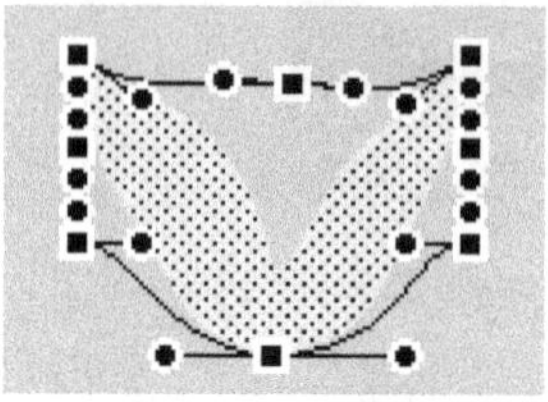

图 2–38　套封调整

图 2–39　调整后的图形

（10）将图 2–40 所示的图形移到立体圆形框架内，如图 2–41 所示。再将图形转换为影片剪辑实例，然后添加“斜角”滤镜效果。

图 2–40　添加黄色矩形和圆形

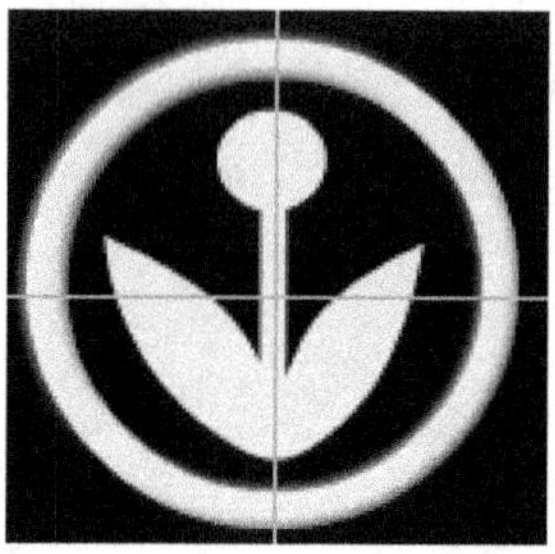

图 2–41　移到立体圆形框架内

【相关知识】改变对象的形状

1. 使用选择工具改变图形形状

可以改变形状的对象有矢量图形，打碎的位图、文字、组合和实例等对象。

（1）选择工具箱中的“选择工具”，单击图形对象外的舞台工作区，不选中要改变形状与大小的对象。

（2）将鼠标指针移到线、轮廓线或填充的边缘处，会发现鼠标指针右下角出现一个小弧线（指向线边处时），如图 2–42 左图所示；或小直角线（指向线端或折点处时），如图 2–42 右图所示。此时，用鼠标拖曳线，即可看到被拖曳的线形状发生了变化，如图 2–42 所示。当松开鼠标左键后，图形发生了大小与形状的变化，如图 2–43 所示。

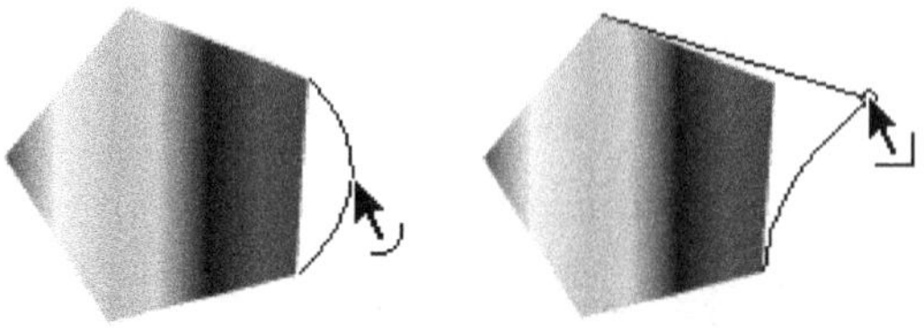

图 2–42　使用选择工具改变图形形状

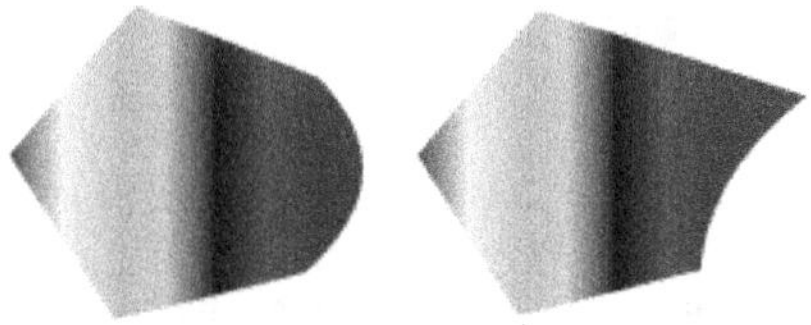

图 2–43　改变形状后的图形

2. 切割图形

可以切割的对象有矢量图形，打碎的位图、文字、组合和实例对象等，切割对象通常可以采用下述 3 种方法。

（1）选择工具箱中的“选择工具”，拖曳出一个矩形，选中图形的一部分，如图 2-44 左图所示。拖曳图形中选中的部分，即可将选中的部分分离，如图 2-44 右图所示。

（2）在要切割的图形上边绘制一条细线，如图 2-45 左图所示。选择“选择工具”，选中被线分割的一部分图形，拖曳移开被选中的图形，如图 2-45 右图所示。最后将细线删除。

（3）在要切割的图形对象上边绘制一个图形（例如，在圆形图形之上绘制一个矩形），再使用选择工具选中新绘制的图形，并将其移出，如图 2-46 所示。

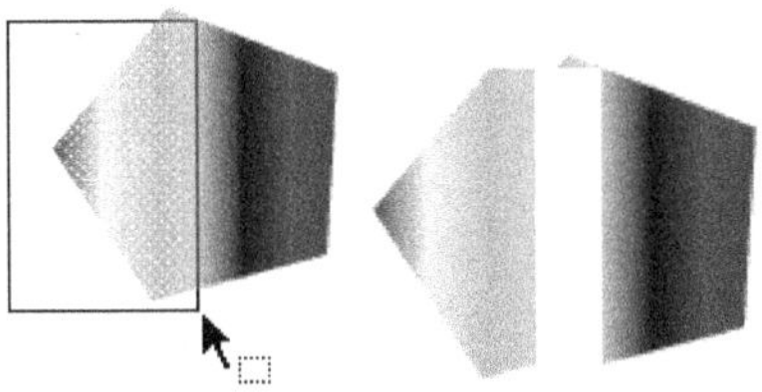

图 2-44　切割图形 1

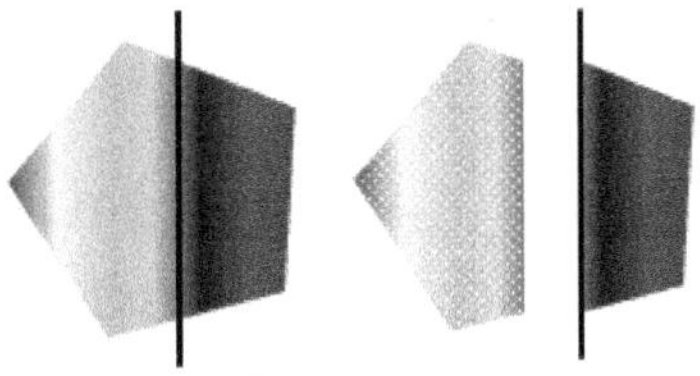

图 2-45　切割图形 2

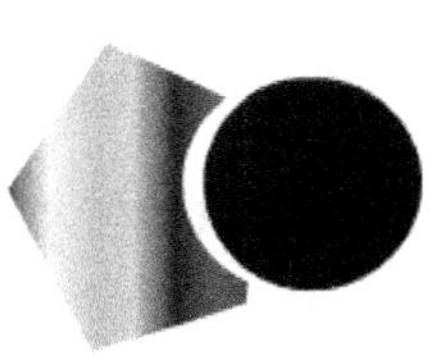

图 2-46　切割图形 3

3. 橡皮擦工具

单击工具箱中的“橡皮擦工具”按钮，工具箱中“选项”栏内会显示出两个按钮和一个下拉列表框。各选项的作用如下。

（1）“水龙头”按钮：单击该按钮后，鼠标指针呈状。再单击一个封闭的有填充的图形内部，即可将所有填充擦除。

（2）“橡皮擦形状”下拉列表框：单击它右边的箭头按钮，会弹出一个下拉列表框，利用它可以选择橡皮擦的形状与大小。

（3）“橡皮擦模式”按钮：单击该按钮后，可调出一个下拉菜单。利用它可以设置擦除方式，其中各命令的作用如下。

◎“标准擦除”命令：选择此命令后，鼠标指针呈橡皮状，拖曳擦除图形时，可以擦除鼠标指针拖曳过的矢量图形、线条、打碎的位图和文字。

◎“擦除填色”命令：选择此命令后，拖曳擦除图形时，只可以擦除填充和打碎的文字。

◎“擦除线条”命令：选择此命令后，拖曳擦除图形时，只可以擦除线条和轮廓线。

◎“擦除所选填充”命令：选择此命令后，拖曳擦除图形时，只可以擦除已选中的填充和分离的文字，不包括选中的线条、轮廓线和图像。

◎“内部擦除”命令：选择此命令后，拖曳擦除图形时，只可以擦除填充。

不管使用哪一种擦除方式，都不能够擦除没有打碎的文字与位图。但可以擦除填充的图像。

4. 对象一般变形调整

单击工具箱内的“选择工具”按钮，选中对象，再选择“修改”→“变形”命令，弹出其子菜单，如图 2-47 所示。利用该子菜单中的命令，可以将选中的对象进行各种变形等。注意：对于文字、组合、图像和实例等，菜单命令中的“扭曲”和“封套”命令是不可以使用的。

另外，使用“任意变形工具”，也可以进行封套、缩放、旋转与倾斜等变形。选中对象后，再单击工具箱中的“任意变形工具”按钮，此时工具箱的“选项”栏如图 2-48 所示。对象的变形通常是先选中对象，再进行对象变形的操作。下面介绍对象的变形方法。

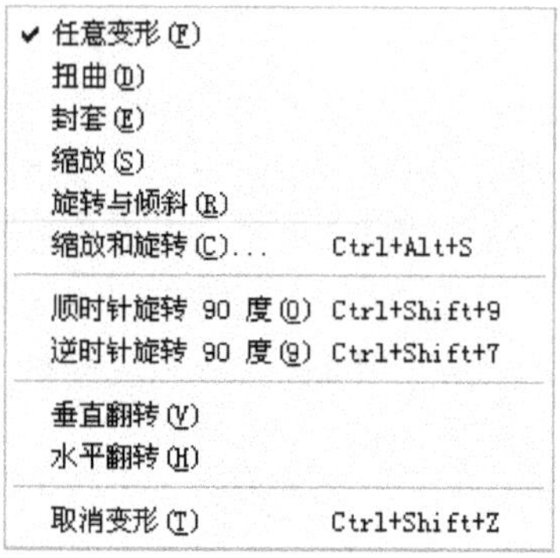

图 2-47 变形菜单

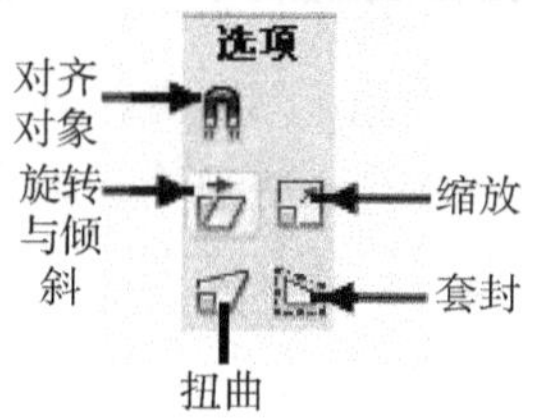

图 2-48 任意变形工具箱的“选项”栏

（1）对象旋转与倾斜调整方法：选中要调整的对象，选择“修改”→“变形”→“旋转与倾斜”命令或单击“任意变形工具”按钮，再单击“选项”栏中的“旋转与倾斜”按钮。此时，选中对象的四周会出现 8 个黑色方形控制柄，中间有一个圆形中心标记。

将鼠标指针移到四周控制柄处，当鼠标指针呈转圈箭头状时拖曳鼠标，可围绕中心标记旋转对象。拖曳中心标记，可改变它的位置。将鼠标指针移到 4 个角的控制柄处，当鼠标指针呈旋转的单箭头状时，拖曳鼠标可使对象旋转，如图 2-49 所示。将鼠标指针移到 4 个边的控制柄处，当鼠标指针呈两个平行的箭头状时拖曳鼠标，可使对象倾斜，如图 2-50 所示。

图 2-49 旋转对象

图 2-50 倾斜对象

（2）对象缩放与旋转对象调整方法：选中要调整的对象，选择“修改”→“变形”→“缩放和旋转”命令或单击“任意变形工具”按钮，再单击“选项”栏中的“缩放”按钮。选中的对象 4 周会出现 8 个黑色方形控制柄。

将鼠标指针移到 4 个角的控制柄处，当鼠标指针呈双箭头状时，拖曳鼠标，即可在 4 个方向缩放调整对象的大小，如图 2-51 所示。将鼠标指针移到 4 个边的控制柄处，当鼠标指针变成双箭头状时，拖曳鼠标，即可在垂直或水平方向调整对象的大小，如图 2-52 所示。

图 2-51 等比缩放调整对象大小

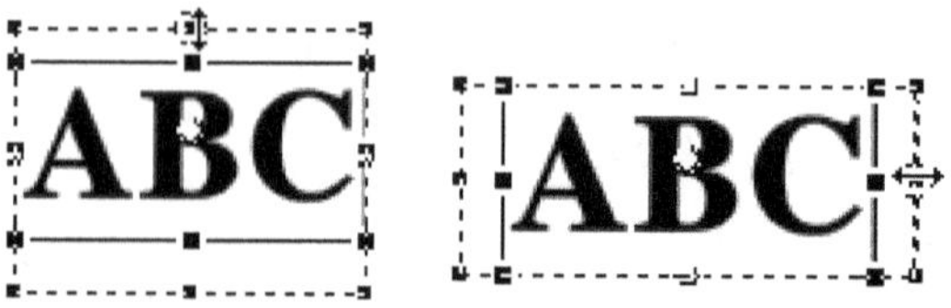

图 2-52 单方向调整对象大小

如果按住 Alt 键，同时拖曳鼠标，则会在单方向调整对象的大小。

（3）扭曲对象的方法：选中要调整的对象，选择“修改”→“变形”→“扭曲”菜单命令或单击“任意变形工具”按钮，再单击“选项”栏内的“扭曲”按钮。

将鼠标指针移到四周的控制柄处，当鼠标指针呈白色箭头状时，拖曳鼠标，可使对象扭曲，如图 2–53 所示（左图和中图）。按住 Shift 键，用鼠标拖曳 4 个角的控制柄，可以对称地进行扭曲调整（也叫透视调整），如图 2–53 右图所示。

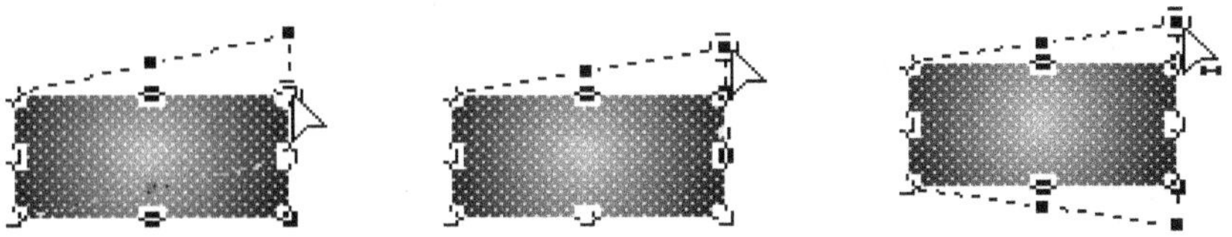

图 2–53　扭曲对象

（4）对象封套调整方法：选中要调整的对象，选择“修改”→“变形”→“封套”命令或单击“任意变形工具”按钮，再单击“选项”栏内的“封套”按钮。

然后，将鼠标指针移到 4 周的控制柄处，当鼠标指针呈白色箭头状时，拖曳黑色正方形控制柄（如图 2–54 左图和中图所示）或圆形切线控制柄（如图 2–54 右图所示），可以使对象呈封套变化，如图 2–54 所示。

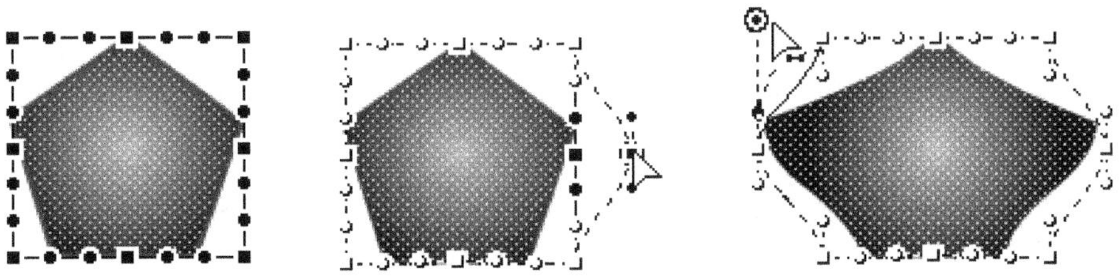

图 2–54　封套调整

（5）对象任意变形的调整方法：选中要调整的对象，选择“修改”→“变形”→“任意变形”命令或单击“任意变形工具”按钮。根据鼠标指针的形状，拖曳控制柄，可以调整对象的大小、旋转角度和倾斜角度等。拖曳中心标记，可改变中心标记的位置。

5. 对象精确变形调整

（1）精确调整对象的缩放和旋转角度：选择“修改”→“变形”→“缩放与旋转”命令，弹出“缩放和旋转”对话框，如图 2–55 左图所示。在该对话框的“缩放”文本框内输入缩放值，在“旋转”文本框中输入旋转角度值，单击“确定”按钮，即可将选中的对象按设定值的缩放和按设定的角度旋转。

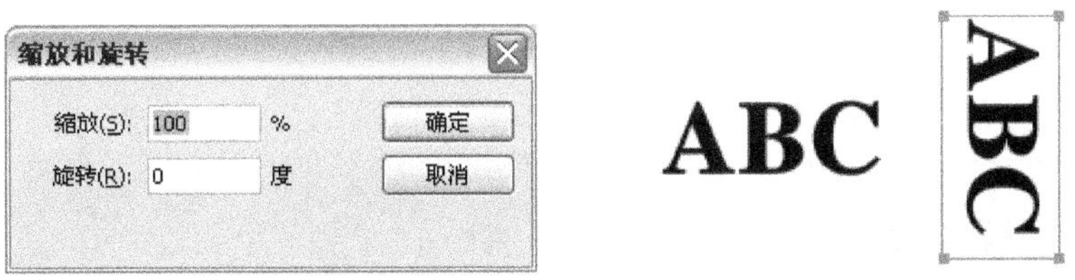

图 2–55　“缩放和旋转”对话框和顺时针旋转 90 度

（2）90 度旋转对象：选择“修改”→“变形”→“顺时针旋转 90 度”命令，可将选中的对象顺时针旋转 90°，如图 2–55 右图所示。选择“修改”→“变形”→“逆时针旋转 90 度”命令，可将选中对象逆时针旋转 90°。

（3）垂直翻转对象：选择“修改”→“变形”→“垂直翻转”命令。

（4）水平翻转对象：选择“修改”→“变形”→“水平翻转”命令。

（5）使用“变形”面板调整对象：使用工具箱中的“选择工具”选中对象。选择“窗口”→“设计面板”→“变形”命令，弹出“变形”面板，如图 2-56 所示。利用该面板可以精确地调整对象的缩放、旋转与倾斜。调整的方法如下。

图 2-56 “变形”面板

◎ 在文本框内输入缩放百分比值，按 Enter 键，即可改变选中对象的水平宽度；单击面板右下角的按钮，即可复制一个改变了水平宽度的被选中的对象。在文本框内输入缩放百分比值，按 Enter 键，即可改变选中对象的垂直宽度；单击面板右下角的按钮，即可复制一个改变了垂直宽度的被选中的对象。单击该面板右下角的按钮后，可以使被选中的对象恢复变换前的状态。

◎ 如果没有选中“约束”复选框，则与文本框内的数据可以不一样。如果选中了该复选框，则会强制使两个文本框内的数值相同，即保证选中对象的宽高比不变。

（6）对象的旋转：选择“旋转”单选按钮，在其右边的文本框内输入旋转的角度，再按 Enter 键（或单击按钮），即可按指定的角度将选中的对象旋转（或复制一个旋转的对象）。

（7）对象的倾斜：选择“倾斜”单选按钮，在其右边的文本框内输入倾斜的角度，然后按 Enter 键（或单击按钮），即可按指定的角度将选中的对象旋转（或复制一个倾斜的对象）。图标右边的文本框表示以底边为准来倾斜，图标右边的文本框表示以左边为准来倾斜。

思考与练习 2-3

（1）绘制如图 2-57 所示的 3 幅公司徽标图形。

图 2-57　公司徽标图形

（2）设计一个网页 LOGO 图案。

2.4　多个对象的编辑

【实例 8】花丛蝴蝶飞

“花丛蝴蝶飞”影片播放后可以看到，在花丛中，9 只蝴蝶排成一字线，然后从下向上慢慢飞翔，其中的一幅画面如图 2-58 所示。该影片的制作方法如下。

1. 制作影片剪辑元件和实例

（1）设置舞台工作区宽为 600 像素，高为 300 像素，背景色为白色。

（2）选择“文件”→“导入”→“导入到库”命令，弹出“导入到库”对话框。利用该对话框，导入一幅风景图像和 5 个 GIF 格式的蝴蝶飞动画导入到“库”面板中。同时，“库”面板中自动生成了 5 个影片剪辑元件，其内分别是 GIF 格式的蝴蝶飞动画（如果各关键帧画面有白色背景，可以将图像打碎后擦除白色背景）。

图 2-58 “花丛蝴蝶飞”影片播放后的一幅画面

（3）将 5 个影片剪辑元件的名称分别改为“蝴蝶 1”、“蝴蝶 2”、…、“蝴蝶 5”。

（4）选择“窗口”→“库”命令，弹出“库”面板。单击工具箱内的“选择工具”按钮，选中“图层 1”图层第 1 帧。将“库”面板内的风景图像拖曳到舞台工作区内。将风景图像调整得与舞台工作区大小一样，并完全将舞台工作区覆盖。

（5）在“图层 1”图层上添加一个“图层 2”的图层，将“图层 1”图层锁定并隐藏。选中“图层 2”图层的第 1 帧，将“库”面板内的“蝴蝶 1”、“蝴蝶 2”、…、“蝴蝶 5”影片剪辑元件依次拖曳到舞台工作区内。

（6）调整舞台工作区内 5 个影片剪辑实例的大小和位置。然后将其中的 4 个影片剪辑实例分别复制一份，水平排列，如图 2-59 所示。

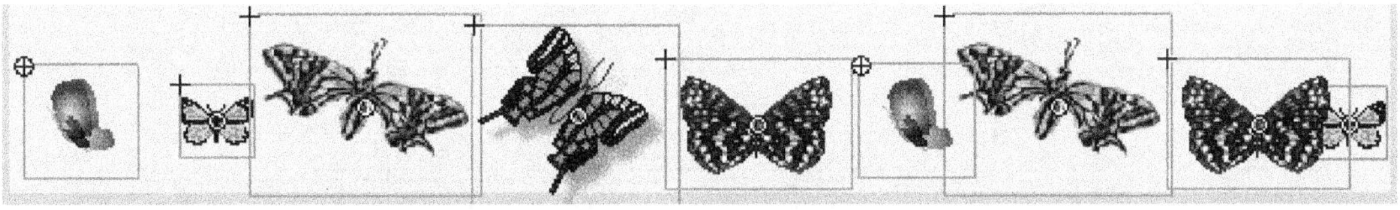

图 2-59　9 个影片剪辑实例

2. 制作动画

（1）选择工具箱内的“选择工具”，拖曳选中 9 个影片剪辑实例，如图 2-59 所示。选择“窗口”→“对齐”命令，弹出“对齐”面板，如图 2-60 所示。

（2）单击“对齐”面板内的“底对齐”按钮，使选中的所有对象底部对齐；单击“对齐”面板内的“水平平均间隔”按钮，使选中的所有对象水平间隔相同，如图 2-61 所示。

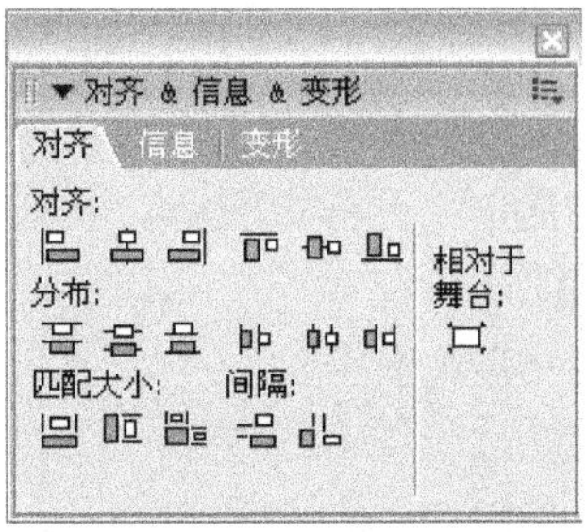

图 2-60 “对齐”面板

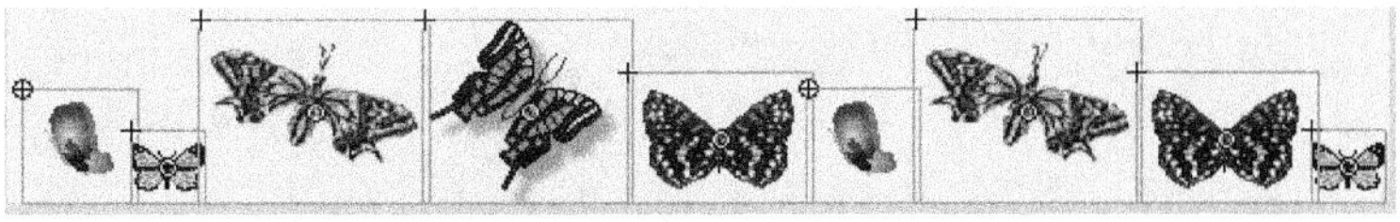

图 2-61　使选中的所有对象水平间隔相等

（3）此时，时间轴如图 2-62 所示。选中“图层 2”图层的第 1 帧，选择“修改”→“时间轴”→“分散到图层”命令，即可将“图层 2”图层第 1 帧内的对象分配到不同图层的第 1 帧中，原来“图层 2”图层第 1 帧内的对象消失。此时，时间轴如图 2-63 左图所示。

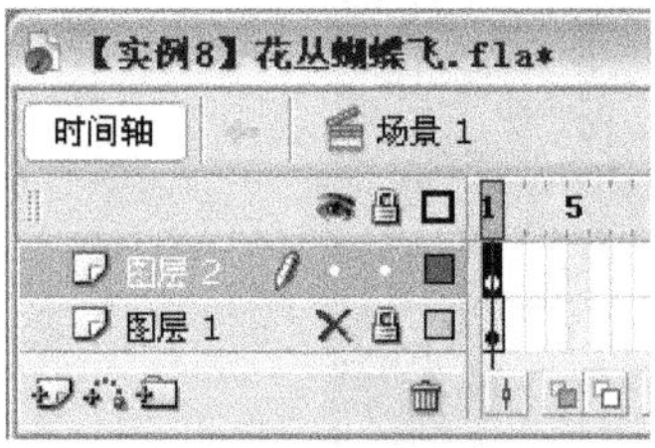

图 2-62　时间轴

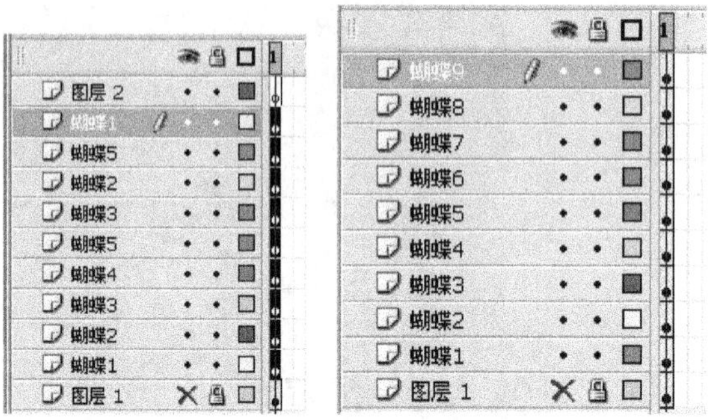

图 2-63　分散到图层效果和修改图层

（4）将“图层 2”图层删除。对各图层的名称进行修改，如图 2-63 右图所示。

（5）按住 Shift 键，单击“蝴蝶 1”图层第 1 帧和“蝴蝶 9”图层第 1 帧，选中这两个图层之间 9 个图层的第 1 帧，单击鼠标右键，弹出帧快捷菜单，选择该快捷菜单中的“创建补间动画”命令，使这 9 个关键帧具有补间动作动画的属性。

（6）按住 Shift 键，单击“花丛蝴蝶飞 1”图层的第 1 帧和“花丛蝴蝶飞 8”图层的第 80 帧，按 F6 键，创建 9 个图层第 1 帧到第 80 帧的补间动画。垂直向上拖曳 9 个影片剪辑实例到舞台工作区内的顶部，完成 9 只蝴蝶向上飞翔动画的制作。此时的时间轴如图 2-64 所示。

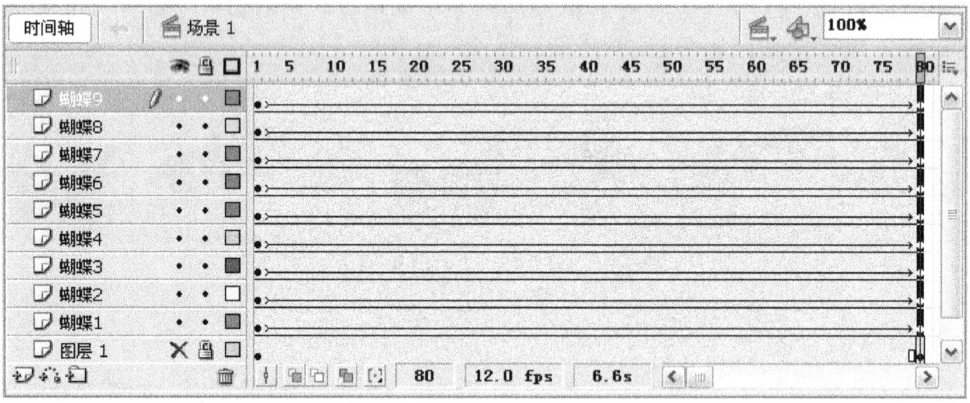

图 2-64　“花丛蝴蝶飞”影片的时间轴

【相关知识】编辑多个对象

1. 多个对象对齐

可以将多个对象以某种方式排列整齐。例如，图 2-65 左图中所示的 3 个对象，原来在垂直方向参差不齐，经过对齐操作（垂直方向与顶部对齐）就整齐了，如图 2-65 右图所示。具体操作方法是先选中要参与排列的所有对象，再进行下面操作中的一种操作。

◎ 选择“修改”→“对齐”→“××××”命令（此处是“顶对齐”命令）。

◎ 选择“窗口”→“对齐”命令或单击工具栏中的“对齐”按钮，弹出“对齐”面板，如图 2-60 所示。单击“对齐”面板中的相应按钮（每组只能单击一个按钮）。

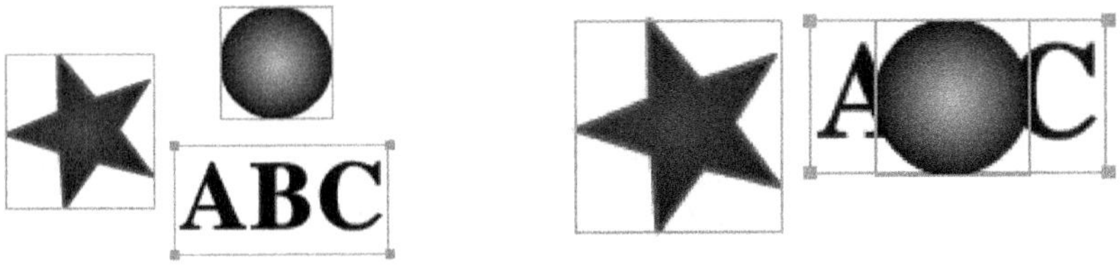

图 2-65　在垂直方向顶部对齐对象

“对齐”面板中各组按钮的作用如下。

（1）“对齐”栏：在水平方向（左边的 3 个按钮）可以选择左对齐、水平中齐和右对齐。在垂直方向（右边的 3 个按钮）可以选择上对齐、垂直中齐和底对齐。

（2）“分布”栏：在水平方向（左边的 3 个按钮）或垂直方向（右边的 3 个按钮），可以选择以中心为准或以边界为准的排列分布。

（3）“匹配大小”栏：可以选择使对象的高度相等、宽度相等或高度与宽度都相等。

（4）“间隔”栏：等间距控制，在水平方向或垂直方向等间距分布排列。使用“分布”和“间隔”栏的按钮时，必须先选中 3 个或 3 个以上的对象。

（5）“相对于舞台”：按下它后，可以以整个舞台为标准，进行排列。它抬起时，以选中的对象所在区域为标准，进行排列对齐。

2. 层次排列

同一图层中不同对象互相叠放时，存在着对象的层次顺序（即前后顺序）。这里所说的对象，不包含绘制的图形，也不包括分离的文字和位图图像，可以是文字、位图图像和组合。这里介绍的层次指的是同一图层的内部对象之间的层次关系，而不是以后将讲述的 Flash 的图层之间的层次关系，二者一定要分清。对象的层次顺序（前后顺序）是可以改变的。选择“修改”→“排列”→“××××”命令，可以调整对象的前后次序。

3. 分散到图层

可以将一个图层的某一帧内多个对象分散到不同图层的第 1 帧中。方法是，选中要分散的对象所在的帧，选择“修改”→“时间轴”→“分散到图层”命令，即可将选中帧内的对象分配到不同图层的第 1 帧中。新图层是系统自动添加的，选中帧内的所有对象消失。

思考与练习 2-4

（1）参考【实例 8】“花丛蝴蝶飞”影片的制作方法，制作一个“云中气球飘动”影片，该影片播放后，多个不同的气球从下向上飘动。

（2）参考【实例 8】影片的制作方法，制作多个不同颜色彩球水平来回移动的影片。

2.5　绘制模式和合并对象

【实例 9】网页 LOGO

“网页 LOGO”图像如图 2-66 所示。在该图像中，蓝色的城墙代表了万里长城，红色建筑图像代表了北京建筑，绿色树叶图像象征了绿色环保。该图像的制作方法如下。

1. 制作城墙图像

（1）设置舞台工作区的宽为 300 像素、高为 260 像素，背景色为白色。选择“视图”→“网格”→“编辑网格”命令，弹出“网格”对话框，选择“编辑网格”复选框，设置网格的宽和高均为 15 像素。单击“确定”按钮，在舞台工作区内显示网格。

图 2-66 “网页 LOGO”图像

（2）单击工具箱中的“矩形工具”按钮，设置无笔触颜色，填充色为蓝色。单击其“选项”栏中“对象绘制”按钮。然后绘制一个矩形（矩形形状），如图 2-67 所示。该矩形的宽为 30 像素，高为 45 像素，“属性”面板设置如图 2-68 所示。

（3）绘制一个红色矩形形状，如图 2-69 所示。红色矩形形状的宽度为 15 像素，高 45 像素。将红色矩形移到蓝色矩形之上，使它们相交一部分，如图 2-69 所示。

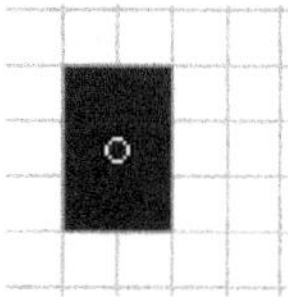

图 2-67 蓝色矩形

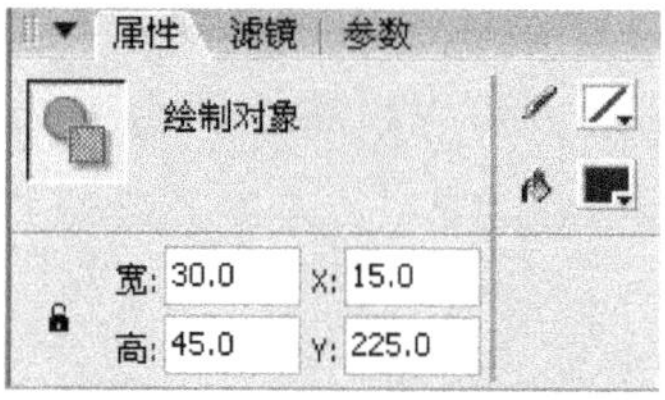

图 2-68 “属性”面板设置

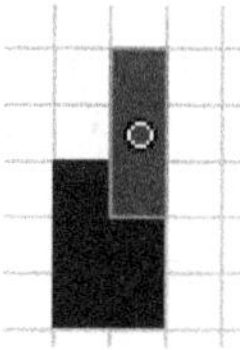

图 2-69 红色矩形

（4）选择工具箱内的“选择工具”，将两个矩形都选中，如图 2-70 左图所示。选择“修改”→“合并对象”→“打孔”命令，加工后的形状图像如图 2-70 右图所示。

（5）按住 Alt 键，用鼠标拖曳图 2-70 右图所示图像，复制 1 幅图像。再重复操作 7 次，一共复制 8 幅图像。将它们在水平方向排齐，水平间距为 0。

（6）选择工具箱内的“选择工具”，将 9 幅图像都选中，选择“修改”→“对齐”→“顶对齐”命令，即可将 9 幅图像顶部对齐，如图 2-71 所示。

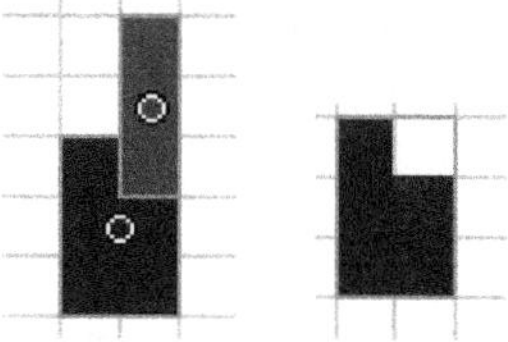

图 2-70 打孔效果

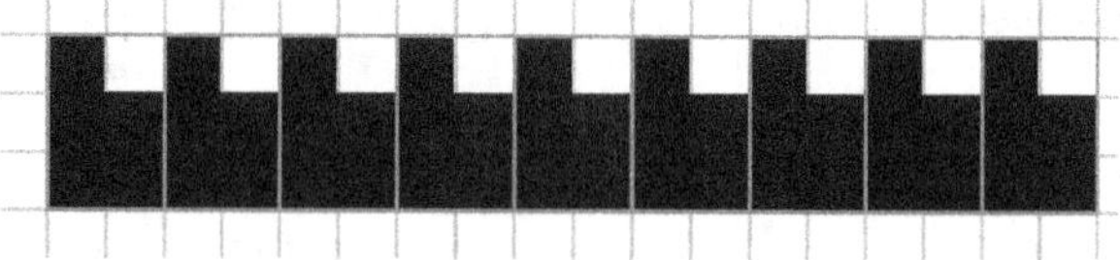

图 2-71 复制 8 个图像

（7）选择“修改”→“合并对象”→“联合”命令，将选中的图像联合成一幅图像。

（8）绘制一个红色矩形图形，将图 2-71 所示图像右边的 15 个像素宽的矩形遮盖住，如图 2-72 所示。使用工具箱内的选择工具将所有形状图像都选中。选择“修改”→“合并对象”→“打孔”命令，加工后的城墙形状图像如图 2-73 所示。

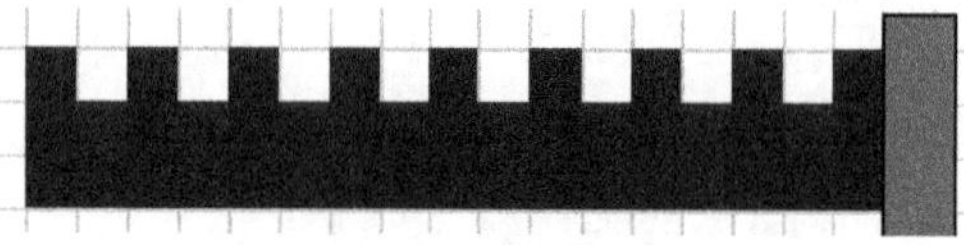

图 2-72 红色矩形

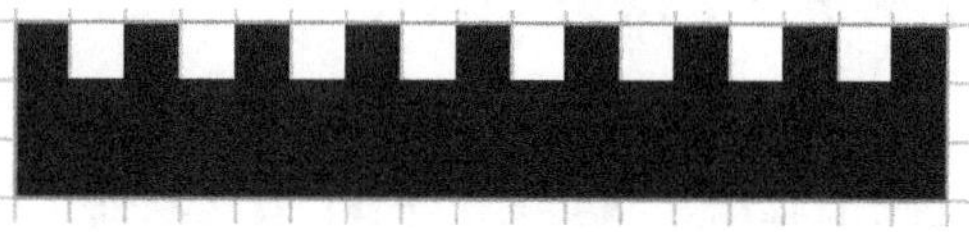

图 2-73 城墙形状图像

2. 制作房屋和绿叶图像

（1）单击工具箱中的“矩形工具”按钮，设置笔触颜色为黄色，填充色为棕色。单击“选项”栏中“对象绘制”按钮。然后绘制几个矩形，如图 2–74 所示。

（2）选择工具箱内的“选择工具”，将绘制的几个矩形都选中，选择“修改”→“合并对象”→“联合”命令，将选中的图像组合成一幅图像。

（3）选择工具箱内的“钢笔工具”，依次单击三角形的各个顶点，最后单击起点，绘制出一个三角形形状图像，如图 2–75 所示。

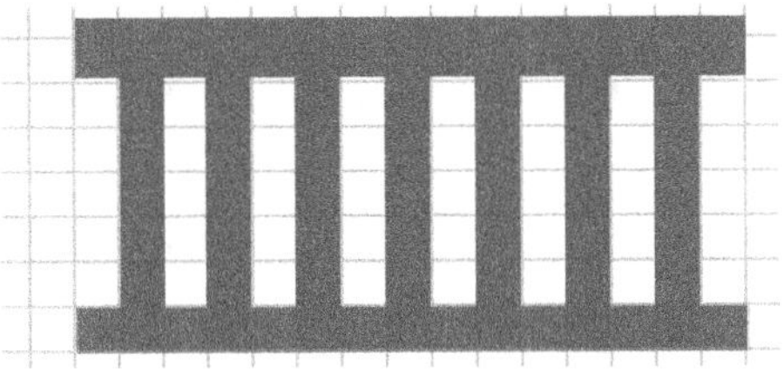

图 2–74　绘制几个矩形

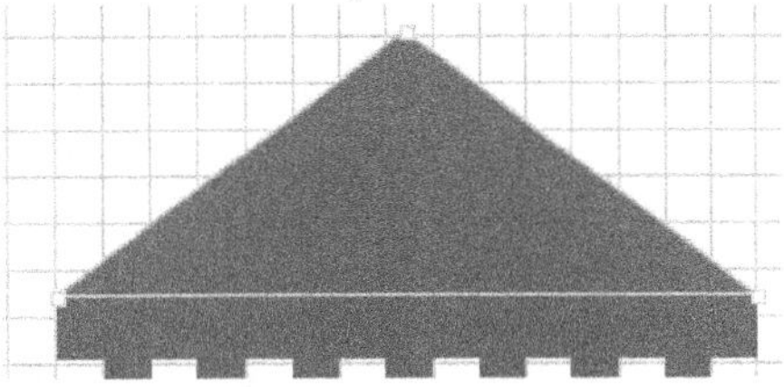

图 2–75　三角形形状图像

（4）选择工具箱内的“选择工具”，将绘制的几个矩形和三角形形状图像都选中，单击“修改”→“合并对象”→“联合”命令，将选中的图像组合成一幅图像。然后，选择工具箱内的“任意变形工具”，调整图像，使它在垂直方向缩小。

（5）单击工具箱中的“椭圆形工具”按钮，设置无笔触颜色，填充色为绿色。单击“选项”栏中“对象绘制”按钮。然后，在舞台工作区内绘制一个椭圆形，再复制一份，如图 2–76 左图所示。

（6）选择“修改”→“合并对象”→“裁切”命令（或选择“修改”→“合并对象”→“交集”命令），加工后的树叶图像如图 2–76 右图所示。

（7）选择工具箱内的任意变形工具，调整图 2–76 右图所示图像的大小，旋转一定的角度移到房屋左边，如图 2–77 所示。

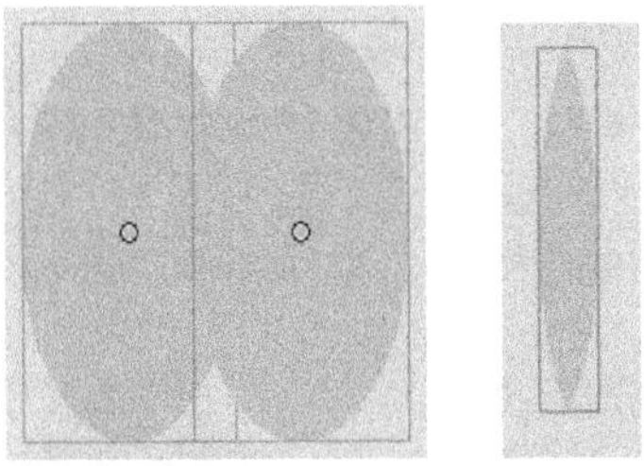

图 2–76　两个椭圆形的交集效果

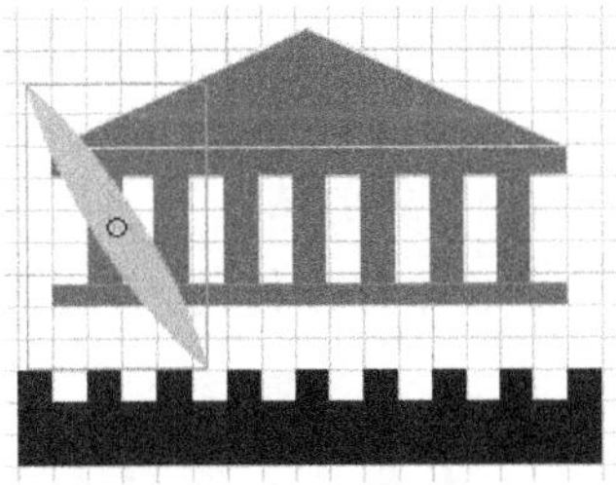

图 2–77　添加树叶图像

（8）选择“修改”→“排列”→“下移一层”命令，将选中的树叶图像移到房屋图像的下边，如图 2–78 所示。

（9）将叶子图像复制一份，并移到右边。然后选择“修改”→“变形”→“水平翻转”命令，将复制的叶子图像水平翻转，效果如图 2–79 所示。

（10）选中所有图像，单击“修改”→“合并对象”→“联合”菜单命令，将选中的所有图形组成一个整体。如果叶子图像移到房屋图像的上边，可以选中叶子图像，再单击“修改”→“排列”→“下移一层”菜单命令，将叶子图像移到房屋图像的下边。

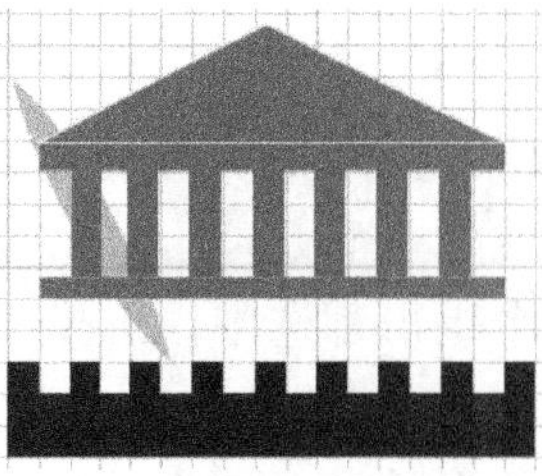

图 2–78　叶子图像移到房屋图像的下边

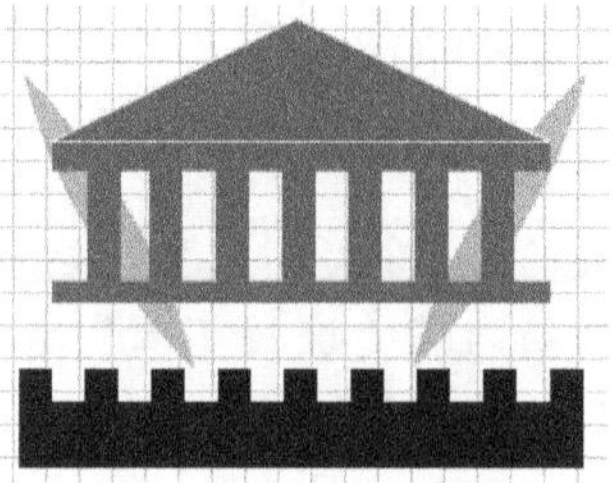

图 2–79　叶子图像水平翻转

（11）选择工具箱内的“选择工具”，选中组合后的图像，选择“修改”→“转换为元件”命令，弹出“转换为元件”对话框。选择该对话框内的“影片剪辑”复选框，再单击“确定”按钮，将选中的图像转换为影片剪辑元件的实例。

（12）给影片剪辑实例对象添加“斜角”滤镜效果，“属性”面板设置如图 2–80 所示。

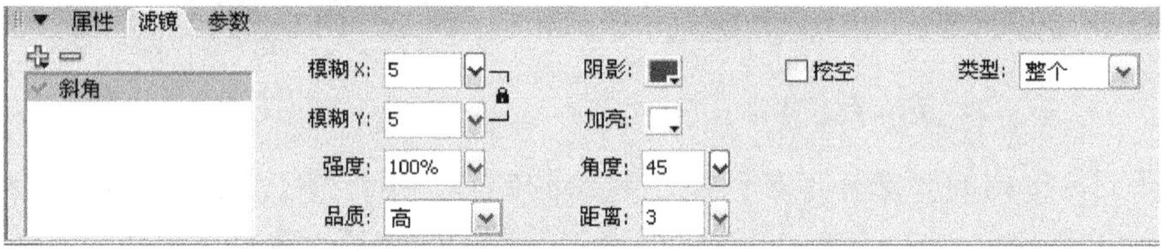

图 2–80　“属性”面板设置

【相关知识】绘制模式和合并对象

1. 绘制模式

Flash 8 绘图有两种绘制模式，一种是“合并绘制”模式，另一种是“对象绘制”模式。在选择了绘图工具后，工具箱的“选项”栏中会出现一个“对象绘制”按钮，当它处于弹起状态时，绘制模式是“合并绘制”模式；当它处于按下状态时，绘制模式是“对象绘制”模式。这两种绘制模式的特点如下。

（1）“合并绘制”模式：在该模式下，绘制的图形在选中时，图形上有一层小白点。重叠绘制的图形时，会自动进行合并。如果选择的图形已与另一个图形合并，移动它则会永久改变其下方的图形。例如，如果绘制一个矩形图形并在其上方叠加一个圆形图形，然后使用选择工具选取此圆形图形并进行移动，则会删除圆形图形下面覆盖的那部分图形，如图 2–81 所示。

图 2–81　“圆形按钮”图形

（2）“对象绘制”模式：在该模式下，绘制的图形在选中时，图形四周有一个浅蓝色的矩形框将选中的对象围起来。在该模式下，允许将图形绘制成独立的对象，且在叠加时不会自动合并。分离或重排、重叠图形时，也不会改变它们的外形。

为了将这两种不同绘图模式下绘制的图形进行区别，可以将在“合并绘制”模式下绘制的图形叫图形，在“对象绘制”模式下绘制的图形叫形状。另外，对于形状图形可以使用合并对象的所有操作，对于图形只可以使用合并对象的“联合”操作。图形经过“联合”操作后，可以转换为形状。

2. 合并对象

通过合并对象可以创建新形状。在选中形状对象的情况下，选择“修改”→“合并对象”→“××××”命令，可以合并选中的对象。合并对象有 4 种情况，介绍如下。

（1）联合：选中两个或多个对象，选择“修改”→“合并对象”→“联合”命令，可以将一个或多个对象合并成为单个形状对象，即完成了对象的组合。

可以进行联合操作的对象有图形、打碎的文字、形状（“对象绘图”模式下绘制的图形，或者是进行了一次联合操作后的对象）和打碎的图像，不可以对文字、位图图像和组合对象进行联合操作。进行联合操作后的对象变为一个形状对象，它的四周有一个蓝色矩形框。进行联合操作后的对象可以用选择工具改变它的形状。

（2）交集：选中两个或多个形状对象（将图 2-82 中的两个对象重叠一部分），选择“修改”→“合并对象”→“交集”命令，可以创建它们的交集（相互重叠部分）的对象，如图 2-83 所示。最上面形状对象的颜色决定了交集后形状的颜色。

（3）打孔：选中两个或多个形状对象（将图 2-82 所示的两个对象重叠一部分），选择“修改”→“合并对象”→“打孔”命令，可以创建它们的打孔的对象，如图 2-84 左图所示。通常按照上边形状对象的形状删除它下边形状对象的重叠部分。

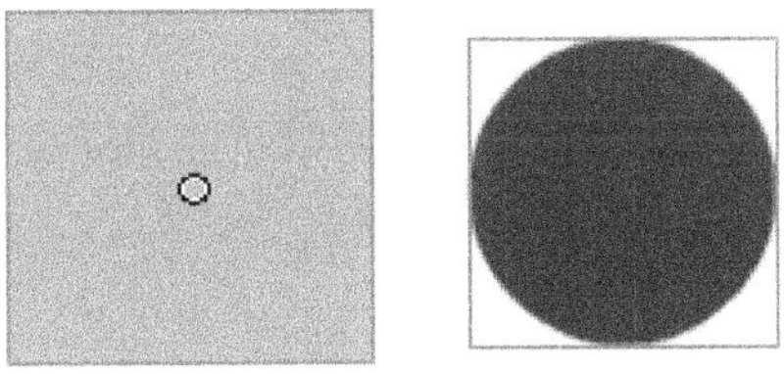

图 2-82　两个形状对象

图 2-83　交集对象

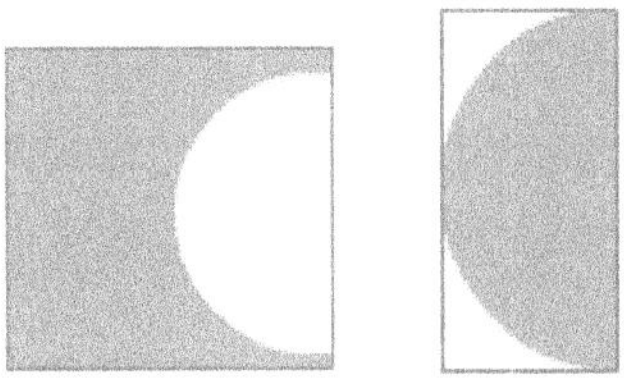

图 2-84　打孔和裁切对象

（4）裁切：选中两个或多个形状对象（将图 2-82 所示的两个对象重叠一部分），选择“修改”→“合并对象”→“裁切”命令，可以创建它们的裁切的对象，如图 2-84 右图所示（颜色是绿色）。裁切是使用一形状对象（上边的形状）的形状裁切另一个形状对象（下边的形状）。通常，上面形状对象与下面形状对象的重叠部分定义了裁切区域的形状。

思考与练习 2-5

（1）绘制一幅“卡通人”图形。

（2）绘制一幅反映全民迎奥运的网页 LOGO 图形。

第 3 章 绘制图形和编辑图形

图形可看成是由线和填充（主要是填充颜色）组成的。图形的着色有对线的着色和对填充着色（或填充位图）两种。工具箱中的一部分工具（线条工具、铅笔工具、钢笔工具和墨水瓶工具等）是只用于绘制和编辑线的；一部分工具（刷子工具、颜料桶工具和填充变形工具等）是只用于绘制和编辑填充的；再有一部分工具（椭圆工具、矩形工具、多角星形工具、橡皮擦工具、滴管工具、任意变形工具和套索工具等）可以绘制和编辑线及填充。线可以转换为填充。

3.1 绘制线和编辑线

【实例 10】自转彩珠环

“自转彩珠环”影片播放后的 2 幅画面如图 3-1 所示，可以看到，由大到小 8 个自转彩珠环不断围绕一个中心自转，相邻两个彩珠环的自转方向不同（顺时针自转和逆时针自转）。彩珠环由一些红绿相间的立体彩球组成，还有一个灰色彩球。该影片的制作方法如下。

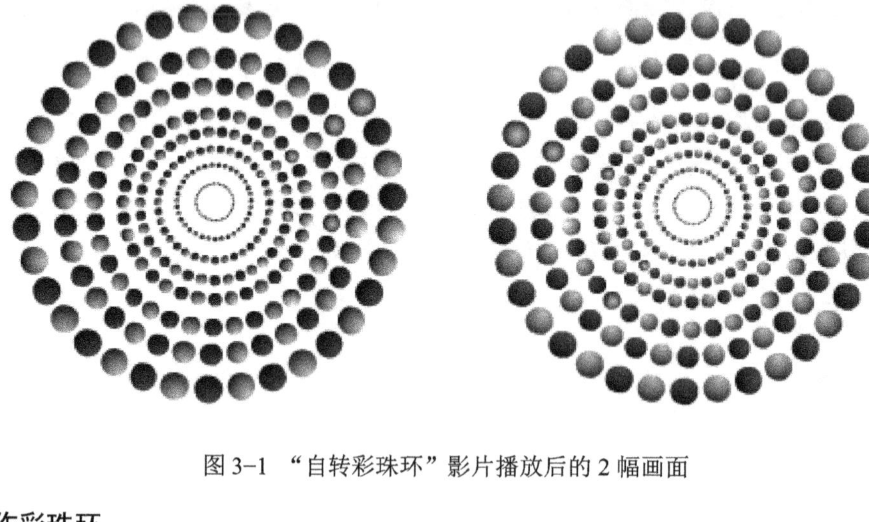

图 3-1 “自转彩珠环”影片播放后的 2 幅画面

1. 制作彩珠环

（1）设置舞台工作区的宽为 220 像素、高 220 像素，背景为白色。选择“插入”→“新建元件”命令，弹出“创建新建元件”对话框，在“名称”文本框内输入“彩珠环”，选择“影片剪辑”单选按钮，单击“确定”按钮，进入“彩珠环”影片剪辑元件编辑状态。

（2）单击工具箱内的“椭圆工具”按钮，在其“属性”面板的“笔触高度”文本框中输入线条的宽度 15pts；单击“笔触颜色”按钮，弹出笔触的颜色板，单击七彩色块，如图 3-2 所示，设置线条的颜色为七彩色；单击“填充颜色”按钮，弹出填充的颜色板，单击该面板

内的 按钮，如图 3-3 所示，设置没有填充。

（3）在舞台工作区内拖曳鼠标，绘制一个七彩光环圆形图形，如图 3-4 所示。选择工具箱内的“选择工具” ，单击选中七彩光环图形。

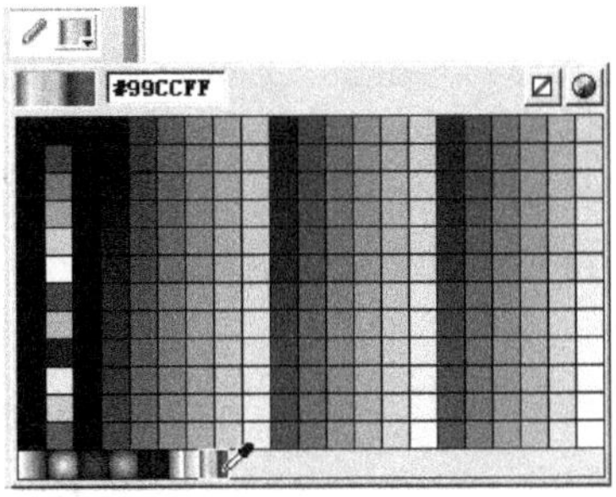

图 3-2　笔触的颜色板

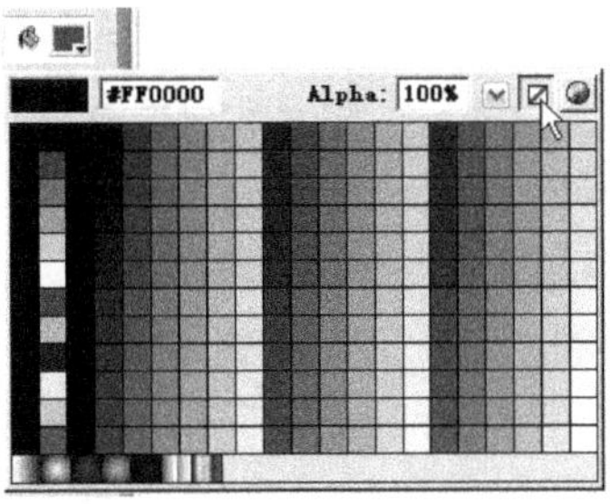

图 3-3　填充的颜色板

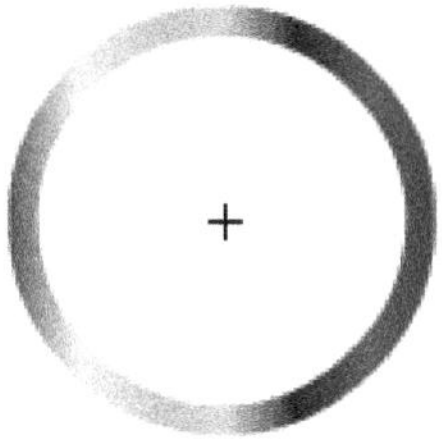

图 3-4　七彩光环图形

（4）在其“属性”面板内的“宽”和“高”文本框内均输入 200，在“X”和“Y”文本框中均输入-100，将选中的七彩光环圆形图形调整到舞台工作区的中心处；在“笔触样式”下拉列表框中选择圆点状线条样式选项，如图 3-5 左图所示，绘制的圆环图形如图 3-5 右图所示。

图 3-5　七彩圆环图形的“属性”面板和七彩圆环图形

（5）选择“修改”→“形状”→“将线条转换为填充”命令，将选中的七彩圆环轮廓线转换为七彩圆环填充。

（6）选择工具箱内的“颜料桶工具” ，单击“填充颜色”按钮 ，弹出填充的颜色板，单击该面板内的绿色放射状渐变色块 ，将选中的七彩圆环填充改为绿色放射状渐变色，七彩圆环变成了绿色彩珠圆环，如图 3-6 左图所示。

（7）选择工具箱内的“选择工具”按钮 ，单击舞台工作区的空白处，不选中任何对象。再单击工具箱内的“颜料通工具” ，单击一个绿色小球的边缘，使它的亮点偏移一些，这样更具有立体感。然后，间隔地依次单击各绿色小球的边缘，使它们更具有立体感。

（8）单击“填充颜色”按钮 ，弹出填充的颜色板，单击该面板内的红色放射状渐变色块 ，间隔地依次单击前面没有更改填充的各绿色小球的边缘，使它们变为立体红色小球。如果出现单数小球，可以将它改为灰色彩球，效果如图 3-6 右图所示。

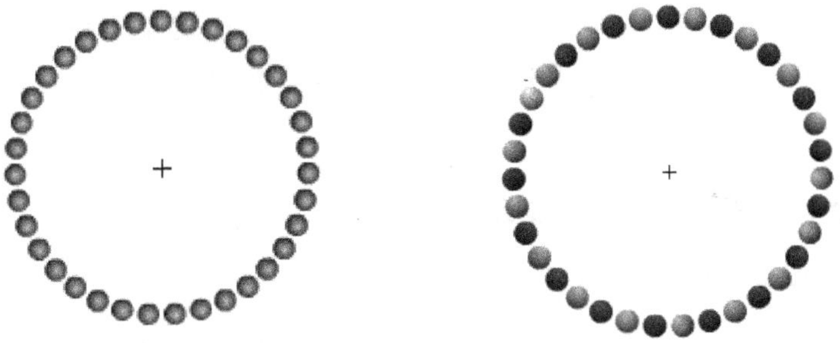

图 3-6　彩珠圆环图形

（9）单击元件编辑窗口中的按钮，回到舞台工作区的主场景。

2. 制作自转的彩珠环

（1）创建并进入“顺时针自转彩珠环”影片剪辑元件的编辑窗口。将“库”面板中的“彩珠环”影片剪辑元件拖曳到舞台工作区中心处，形成一个实例。在其“属性”面板内的“宽”和“高”文本框内均输入 200，在“X”和“Y”文本框内均输入 0。

（2）制作第 1 帧到第 80 帧的动作动画。选中第 1 帧，在其“属性”面板，按照图 3-7 所示进行设置，使光环顺时针旋转 1 周。

（3）单击元件编辑窗口中的按钮，回到主场景状态。

（4）选中“库”面板中的“顺时针自转彩珠环”影片剪辑元件，单击鼠标右键，在弹出的快捷菜单中选择“直接复制”命令，弹出“直接复制元件”对话框，将“名称”文本框中的内容改为“逆时针自转光环”，如图 3-8 所示。然后，单击“确定”按钮。此时，“库”面板中会添加一个名称为“逆时针自转彩珠环”的影片剪辑元件。

图 3-7　动作动画帧的“属性”面板设置

图 3-8　“直接复制元件”对话框

（5）双击“库”面板中的“逆时针自转彩珠环”的影片剪辑元件，进入它的编辑状态，选中“图层 1”图层的第 1 帧，将其“属性”面板中“旋转”下拉列表框中的“顺时针”选项改为“逆时针”选项，右边的文本框内输入 1。然后，回到舞台工作区的主场景状态。

3. 制作自转彩珠环动画

（1）选中主场景“图层 1”图层的第 1 帧，将“库”面板中的“顺时针自转彩珠环”影片剪辑元件拖曳到舞台工作区中，形成一个实例。

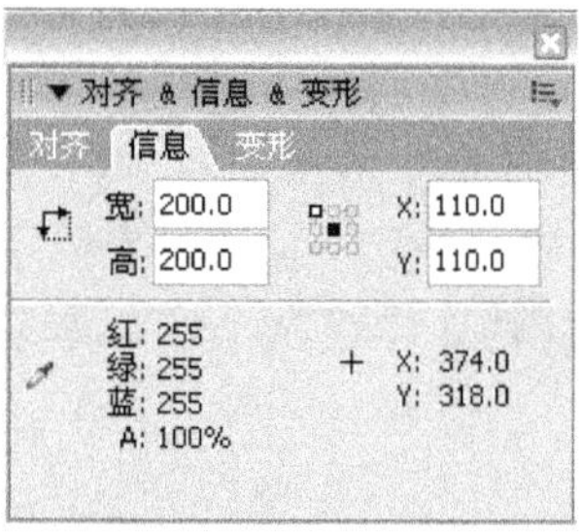

图 3-9　“信息”面板

（2）调出“信息”面板，单击该面板内中心处，使中心处的正方形填充黑色，在宽”和“高”文本框内均输入 200，在“X”和“Y”文本框内均输入 110，如图 3-9 所示。

（3）将“库”面板中的“逆时针自转彩珠环”影片剪辑元件拖曳到舞台工作区中，形成一个实例。在“信息”面板内的宽”和“高”文本框中输入 160，在“X”和“Y”文本框内均输入 110。

（4）依次将“库”面板中的“顺时针自转彩珠环”影片剪辑元件和“逆时针自转彩珠环”影片剪辑元件拖曳到舞台工作区中，形成实例。利用“信息”面板调整这些实例的大小和位置，所有实例的“X”和“Y”值均一样，都为 110。各实例的“宽”和“高”值逐渐变小。

【相关知识】设置线属性和绘制线

1. 线“属性”面板的设置

线属性包括线的形状、线的粗细（称为线型）和线的颜色等。线属性可以利用线的“属性”

面板来设置。单击工具箱内的“铅笔工具”按钮、“线条工具”、“钢笔工具”按钮、“椭圆工具”按钮或“矩形工具”按钮，绘制图形后，选择工具箱内的“选择工具”，单击选中图形，“属性”面板如图 3-5 所示，其中各选项的作用如下。

（1）4 个文本框：“属性”面板左下角的“宽”、“高”、“X”和“Y”文本框分别用来精确调整线的粗细与位置。

（2）“笔触高度”文本框：在“笔触高度”文本框内输入线的粗细值（值在 0.1～200 之间，单位为 pts），再按 Enter 键。还可以单击文本框右边的箭头按钮，弹出一个垂直的滑条，用鼠标拖曳滑条上的滑块来改变线的粗细。

（3）“笔触样式”下拉列表框：用来选择笔触的样式，如图 3-10 所示。

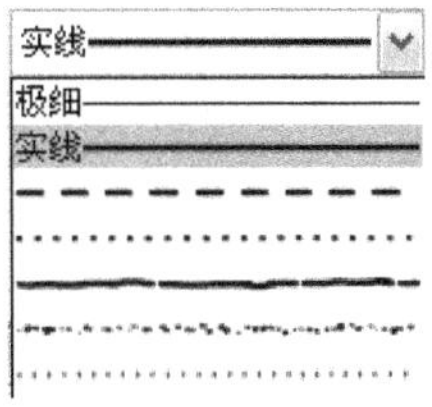

图 3-10　“笔触样式”下拉列表框

（4）“笔触颜色”按钮：单击“笔触颜色”按钮，可弹出颜色板，如图 3-2 所示。利用颜色板设置颜色的方法如下。

◎ 一是将鼠标指针移到面板的某一个色块上单击鼠标左键。

◎ 二是在其文本框内输入颜色的代码。颜色代码的格式是#RRGGBB。其中 RR、GG、BB 可以分别表示颜色中的红、绿、蓝颜色成分的值，取值范围是 00～FF 的十六进制数，值越大，颜色越深。还可以在 Alpha 文本框中输入 Alpha 值，以调整线的不透明度。

◎ 单击颜色板中的按钮，会弹出一个 Windows 的“颜色”对话框。

（5）“笔触提示”复选框：选择该复选框后，启用笔触提示。笔触提示可在全像素下调整直线锚记点和曲线锚记点，防止出现模糊的垂直或水平线。

（6）“端点”按钮：单击它会弹出一个快捷菜单，用来设置线段（路径）终点的样式。选中“无”命令时，对齐线段终点；选择“圆”命令时，线段终点为圆形；选择“方形”命令时，线段终点超出线段半个笔触宽度。

（7）“接合”按钮：单击它会弹出一个菜单，用来设置两个线段（路径）的相接方式（尖角、圆角或斜角）。要更改开放或闭合路径中的转角，可选择一条线段，然后选择另一个接合方式。

利用“混色器”面板不但可以给线填充颜色，还可以设置线的透明度、线性渐变色、放射状渐变色和位图图像，如图 3-11 所示。设置的方法与设置填充的方法完全相同，具体设置方法参看下一节的内容。

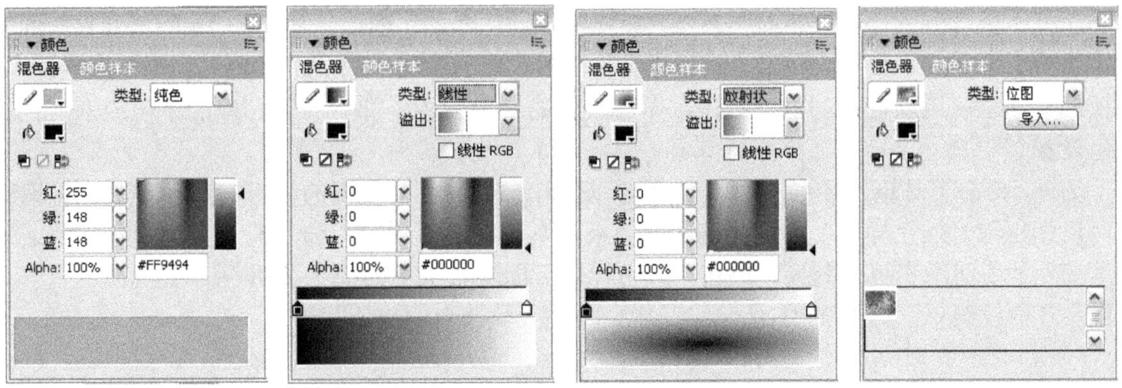

图 3-11　“混色器”面板

2. “笔触样式”对话框

单击“属性”面板中的“自定义”按钮，弹出“笔触样式”（实线）对话框，如图 3-12 所示。利用该对话框即可自定义笔触样式（线样式）。“笔触样式”对话框中各选项的作用如下。

（1）“类型”下拉列表框：用来选择线的类型，它有 6 种类型，如图 3-13 所示。选择不同的类型时，其下边会显示出不同的文本框与下拉列表框，利用它们可以修改线条的形状。例如，选择“斑马线”选项时的“笔触样式”对话框，如图 3-14 所示。

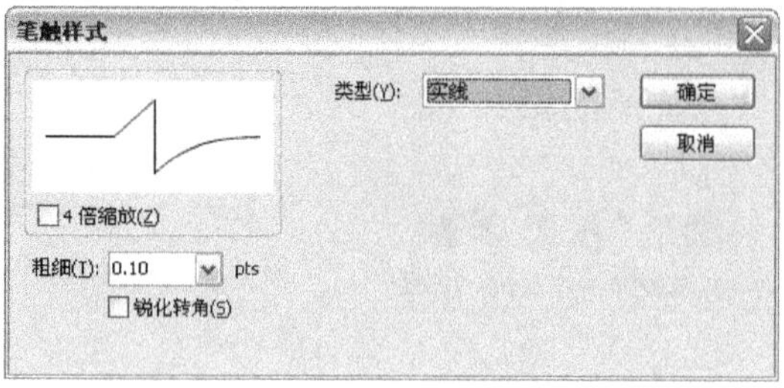

图 3-12 “笔触样式”（实线）对话框

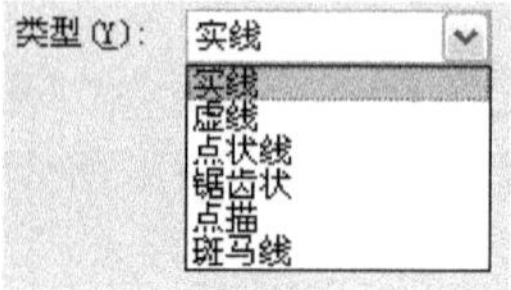

图 3-13 “类型”下拉列表框

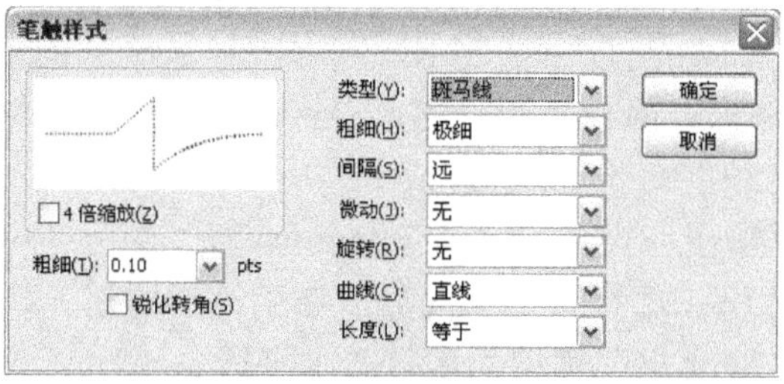

图 3-14 “笔触样式”（斑马线）对话框

如图 3-14 所示可以看出，它有许多可以设置的下拉列表框。在改变线型后，其左边的预览窗口内会显示出所设置线型的形状和粗细，可以形象地看到各个选项的作用。

（2）“4 倍缩放”复选框：选择该复选框后，会将它上边的预览窗口内线条的放大到原来的 4 倍，但实际的线条并没有放大。

（3）“粗细”下拉列表框：用来输入或选择线条的宽度，值的范围是 0.1pts～200pts。

（4）“锐化转角”复选框：选择该复选框后，会使线条的转折明显，此选项对绘制直线无效。

3. “颜色样本”面板

选择“窗口”→“颜色样本”命令，会弹出“颜色样本”面板，如图 3-15 所示。它与线颜色设置的颜色板基本相同。利用“颜色样本”面板可以调整线和填充的颜色。使用“颜色样本”面板的方法与使用颜色板的方法相同，单击其中的一个图标，即可获得相应的单色或渐变色的颜色设置。

另外，单击工具箱“颜色”栏、“混色器”面板或“属性”面板中的“填充颜色”按钮，都可以调出与“颜色样本”面板相同的颜色板。利用该面板也可以将填充设置为一种单色或线性渐变及放射状渐变填充效果。单击“颜色样本”面板右上角的箭头按钮，会弹出一个“颜色样本”面板菜单，如图 3-16 所示。其中，一些菜单命令的作用如下。

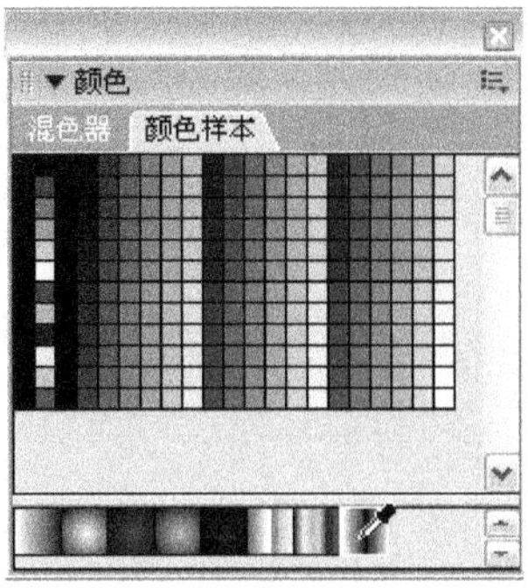

图 3-15 “颜色样本”面板

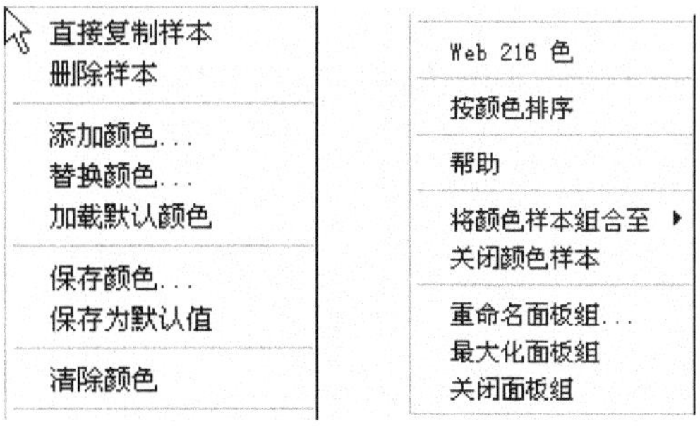

图 3-16 “颜色样本”面板菜单

（1）“直接复制样本”：选中色块或颜色渐变效果图标（称为样本），再选择该命令，即可在“颜色样本”面板内相应栏中复制所选中的样本。

（2）“删除样本”：选中样本，再选择该命令，即可删除选定的样本。

（3）“添加颜色”：选择该命令，会弹出“导入颜色样本”对话框。利用该对话框可以导入 Flash 的颜色样本文件（扩展名为“.clr”）、颜色表（扩展名为“.act”）、GIF 格式图像的颜色样本等。将导入的颜色样本追加到当前颜色样本的后边。

（4）“替换颜色”：选择该命令，会弹出“导入颜色样本”对话框。利用该对话框也可以导入颜色样本，替代当前的颜色样本。

（5）“加载默认颜色”：选择该命令，即可加载默认的颜色样本。

（6）“保存颜色”：选择该命令，会弹出“导出颜色样本”对话框。利用该对话框可以将当前颜色板以扩展名为“.clr”或“.act”的格式存储为 Flash 的颜色样本文件。

（7）“保存为默认值”：选择该命令，会弹出一个提示对话框，提示是否要将当前颜色样本保存为默认的颜色样本，单击“是”按钮即可将当前颜色样本保存为默认的颜色样本。

（8）“清除颜色”：选择该命令，可清除颜色板中的所有颜色样本。

（9）“Web 216 色”：单击该菜单命令，可导入相应的颜色样本。

（10）“按颜色排序”：选择该命令，可将颜色样本中的色块按照颜色顺序排列。

4. 绘制线条

（1）使用线条工具绘制直线：单击“线条工具”按钮，利用它的“属性”面板设置线型和颜色，在舞台工作区内拖曳鼠标，即可绘制各种长度和角度的线条。按住 Shift 键，同时在舞台工作区内拖曳鼠标，可以绘制出水平、垂直和 45° 角的线条（也适用于铅笔工具）。

（2）使用铅笔工具绘制线条图形：使用铅笔工具绘制图形，就像使用铅笔画图一样，可以绘制任意形状的曲线。绘制完后，Flash 8 可以自动对其进行加工，例如变直、平滑等。

使用铅笔工具的方法是：单击工具箱中的“铅笔工具”按钮，利用它的“属性”面板，设置线型和线颜色。单击工具箱“选项”栏内的“铅笔模式”按钮，弹出 3 个按钮供选择，如图 3-17 所示。3 个按钮是用来设置铅笔模式的，它们的作用如下。

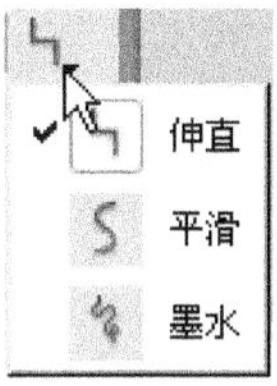

图 3-17 “铅笔模式”按钮

◎“伸直”按钮：它是规则模式，适用于绘制规则线条，并且绘制的线条会分段转换成与直线、圆、椭圆、矩形等规则线条中最接近的线条。

◎“平滑”按钮：它是平滑模式，适用于绘制平滑曲线。

◎“墨水”按钮：它是徒手模式，适用于绘制接近徒手画出的线条。

【相关知识】编辑线和相关工具

1. 墨水瓶工具和滴管工具

（1）墨水瓶工具：它的作用是改变已经绘制线条的颜色和线型等属性。使用方法如下。

◎ 设置笔触的属性，即设置线的新属性。修改线的颜色和线型等。

◎ 单击工具箱内的“墨水瓶工具”按钮，此时鼠标指针呈状。再将鼠标移到舞台工作区中的某条线上，单击鼠标左键，即可用新设置的线条属性修改被单击的线条。

◎ 如果用鼠标单击一个无轮廓线的填充，则会自动为该填充增加一条轮廓线。

（2）滴管工具：它的作用是吸取舞台工作区中已经绘制的线条、填充（还包括打碎的位图、打碎的文字）和文字的属性。滴管工具的使用方法如下。

◎ 单击工具箱中的“滴管工具”按钮，然后将鼠标移到在舞台工作区内的对象上。此时鼠标指针变成一个滴管加一枝笔（对象是线条）、一个滴管加一个刷子（对象是填充）或一个滴管加一个字符 A（对象是文字）的形状。

◎ 单击鼠标左键，即可将单击对象的属性赋给相应的面板，相应的工具也会被选中。

2. 平滑和伸直

可以通过平滑和伸直线条或形状轮廓，来改变线条或形状轮廓的形状。

（1）平滑：平滑操作使曲线变柔和并减少曲线整体方向上的凸起或其他变化。同时还会减少曲线中的线段数。平滑只是相对的，它并不影响直线。如果在改变大量非常短的曲线线段的形状时遇到困难，则该操作尤其有用。选择所有线段并将它们进行平滑操作，可以减少线段数量，从而得到一条更易于改变形状的柔和曲线。

选择工具箱中的“选择工具”，选中要进行平滑操作的线条或图形轮廓，然后，进行下述操作中的一种操作，即可使选中的对象平滑。

◎ 单击工具箱内“选项”栏或主工具栏中的“平滑”按钮。

◎ 选择“修改”→“形状”→“平滑”命令。

（2）伸直：伸直操作可以稍稍弄直已经绘制的线条和曲线。它不影响已经伸直的线段。

选择工具箱中的“选择工具”，选中要进行伸直操作的线条或图形轮廓，然后，进行下述操作中的一种操作，即可使选中的对象伸直。

◎ 单击工具箱内“选项”栏或主工具栏中的“伸直”按钮。

◎ 选择“修改”→“形状”→“伸直”命令。

根据每条线段的原始曲直程度，重复应用平滑和伸直操作可以使每条线段更平滑，更直。

3. 优化曲线

在 Flash 中，一个线条是由很多“段”组成的，上一章介绍的用鼠标拖曳来调整线条，实际上一次拖曳操作只是调整一“段”线条，而不是整条线。优化曲线就是通过减少曲线“段”数，即通过一条相对平滑的曲线线段代替若干相互连接的小段曲线，从而达到使曲线平滑的目的。通常，在进行扩展填充和柔化操作之前可以进行一下优化操作，这样可以避免出现因扩展填充和柔化操作出现删除部分图形的现象，优化曲线还可以缩小 Flash 文件字节数。

优化曲线的操作与单击“平滑”按钮一样，可以针对一个对象进行多次。

首先选取要优化的曲线，然后选择“修改”→“形状”→“优化”命令，弹出“最优化曲线”对话框，如图 3-18 所示。进行设置后，单击“确定”按钮即可将选中的曲线优化。“最优化曲线”对话框中各选项的作用如下。

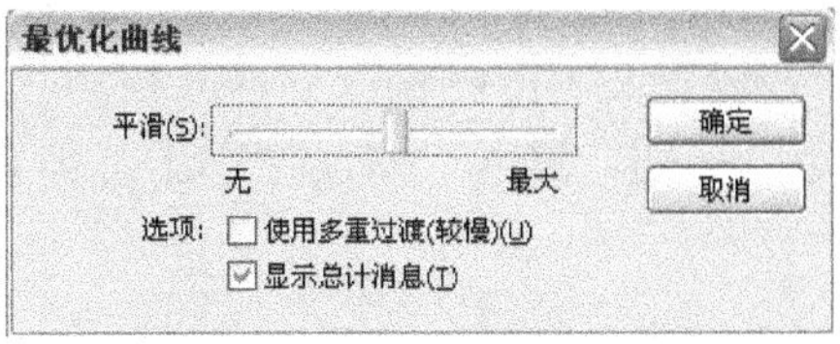

图 3-18 “最优化曲线”对话框

（1）“平滑”滑动条：移动滑动条的滑块，用来设定平滑操作的力度。

（2）“使用多重过渡”复选框：选择该复选框后，可进行多次平滑操作。

（3）“显示总计消息”复选框：选择该复选框后，在操作完成后会弹出一个“Flash 8”提示框。该提示框给出了平滑操作的数据，其含义是：原来共由多少条曲线线段组成，优化后由多少条曲线线段组成，削减的百分数。

思考与练习 3-1

（1）绘制如图 3-19 所示的“一串彩球”图形。

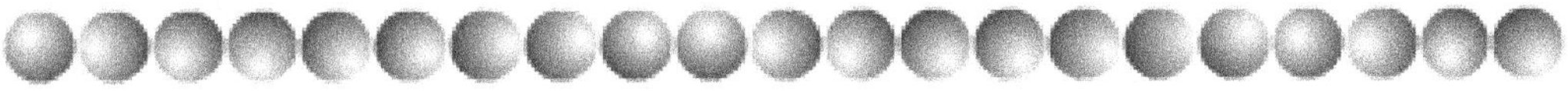

图 3-19 “一串彩球”图形

（2）参考【实例 10】“自转彩珠环”影片的制作方法，制作一个“彩灯”影片，该影片播放后，一圈彩灯，交替地在红、绿两种颜色间不断改变颜色。

（3）制作一个“自转七彩光环”影片，该影片播放后，一个顺时针自转的七彩光环内嵌套一个逆时针自转的七彩光环，两个七彩光环不停地自转。

（4）制作一个“线条延伸”影片。该影片播放后，上边一条线从左向右延伸，下边一条线从右向左延伸，左边一条线从下向上延伸，右边一条线从上向下延伸。

3.2 “混色器”面板和编辑填充

【实例 11】水晶按钮

“水晶按钮”影片播放后的画面如图 3-20 所示。它给出了红、蓝和绿 3 个不同颜色的水晶按钮。该影片的制作方法如下。

图 3-20 “水晶按钮”影片播放后的画面

（1）设置舞台工作区的宽为 800 像素，高为 200 像素，背景色为浅蓝色。选择“视图”→“标尺”命令，在舞台工作区上边和左边显示标尺。单击工具箱中的“选择工具”按钮，用鼠标从标尺栏向舞台工作区拖曳，创建 3 条水平辅助线和 3 条垂直辅助线，如图 3-21 所示。

（2）选择“插入”→“新建元件”命令，弹出“创建新建元件”对话框，在该对话框中的“名称”文本框内输入“水晶按钮”，选择“影片剪辑”单选按钮，如图 3–22 所示，单击“确定”按钮，进入“水晶球”影片剪辑元件的编辑状态。

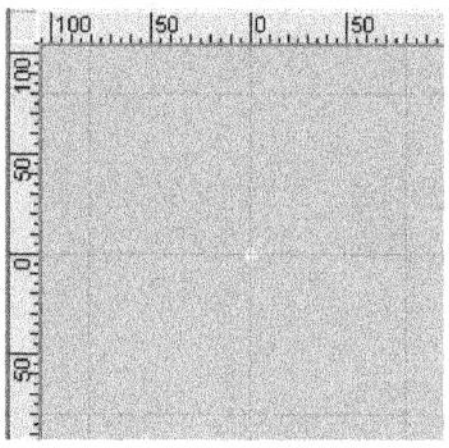

图 3–21　6 条辅助线

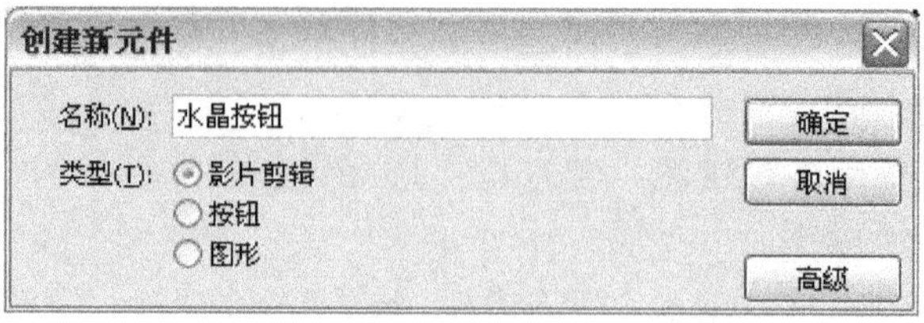

图 3–22　“创建新建元件”对话框

（3）单击工具箱中的“椭圆工具”按钮，再在其“属性”面板内设置无笔触颜色。调出“混色器”面板，在其“填充样式”下拉列表框中选择“线性”选项，按照图 3–23 所示进行设置，左边为红色（红为 255，绿为 50，蓝为 50，Alpha 为 100%），右边为灰色（红为 60，绿为 10，蓝为 10，Alpha 为 100%）。

（4）按住 Shift 键，拖曳鼠标绘制一个圆形图形，如图 3–24 左图所示。单击工具箱内的“填充变形工具”按钮，再单击圆形图形，用鼠标调整控制柄，使填充色旋转 90°，如图 3–24 右图所示，然后将圆形图形组合。

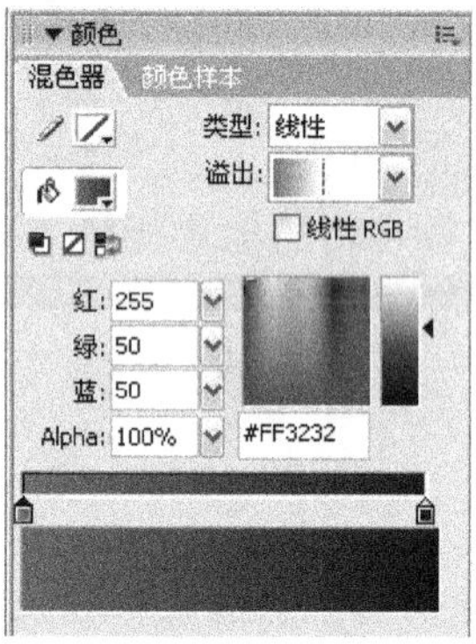

图 3–23　“混色器”面板设置

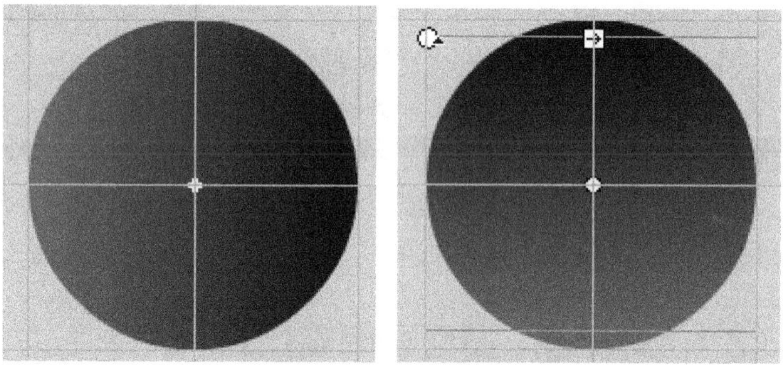

图 3–24　绘制和调整圆形图形

（5）按照上述方法，绘制一个椭圆，椭圆采用颜色线性渐变填充样式，由黑色（红为 255，绿为 255，蓝为 255，Alpha 为 80%）到白色（红为 255，绿为 255，蓝为 255，Alpha 为 0%）。“混色器”面板设置如图 3–25 所示。使用工具箱内的填充变形工具，调整椭圆如图 3–26 左图所示，然后将圆形图形组合。

（6）按照上述方法，再绘制一个椭圆，椭圆采用颜色放射状渐变填充样式，由黑色（红为 255，绿为 255，蓝为 255，Alpha 为 90%）到白色（红为 255，绿为 255，蓝为 255，Alpha 为 0%）。使用工具箱内的填充变形工具，调整椭圆如图 3–26 右图所示。

（7）将第 2 个椭圆图形组合，将它移到红色圆形图形上，形成一个水晶球图形，然后将 3 个图形组合。

（8）单击元件编辑窗口中的按钮，回到主场景。

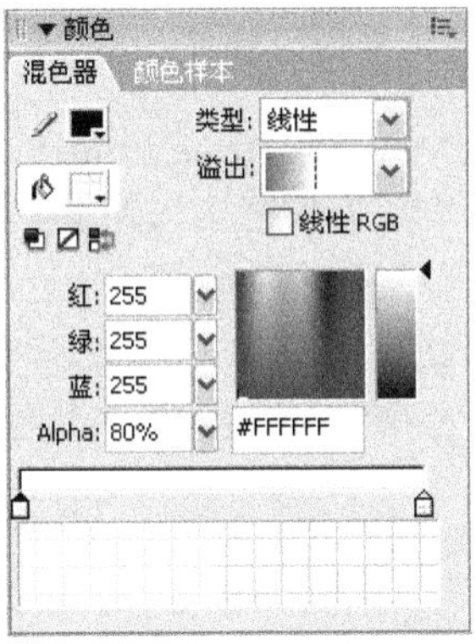

图 3-25 “混色器”面板设置

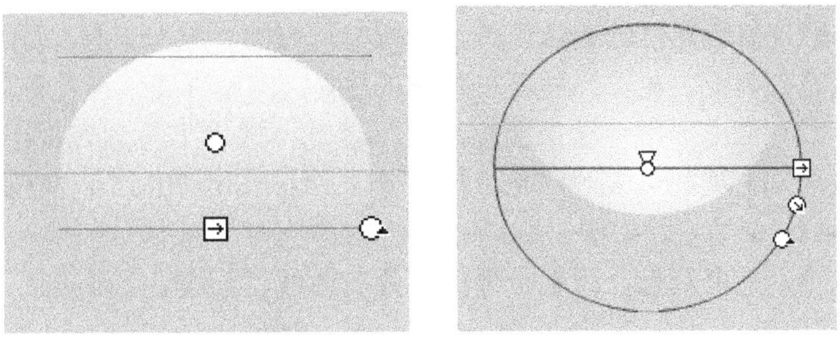

图 3-26 绘制和调整椭圆图形

（9）单击工具箱中的“选择工具”按钮，再单击舞台工作区空白处，弹出舞台工作区的“属性”面板，利用该面板设置舞台工作区的背景颜色为白色。

（10）选中主场景内的“图层 1”图层的第 1 帧，3 次将“库”面板内的“水晶按钮”影片剪辑元件拖曳到舞台工作区内，形成 3 个实例。然后，将 3 个实例一字形水平排列好。

（11）选中中间的影片剪辑实例，在其“属性”面板内的“颜色”下拉列表框中选择“高级”选项，单击“设置”按钮，弹出“高级效果”对话框，参照图 3-27 所示进行设置，单击“确定”按钮，即可将该影片剪辑实例的颜色改为绿色。按照上述方法，再将右边影片剪辑实例的颜色改为蓝色，“高级效果”对话框参照图 3-28 所示进行设置。

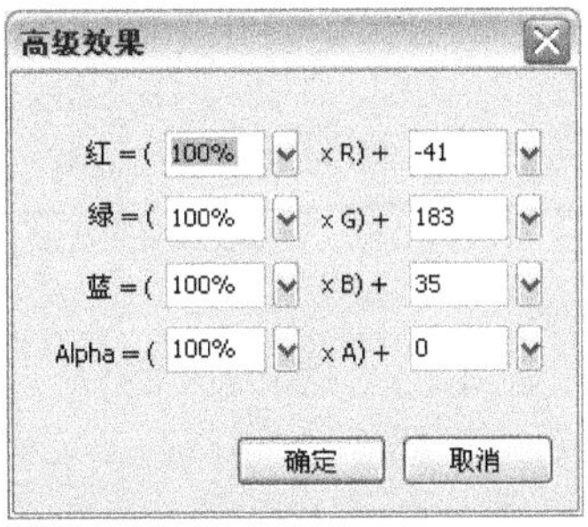

图 3-27 “高级效果”对话框设置

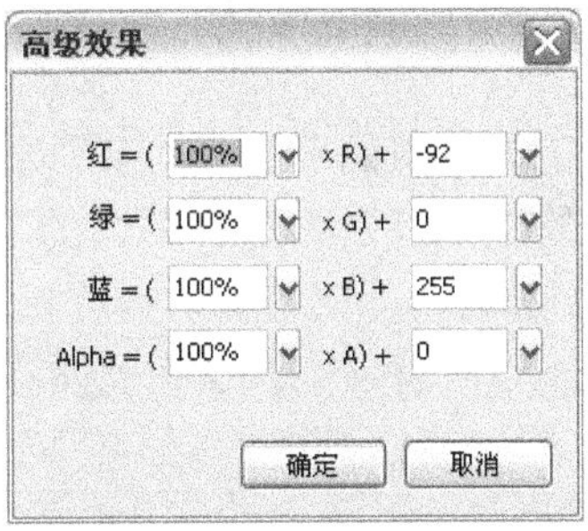

图 3-28 “高级效果”对话框设置

【实例 12】移动的透明光带

“移动的透明光带”影片播放后的两幅画面如图 3-29 所示。可以看到，在背景图像之上，有水平来回移动的多条透明光带。该影片的制作方法如下。

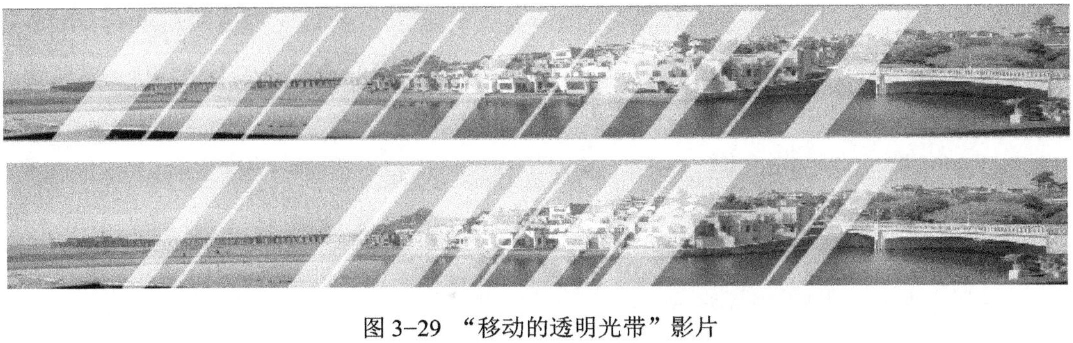

图 3-29 “移动的透明光带”影片

1. 制作透明光带

（1）设置舞台工作区的宽为 800 像素、高为 100 像素，背景色为浅蓝色。创建并进入“光带”影片剪辑元件的编辑窗口。选择工具箱的“矩形工具”，单击“填充颜色”按钮，弹出填充颜色板，单击该面板左下角的按钮，设置线性渐变色填充，再设置无笔触颜色。

（2）调出“混色器”面板，在“填充样式”下拉列表框中选择“线性”选项，设置渐变色为黑色（红为 255、绿为 255、蓝为 255、Alpha 为 70%）到灰色（红为 220、绿为 220、蓝为 220、Alpha 为 60%），如图 3-30 所示。

（3）拖曳鼠标，绘制一幅白色到灰色线性渐变色的矩形，如图 3-31 所示。

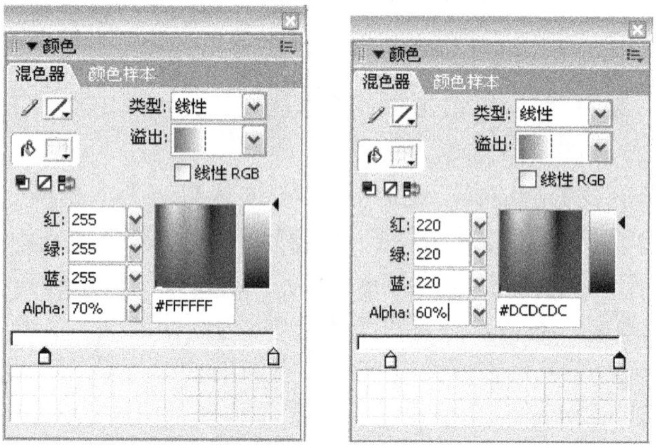

图 3-30 “混色器”面板设置

图 3-31 线性渐变色的矩形

（4）单击工具箱内的“选择工具”按钮，按住 Alt 键，同时水平拖曳鼠标，复制出 11 个线性渐变色的矩形。单击工具箱内的“任意变形工具”按钮，调整各个矩形的水平宽度，效果如图 3-32 所示。

（5）拖曳选中所有矩形，单击按下工具箱内“选项”栏中的“旋转与倾斜”按钮，水平向右拖曳中间上边的控制柄，调整多个矩形的水平倾斜度，如图 3-33 所示。

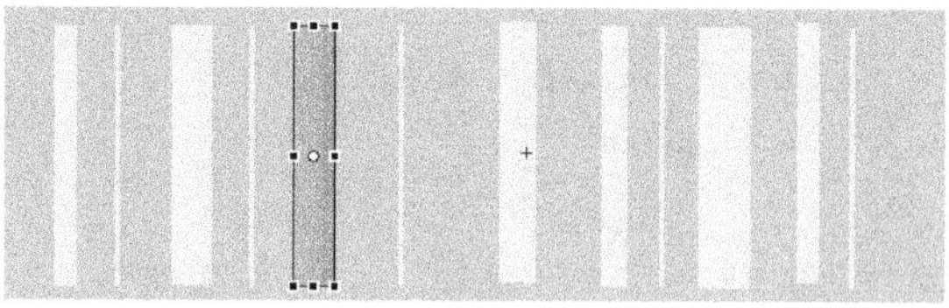

图 3-32 调整多个矩形宽度

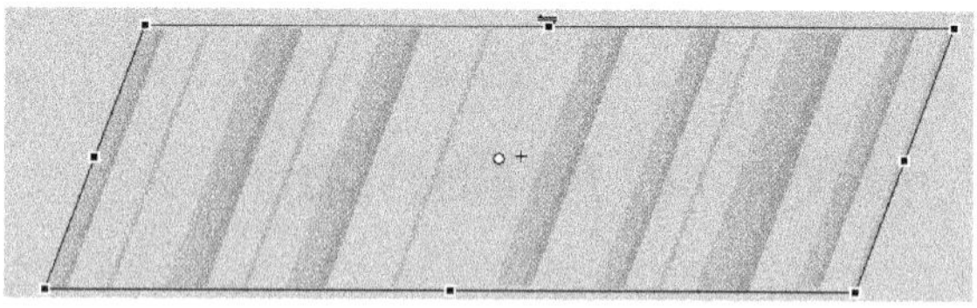

图 3-33 调整多个矩形的水平倾斜度

（6）选择“窗口”→“对齐”命令，弹出“对齐”面板。单击“对齐”面内的“上对齐”按钮，使选中的 12 个矩形图形对象顶部对齐；单击“对齐”面内的“水平平均间隔”按钮，使所有选中的对象的水平间隔相等，如图 3-34 所示。

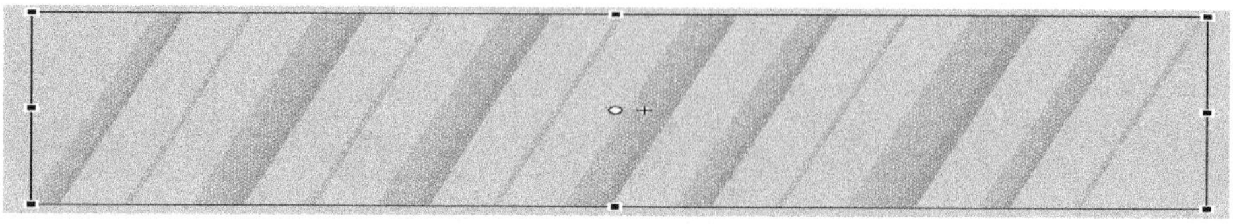

图 3-34 多个矩形顶部对齐且水平间隔相等

2. 制作动画

（1）选中“图层 1”图层的第 1 帧，选择“修改”→“时间轴”→“分散到图层”命令，即可将“图层 1”图层第 1 帧内的对象分配到不同图层的第 1 帧中，原来“图层 1”图层第 1 帧内的对象消失，并将“图层 1”图层删除。

（2）按住 Shift 键，单击“图层 2”图层第 1 帧和“图层 13”图层第 1 帧，选中这两个图层之间的 12 个图层的第 1 帧，单击鼠标右键，弹出帧快捷菜单，选择该快捷菜单中的“创建补间动画”命令，使这 12 个关键帧具补间动画的属性。

（3）按住 Shift 键，单击“图层 2”图层第 80 帧和“图层 13”图层第 80 帧，选中所有图层的第 80 帧，按 F6 键，创建 12 个图层第 1 帧到第 80 帧的补间动画。然后，用鼠标分别水平拖曳 12 幅矩形图形，到舞台工作内的不同位置，完成 12 幅透明矩形水平移动动画的制作。

（4）此时的时间轴如图 3-35 所示。单击元件编辑窗口中的按钮，回到主场景。

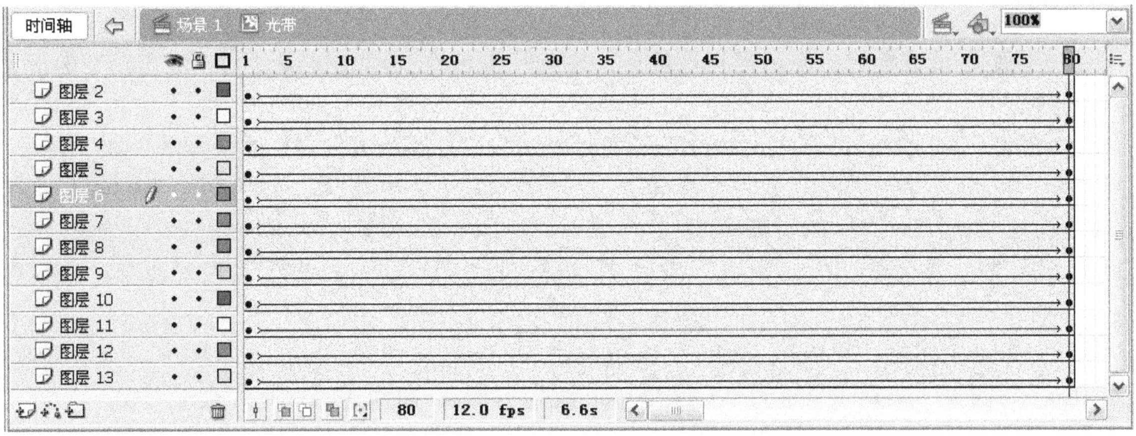

图 3-35 “光带”动画的时间轴

（5）选中“图层 1”图层的第 1 帧，导入一幅风景图像，调整该图像的大小和位置，使该图像刚好将舞台工作区完全覆盖。

（6）在“图层 1”图层上添加一个“图层 2”图层，选中“图层 2”图层的第 1 帧，将“库”面板中的“光带”影片剪辑元件拖曳到舞台工作区的上边，形成一个实例，调整该影片剪辑实例的高为 100 像素，宽度为 700 像素。

【相关知识】“混色器”面板

选择“窗口”→“混色器”命令，会弹出“混色器”面板，如图 3-36 左图所示。利用“混色器”面板可以调整笔触颜色和填充颜色，以及设置多色渐变的填充色。

1. “混色器”面板部分选项的作用

（1）“类型”下拉列表框：它也称为“填充样式”下拉列表框，从“混色器”面板的“填充样式”下拉列表框中选择一个选项，即可改变填充样式。选择不同选项后，“混色器”面板会发生相应的变化，各选项的作用如下。

◎“无”填充样式：删除填充。

◎“纯色”填充样式：提供一种纯正的填充单色，如图 3-36 左图所示。

◎“放射状”填充样式：表示产生从一个中心焦点出发沿环形轨迹的颜色渐变，其“混色器”面板如图 3-36 中图所示。

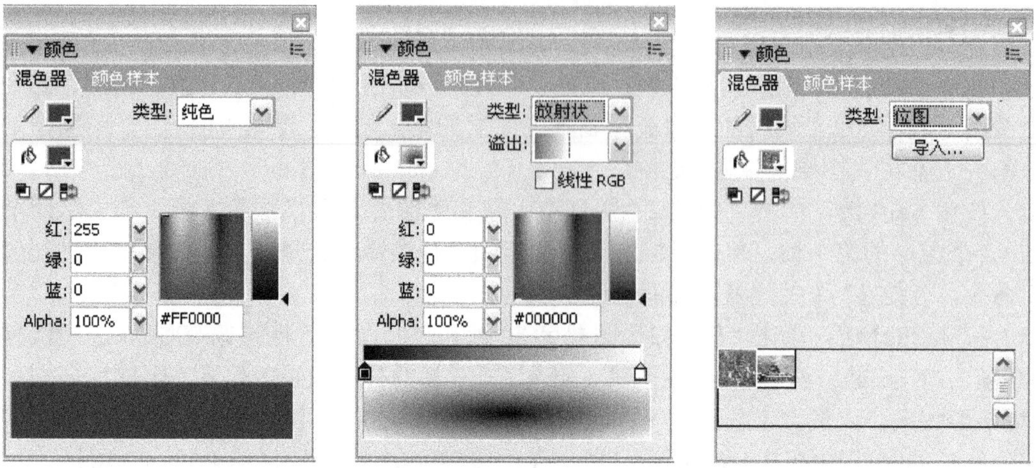

图 3-36 “混色器”面板

◎“位图”填充样式：表示用可选的位图图像平铺所选的填充区域，其“混色器”面板如图 3-36 右图所示。

◎“线性”填充样式：产生沿线性轨迹变化的渐变色，其“混色器”面板如图 3-37 所示。

（2）“红”、“绿”和“蓝”文本框：用来设置填充色中红色、蓝色和绿色的浓度。可以通过输入或使用文本框的滑条来改变“红”、“绿”和“蓝”文本框内的十进制数，调整颜色。另外，还可以在面板内右下角的文本框内输入 16 进制数的颜色代码数据，来调整颜色。

（3）Alpha 文本框：可以在 Alpha 文本框内输入百分数，调整颜色的不透明度。如果 Alpha 值为 0%，则创建的填充完全透明；如果 Alpha 值为 100%，则创建的填充完全不透明。

（4）两个调色板（颜色选择区域）：它们也称为“颜色选择器”，利用它们可以给线和填充设置颜色。通常，先在调色板中单击，粗略选择一种颜色，再在调节框中单击或拖曳十字准线指针，选择不同饱和度的颜色。

（5）“填充颜色”按钮：它和工具箱“颜色”栏及“属性”面板中的“填充颜色”按钮作用相同，单击它会弹出颜色面板，利用它可以给填充设置颜色。

（6）“笔触颜色”按钮：它和工具箱“颜色”栏及“属性”面板中的“笔触颜色”按钮作用相同，单击它会弹出颜色面板，利用它可以给笔触设置颜色。

（7）按钮组：它们的作用和工具箱“颜色”栏内相应的按钮组作用相同，从左到右，分别为设置笔触颜色为黑色，填充颜色为白色；取消颜色；笔触颜色与填充颜色互换。

（8）“溢出”下拉列表框：用来选择溢出模式，如图 3-38 所示。它用来控制超出线性或放射状渐变限制的颜色。溢出模式有以下几种。

◎ 扩展模式：将所指定的颜色应用于渐变末端之外，它是默认模式。

◎ 镜像模式：渐变颜色以反射镜像效果来填充形状。指定的渐变色从渐变的开始到结束，再以相反的顺序从渐变的结束到开始，然后再从渐变的开始到结束，直到填充完毕。利用这种模式填充，可以获得镜像的效果。

◎ 重复模式：渐变的开始到结束重复变化，直到选定的形状填充完毕为止。

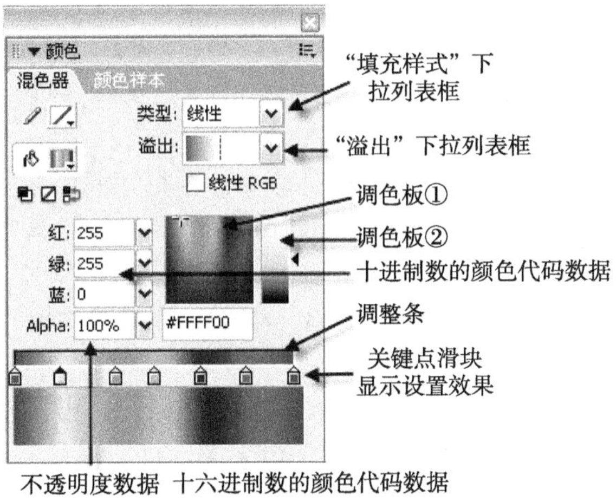

图 3-37 “混色器”（线性）面板

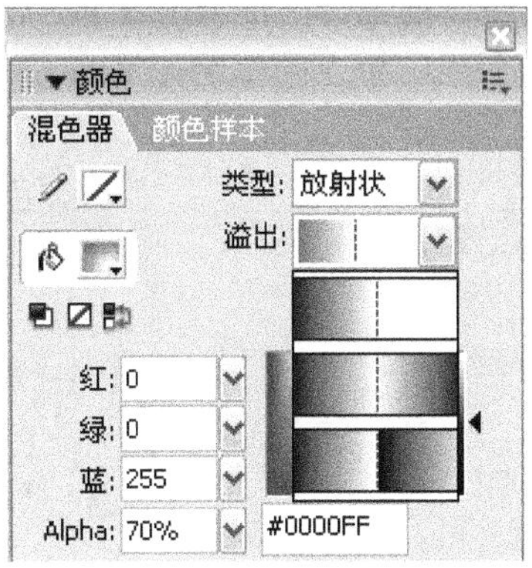

图 3-38 “溢出”下拉列表框

注意

仅 Flash Player 8 支持溢出模式。

（9）“线性”复选框：选择该复选框后，可以创建与 SVG（可伸缩的矢量图形）兼容的线性或放射状渐变。

2. 设置填充渐变色

对于“线性”和“放射状”填充样式，可以自己使用“混色器”面板，设计颜色渐变的效果。下面以图 3-37 所示“混色器”（线性）面板为例，介绍其设计的方法如下。

（1）移动关键点：所谓关键点就是在确定渐变时起始和终止颜色的点，以及颜色的转折点。用鼠标拖曳调整条下边的滑块，可以改变关键点的位置，改变颜色渐变的状况。

（2）改变关键点的颜色：选中调整条下关键点处的滑块，再单击按钮，弹出颜色板，选中某种颜色，即可改变关键点的颜色。另外，还可以在“混色器”面板内右边的文本框中设置颜色和不透明度。

（3）增加关键点：单击调整条下边要加入关键点处，即可增加一个新的滑块，即增加一个关键点，如图 3-37 所示。但最多不可以超过 15 个。用鼠标水平拖曳关键点滑块，可以调整这些关键点滑块的位置。

（4）删除关键点：用鼠标向下拖曳关键点滑块，即可删除被拖曳的关键点滑块。

3. 设置填充图像

如果没有给“库”面板中导入位图，则第一次选择“填充样式”下拉列表框中的“位图”选项后，会弹出一个“导入到库”对话框。利用该对话框导入一幅图像后，即可在“混色器”面板中加入一个要填充的位图。面板内可以看到导入的缩略图像，单击其中一个缩略图像，即可选中该图像为填充图像。

另外，选择“文件”→“导入”→“导入到库”命令，或单击“混色器”面板中的“导入”按钮，会弹出“导入”对话框，选择文件后，单击“确定”按钮，即可在“库”面板和“混色器”面板内导入相应的位图图像。利用这种方法，可以给“库”面板和“混色器”面板中导入多幅位图图像。

4. “混色器”面板菜单

单击“混色器”面板右上角的箭头按钮，弹出“混色器”面板的菜单，如图 3-39 所示。其中几个菜单命令的作用如下。

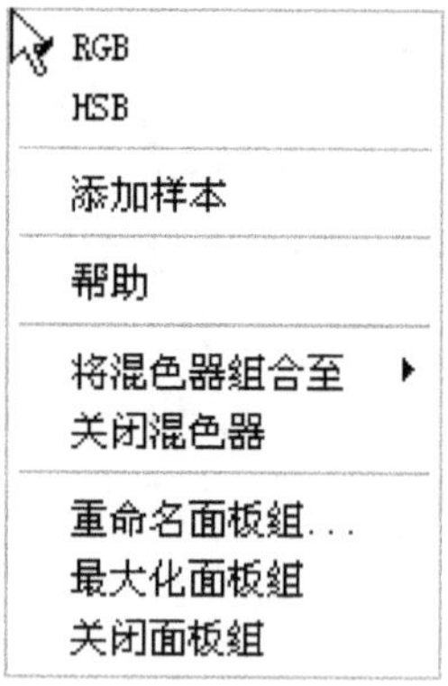

图 3-39 “混色器”面板菜单

（1）“HSB”命令：单击“HSB”命令，可将“混色器”面板的颜色模式由 RGB（红、绿、蓝）模式改为 HSB 模式。其中，色（H，即色调）、饱（S，即饱和度）、亮（B，即亮度）。

（2）“RGB”命令：单击“RGB”命令，可将颜色模式改为 RGB 模式。

（3）“添加样本”命令：单击“添加样本”命令，可将设置的渐变填充色添加到“颜色样本”面板中最下面一行的最后。

【相关知识】编辑填充和相关工具

1. 将线转换为填充

选中一个线条或轮廓线图形。然后选择“修改”→“形状”→“将线条转换为填充”命令。这时选中的线条或轮廓线图形就被转换为填充了。以后，可以使用颜料桶工具，改变填充的样式，可以实现一些特殊效果。

2. 扩展填充大小和柔化填充边缘

（1）扩展填充大小：选择一个填充，例如，图 3-40 所示的七彩渐变色圆形轮廓线。然后选择“修改”→“形状”→“扩展填充”命令，弹出“扩展填充”对话框，如图 3-41 所示。该对话框内各选项的含义如下。

图 3-40 七彩圆形线图形

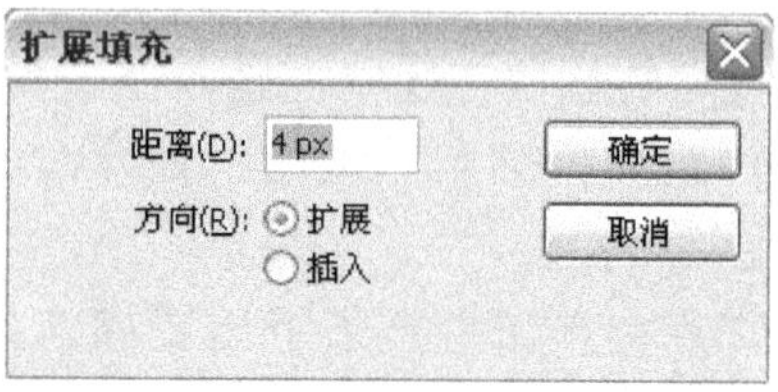

图 3-41 “扩展填充”对话框

◎“距离”文本框：输入扩充量，单位为像素。

◎“方向”栏：“扩展”表示向外扩充，“插入”表示向内收缩。

设置完后，单击“确定”按钮，即可使图 3-40 中的图形变为图 3-42 所示图形。如果填充有轮廓线，则向外扩展填充时，轮廓线不会变大，会被扩展的部分覆盖掉。

注意

最好在扩展填充以前对图形进行一次优化曲线处理，优化曲线的方法参看下面的介绍。

（2）柔化填充边缘：选择一个填充，选择“修改”→“形状”→“柔化填充边缘”命令，弹出“柔化填充边缘”对话框，参照如图 3-43 所示进行设置，单击“确定”按钮，即可将图 3-42 所示图形加工为图 3-44 所示图形。该对话框内各选项的含义如下。

图 3-42　扩展填充效果

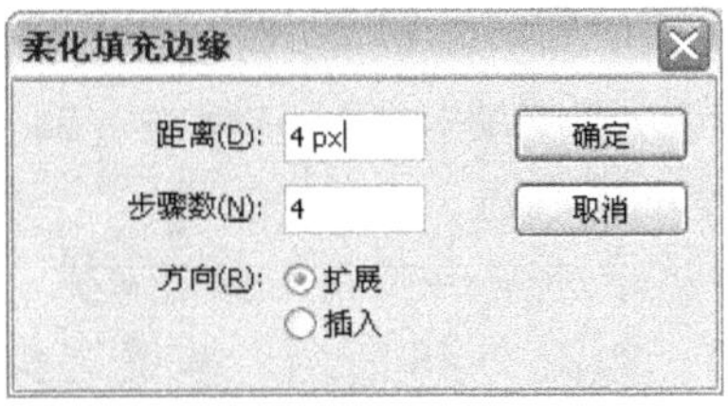

图 3-43　“柔化填充边缘”对话框

图 3-44　柔化填充效果

◎“距离”文本框：输入柔化边缘的宽度，单位为像素。

◎“步骤数”文本框：输入柔化边缘的阶梯数，取值在 0～50 之间。

◎“方向”栏：用来确定柔化边缘的方向是向内还是向外。

注意

上边两个对话框中的“距离”和“步骤数”文本框中的数据不可太大，否则会产生图形被擦除的效果。另外，在使用柔化时，“距离”和“步骤数”文本框内输入的数值如果太大，会使计算机处理的时间很长，甚至会出现死机现象。

3. 颜料桶工具

颜料桶工具的作用是对填充属性进行修改。填充的属性有纯色（即单色）填充、线性渐变填充、放射状渐变填充和位图填充等。使用颜料桶工具的方法如下。

（1）设置填充的新属性，单击工具箱内的“颜料桶工具”按钮，此时鼠标指针呈状。再单击舞台工作区中的某填充，即可用新设置的填充属性修改被单击的填充。另外，对于线性渐变填充、放射状渐变填充，可以用鼠标在填充内拖曳出一条直线，来修改填充。

（2）单击工具箱中的“颜料桶工具”按钮后，“选项”栏会出现两个按钮。这两个按钮的作用如下。

◎ “空隙大小”按钮：单击它会弹出一个菜单，如图 3-45 所示。它用来选择对没有空隙（即有缺口）和有不同大小空隙的图形进行填充。对有空隙图形的填充效果如图 3-46 所示。

◎ “锁定填充”按钮：该按钮弹起时，为非锁定填充模式；单击按下该按钮，即进入锁定填充模式。在非锁定填充模式下，用刷子绘制一条灰度渐变的线条，设定渐变色中的关键点滑块颜色映射到线条上，如图 3-47 上边两条线条所示，无论长短都是左边浅右边深。

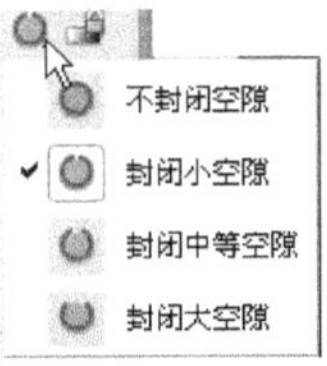

图 3-45　图标菜单

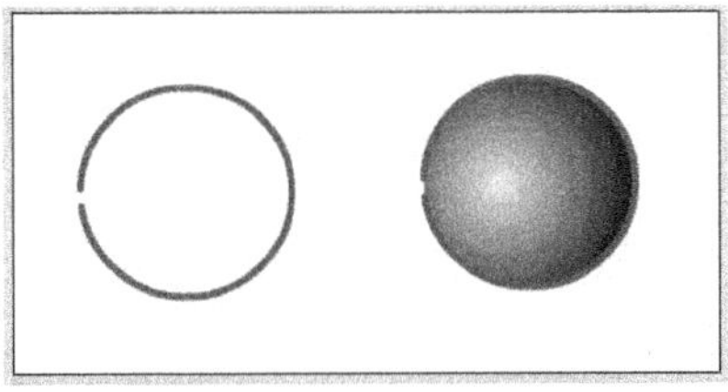

图 3-46　填充有缺口的区域

图 3-47　非锁定与锁定填充模式

而在锁定填充模式下，关键点滑动条映射到背景上，就好像背景已经涂上了渐变色，但是被盖上了一层东西，因而看不到背景色，这时用画笔画一条线，就好像剥去这层覆盖物，显示出了背景的颜色，如图 3-47 下边两条线条所示。

4. 填充变形工具

在有填充的图形没被选中的情况下，单击按下“填充变形工具”按钮，再用鼠标单击填充的内部，即可在填充上出现一些圆形、方形和三角形的控制柄，以及线条或矩形框，如图 3-48 所示。用鼠标拖曳这些控制柄，可以调整填充的填充状态。调整焦点，可以改变放射状渐变的焦点；调整中心点，可以改变渐变的中心点。

（1）改变放射状填充：单击“填充变形工具”按钮，再单击放射状填充，填充中会出现 4 个控制柄和 1 个中心标记，如图 3-48 所示。拖曳这些控制柄，可调整放射状填充的状态。

（2）改变线性填充：单击“填充变形工具”按钮，再单击线性填充。填充中会出现 2 个控制柄和 1 个中心标记，如图 3-49 所示。拖曳这些控制柄，可以调整线性填充的状态。

（3）改变位图填充：单击“填充变形工具”按钮，再单击位图填充。位图填充中会出现 7 个控制柄和 1 个中心标记，如图 3-50 所示。用鼠标拖曳控制柄，可以调整填充的状态。

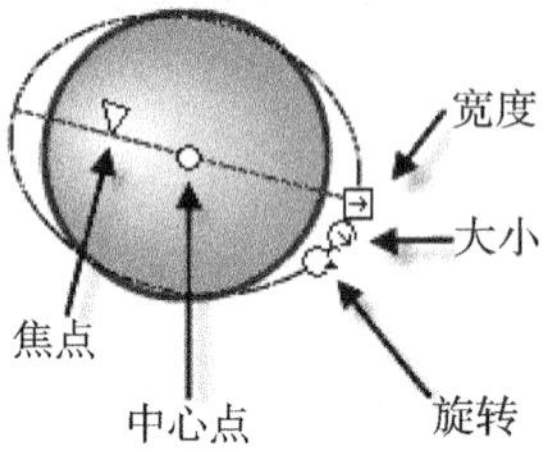

图 3-48 填充调整

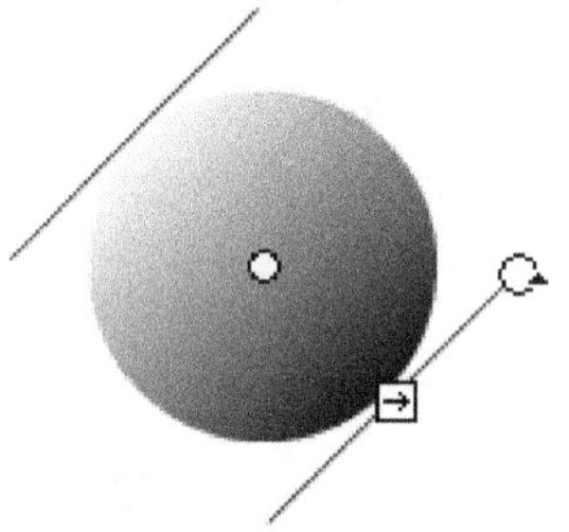
图 3-49 调整线性填充

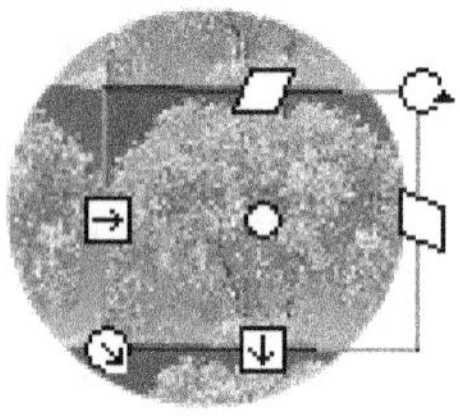
图 3-50 调整位图填充

思考与练习 3-2

（1）绘制一幅“透明彩球”图形，如图 3-51 所示。

（2）制作一个“风景魔方”影片，该影片播放后的 2 幅画面如图 3-52 所示。可以看出在一个透明的风景魔方内，一个卡通小女孩的眼睛一闭一合，嘴一张一闭。

图 3-51 “透明彩球”图像

图 3-52 “风景魔方”影片播放后的 2 幅画面

（3）制作一幅“珠宝和翡翠项链”图形，如图 3-53 所示。

（4）制作一幅“七彩蝴蝶”图形，如图 3-54 所示。

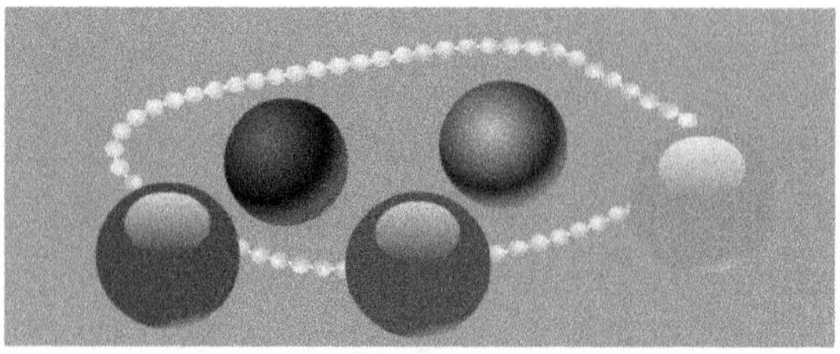
图 3-53 “珠宝和翡翠项链”图形

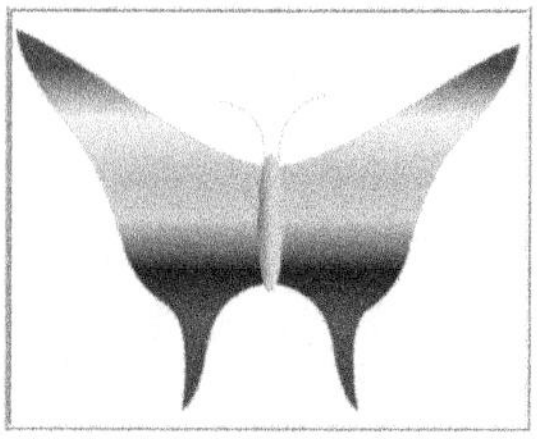
图 3-54 “七彩蝴蝶”图形

3.3　绘制和编辑图形

【实例 13】彩球跳跃

“彩球跳跃”影片播放后的 2 幅画面如图 3–55 所示。两个立体感很强的红绿彩球在草地上上下跳跃移动。该动画的制作方法如下。

图 3–55　“彩球跳跃”影片播放后的 2 幅画面

1. 创建“彩球”影片剪辑元件

（1）设置舞台工作区宽为 450 像素、240 像素高，背景为绿色。在舞台工作区内显示网格。创建并进入“彩球”影片剪辑元件的编辑状态。

（2）选择工具箱内的“椭圆工具” ，在它的“属性”栏内，设置线类型为实线，颜色为蓝色，线粗为 2 像素，无填充色。按住 Shift 键，用鼠标拖曳绘制一个无填充的圆形图形（直径 10 个格）。将圆形图形复制一份，复制的圆形图形移到原来图形的右边。

（3）选中复制的圆形图形，如图 3–56 左图所示。选择“窗口”→“变形”命令，弹出“变形”面板界面，不选择该面板中的“约束”复选框，在其“宽度” 文本框内输入 33.33，如图 3–56 中图所示。按 Enter 键，可将圆形图形水平方向缩小为原图的 33.33%。再单击“变形”面板右下角的 按钮，复制一份同样的椭圆图形。然后，将复制的椭圆图形移到原椭圆图形的右边，如图 3–56 右图所示。

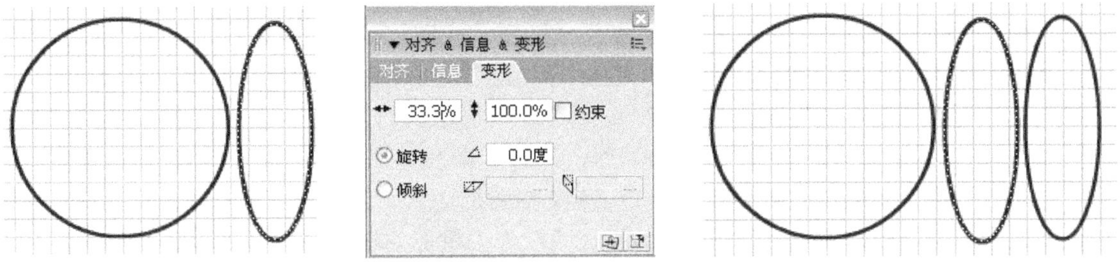

图 3–56　复制椭圆和“变形”面板设置

（4）单击选中圆形图形，将圆形图形复制一份，再将复制的圆形图形移到原来图形的左边。在“变形”面板的“宽度” 文本框内输入 66.66。按照上述方法，使水平方向缩小为原图形的 66.66%，并移到原图形的左边，如图 3–57 所示。

（5）选中圆形图形左边的一个椭圆，选择“修改”→“变形”→“顺时针旋转 90 度”命令，将椭圆旋转 90° 。再将圆形图形右边的另一个椭圆图形旋转 90° 。然后将它们移到圆内，再将两个剩余的图形移到圆形图形中，如图 3–58 所示。

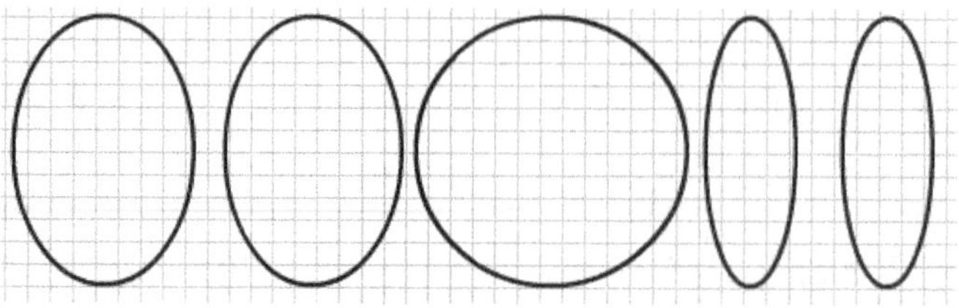

图 3-57　几个椭圆图形

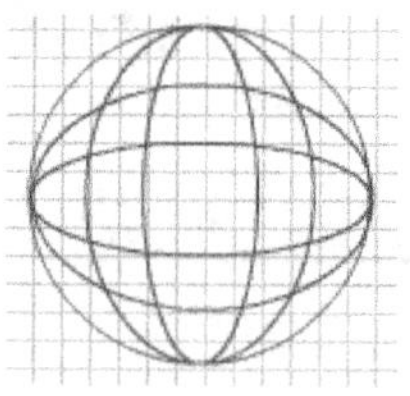

图 3-58　彩球轮廓线

（6）设置填充颜色为深红色，再为图 3-58 所示的彩球轮廓线的一些区域填充红色，如图 3-59 所示。调出“混色器”面板，在“填充样式”下拉列表框内选择“放射状”选项。设置填充颜色为白、绿、黑色放射状渐变色（白色到绿色）。绘制一个同样大小的无轮廓线绿色彩球图形，如图 3-60 所示。

（7）选择工具箱内的“选择工具”，再单击选中图 3-59 所示的彩球线条，按 Delete 键，删除所有线条。此时的彩球如图 3-61 所示。然后，给该彩球左上角的两个色块填充由白色到红色的放射状渐变色，如图 3-62 所示。

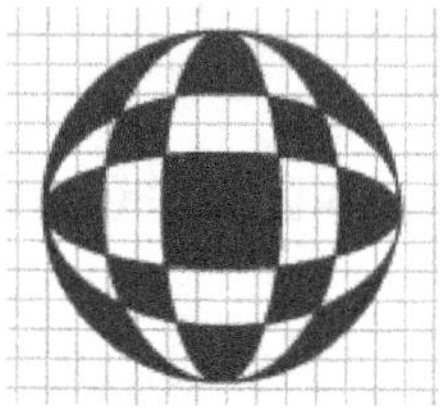

图 3-59　填充红色

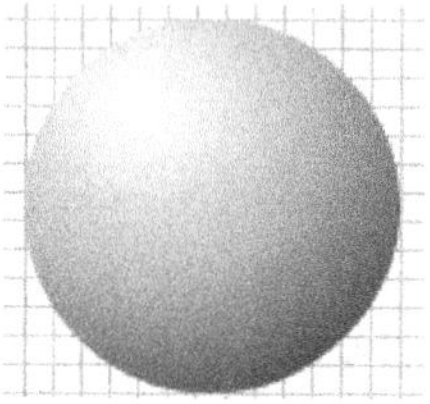

图 3-60　绿色彩球

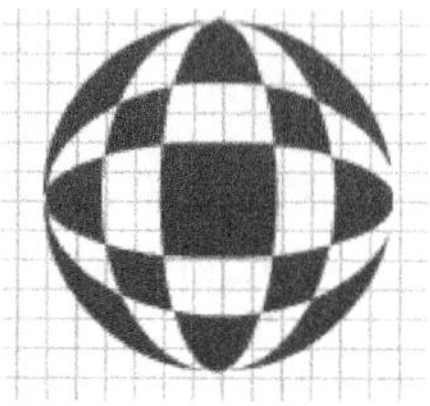

图 3-61　删除线条

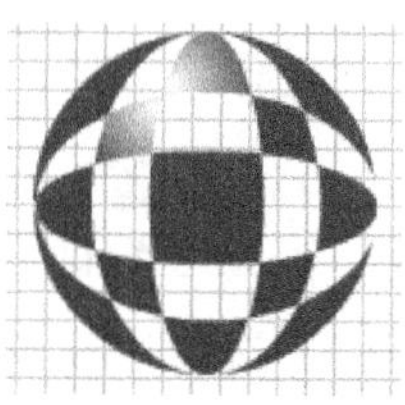

图 3-62　填充色

（8）将图 3-61 所示的全部图形组合。再将图 3-60 所示的绿色彩球组合。然后，将绿色彩球移到图 3-61 所示的彩球之上，如图 3-55 中的彩球所示。如果绿色彩球将图 3-61 所示图形覆盖，可选择“修改”→“排列”→“移至底层”命令。

（9）拖曳选中彩球图形，将它组合。单击元件编辑窗口中按钮，回到主场景。

2. 制作彩球跳跃动画

（1）将“图层 1”图层的名称改为“背景”，选中“背景”图层的第 1 帧，导入一幅“草地”图像，调整该图像大小和位置，使它刚好将整个舞台工作区覆盖。

（2）在“背景”图层上创建一个名称为“彩球”的图层，两次将“库”面板中的“彩球”影片剪辑元件拖曳到舞台工作区中。调整两个“彩球”影片剪辑实例的宽和高均为 50 像素。调整两个“彩球”影片剪辑实例的位置如图 3-55 左图所示。

（3）将鼠标指针移到“彩球”图层的第 1 帧，单击鼠标右键，弹出帧快捷菜单，选择该菜单中的“创建补间动画”命令。此时，该帧具有了补间动画的属性。

（4）单击选中“彩球”图层的第 80 帧，按 F6 键，创建第 1 帧到第 80 帧的补间动画。单击选中该图层的第 40 帧，按 F6 键，创建一个关键帧。然后将第 40 帧的两个彩球垂直下移。

【实例 14】闪耀的五角红星

“闪耀的五角红星”影片播放后的 2 幅画面如图 3-63 所示，可以看到，在黄色背景上有一个立体的红色五角星闪闪发光。该图形的制作方法如下。

图 3-63 “闪耀的五角红星”影片播放后的 2 幅画面

1. 制作五角星轮廓线方法 1

（1）设置舞台工作区为宽 300 像素、高 300 像素，背景色为黄色。然后，使舞台工作区显示出网格。选择“视图”→“贴紧”→“贴紧至网格”命令，使它左边出现对钩。

（2）选择工具箱内的“矩形工具”按钮，单击工具箱内的“笔触颜色”按钮，弹出颜色板。设置线条颜色为红色。在其“属性”面板内设置笔触高度为 2pts，再设置无填充色。然后，拖曳鼠标绘制一个矩形，它的宽占 10 个网格，高占 16 个网格，如图 3-64 所示。

（3）选择工具箱中的“选择工具”按钮，向右拖曳矩形左上角到矩形中间处，向左拖曳矩形右上角到矩形中间处，使矩形成为三角形，如图 3-65 所示。

（4）选择工具箱中的“线条工具”按钮，在舞台工作区内拖曳绘制三条直线，水平线的长度为 16 个网格，而且是与三角形的垂直中线对称，如图 3-66 所示。

（5）选择工具箱内的“选择工具”按钮，再选中三角形的底线，按 Delete 键，删除三角形的底线，如图 3-67 所示。按照同样的方法，删除五角星内部的所有线段，如图 3-68 所示。

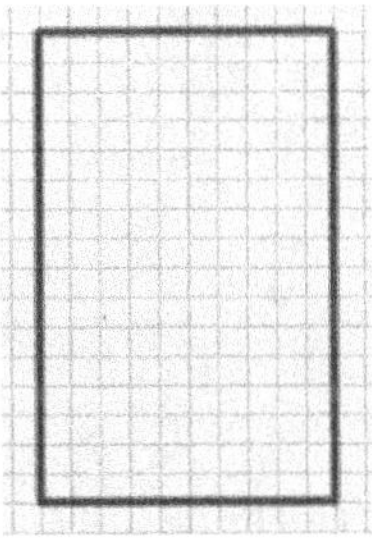

图 3-64 矩形

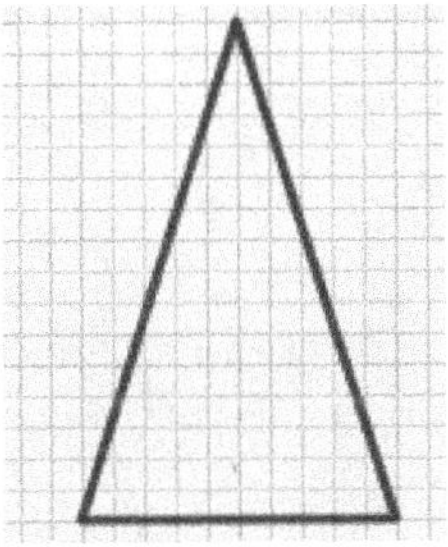

图 3-65 三角形

图 3-66 三条直线

图 3-67 删除三角形底线

2. 制作五角星轮廓线方法 2

（1）选择工具箱内的“多角星形工具”按钮，单击其“属性”面板内的“选项”按钮，弹出“工具设置”对话框，在该对话框内的“样式”下拉列表框中选择“星形”选项，表示绘制星形图形；在“边数”文本框内输入 5，表示绘制五角星形；在“星形顶点大小”文本框中输入 0.5，如图 3-69 所示。然后，单击该对话框内的“确定”按钮。

（2）设置无填充，轮廓线笔触宽度为 2pts，轮廓线颜色为红色。然后，在舞台工作区内拖曳绘制一幅五角星轮廓线，如图 3-68 所示。

（3）使用工具箱内的“任意变形工具”按钮，调整五角星轮廓线的大小、位置和旋转角度。

图 3-68　五角星轮廓图形

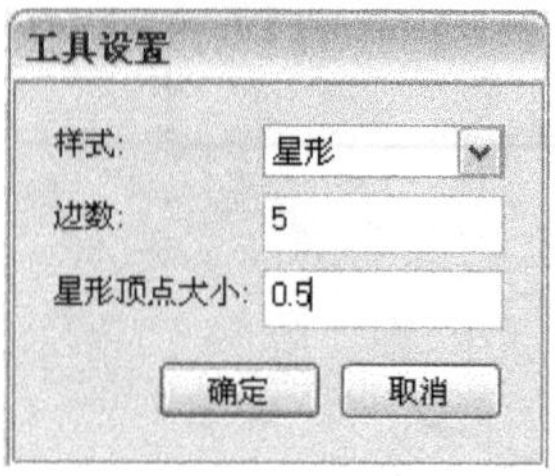

图 3-69　“工具设置”对话框

3. 为五角星轮廓线填充渐变色

（1）选择“视图”→“贴紧”→“贴紧至网格”选项，使它左边的对钩消失。选择工具箱中的“线条工具”按钮，在五角星内绘制 5 条线粗为 1pts 的灰色直线，如图 3-70 所示。

（2）调出“混色器”面板，设置填充为红、浅红、白的线性渐变色。选择“颜料桶工具”按钮，单击五角星内各区域，使五角星左上角区域填充的渐变色应亮一些，以产生光照的效果。

（3）设置线的颜色为深红色，笔触高度为 1pts，使用墨水瓶工具，单击五角星内部左上边的两条直线；再设置线的颜色为浅红色，笔触高度为 1pts，使用墨水瓶工具，单击五角星内部右下边的三条直线。此时的五角红星如图 3-71 左图所示。

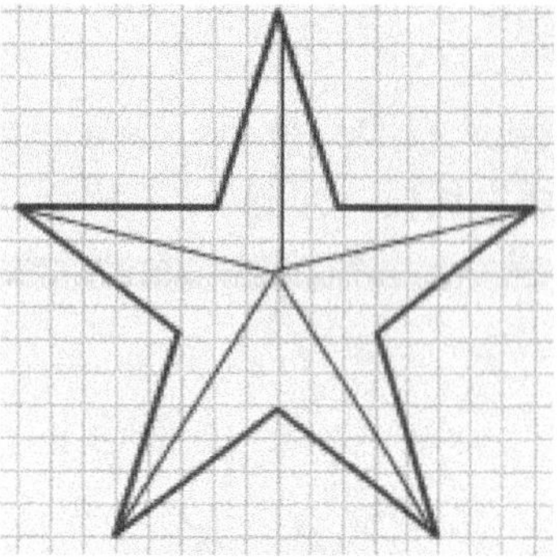

图 3-70　在五角星内补画几条直线

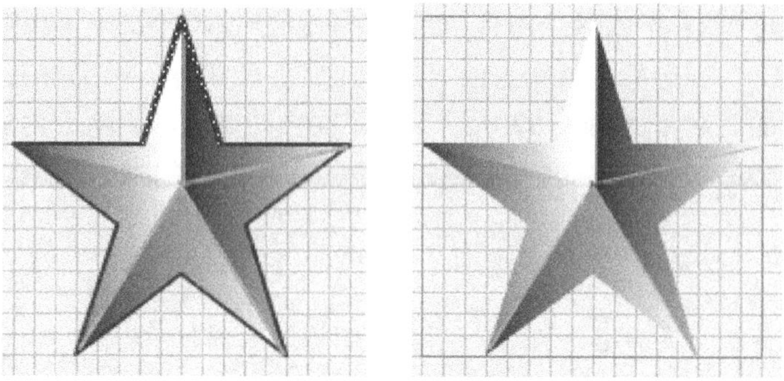

图 3-71　填色后的五角星

（4）将图形放大，进行线条的细致修改，删除五角形轮廓线。然后，将五角红星组合，再复制 2 份，最终结果如图 3-71 右图所示。然后，将舞台工作区的背景色改为白色。

4. 制作影片剪辑元件

（1）选中如图 3-71 右图所示的五角红星，选择“修改”→“转换为元件”命令，弹出“转换为元件”对话框，在该对话框内的“名称”文本框中输入“五角星”文字，单击“确定”按钮，即可将五角红星图形转换为“五角星”影片剪辑元件的实例。

（2）创建并进入“光线 1”影片剪辑元件的编辑状态。选择工具箱内的“矩形工具”，调出“混色器”面板，利用该面板设置填充为红色到黄色的线性渐变色，设置无轮廓线。拖曳鼠标，绘制一幅填充红色到黄色线性渐变色的矩形，如图 3-72 所示。

（3）选择工具箱内的“选择工具”按钮，在不选中矩形图形的情况下，将鼠标指针移至矩形图形的左上角，当鼠标指针右下方出现一个直角线时，垂直向下拖曳，再将指针鼠标移至矩形图形的左下角，当鼠标指针右下方出现一个直角线时，垂直向上拖曳，将矩形调整为三角形。然后，将三角形图形组合，如图 3-73 所示。

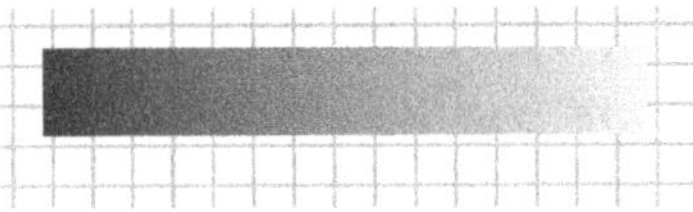

图 3-72　渐变色的矩形

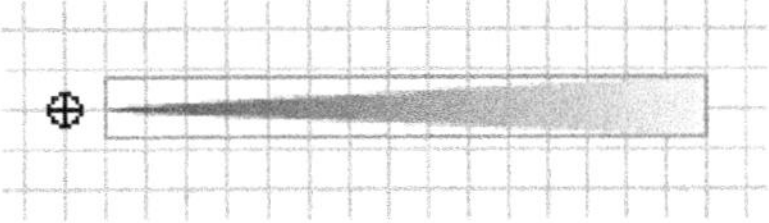

图 3-73　三角形图形

（4）单击工具箱内的“任意变形工具”按钮，选中三角形图形，将中心点标记拖曳到舞台工作区的中心处，如图 3-74 所示。在“属性”面板内的“宽”文本框中输入“150”，在“高”文本框中输入“15”，在“X”和“Y”文本框中均输入“0”，如图 3-75 所示。

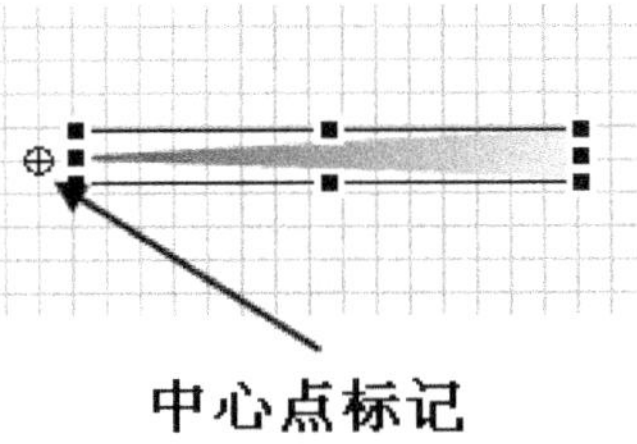

图 3-74　中心点标记位置

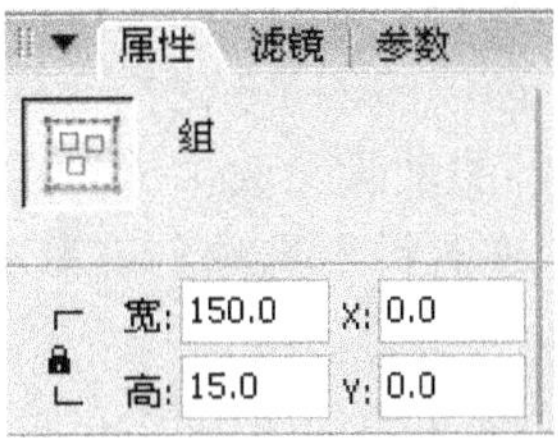

图 3-75 “属性”面板设置

（5）选中三角形图形，调出“变形”面板，按照图 3-76 所示进行设置，再连续单击 35 次“复制并应用变形”按钮，旋转并复制 35 个三角形图形，效果如图 3-77 所示。

（6）选择工具箱内的“选择工具”按钮，选中 36 个三角形图形，将它们组合。利用“属性”面板，将组合调整为宽 300 像素、高 300 像素。中心点在舞台工作区的中心处。

（7）单击元件编辑窗口中的按钮，回到主场。

（8）按照上述方法，新建一个名称为“光线 2”的图形元件，进入该元件的编辑状态。绘制一个如图 3-73 所示的填充红色到黄色线性渐变色的三角形图形。

图 3-76 “变形”面板

（9）单击工具箱内的“任意变形工具”按钮，选中三角形图形，将中心点标记拖曳到舞台工作区的中心处，如图 3-78 所示。在“属性”面板内的“宽”文本框中输入“150”，在“高”文本框中输入“8”，在“X”和“Y”文本框中均输入“0”。

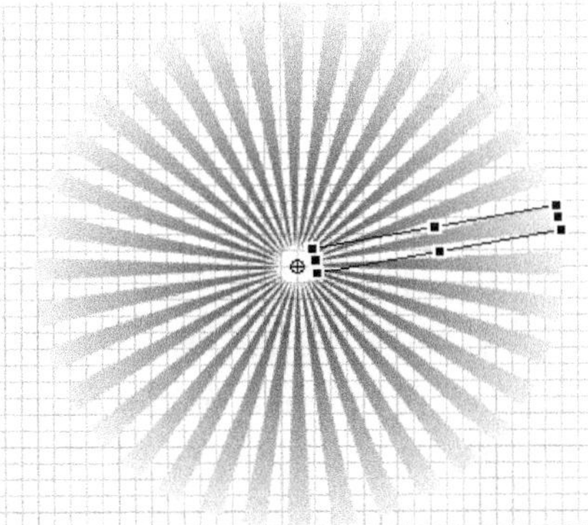

图 3-77　旋转并复制 35 个三角形图形

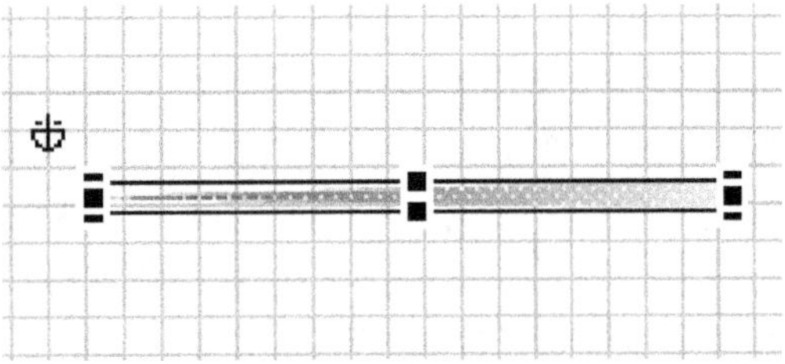

图 3-78　中心点标记位置

（10）选中三角形图形，调出“变形”面板，按照图 3-75 所示进行设置，再连续单击 35 次

“复制并应用变形”按钮，旋转并复制 35 个三角形图形，效果如图 3-79 所示。

（11）选择工具箱内的“选择工具”，选中 36 个三角形图形，将它们组合。在“属性”面板内将组合调整为宽 300 像素、高 300 像素，中心点在舞台工作区的中心处。

（12）单击元件编辑窗口中的按钮，回到主场景。

5. 制作闪光动画

（1）在“图层 1”图层下边创建一个名称为“图层 2”的图层。选中“图层 1”图层的第 1 帧，将“库”面板内的“五角星”影片剪辑元件拖曳到舞台工作区的中间处。然后，隐藏“图层 1”图层，单击选中“图层 2”图层的第 1 帧。

（2）将“库”面板内的“光线 1”图形元件拖曳到舞台工作区正中间处。创建“图层 2”图层第 1 帧到第 50 帧的动画。选中“图层 2”图层的第 1 帧，在其“属性”面板内的“旋转”下拉列表框中选择“逆时针”选项，在其右边的文本框中输入 1，如图 3-80 所示。

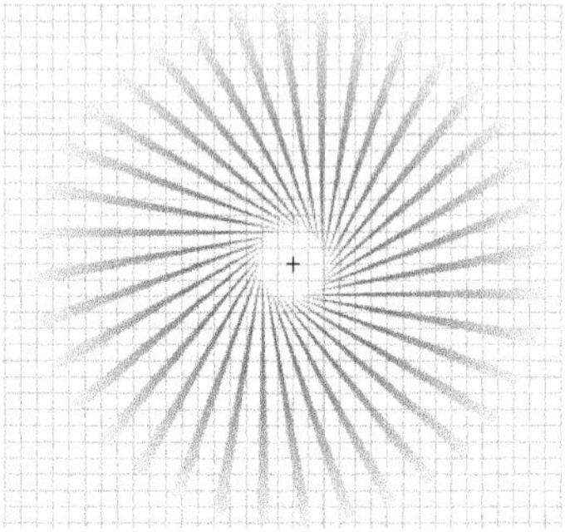

图 3-79　旋转并复制 35 个三角形图形

图 3-80　“属性”面板设置

（3）在“图层 2”图层下边创建一个名称为“图层 3”的图层。然后，隐藏“图层 2”图层，单击选中“图层 3”图层的第 1 帧。

（4）将“库”面板内的“光线 2”影片剪辑元件拖曳到舞台工作区正中间处。创建“图层 3”图层第 1 帧到第 50 帧的动画。选中“图层 3”图层第 1 帧，在其“属性”面板内的“旋转”下拉列表框中选择“顺时针”选项，在其右边的文本框中输入 2。

（5）将“图层 1”和“图层 2”图层显示出来，选中“图层 1”图层第 1 帧内的五角红星实例，在其“属性”面板内的“颜色”下拉列表框中选择“Alpha”选项，右边的文本框中输入 90。选中“图层 1”图层第 50 帧，按 F5 键。

（6）将舞台工作区的背景色改为白色。至此，整个动画制作完毕。

【相关知识】绘制图形

通常在使用椭圆、矩形和多角星形工具绘图前应先设置笔触属性。注意：使用铅笔和线条工具绘制出的是一个对象，而用椭圆、矩形和多角星形工具绘制出的是有填充的图形。由两个对象组成：一个是轮廓线，另一个是填充。这两个对象是独立的，可以分离，分别操作。例如，绘制一个圆形图形后，单击工具箱中的“选择工具”按钮，再将鼠标指针移到矩形图形内，选中填充后拖曳鼠标，即可把填充移开，如图 3-81 所示（第 1 行是原图形，第 2 行是分开的图形）。采用不同线型、线颜色和不同填充绘制的各种图形如图 3-82 所示。

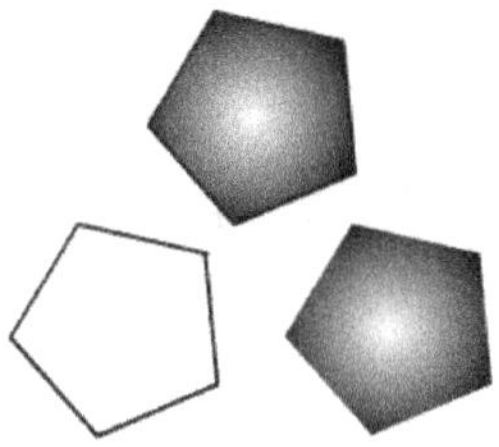

图 3-81　将轮廓线与填充移开

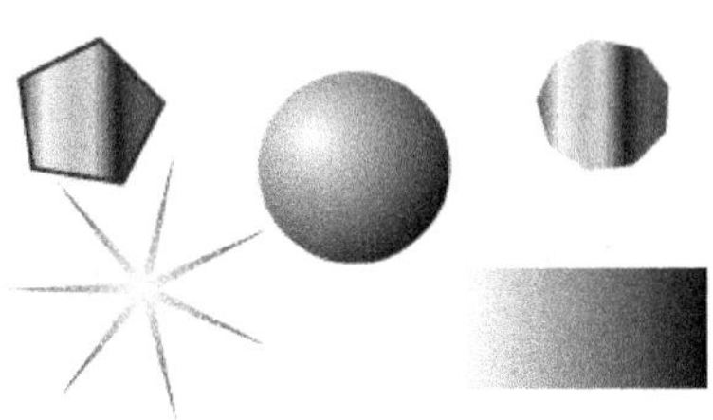

图 3-82　绘制的各种图形

1. 绘制椭圆

单击工具箱内的“椭圆工具”按钮，在舞台工作区内拖曳鼠标，即可绘制出一个椭圆图形。如果在拖曳鼠标时，按住 Shift 键，即可绘制出正圆形图形。

如果希望只绘制圆形轮廓线而不要填充，只需在设置填充颜色时，选中颜色板中右上角的按钮，或者单击按下工具箱内“颜色”栏中的“没有颜色”按钮即可。如果希望只绘制填充不要轮廓线时，则只需在设置轮廓线颜色时，选中颜色板中右上角的按钮，或者单击按下工具箱内“颜色”栏中的“没有颜色”按钮即可。绘制其他图形也如此。

2. 绘制矩形

单击工具箱内的“矩形工具”按钮，在舞台工作区内拖曳鼠标，即可绘制出一个矩形图形。如果在拖曳鼠标时，按住 Shift 键，即可绘制出正方形图形。

在单击工具箱内的“矩形工具”按钮后，工具箱“选项”栏内会增加一个按钮。单击该按钮，会弹出一个“矩形设置”对话框，如图 3-83 所示。在该对话框的“边角半径”文本框内输入圆角半径值（默认值为 0，即直角），单击“确定”按钮后，可以绘制圆角矩形。

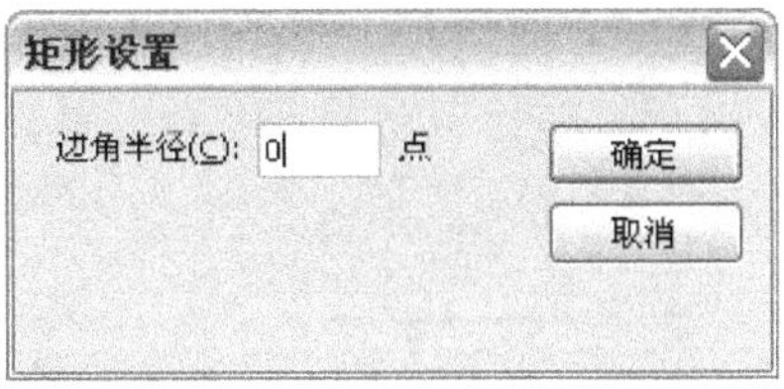

图 3-83　“矩形设置”对话框

3. 绘制多边形和星形

选择工具箱内的“多角星形工具”按钮，单击“属性”面板内的“选项”按钮，会弹出“工具设置”对话框，如图 3-69 所示。在“样式”下拉列表框中选择“多边形”或“星形”选项，用来设置图形样式；在“边数”文本框中输入多边形或星形图形的边数；在“星形顶点大小”文本框中输入星形图形顶点张角大小，该文本框的数据只在绘制星形图形时有效。

在舞台工作区内拖曳鼠标，即可绘制出一个多角星形或多边形图形。如果在拖曳鼠标时，按住 Shift 键，即可画出正多角星形或正多边形。

4. 刷子工具

单击工具箱内的“刷子工具”按钮后，“选项”栏内会出现两个按钮和两个下拉列表框，如图 3-84 所示。利用它们可以设置刷子工具的参数。

（1）设置刷子大小：单击下拉列表框右边的箭头按钮，会弹出各种画笔宽度示意图，单击选择其中一种，即可设置刷子的大小。

（2）设置刷子形状：单击下拉列表框右边的箭头按钮，会弹出各种刷子形状示意图，单击选择其中一种，即可设置刷子的形状。刷子的形状有圆头、方头等。

（3）“刷子模式”按钮：单击该按钮，弹出刷子模式图标菜单，如图 3-85 所示。它有 5

种选择，单击其中一个按钮，即可完成相应的刷子模式设置。

（4）“锁定填充”按钮：其作用与颜料桶工具“锁定填充”按钮的作用一样。

（5）使用刷子工具绘制图形：设置好刷子工具的参数，即可拖曳鼠标绘制图形。使用刷子工具绘制的图形只有填充，没有线。用刷子工具绘制的一些图形如图 3-86 所示。

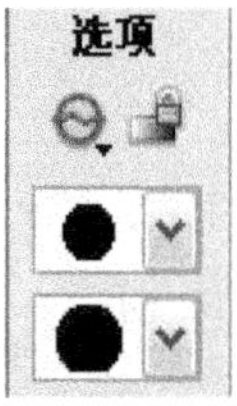

图 3-84　刷子工具“选项”栏

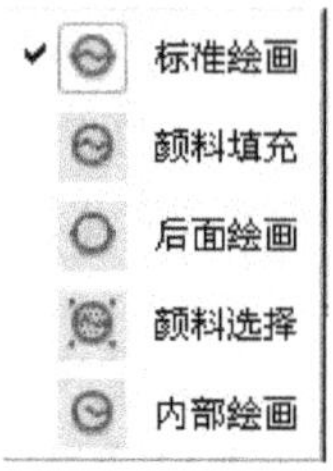

图 3-85　刷子模式图标菜单

图 3-86　刷子工具绘制的图形

思考与练习 3-3

（1）制作一个“彩球倒影”影片，该影片播放后的一幅画面如图 3-87 所示。两个彩球在蓝色透明的湖面上上下移动，同时透过蓝色湖面可以看到两个立体彩球的倒影也在上下移动。

（2）“荷塘月色”影片播放后的 2 幅画面如图 3-88 所示。可以看出，在漆黑的深夜，圆圆的月亮慢慢地移动，月亮映照在湖水中，倒挂的垂柳，深蓝色的湖面上漂浮着片片荷叶。

图 3-87　“彩球倒影”动画

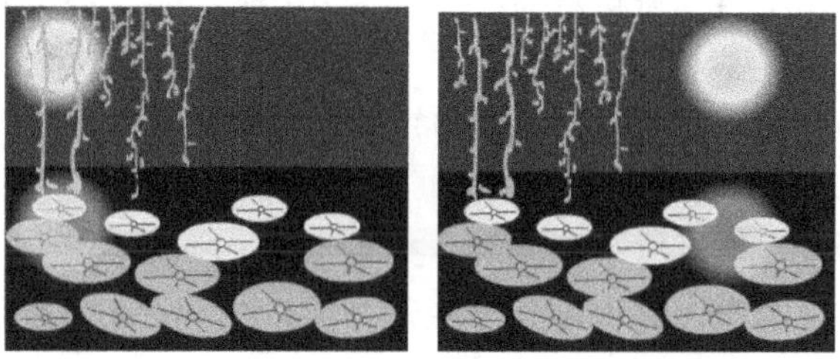

图 3-88　“荷塘月色”动画播放后的 2 幅画面

3.4　钢笔工具和部分选择工具

【实例 15】青竹映明月

“青竹映明月”影片播放后的 2 幅画面如图 3-89 所示。一轮明月当空，慢慢从青竹林中移出。该动画的制作方法如下。

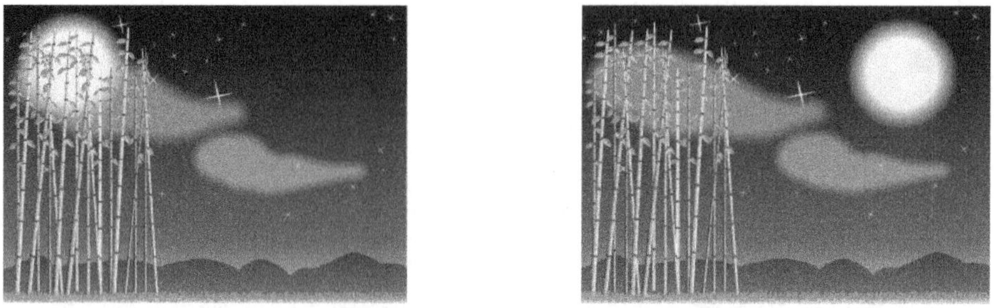

图 3-89　“青竹映明月”影片播放后的 2 幅画面

1. 绘制蓝天和绿草

（1）设置舞台工作区宽为 550 像素、高为 400 像素，背景色为蓝色。

（2）选中“图层 1”图层的第 1 帧，选择工具箱中的“矩形工具”，在舞台工作区中拖曳绘制一个与舞台工作区大小相同的、没有轮廓线的、填充色是深蓝色到蓝色再到浅灰色的线性渐变色的矩形，如图 3-90 左图所示。

（3）选择工具箱中的“填充变形工具”按钮。单击舞台工作区中矩形对象，调出控制柄，用鼠标拖曳这些控制柄将填充旋转到适当角度。如图 3-90 右图所示。

（4）选择工具箱中的“多角星形工具”按钮。单击其“属性”面板中的“选项”按钮，弹出“工具设置”对话框，该对话框中各项参数的设置如图 3-91 所示。

图 3-90 线性渐变填充效果和调整填充

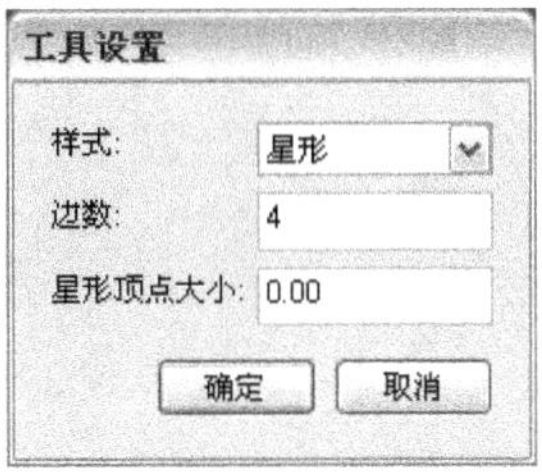

图 3-91 “工具设置”对话框设置

（5）在“图层 1”图层上添加一个名称为“图层 2”的图层。选中“图层 2”图层的第 1 帧。在舞台工作区内拖曳鼠标，绘制一个没有轮廓线、黄色的“星星”图形。然后，复制几个“星星”图形，并分别调整它们的大小和位置。

（6）在底部绘制山脉图形，在蓝天之上绘制一些灰色的云朵图形，如图 3-89 所示。然后，将“图层 1”图层和“图层 2”图层锁定。

（7）在“图层 2”图层上新建一个“图层 3”图层。选中“图层 3”图层的第 1 帧。选择工具箱中的“线条工具”铵钮，调出其“属性”面板，在该面板中设置“笔触颜色”为绿色；“笔触样式”为“斑马线”；“笔触高度”为 10。“属性”面板设置如图 3-92 所示。

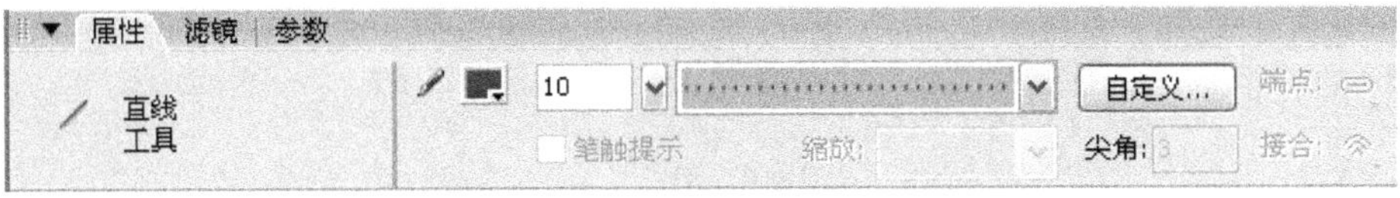

图 3-92 “线条工具”的“属性”面板设置

（8）单击“属性”面板内的“自定义”按钮，弹出“笔触样式”对话框，该对话框中的各项参数设置如图 3-93 所示。然后，在舞台工作区底部绘制小草图形，如图 3-94 所示。

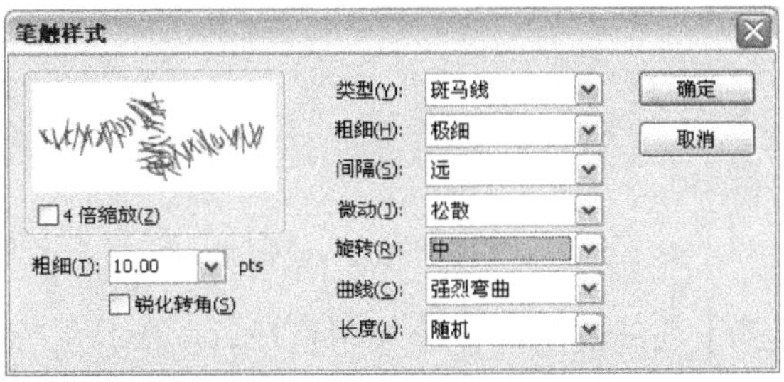

图 3-93 “笔触样式”对话框设置

图 3-94 小草图形

（9）在“图层 2”图层和“图层 3”图层之间添加一个名称为“图层 4”的图层，在该图层制作月亮移动的动画。该动画的制作留给读者自行来完成。

2. 绘制竹林

（1）在“图层 3”图层下边新建一个“图层 4”图层。选中“图层 4”图层的第 1 帧。

（2）单击工具箱中的“矩形工具”按钮，在舞台工作区中拖曳绘制一个深绿色轮廓线、填充色为深绿色到绿色再到白色的长条矩形作为“竹节”。然后，使用工具箱中的“填充变形工具”，调整长条矩形对象的填充，如图 3-95 所示。

（3）选择工具箱中的“选择工具”铵扭，选中舞台工作区中“竹节”图形左右的轮廓线，按 Delete 键，将它们删除。按住 Shift 键，单击选中“竹节”图形上下的轮廓线，调出“属性”面板。将“属性”面板的设置改为如图 3-96 所示。此时，“竹节”图形如图 3-97 所示。

图 3-95 矩形图形

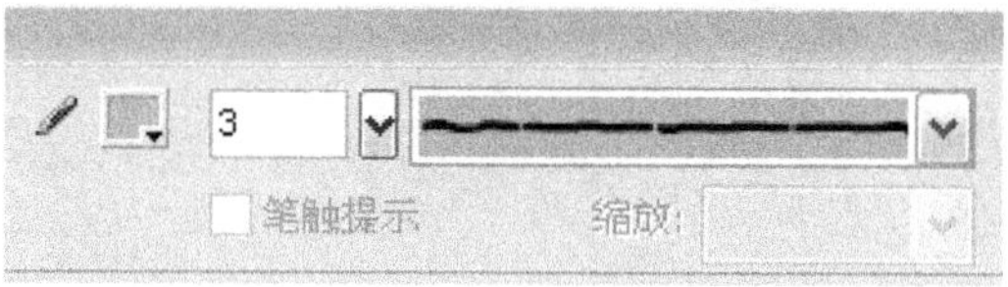

图 3-96 “属性”面板的设置

图 3-97 竹节

（4）选择工具箱中的“选择工具”，拖曳选中“竹节”图形，按住 Ctrl 键，向上拖曳“竹节”图形，再复制出 10 个“竹节”图形，把它们排列成“竹竿”图形。如图 3-98 所示。

（5）单击工具箱中的“钢笔工具”按钮。在其“属性”面板的“笔触样式”下拉选项框中选择“极细”；单击“笔触颜色”按钮，弹出颜色板，设置笔触颜色为深绿色；调出“混色器”面板，设置填充颜色为线性的绿色到深绿色、浅绿色再到绿色渐变。此时的“混色器”面板如图 3-99 所示。

（6）将鼠标指针移到舞台工作区，按下鼠标左键，在不松开鼠标左键的情况下，拖曳鼠标，产生曲线，如图 3-100 所示，图中的直线为曲线的切线。

图 3-98 竹竿

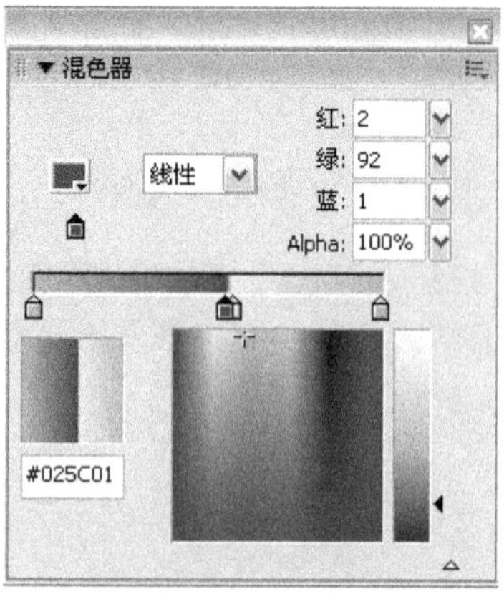

图 3-99 “混色器”面板设置

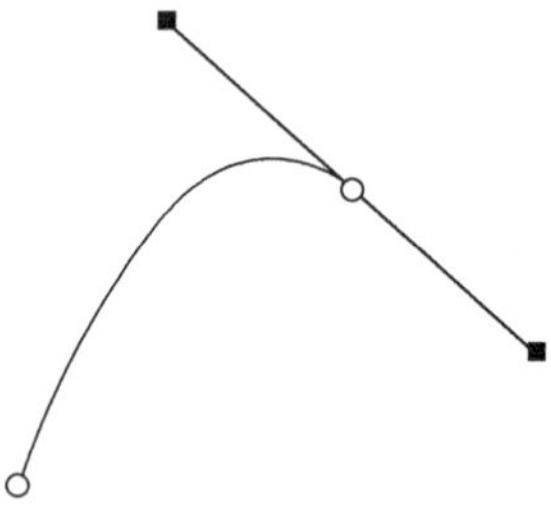

图 3-100 绘制曲线

（7）拖曳鼠标可以调整切线的方向，从而调整了曲线的形状。曲线调整好后，松开鼠标左键，再单击曲线的起点，此时会产生新的曲线和切线，如图 3-101 所示。松开鼠标左键后，形成的曲线内即填充了线性渐变颜色，即一片竹叶的初步图形。然后使用工具箱中的“填充变形工具”，调整线性渐变填充，使其成为如图 3-102 所示的形状。

（8）单击工具箱中的“部分选取工具”按钮，用鼠标拖曳出一个矩形，圈起树叶的初步图形，即可显示出曲线的全部节点，如图 3-103 左图所示。用鼠标拖曳节点或节点处切线两端的控制柄，调整曲线的形状。如图 3-103 右图所示。

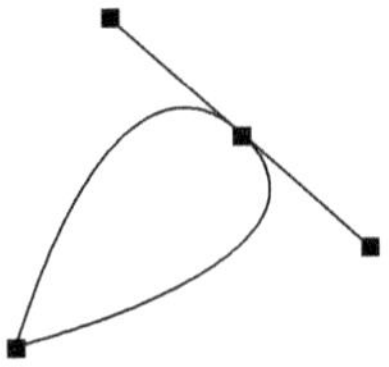

图 3-101　曲线

图 3-102　竹叶的初步图形

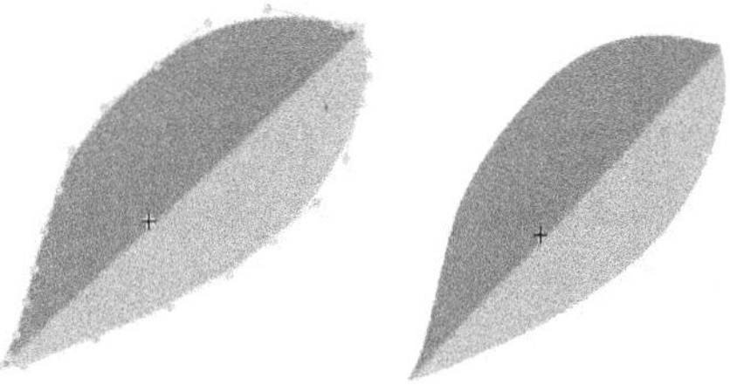

图 3-103　调整竹叶图形的过程

（9）将整个竹叶图形选中，然后选择“修改”→“组合”命令，将它们组合。选择“窗口”→“变形”命令，弹出“变形”面板。

（10）在“变形”面板中的“旋转”文本框中输入“-90 度”，如图 3-104 所示。单击该面板中的“复制并应用变形”按钮，即可复制一份旋转了-90 度的竹叶，如图 3-105 所示。

（11）用鼠标向右拖曳复制的竹叶，将其与原来的竹叶分开。按照上述方法，再复制几片竹叶，并调整它们的大小。再复制几个竹叶图形对像，使用工具箱内的“任意变形工具”，分别调整它们的大小和位置，使竹叶与竹竿组合成完整的青竹图形，如图 3-106 所示。

图 3-104　“变形”面板设置

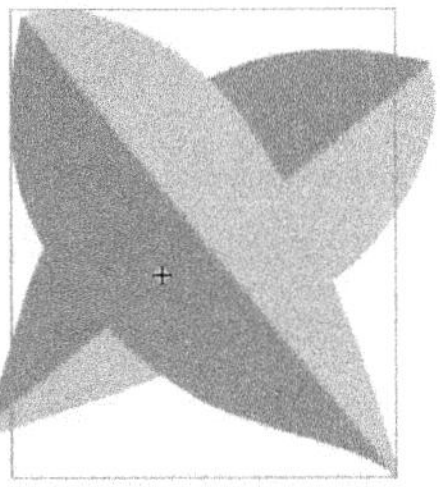

图 3-105　复制竹叶

图 3-106　青竹图形

（12）选择工具箱内的“选择工具”，选中舞台工作区内的青竹图形，用复制、粘贴的方法完成竹林的制作，最终效果如图 3-89 所示。

至此，整个“青竹映明月”动画制作完毕，该动画的时间轴如图 3-107 所示。

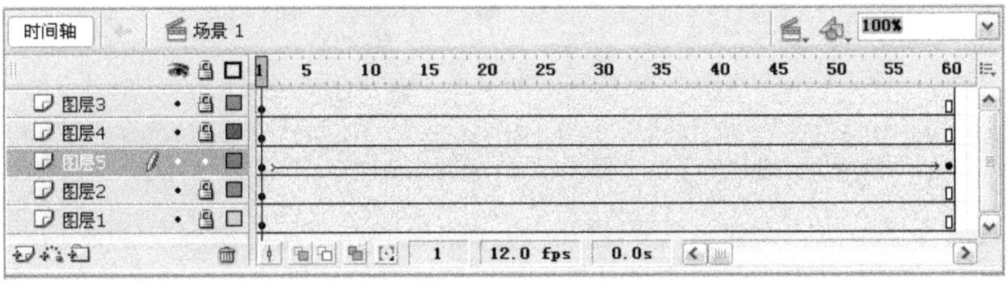

图 3-107　“青竹映明月”动画的时间轴

【相关知识】钢笔工具和部分选择工具

1. 钢笔工具

利用钢笔工具可以绘制矢量直线与曲线。绘制直线，只要单击直线的起点与终点即可。绘制曲线利用贝塞尔绘图方式，它通常有两种方法，简介如下。

（1）先绘曲线再定切线方法：单击工具箱中的“钢笔工具”按钮，在舞台工作区中，单击要绘制曲线的起点处，松开鼠标左键；再单击下一个节点处，则在两个节点之间会产生一条线段；在不松开鼠标左键的情况下拖曳鼠标，会出现两个控制点和它们之间的蓝色直线，如图 3-108 所示，蓝色直线是曲线的切线；再拖曳鼠标，可改变切线的位置，以确定曲线的形状。

如果曲线有多个节点，则应依次单击下一个节点，并在不松开鼠标左键的情况下拖曳鼠标以产生两个节点之间的曲线，如图 3-109 所示。直线或曲线绘制完后，双击鼠标，即可结束该曲线的绘制。绘制完的曲线如图 3-110 所示。

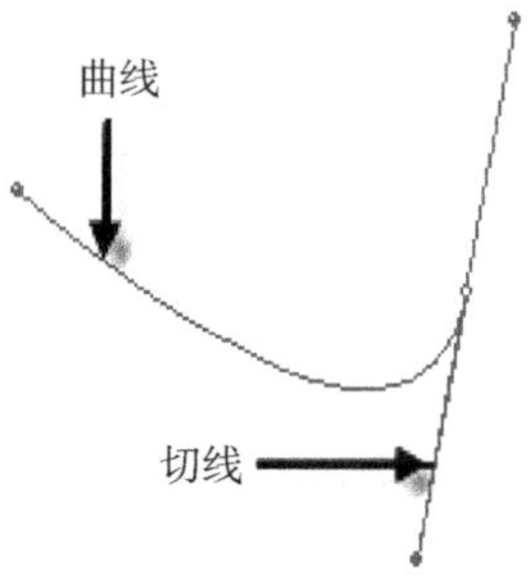

图 3-108　贝塞尔绘图方式之一

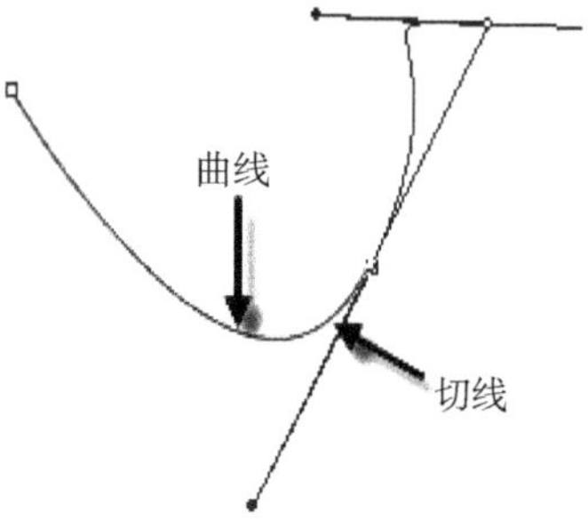

图 3-109　绘图步骤二

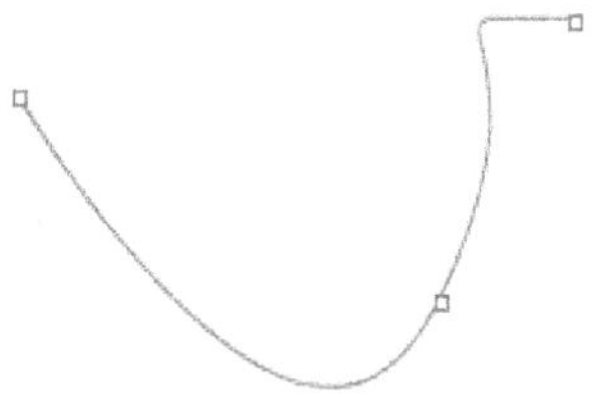

图 3-110　绘制完的曲线

（2）先定切线再绘曲线方法：单击工具箱中的“钢笔工具”按钮，在舞台工作区中，单击要绘制曲线的起点处，不松开鼠标左键，拖曳鼠标以形成方向合适的蓝色直线切线，然后松开鼠标左键，此时会产生一条直线切线。再用鼠标单击下一个节点处，则该节点与起点节点之间会产生一条曲线，如图 3-111 所示。按住鼠标左键不放，拖曳鼠标，即可产生第二个节点的切线，如图 3-112 所示。松开鼠标左键，即可绘制一条曲线，如图 3-113 所示。

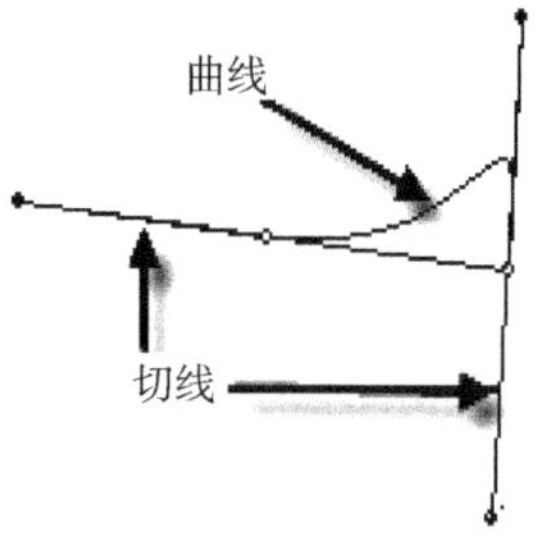

图 3-111　贝塞尔绘图方式之二

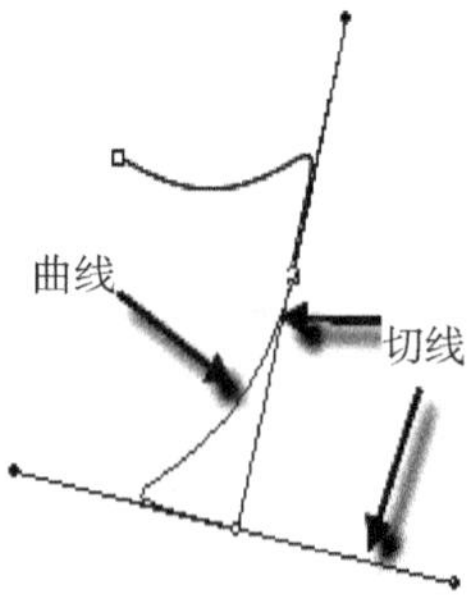

图 3-112　绘图步骤二

图 3-113　绘制完的曲线

如果曲线有多个节点，则应依次单击下一个节点，并在不松开鼠标左键的情况下拖曳鼠标以产生两个节点之间的曲线。曲线绘制完后，双击鼠标左键，即可结束该曲线的绘制。

另外，在没有选中曲线的情况下，单击工具箱中的“钢笔工具”按钮，然后将鼠标指针移到曲线上时，鼠标指针右下角会出现一个“+”号，此时单击鼠标，可以增加一个节点。将鼠标指针移到曲线条上的节点时，鼠标指针右下角会出现一个“-”号，此时单击鼠标，可以减少一个节点。

2. 部分选择工具

部分选择工具可以改变矢量图形的形状。单击工具箱中的“部分选择工具”按钮，再单击线条或轮廓线，选中它们，如图 3–114 所示。可以看到，线条的上边会出现一些绿色亮点，这些绿色亮点是矢量线的节点。用鼠标拖曳节点，会改变线和轮廓线的形状，如图 3–115 所示。

单击工具箱中的“部分选择工具”按钮，再用鼠标拖曳出一个矩形框，将矢量图形全部选择，松开鼠标左键后，会显示出矢量曲线的节点（切点）和节点的切线。再用鼠标拖曳节点或调整控制柄即可改变图形的形状。另外，按住 Alt 键，同时拖曳鼠标调整控制柄，就可以单独调整控制柄的一端，如图 3–116 所示。

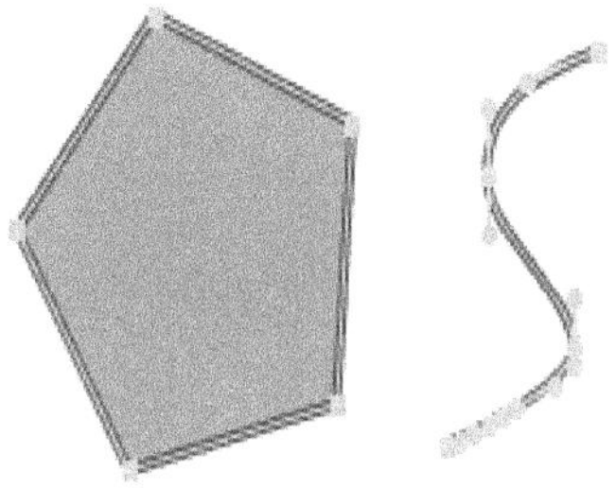
图 3–114　矢量线的节点

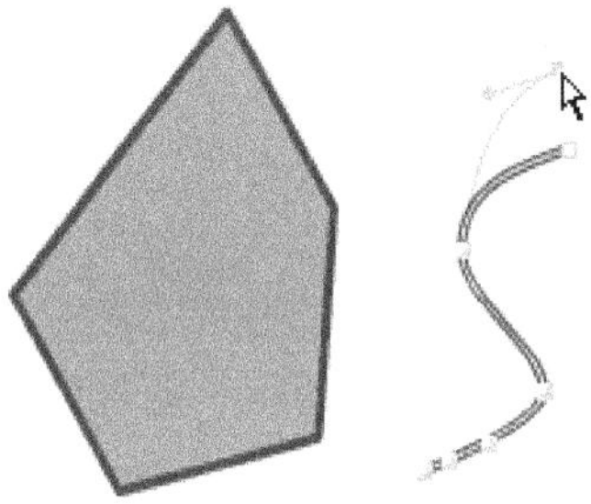
图 3–115　改变图形形状

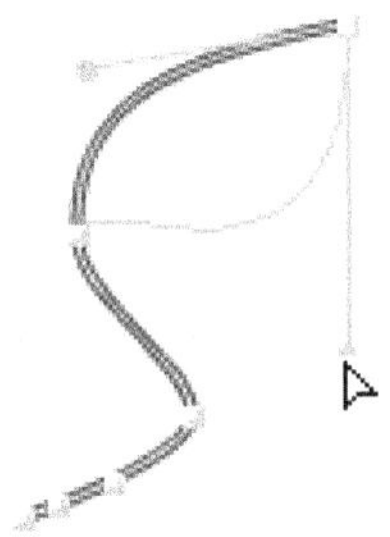
图 3–116　矢量图形的节点和切线

思考与练习 3–4

（1）绘制一幅“小花”图形，如图 3–117 所示。

（2）绘制一幅“汽车和原野”图形，如图 3–118 所示。

图 3–117 “小花”图形

图 3–118 “汽车和原野”图形

（3）绘制一幅“树苗”图形，如图 3–119 所示。它是由几棵树苗图形和一个地面图形组成的。每棵树苗又由几片树叶和几条树茎与叶茎组成。

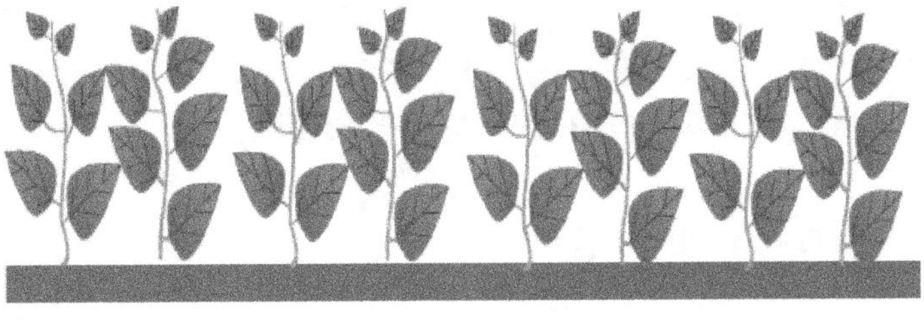
图 3–119 “树苗”图形

第 4 章　导入对象和文本编辑

4.1　导入位图和编辑位图

【实例 16】美景佳人

“美景佳人”图像如图 4–1 所示。它是在图 4–2 所示风景图像基础上，添加从图 4–3 左图所示图像中裁切出的佳人图像和从图 4–3 右图所示图像中裁切的船图像后构成的。该图像的制作方法如下。

图 4–1 “美景佳人”图像

图 4–2　风景图像

（1）设置舞台工作区的宽为 400 像素、高为 300 像素，背景色为白色。然后，导入一幅风景图像，调整该图像的大小，使其和舞台工作区的大小一样，并将舞台工作区完全覆盖。

（2）在“图层 1”图层上添加一个“图层 2”图层，将“图层 1”图层锁定，选中“图层 2”图层的第 1 帧，将图 4–3 所示的“佳人”图像和“船”图像导入到“库”面板中和舞台工作区外。选择工具箱中的“任意变形工具”按钮，适当调整这两幅图像的大小。拖曳选中这两幅图像，选择“修改”→“分离”命令，将“佳人”图像和“船”图像打碎。

（3）单击工具箱中的“套索工具”按钮，再单击“选项”栏中的“魔术棒”按钮。单击选中“船”图像的白色背景，按 Delete 键，删除白色背景，从而将船图像裁切出来。选择图像，选择工具箱中的“橡皮擦工具”按钮，擦除多余的图像。

（4）选择“修改”→“组合”命令，将船图像组合。选择“修改”→“变形”→“水平翻转”命令，将船图像水平翻转，如图 4–4 所示。

图 4-3 “佳人”和“船”图像

图 4-4 裁切出来的船图像

（5）将船图像移到风景图像的右下边，选择“编辑”→“复制”命令，将船图像复制到剪贴板中。选择“编辑”→“粘贴到当前位置”命令，在原位置粘贴一幅船图像。

（6）选择“修改”→“变形”→“垂直翻转”命令，将粘贴的船图像垂直翻转。再按光标下移键，使粘贴的船图像垂直向下移动，最后效果如图 4-5 所示。

（7）单击工具箱中的“套索工具”按钮，使“选项”栏中的各按钮处于抬起状态。沿着图 4-3 左图所示“佳人”图像中佳人周围拖曳鼠标，将佳人选中，如图 4-6 所示。然后，使用工具箱内的“选择工具”，将选中的佳人图像移到小船图像之上，选择“修改”→“组合”命令，将船图像组合。再将剩余图像删除。

图 4-5 将船移到图像之中并复制一份

图 4-6 佳人图像

（8）将“图层 1”图层解锁，选中“图层 1”图层第 1 帧内的风景图像，将风景图像打碎。选择工具箱内的“选择工具”按钮，在风景图像下边拖曳出一个矩形，如图 4-7 所示，选中部分图像。选择“编辑”→“复制”命令，将图像复制到剪贴板中。

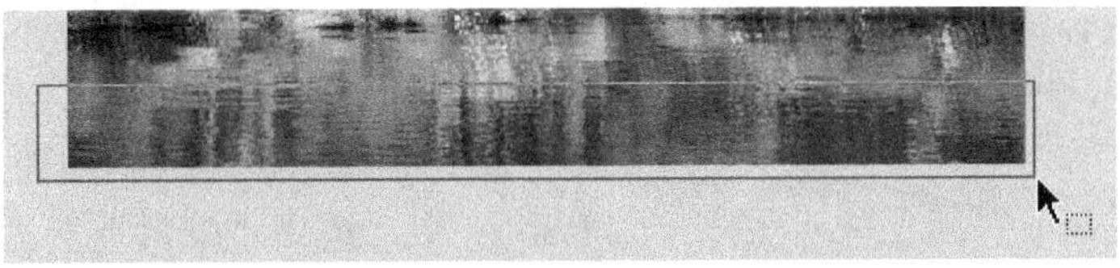

图 4-7 在风景图像下边拖曳出一个矩形

（9）在“图层 2”图层上添加一个“图层 3”图层，选中“图层 3”图层的第 1 帧，选择“编辑”→“粘贴到当前位置”命令，在原位置粘贴剪贴板中的部分风景图像。

（10）单击粘贴的船图像，再选择“插入”→“转换成元件”命令，弹出“转换为元件”对话框。利用该对话框将粘贴的图像转换为名称为“图”的影片剪辑元件实例。此时的“属性”面板也自动切换为实例的“属性”面板。

（11）在“属性”面板内的“颜色”下拉列表框中选择“Alpha”选项，在其右边的文本框中输入 78%。

（12）选中“图层 1”图层第 1 帧内的风景图像，将该图像组合。

【相关知识】导入位图和编辑位图

1. 导入位图

（1）将图像导入到舞台：选择“文件”→“导入”→“导入到舞台”命令，弹出“导入”对话框，如图 4-8 所示。利用该对话框，选择要导入的文件，单击“打开”按钮，即可导入选定的内容。可以导入的外部素材有矢量图形、位图、视频影片和声音素材等，文件的格式很多，通过“导入”对话框的“文件类型”下拉列表框中可以看出。可以导入的文件类型有：矢量图形、位图、视频电影和声音素材。如果选择的文件名是以数字序号结尾的，则会弹出“Flash 8”提示框，如图 4-9 所示。单击“否”按钮，只将选定的文件导入。单击“是”按钮，可将一系列文件全部导入到舞台工作区中。例如，在文件夹内有 TU1.jpg、TU2.jpg、TU3.jpg、TU4.jpg 图像文件，在选中 TU1.jpg 文件后，单击“是”按钮，即可将这些文件全部导入到“舞台工作区”中。如果一个导入的文件有多个图层，Flash 8 会自动创建新图层以适应导入的图形。

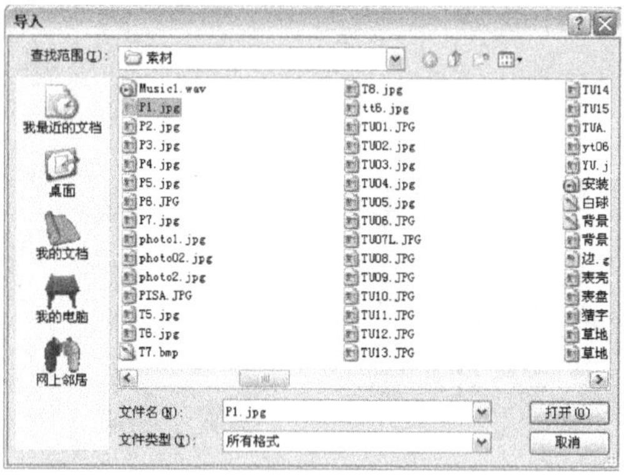

图 4-8 “导入”对话框

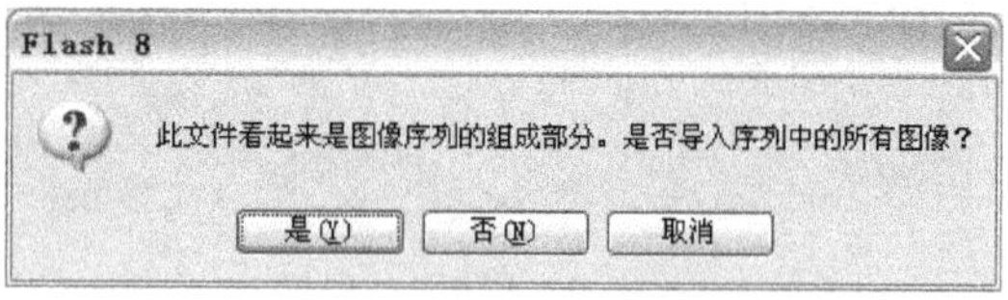

图 4-9 “Flash 8”提示框

（2）将图像导入到库：选择“文件”→“导入”→“导入到库”命令，弹出“导入到库”对话框，它与图 4-8 所示对话框基本一样。利用该对话框，可以选择一个图像文件，单击“打开”按钮，即可将选中的图像或一个序列的图像导入到“库”面板中，而不导入到舞台工作区中。关于库的有关内容将在本章第 4 节介绍。

（3）从剪贴板中粘贴图形、图像和文字等：首先，在其他应用软件中，使用“复制”或“剪切”命令，将图形等复制到剪贴板中。然后，在 Flash 8 中，选择“编辑”→“粘贴到中心位置”命令，将剪贴板中的内容粘贴到“库”面板与舞台工作区的中心。选择“编辑”→“粘贴到当前位置”命令，可将剪贴板中的内容粘贴到舞台工作区中该图像的当前位置。

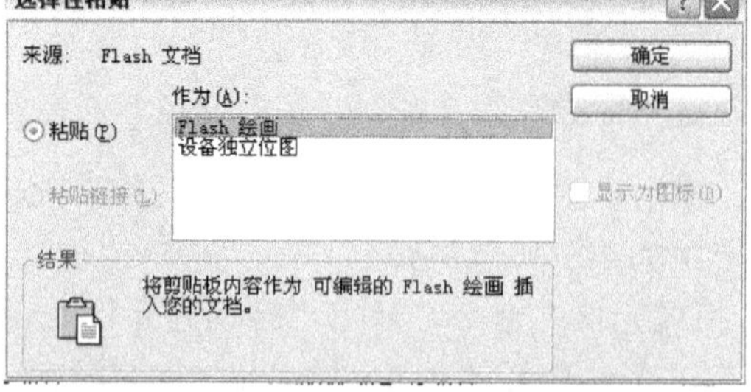

图 4-10 “选择性粘贴”对话框

如果选择“编辑”→“选择性粘贴”命令，会弹出“选择性粘贴”对话框，如图 4-10 所示。在“作为”列表框内，选择一个选项，单击“确定”按钮，即可将选定的内容粘贴到舞台工作区中。同时，还建立了导入对象与选定软件之间的链接。

2. 位图属性的设置

按照上面介绍的方法，导入 3 幅位图图像到“库”面板中，如图 4-11 所示。双击“库”面板中导入图像的名称或图标，弹出该图像的“位图属性”对话框，单击该对话框中的“测试”按钮，可在该对话框的下半部显示一些文字信息，如图 4-12 所示。利用该对话框，可了解该图像的一些属性，进行位图属性的设置。其中各选项的作用如下。

图 4-11 “库”面板中导入的对像

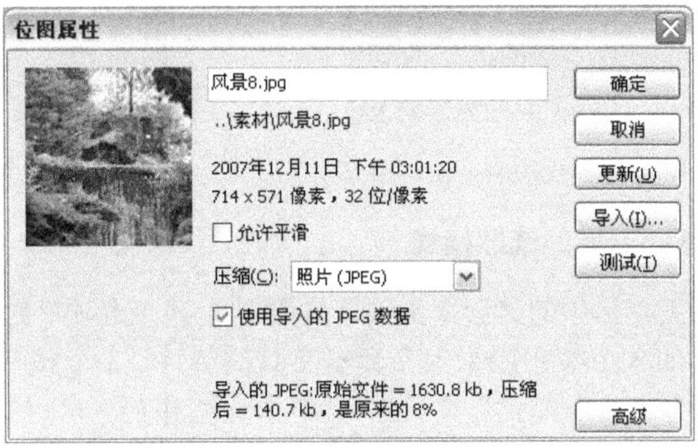

图 4-12 “位图属性”对话框

（1）“允许平滑”复选框：选择该复选框，可以消除位图边界的锯齿。

（2）“压缩”下拉列表框：其中有两个选项，“照片（JPEG）”和“无损（PNG/GIF）”。选择第 1 个选项，可以按照 JPEG 方式压缩；选择第 2 个选项，可以基本保持原图像的质量。

（3）“使用导入的 JPEG 数据”复选框：选择该复选框后，表示使用文件默认质量。如果不选择该复选框，则它的下边会出现一个“品质”文本框。在该文本框内可输入 1 到 100 的数值，值越小，图像的质量越高，但文件字节数也越大。

（4）“更新”按钮：单击该按钮，可按设置更新当前图像文件的属性。

（5）“导入”按钮：单击该按钮，会弹出“导入位图”对话框，利用该对话框可更换图像文件。

（6）“测试”按钮：单击该按钮，可以按照新的属性设置，在对话框的下半部显示一些有关压缩比例、容量大小等测试信息，并在左上角显示重新设置属性后的部分图像。

3. 分离位图

在 Flash 中，许多操作（改变位图的局部色彩或形状，进行位图的变形过渡动画制作）是针对矢量图形进行的，对于导入的位图就不能操作了。位图必须经过分离（也叫打碎）才能操作和编辑。单击一个位图，选择“修改”→“分离”命令，将位图分离。分离的位图可以与绘制的图形一样进行编辑和修改。

4. 使用套索工具选取对象

选择工具箱内的套索工具，可以在舞台中选择不规则区域内的多个对象（对象必须是矢量图形、经过分离的位图，打碎的文字，分离的组合和元件等实例）。

单击工具箱中的“套索工具”按钮，在舞台工作区内拖曳鼠标，会沿鼠标运动轨迹产生一条不规则的细黑线，如图 4-13 所示。释放鼠标左键后，被围在圈中的经过分离的图像（即打碎的位图图像）就被选中了。用鼠标拖曳这些选取的图形，可以将选中的图形与未被选中的图形分开，成为独立的图形，如图 4–14 所示。用套索工具拖曳出的线可以不封闭。当线没有封闭时，Flash 8 会自动以直线连接首尾，使其形成封闭曲线。

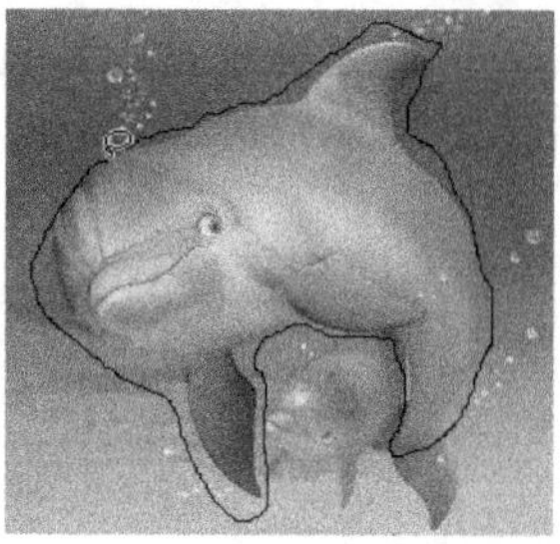

图 4–13　使用套索工具选取

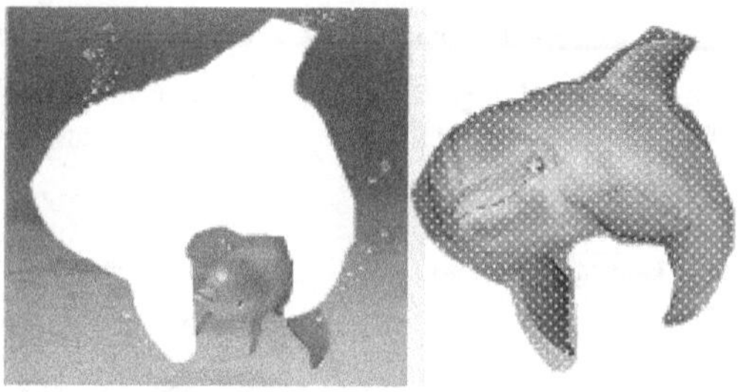

图 4–14　分离对象

5. 套索工具的选取模式

单击工具箱中的“套索工具”按钮，其“选项”栏内会显示出 3 个按钮，如图 4–15 所示。套索工具的 3 个按钮用来改变套索工具的属性。3 个按钮的作用如下。

（1）“多边形模式”按钮：单击该按钮后，可以形成封闭的多边形区域，用来选择对象。此时封闭的多边形区域的产生方法为：用鼠标在多边形的各个顶点处单击一下，在最后一个顶点处双击鼠标左键，即可画出一个多边形直细线框，它包围的图形都会被选中。

（2）“魔术棒”按钮：单击该按钮后，将鼠标指针移到对象的某种颜色处，当鼠标指针呈魔术棒形状时，单击鼠标左键，即可将该颜色和与该颜色相接近的颜色图形选中。如果再单击选择工具按钮，用鼠标拖曳选中的图形，即可将它们拖曳出来。将鼠标指针移到其他地方，当鼠标指针不呈魔术棒形状时，单击鼠标左键，即可取消选取。

（3）“魔术棒设置”按钮：单击该按钮后，会弹出一个“魔术棒设置”对话框，如图 4–16 所示。该对话框可以设置魔术棒工具邻近色的相似程度属性。各选项的作用如下。

图 4–15 “套索工具”的“选项”栏

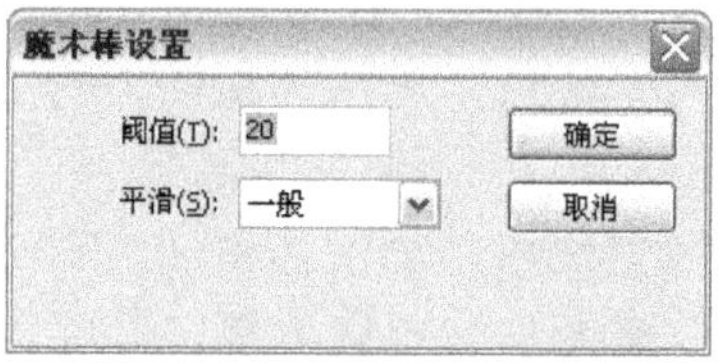

图 4–16 “魔术棒设置”对话框

◎“阈值”文本框：输入选取的阈值，其数值越大，魔术棒选取时的容差范围也越大。

◎“平滑”下拉列表框：它有 4 个选项，用来设置创建选区的平滑度。

如果按住 Shift 键，同时用鼠标创建选区，可以在保留原来选区的情况下，创建新选区。

图 4–17 “美化环境”图像

思考与练习 4–1

（1）将【实例 16】“美景佳人”影片中的佳人和风景图像进行更换。

（2）制作一幅“美化环境”图像，如图 4–17 所示，它由图 4–18 所示 3 幅图像合并。

图 4–18　“建筑”、“云图”和“大树”图像

4.2　导入与编辑视频

【实例 17】跟我学用 Flash 8 制作电影文字

“跟我学用 Flash 8 制作电影文字”影片播放后的 2 幅画面如图 4–19 所示。屏幕显示用 Flash 8 制作“电影文字”影片的操作过程，还配有相应的文字说明。该影片的制作方法如下。

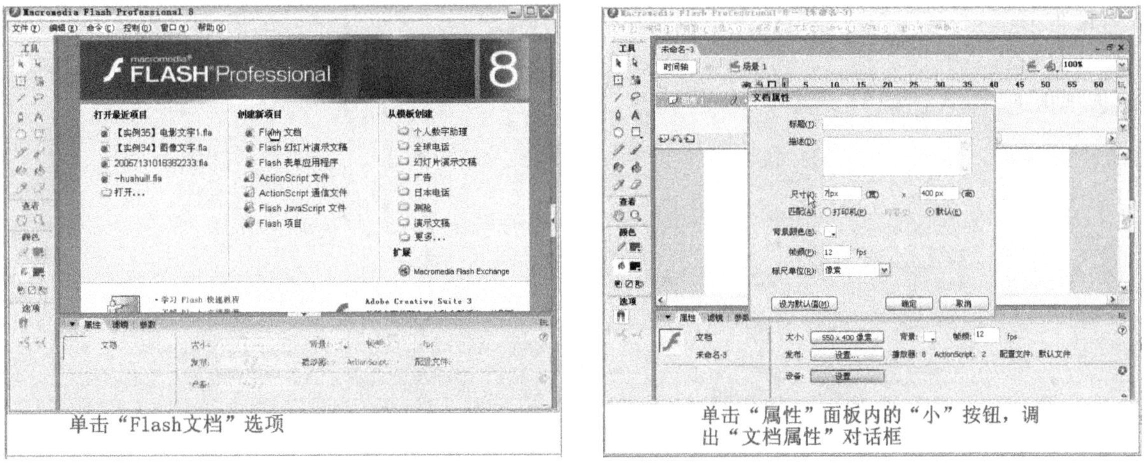

图 4–19　“跟我学用 Flash 8 制作电影文字”影片播放后的 2 幅画面

1. 导入视频

（1）设置舞台工作区的高为 700 像素，宽为 800 像素（用录屏软件录制的制作电影文字制作过程的“电影文字.avi”视频文件的画面为高 600 像素，宽为 800 像素）。要导入视频需要先安装 QuickTime 5.5 或更高版本。

（2）创建并进入“录屏视频”影片剪辑元件的编辑状态，选中“图层 1”图层的第 1 帧，选择“文件”→“导入”→“导入视频”命令，弹出“导入视频”对话框，如图 4–20 所示。

（3）单击“导入视频”对话框内的“浏览”按钮，弹出“打开”对话框，在该对话框内选择要导入的视频文件“电影文字.avi”，单击“打开”按钮，关闭“打开”对话框，回到“导入视频”对话框，如图 4–20 所示。

另外，选择“文件”→“导入”→“导入到舞台”命令，会弹出“导入”对话框，选择“文件”→“导入”→“导入到库”命令，会弹出“导入到库”对话框。在这两个对话框内选择视频文件，单击“打开”按钮，也会弹出“导入视频”对话框，如图 4–20 所示。

图 4-20 “导入视频”对话框

（4）单击“导入视频”对话框内的“下一个”按钮，弹出“导入视频”（部署）对话框。该对话框有 4 个单选项，用来选择采取何种方式部署视频。在选择不同的单选按钮后，对话框右边会显示相应的提示信息。例如，选择第 4 个单选项，如图 4-21 所示。然后，单击“下一个”按钮，弹出“导入视频”（嵌入）对话框。

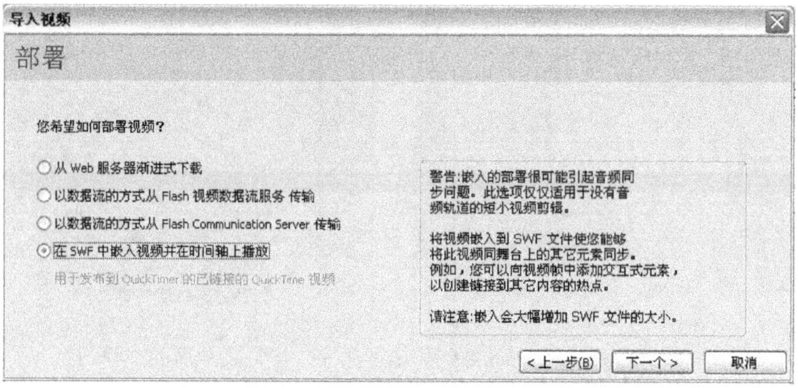

图 4-21 “导入视频”（部署）对话框

如果选择前 3 个单选框中的一个，则会在以后弹出“导入视频”（编码）对话框后，弹出“导入视频”（外观）对话框，在该对话框内“外观”下拉列表框中可以选择一种视频播放器的外观。

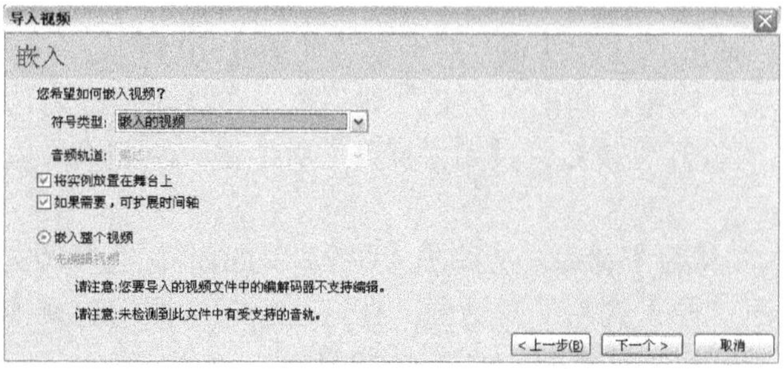

图 4-22 “导入视频”（嵌入）对话框

（5）“导入视频”（嵌入）对话框用来设置符号（即“库”面板中的元件）的类型，确定是否将元件的实例放置在舞台工作区中，是否嵌入整个视频等。此处选择的符号类型是“嵌入的视频”选项，如图 4-22 所示。在更换元件类型后，该对话框中的内容不会改变。

（6）单击“导入视频”（嵌入）对话框中的“下一个”按钮，弹出“导入视频”

（编码）对话框，如图 4–23 所示。在该对话框内的下拉列表框中可以选择一个 Flash 视频编码配置文件，此处选择默认文件。拖曳该对话框内右边的滑块▽，可以播放导入的视频；拖曳滑块◿和◺，可以剪裁视频。

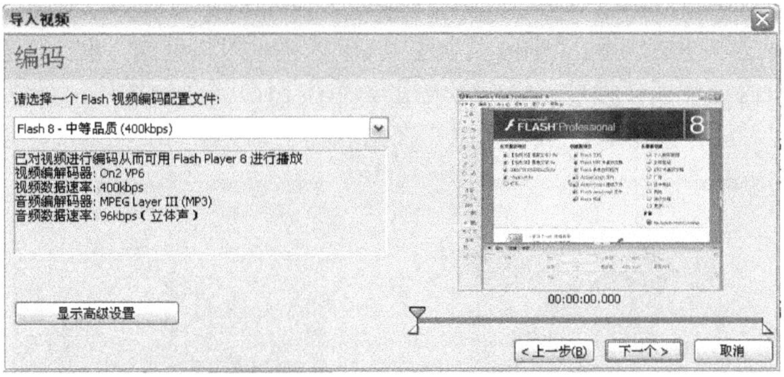

图 4–23 “导入视频”（编码）对话框

（7）单击“导入视频”（编码）对话框中的“显示高级设置”按钮，会在该按钮的下边展开更多的选项。其中，有两个选项卡。利用展开部分的“编码”选项卡可以调整视频编码；利用“裁切和修剪”选项卡可以裁切和修剪视频，在 4 个文本框中输入数据（如图 4–24 所示），同时会看到该对话框右上角视频图像四周的虚线会随之变化，从而确定视频的裁切范围。

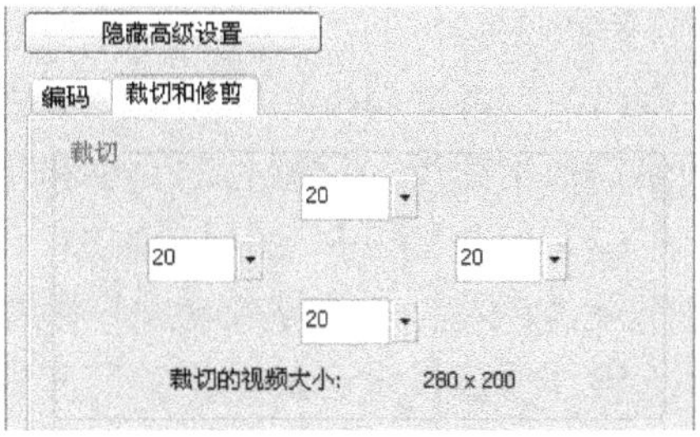

图 4–24 “导入视频”（编码）对话框

（8）单击“导入视频”（编码）对话框中的“下一个”按钮，弹出“导入视频”（完成视频导入）对话框，该对话框内给出导入视频的设置信息，还有一个复选框，用来让用户选择是否在导入视频后，自动弹出视频主题的帮助。

（9）单击“导入视频”（完成视频导入）对话框中的“完成”按钮，即可关闭“导入视频”（完成视频导入）对话框，将选择的视频进行编码，导入到舞台工作区中。在导入的过程中，会显示一个“Flash 视频编码进度”提示框，给出编码设置情况和编码进度。导入完整个视频后，“Flash 视频编码进度”提示框会自动关闭，同时时间轴内“图层 1”图层的第 1 帧成为关键帧，第 1 帧到第 1012 帧内是视频的各幅画面。

2. 给视频配说明文字

（1）在“图层 1”图层的下新建一个“图层 2”图层。单击“图层 2”图层的第 1 帧。水平向右拖曳时间轴内的播放指针，观察舞台工作区内的画面，确定操作中的关键帧。例如，当鼠标指针移到“Macromedia Flash Professional 8”对话框内的“Flash 文档”选项时是第 10 帧；当鼠标指针移到“属性”面板的“大小”按钮时是第 31 帧。

（2）单击选中确定操作中的关键帧第 10 帧，按 F7 键，创建一个空关键帧。在视频画面的下边输入“单击‘Flash 文档’选项”文字。单击确定操作中的关键帧第 31 帧，按 F7 键，创建一个空关键帧。在视频画面的下边输入“单击‘属性’面板内的‘小’”按钮，弹出“‘文档属性’对话框”文字。

（3）按照上述方法，继续输入其他说明文字。然后，回到主场景。

（4）将“库”面板中的“电影文字”影片剪辑元件拖曳到舞台工作区中，形成一个实例。然后，将“电影文字”影片剪辑实例移舞台工作区的中间。

【实例 18】视频播放器

“视频播放器”影片播放后的 2 幅画面如图 4–25 所示。可以看出，有一个视频演播框窗口，在视频演播框窗口内正在循环播放一个视频电影。单击窗口下边的按钮，可以控制视频电影的播放和暂停等，用鼠标拖曳滑块，可以调整正在播放的当前帧。该影片的制作方法如下。

图 4–25 “视频播放器”影片播放后的 2 幅画面

（1）设置舞台工作区宽 320 像素，高 280 像素。选中“图层 1”图层的第 1 帧，导入一幅视频演播框架图像，调整它的大小和位置，使它与舞台工作区大小和位置相同。

（2）在“图层 1”图层上添加一个“图层 2”图层，选中“图层 2”图层的第 1 帧，选择“文件”→“导入”→“导入视频”命令，弹出“导入视频”（选择视频）对话框。按照上述方法，导入影片所在目录下的“视频”文件夹内的“雪.avi”视频文件。

（3）弹出“导入视频”（部署）对话框后，选择第 1 个单选按钮“从 Web 服务器渐进式下载”。单击“下一个”按钮，弹出“导入视频”（编码）对话框。

（4）在“导入视频”（编码）对话框中的下拉列表框内选择一个 Flash 视频编码配置文件，单击“下一个”按钮，弹出“导入视频”（外观）对话框，如图 4–26 所示。利用该对话框可设置视频播放器滑条的外观。最后在舞台工作区内形成的视频画面如图 4–27 所示。在“库”面板内创建的元件类型是 Flash 8 新增的“影片剪辑”类型，在时间轴上视频只占 1 帧。

图 4–26 “导入视频”（外观）对话框

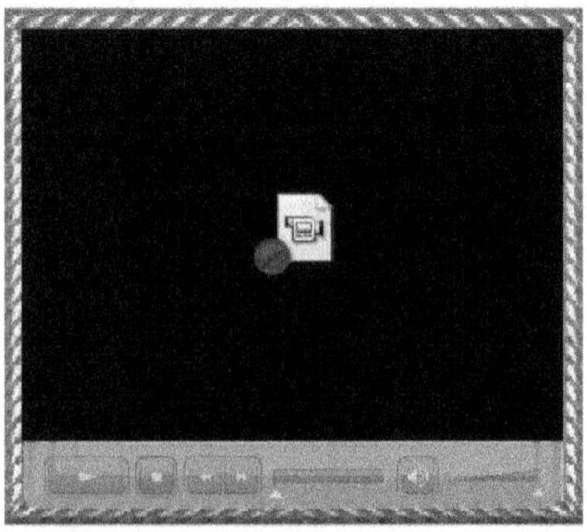

图 4–27 视频画面

【相关知识】生成 FLV 文件和视频属性的设置

1. 利用 Flash 8 Video Encoder 生成 FLV 文件

（1）单击 Windows 窗口内的“开始”→“所有程序”→“Macromedia”→“Flash 8 Video Encoder”命令，弹出“Flash 8 Video Encoder”对话框，如图 4–28 所示。

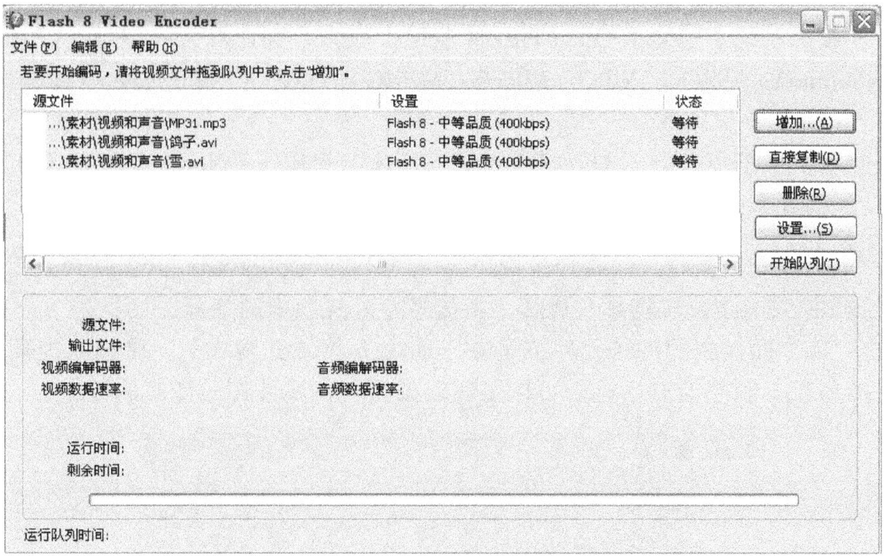

图 4–28 “Flash 8 Video Encoder”对话框

（2）单击“Flash 8 Video Encoder”对话框中的“增加”按钮，会弹出“打开”对话框，选择要添加的文件后（按住 Ctrl 键，单击文件名称，可以同时选中多个文件；按住 Shift 键，同时单击文件名称，可以同时选中多个连续的文件），单击“打开”按钮，即可在“Flash 8 Video Encoder”对话框内的列表框中添加选中的文件。

（3）选择“Flash 8 Video Encoder”对话框中添加的文件（按住 Ctrl 键，单击文件名称，可以同时选中多个文件；按住 Shift 键，单击文件名称，可以同时选中多个连续的文件），单击“直接复制”按钮，可以将选中的文件在“Flash 8 Video Encoder”对话框内的列表框中直接复制一份；单击“删除”按钮，可将选中的文件从“Flash 8 Video Encoder”对话框内的列表框中删除。

（4）单击“设置”按钮，会弹出“Flash 视频编码设置”对话框，如图 4–29 所示，通过该对话框可以进行编码设置等操作。

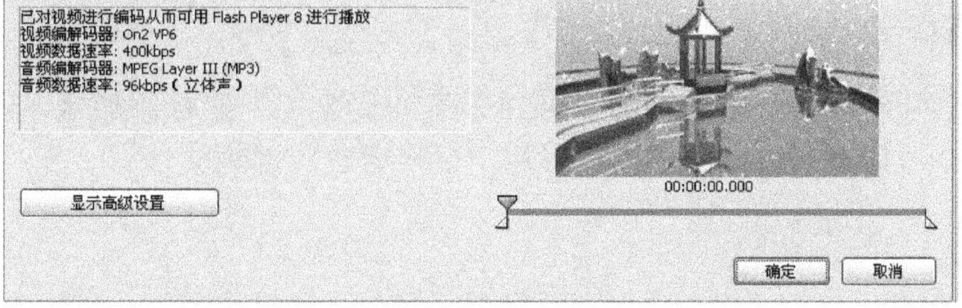

图 4–29 “Flash 视频编码设置”对话框

（5）单击“开始队列”按钮，即可开始将添加的视频文件或音频文件进行加工处理，自动生成 Flash 的 FLV 文件。在生成 Flash 的 FLV 文件时，“开始队列”按钮变为“停止队列”按钮，单击“停止队列”按钮，可以停止生成 Flash 的 FLV 文件。

2. 视频属性的设置

（1）Flash 8 可以导入的视频格式如下。

◎ 如果计算机系统中安装了 QuickTime 4 或以上版本，则在导入视频时支持的视频文件格式有：AVI（Windows 视频）、MPG、MPEG（MPEG 压缩视频）和 MOV（QuickTime 数字电影）。

◎ 如果计算机系统中安装了 Direct 7 或更高版本（仅限于 Wiondows），则在导入视频时支持的视频文件格式有：AVI、MPG、MPEG、WMF 和 ASF（窗口媒体视频文件）。

注意

在有些情况下，Flash 8 只能导入视频，不能够导入视频中的音频。

（2）双击“库”面板中的视频元件按钮（此处是嵌入式视频），弹出“视频属性”对话框，如图 4-30 所示。利用该对话框，可以了解视频的一些属性和改变其属性。

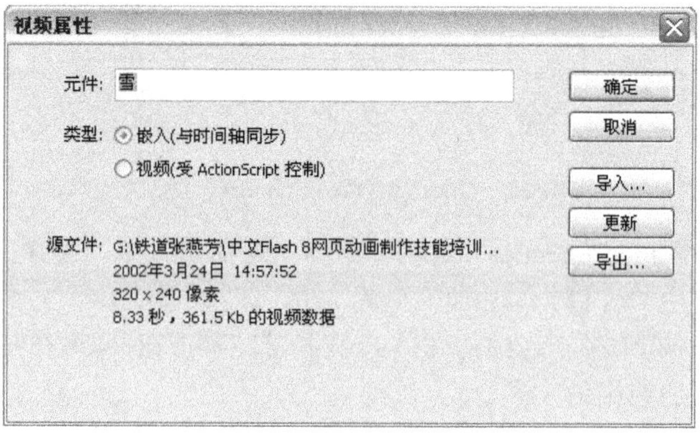

图 4-30 “视频属性”对话框

◎ 单击“导入”按钮，会弹出“打开”对话框，通过该对话框，可以导入 FLV 格式的 Flash 视频文件。

◎ 单击“更新”按钮，会弹出“Flash 视频编码设置”对话框。通过该对话框，可以重新设置视频编码配置文件，设置编码，裁切视频等。

◎ 单击“导出”按钮，会弹出“导出 FLV”对话框，通过该对话框，可以将“库”面板中选中的视频导出为 FLV 格式的 Flash 视频文件。

思考与练习 4-2

（1）继续为【实例 17】“跟我学用 Flash 8 制作电影文字”影片添加文字说明。

（2）修改【实例 18】“视频播放器”影片，更换播放的视频文件。

4.3　导入与编辑音频

【实例 19】MP3 播放器 1

“MP3 播放器 1”影片播放后的画面如图 4-31 所示。在一幅有框架的图像之上有一个 MP3 播放器的控制器，利用该控制器可以控制 MP3 音频的播放和暂停等，用鼠标拖曳滑块，可以调整正在播放的 MP3 播放进度。该影片的制作方法如下。

图 4-31　“MP3 播放器 1”影片播放后的画面

（1）设置舞台工作区的宽为 300 像素、高 260 像素，背景色为白色。

（2）选中“图层 1”图层第 1 帧，导入一幅框架图像和一幅图像，调整它们的大小和位置，使框架图像与舞台工作区大小和位置一样，使图像位于框架图像的内框中。

（3）在“图层 1”图层上添加“图层 2”图层，选中“图层 2”图层的第 1 帧，选择“文件”→“导入”→“导入视频”命令，弹出“导入视频”（选择视频）对话框。

（4）单击“导入视频”（选择视频）对话框中的“浏览”按钮，弹出“打开”对话框，先在该对话框内的“文件类型”下拉列表框中选择“所有文件”选项，然后再选择当前目录下“视频”文件夹内的“MP31.mp3”音频文件。

（5）在弹出“导入视频”（部署）对话框后，选择第 1 个单选按钮“从 Web 服务器渐进式下载”。再在以后弹出“导入视频”（外观）对话框中的“外观”下拉列表框中选择一种音频播放器的外观。最后在舞台工作区生成一个播放器。

【相关知识】导入与编辑音频

1. 导入音频

（1）方法一：选择“文件”→“导入”→“导入到舞台”命令，弹出“导入”对话框，在“导入”对话框内选择音频文件，单击“打开”按钮，即可将选中的音频文件导入到舞台中，同时也将选中的音频文件导入到“库”面板中。

（2）方法二：选择“文件”→“导入”→“导入到库”命令，弹出“导入到库”对话框。在“导入到库”该对话框内选择音频文件，单击“打开”按钮，也可以将选中的音频文件导入到舞台和“库”面板中。

对于上述两种方法，在导入音频文件到舞台后，如果要播放导入的音乐，还需要选中时间轴中的一个关键帧。在其“属性”面板内的“声音”下拉列表框中即可选择该声音。在“声音”下拉列表框中选择一个声音后，时间轴的单元格中会显示加载了声音的波纹。

（3）方法三：选中时间轴中的一个关键帧。选择“文件”→“导入”→“导入视频”命令，弹出“导入视频”（选择视频）对话框。以后的操作与导入视频的方法基本相同。

只是，在单击“导入视频”（选择视频）对话框内的“浏览”按钮时，弹出“打开”对话框后，需要先在该对话框内的“文件类型”下拉列表框中选择“所有文件”选项，然后再选择要导入的音频文件（例如，选择名称为“M11.mp3”的音频文件）。

另外，在弹出“导入视频”（部署）对话框后，需要选择前 3 个单选按钮中的一个，再在以后弹出的“导入视频”（外观）对话框中的“外观”下拉列表框中选择一种音频播放器的外观。

2. 声音属性的设置

在 Flash 作品中，可以给图形、按钮动作和动画等配置背景声音。从音效考虑，可以导入 22kHz、16 位立体声声音格式。从减少文件字节数和提高传输速度考虑，可导入 8kHz、8 位单声道声音格式。可以导入的声音文件有 WAV、AIFF 和 MP3 格式的文件。

双击“库”面板中的声音元件按钮（此处是 MP3 声音），弹出“声音属性”对话框，如图 4-32 所示。利用该对话框，可以了解声音的一些属性、改变它的属性和进行测试等。

（1）最上边的文本框给出了声音文件的名称，其下边是声音文件的有关信息。

（2）“压缩”下拉列表框：其中有 5 个选项：“默认值”、“ADPCM（自适应音频脉冲编码）”、“MP3”、“原始”和“语音”。

（3）“ADPCM（自适应音频脉冲编码）”选项：选择该项后，该对话框下面会增加一些选项，如图 4-33 所示。各选项的作用如下。

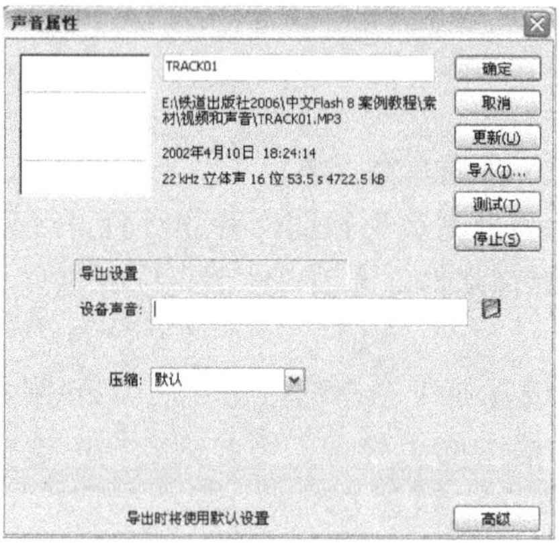

图 4-32 “声音属性”对话框

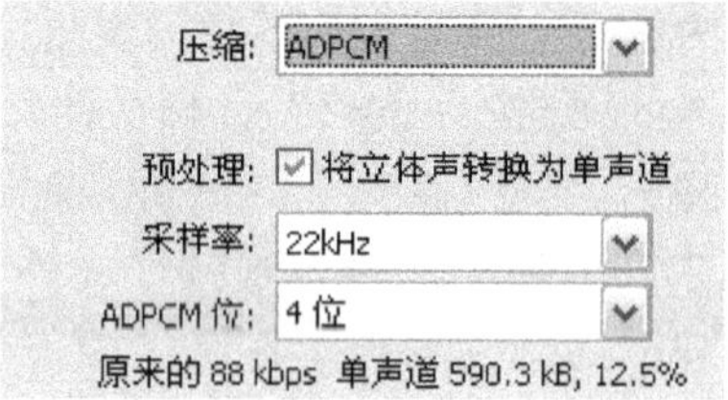

图 4-33 选“ADPCM”选项后新增选项

◎“预处理”复选框：选择该复选框后，表示以单声道输出，否则以双声道输出。

◎“采样率”下拉列表框：用来选择声音的采样频率。它有 22kHz、44kHz 等几种选项。

◎“ADPCM 位”下拉列表框：用于声音输出时的位数转换。它有 2、3、4 和 5 位。

（4）“MP3”（MP3 音乐压缩格式）选项：选择该选项（取消“使用已导入的 MP3 音质”复选框的选择）后，该对话框下面会增加一些选项，如图 4-34 所示。这些选项的作用如下。

◎“比特率”下拉列表框：用来选择输出声音文件的数据采集率。其数值越大，声音的容量与质量也就越高，但输出文件的字节数越大。

◎“品质”下拉列表框：用来设置声音的质量。它的选项有“快速”、“中”和“最佳”。

（5）“原始”和“语言”选项：选择它们后，该对话框的选项部分都如图 4-35 所示。

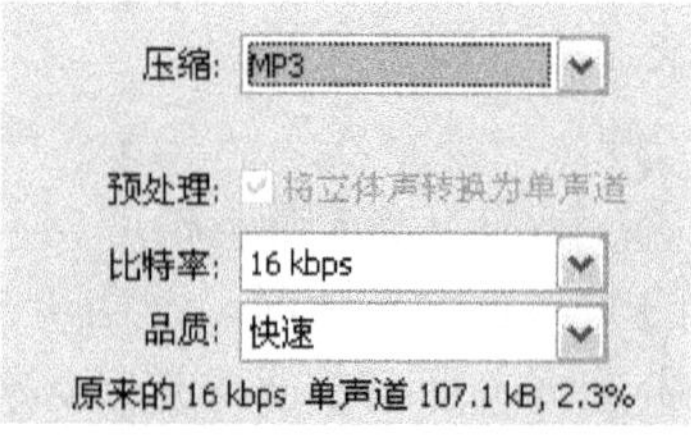

图 4-34 选择“MP3”选项后新增选项

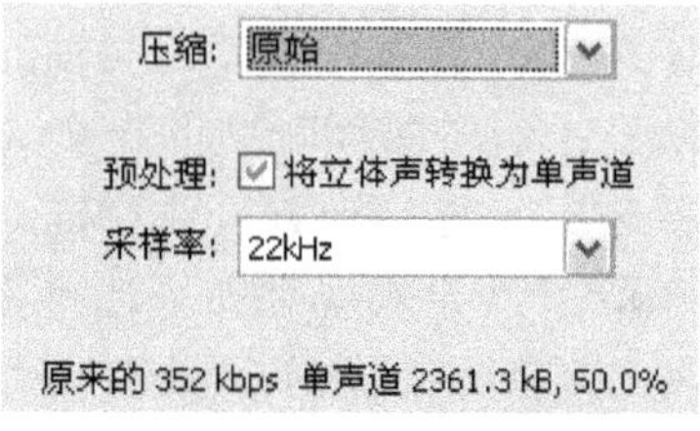

图 4-35 选择“原始”选项后新增选项

（6）“声音属性”对话框中按钮的作用如下。

◎“导入”按钮：单击该按钮，弹出“导入声音”对话框，利用该对话框可更换声音文件。

◎“更新”按钮：单击该按钮，可以按设置更新声音文件的属性。

◎“测试”按钮：单击该按钮，可以按照新的属性设置，播放声音。

◎“停止”按钮：单击它，可以使播放的声音停止播放。

3. 声音的“属性”面板

把“库”面板内的声音元件拖曳到舞台工作区后，时间轴的当前帧内会出现声音波形。单击带声音波形的帧单元格，其“属性”面板如图 4-36 所示，利用该面板可对声音进行编辑。

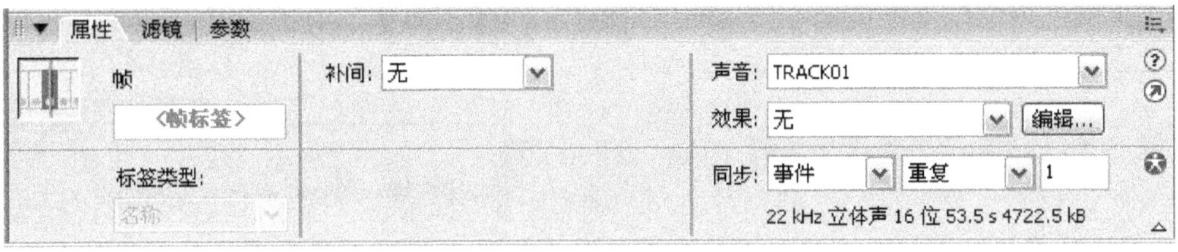

图 4-36　声音的“属性”面板

（1）选择声音：“声音”下拉列表框内提供了“库”面板中的所有声音文件的名称，选择某一个名称后，其下边就会显示出该文件的采样频率、声道数、比特位数和播放时间等信息。

（2）选择声音效果：“效果”下拉列表框内，提供了各种播放声音的效果选项，“无”、“左声道”、“右声道”、“从左到右淡出”、“从右到左淡出”、“淡入”、“淡出”和“自定义”。选择“自定义”选项后，会弹出“编辑封套”对话框，如图 4-37 所示。利用该对话框可以自己定义声音的效果。

（3）“同步”下拉列表框：用来选择影片剪辑实例在循环播放时与主电影相匹配的方式。该下拉列表框中有 4 个选项“事件”、“开始”、“停止”和“数据流”。

（4）“声音循环”下拉列表框：用来选择播放声音的方式，它有“重复”和“循环”2 个选项。选择“重复”选项后，其右边会出现一个“循环次数”文本框，用来输入播放声音的循环次数。选择“循环”选项后，声音会不断循环播放。

4. 编辑声音

单击声音“属性”面板中的“编辑”按钮，弹出“编辑封套”对话框，如图 4-37 所示。利用它可以编辑声音。单击该对话框左下角的“播放”按钮 ▶，可以播放编辑后的声音；单击“停止”按钮 ■，可以使播放的声音停止。编辑好后，可单击“确定”按钮退出该对话框。

（1）选择声音效果：选择“效果”下拉列表框内的选项，可以设置声音的播放效果。

（2）再用鼠标拖曳调整声音波形显示窗口左上角的方框控制柄，使声音大小合适。

（3）4 个辅助按钮：它们在“编辑封套”对话框右下角，其作用如下：

◎“放大”按钮：单击该按钮，可使声音波形在水平方向放大。

◎“缩小”按钮：单击该按钮，可使声音波形在水平方向缩小。

◎“时间”按钮：单击该按钮，可使声音波形显示窗口内水平轴为时间轴，如图 4-37 所示。

◎“帧数”按钮：单击该按钮，可以使声音波形显示窗口内水平轴为帧数轴。从而可以观察到该声音共占了多少帧。知道该声音共占了多少帧后，可以调整时间轴中声音帧的个数。

（4）“编辑封套”对话框分上下两个声音波形编辑窗口，上边的是左声道声音波形，下边的是右声道声音波形。在声音波形编辑窗口内有一条左边带有方形控制柄的直线，它的作用是调整声音的音量。直线越靠上，声音的音量越大。在声音波形编辑窗口内，单击鼠标左键，可以增加一个方形控制柄。用鼠标拖曳各方形控制柄，可调整各部分声音段的声音大小。

（5）拖曳上下声音波形之间刻度栏内两边的控制条，可截取声音片段，如图 4–38 所示。

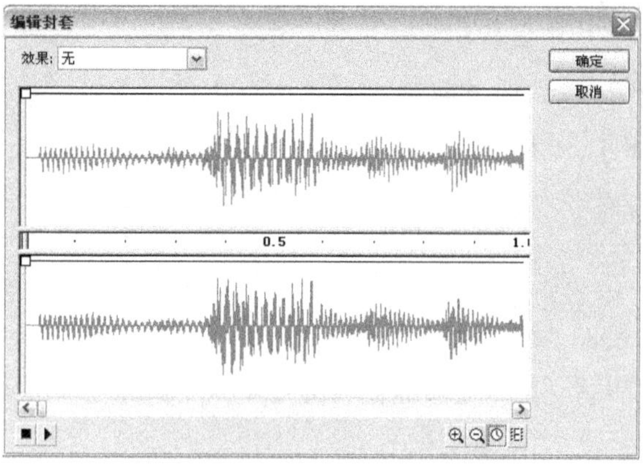

图 4–37 “编辑封套”对话框

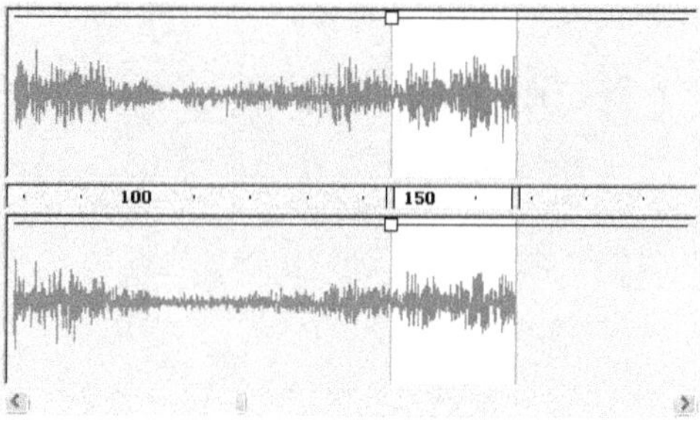

图 4–38 截取声音片段

5. 声音同步方式

利用声音“属性”面板的“同步”下拉列表框可以选择声音的同步方式。

（1）“事件”：选择该选项后，即设置了事件方式。可使声音与某一个事件同步。当动画播放到引入声音的帧时，开始播放声音，而且不受时间轴的限制，直到声音播放完毕。如果在“循环”文本框内输入了播放的次数，则将按照给出的次数循环播放声音。

（2）“开始”：选择该选项后，即设置了开始方式。当动画播放到导入声音的帧时，声音开始播放。如果声音播放中再次遇到导入的同一声音帧时，将继续播放该声音，而不播放再次导入的声音。当选择“事件”选项时，可以同时播放两个声音。

（3）“停止”：选择该选项后，即设置了停止方式，用于停止声音的播放。

（4）“数据流”：选择该选项后，即设置了流方式。在此方式下，Flash 将强制声音与动画同步，即当动画开始播放时，声音也随之播放；当动画停止时，声音也随之停止。在声音与动画同时在网上播放时，如果选择了“数据流”方式，则 Flash 8 将强迫动画以声音的下载速度来播放（声音下载速率慢于动画的下载速率时），或者 Flash 8 将强迫动画减少一些帧来匹配声音的速度（声音下载速率快于动画的下载速率时）。

选择“事件”或“开始”选项后，播放的声音与截取声音无关，从声音的开始播放；选择“数据流”选项后，播放的声音与截取声音有关，只播放截取的声音。

思考与练习 4–3

（1）修改【实例 19】“MP3 播放器 1”影片，更换播放器的 MP3 播放器中的控制器形状和功能，更换背景图像。还可以将背景图像更换成一个视频。

（2）修改【实例 17】“跟我学用 Flash 8 制作电影文字”影片，给该影片配解说配音。

4.4　输入文本

【实例 20】滚动字幕

“滚动字幕”影片播放后的 2 幅画面如图 4–39 所示。首先显示一幅风景图像，然后一幅红色透明矩形图像从右向左移动到风景图像的中间，移动中红色矩形变得越来越来透明。接着一些白色的文字从红色透明矩形下面移入，并缓慢向上移动，然后在红色透明矩形上面缓慢移出，当最后的文字全部显示出来后，文字逐渐消失。该影片的制作方法如下。

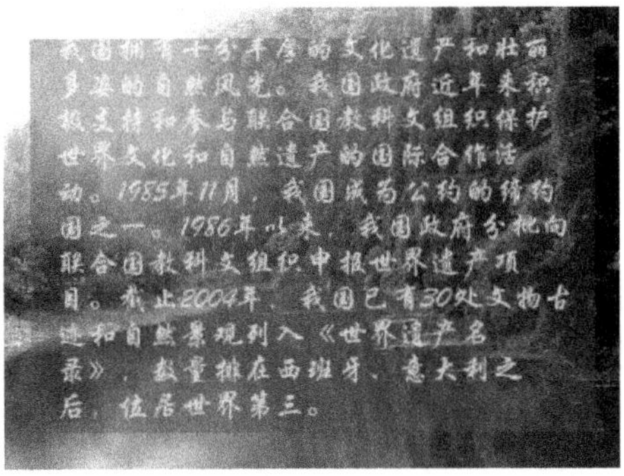

图 4–39　“滚动字幕”影片播放后的 2 幅画面

1. 制作红色矩形移动动画

（1）设置舞台工作区的宽为 400 像素、高为 300 像素，背景色为白色。然后，导入一幅风景图像，调整该图像的大小，使它和舞台工作区的大小相同，并将舞台工作区完全覆盖。

（2）创建并进入“矩形”影片剪辑元件的编辑窗口。选择工具箱内的矩形工具□，以舞台的中心十字为中心绘制一个无轮廓线的红色矩形，如图 4–40 所示，然后回到主场景。

（3）在“图层 1”图层的上面添加一个“图层 2”图层。选中“图层 2”图层的第 1 帧。将“库”面板中的“矩形”影片剪辑元件拖曳到舞台工作区的中间，再适当地调整其大小与位置，使其比风景图像稍小一些并居中，如图 4–39 所示。

（4）创建“图层 2”图层第 1 帧到第 30 帧的动作动画。选中“图层 2”图层的第 1 帧，将该帧的红色矩形拖曳到风景图像的右边。

（5）选中“图层 2”图层第 1 帧的红色矩形，在它的“属性”面板“颜色”下拉列表框中选择“Alpha”选项，在其右边的文本框中输入 50%，如图 4–41 所示。

图 4–40　红色矩形

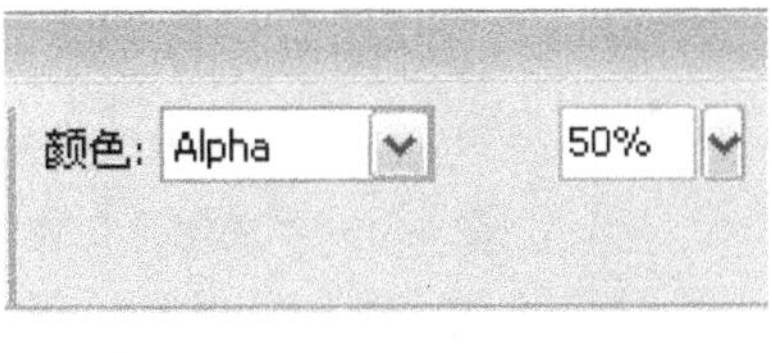

图 4–41　“属性”面板设置透明度

2. 制作文字移动动画

（1）在“图层 2”图层的上面添加一个“图层 3”图层。选中“图层 3”图层的第 30 帧，按 F7 键，创建一个空关键帧。选择工具箱内的“文本工具”按钮A，单击舞台工作区，在其“属性”面板内，设置文字为 20 磅、颜色为白色、字体为华文行楷。在舞台工作区内拖曳鼠标，产生一个文字输入框，输入多行文字，文字将自动换行。也可以将 Word 文档中的一段文字复制到剪贴板中，在创建一个文字输入框后，将剪贴板中的文字粘贴到文字输入框中。

（2）选择工具箱内的“选择工具” ，将文字移到风景图像的下边。

（3）创建“图层 3”图层第 30 帧到第 130 帧的动作动画。选中“图层 3”图层的第 130 帧，按住 Shift 键，垂直拖曳该帧的文字块，将文字块移到红色矩形的上边（最后几行文字在红色矩形之上），形成文字块的垂直从下向上移动的动画。

（4）选中“图层 1”图层第 1 帧内的风景图像，选择“修改”→“分离”命令，将风景图像打碎。在风景图像上边拖曳出一个矩形，选中风景图像上边一条，再按住 Shift 键，在风景图像下边拖曳出一个矩形，选中风景图像下边一条，这样同时选中风景图像上下两条。

（5）在“图层 3”图层的上面添加一个“图层 4”图层。选中“图层 4”图层的第 1 帧，选择“编辑”→“粘贴到当前位置”命令，将剪贴板中的两条风景图像粘贴到原来的位置。其目的是用这两条风景图像遮挡住移动的文字，产生文字从图像中移入和移出的效果。

（6）创建“图层 3”图层第 130 帧到第 150 帧的动作动画。选中“图层 3”图层第 150 帧内的文字块，在其“属性”面板“颜色”下拉列表框中选择“Alpha”选项，在其右边的文本框中输入 0。至此，“滚动字幕”影片制作完毕。该影片的时间轴如图 4-42 所示。

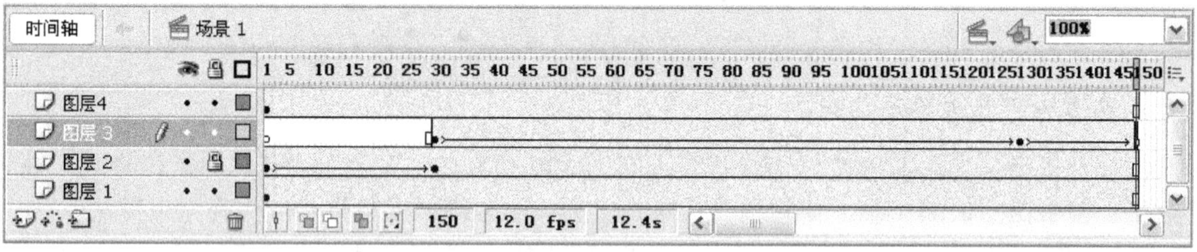

图 4-42 “滚动字幕”影片的时间轴

【实例 21】变化的文字

“变化的文字”影片播放后的 2 幅画面如图 4-43 所示。可以看到，好像在“迎接奥运”文字上照射了变色的光线一样，照射的光源由蓝色变为金色，同时光源从左上方向右下方移动，文字的颜色和阴影的颜色也在不断地变化。文字还有黄色的光晕。该影片的制作方法如下。

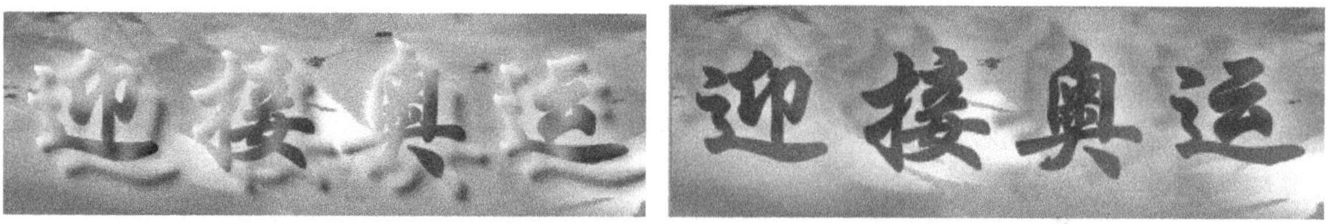

图 4-43 “变化的文字”影片播放后的 2 幅画面

1. 创建动画第 1 帧的文字效果

（1）设置舞台工作区的宽为 400 像素、高为 130 像素，背景色为白色。然后，导入一幅“绿叶”图像，调整该图像的大小，使它和舞台工作区的大小一样，并将舞台工作区完全覆盖。

（2）创建并进入“标题”影片剪辑元件的编辑状态。单击工具箱内的“文本工具”按钮 ，在其“属性”面板内，设置华文行楷字体、96 磅、红色、加粗。然后，单击舞台工作区，输入

“迎接奥运”文字，如图 4-44 所示。

（3）选择工具箱中的“任意变形工具”，适当调整文字的大小。选中文字。单击“属性”面板，切换到“滤镜”选项卡，单击“添加滤镜”按钮，弹出滤镜菜单，如图 4-45 所示。

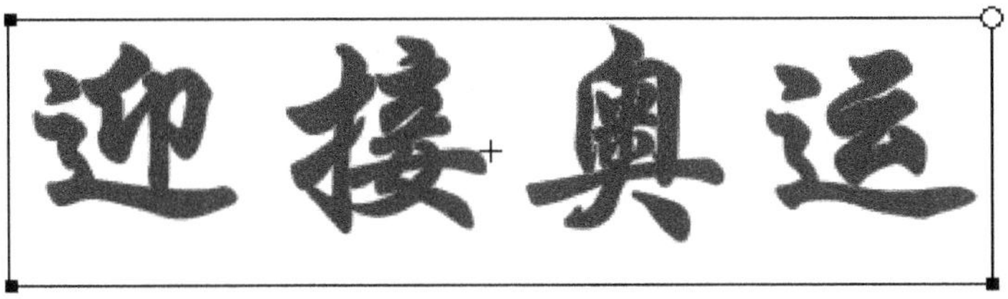

图 4-44　“迎接奥运”文字

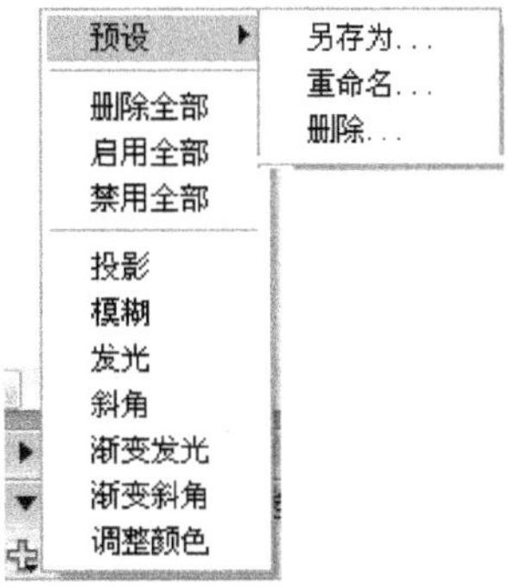

图 4-45　滤镜菜单

（4）选择滤镜菜单中的“预设”→“另存为”命令，弹出“将预设另存为”对话框，在该对话框内的“预设名称”文本框内输入“迎接奥运”文字，如图 4-46 所示。单击“确定”按钮，即可将设置的滤镜保存。

（5）选择滤镜菜单内的“投影”命令，此时“属性”面板如图 4-47 所示。

（6）选择“内侧阴影”复选框，单击“角度”文本框右边的按钮，弹出一个角度调整盘。用鼠标拖曳角度调整盘上的角度，观察文字图像的变化，调整角度为 233 度。

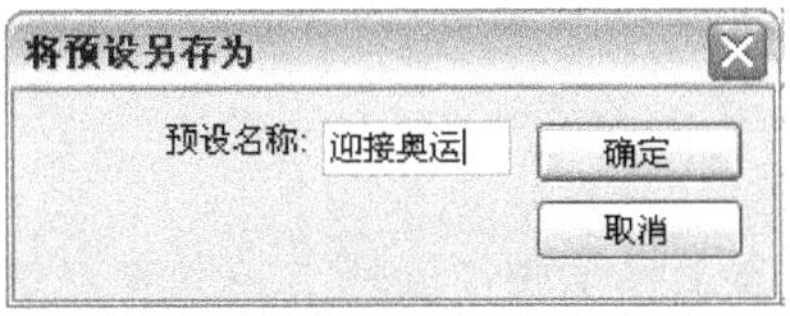

图 4-46　“将预设另存为”对话框

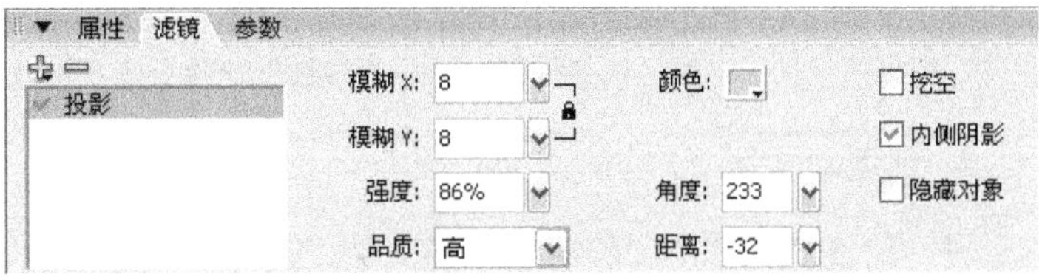

图 4-47　“属性”（“投影”滤镜）面板

（7）在“模糊 Y”或“模糊 X”文本框内输入 8，“品质”下拉列表框内选择“高”选项。在“强度”文本框中输入 86，设置颜色为金黄色。

图 4-48　设置“投影”滤镜后的文字效果

上述设置，可以在设置中（输入文字后需按 Enter 键）看到文字图像的变化，特别有利于调整，而且有利于了解各选项的作用。按照如图 4-47 所示进行调整后的文字图像如图 4-48 所示。

（8）选择滤镜菜单内的“发光”命令，参照如图 4-49 所示，设置（颜色为黄色）“属性”面板，文字图像效果如图 4-50 所示。

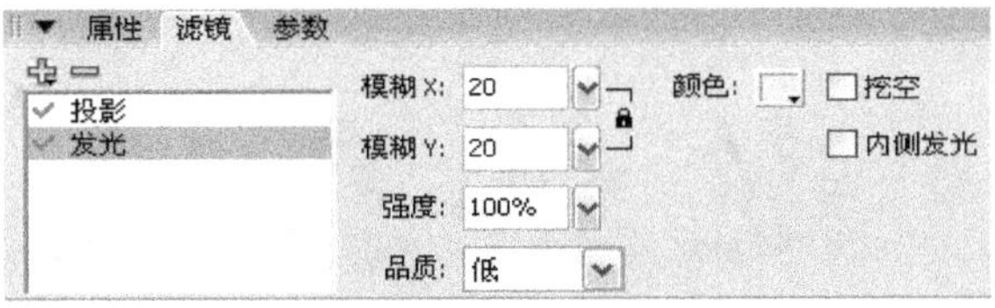

图 4-49　“属性”（“发光”滤镜）面板

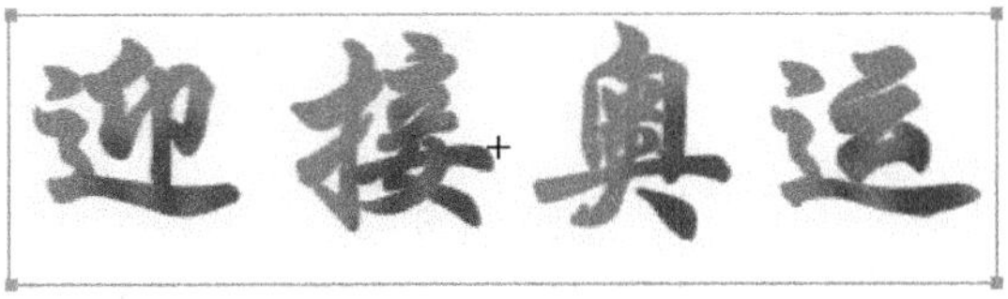

图 4-50　设置“发光”滤镜后的文字效果

（9）选择滤镜菜单内的“渐变发光”命令，参照图 4-51 所示进行设置（渐变色为从白色到浅蓝色），效果如图 4-52 所示。

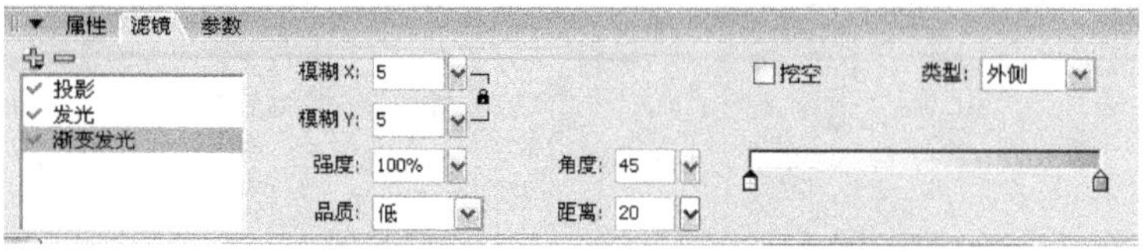

图 4-51 “属性”（“渐变发光”滤镜）面板

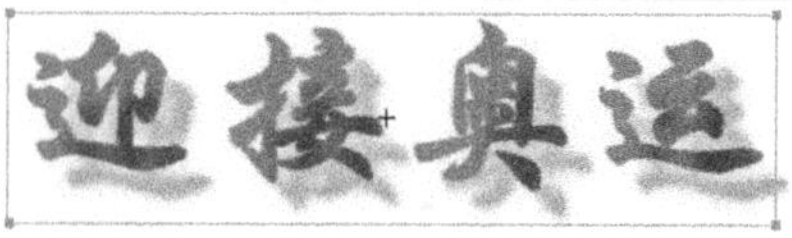

图 4-52 “渐变发光”滤镜处理后的文字效果

（10）选择滤镜菜单内的“斜角”命令，参照图 4-53 所示进行设置（阴影颜色为黑色），效果如图 4-54 所示。

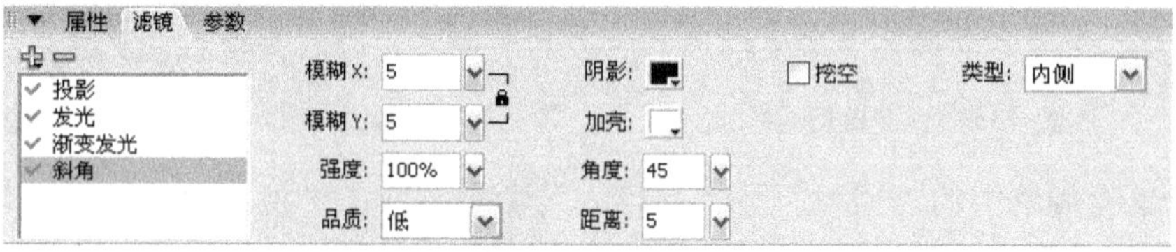

图 4-53 “属性”（“斜角”滤镜）面板

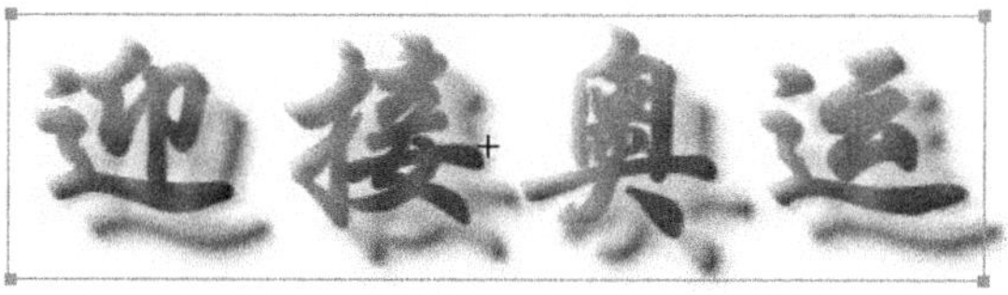

图 4-54 “斜角”滤镜处理后的文字效果

2. 创建动画第 80 帧的文字效果

（1）创建“图层 1”图层第 1 帧到第 80 帧的动作动画。选择工具箱中“选择工具”，选中第 80 帧，再选中文字。单击“属性”面板切换到“滤镜”选项卡，选中“投影”选项，将“属性”面板中“距离”文本框中的数据改为-8，“角度”文本框中的数据改为 260，颜色为兰色，其他设置如图 4-55 所示，文字效果如图 4-56 所示。

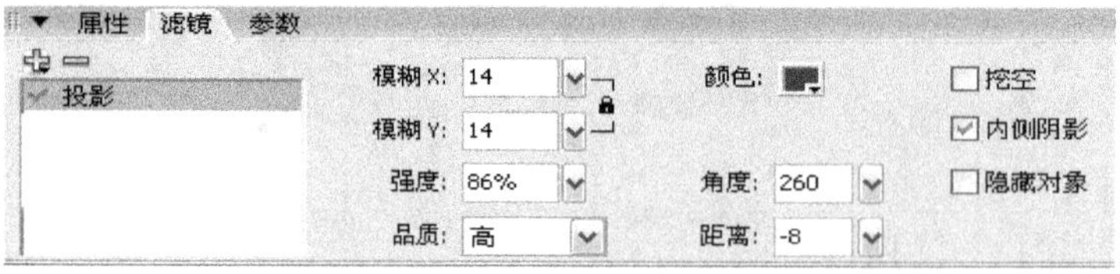

图 4-55 “属性”（“投影”滤镜）面板

图 4-56 文字效果

（2）选择滤镜菜单中的“发光”命令，参照图 4-57 所示进行设置（颜色为黄色），文字图像效果如图 4-58 所示。

图 4-57 “属性”（“发光”滤镜）面板

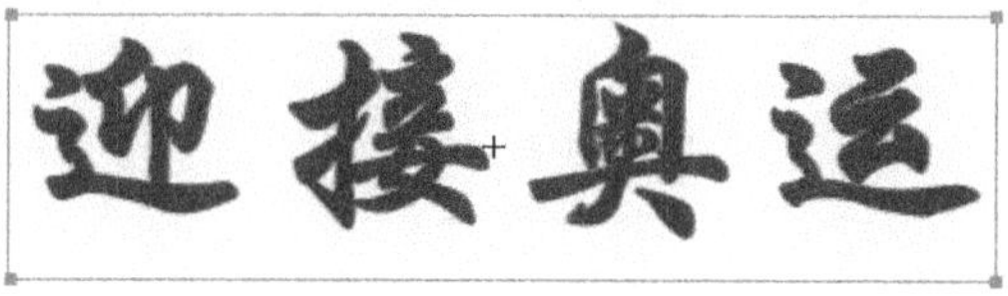

图 4-58 设置“发光”滤镜后的文字效果

（3）选择滤镜菜单中的“渐变发光”命令，参照图 4-59 所示进行设置（渐变色为从白色到浅蓝色），效果如图 4-60 所示。

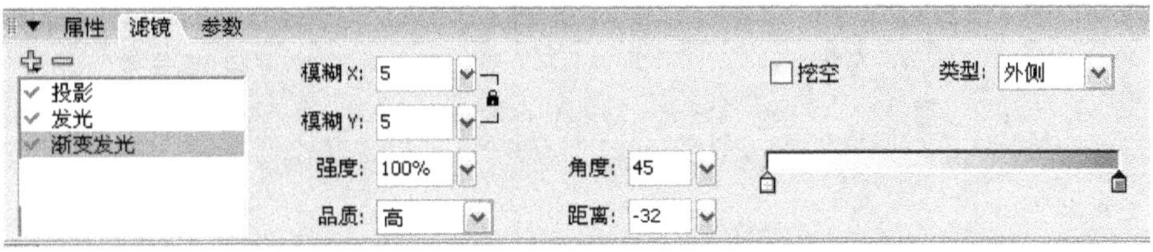

图 4-59　“属性”（“渐变发光”滤镜）面板

图 4-60　“渐变发光”滤镜处理后的文字效果

（4）选择滤镜菜单中的“斜角”命令，参照图 4-61 所示进行设置（阴影颜色为黑色），效果如图 4-62 所示。

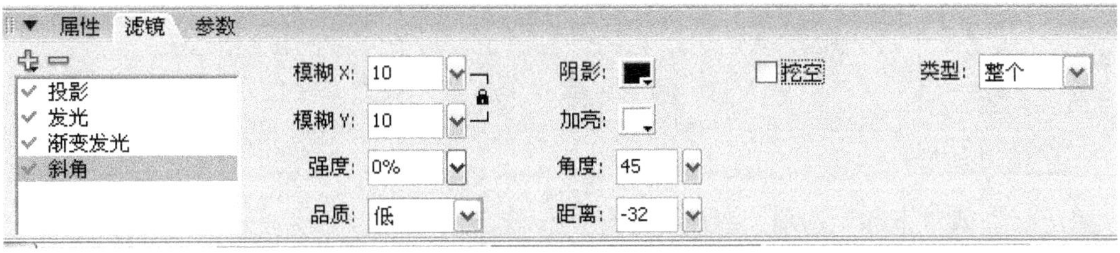

图 4-61　“属性”（“斜角”滤镜）面板

图 4-62　“斜角”滤镜处理后的文字效果

（5）最后将第 1 帧复制粘贴到第 160 帧，形成由第 80 画面逐渐变为第 1 帧画面的动画。

（6）至此，整个“标题”影片剪辑元件制作完毕。单击元件编辑窗口中的按钮，回到主场景。然后将“库”面板内的“标题”影片剪辑元件拖曳到舞台工作区内。

【相关知识】输入文本

1. 文本属性的设置

文本的属性包括文字的字体、字号、颜色和风格等。可以通过命令或“属性”面板选项的调整来设置文本属性。文本的颜色由填充色（纯色，即单色）决定。单击“文本”菜单下的命令，可以设置文本属性。另外，还可以利用文本工具的“属性”面板设置文本的属性。选择工具箱内的“文本工具”按钮，单击舞台工作区，即可调出其“属性”面板，如图 4-63 所示。该“属性”面板内各选项的作用如下。

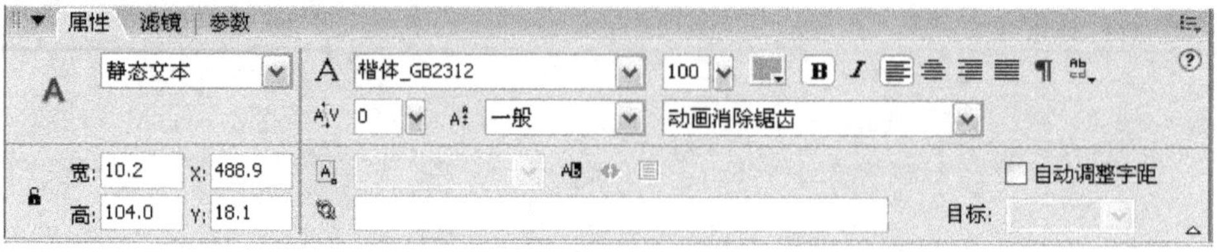

图 4-63 文本工具的“属性”（静态文本）面板

（1）“文本类型”下拉列表框：在该下拉列表框内可以选择 Flash 文本类型。文本可以分为静态文本、动态文本和输入文本 3 种类型。通常的文本状态是静态文本。在 Flash 影片播放时，动态文本和输入文本的内容可通过事件（例如，鼠标单击对象、播放到某一帧等）的激发来改变。动态文本和输入文本还可以作为实例，用脚本程序来改变它的属性等。输入文本是在 Flash 影片播放时，供用户输入文本，以产生交互。文本后 2 种类型的使用方法将在第 5 章介绍。

（2）“字体”下拉列表框 楷体_GB2312：用来设置文字的字体。

（3）“字体大小”文本框 76：用来设置文字的大小。

（4）“文字（填充）颜色”按钮：单击会弹出一个颜色板，用来设置文字的颜色。

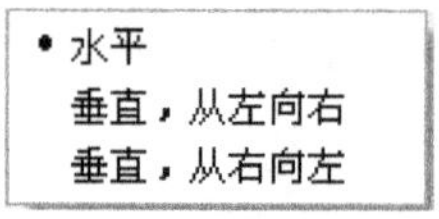

图 4-64 按钮的菜单

（5）“改变文本方向”按钮：单击该按钮会弹出一个菜单，如图 4-64 所示，利用该菜单可以设置文字的排列方式。

（6）4 个按钮：设置文字的水平排列方式。

（7）“字符间距”文本框 0：设置字符的间距。

（8）“字符位置”下拉列表框 正常：用来选择“正常”、“上标”或“下标”选项，以确定字符的位置。

（9）“自动调整字距”复选框：选择该复选框后，使用字体信息内部的字间距，自动调整字间距。

（10）“字体呈现方法”下拉列表框：用来选择设备字体或各种消除锯齿的字体。消除锯齿可对文本做平滑处理，使显示字符的边缘更平滑。这对于清晰呈现较小字体尤为有效。

（11）“编辑格式选项”按钮¶：单击该按钮会调出“格式选项”对话框，用来设置段落的缩进量、行间矩、左边矩和右边距。

（12）“可选”按钮：单击该按钮后，在动画播放时，可以用鼠标拖曳选择动画中的文字。

2. 输入文本

设置完文字属性后，选择工具箱内的“文字工具”按钮，再单击舞台工作区，即会出现一个矩形框，矩形框右上角有一个圆形的控制柄，表示它是延伸文本，同时光标出现在矩形框内。这时就可以输入文字了。随着文字的输入，矩形框会自动向右延伸，如图 4-65 所示。

如果要创建固定行宽的文本，可以用鼠标拖曳文本框的圆形控制柄，即可改变文本的行宽度。也可以在选择工具箱内的“文字工具”后，在舞台的工作区中拖曳出一个文本框。此时文本框的圆形控制柄变为方形控制柄，表示文本为固定行宽文本，如图 4-66 所示。

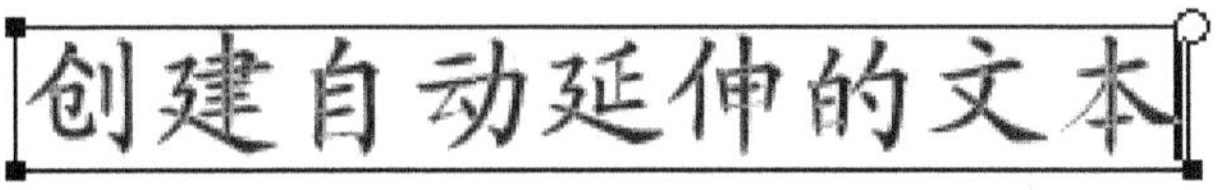

图 4–65　延伸文本

图 4–66　固定行宽文本

在固定行宽文本状态下，输入文字会自动换行。用鼠标双击方形控制柄，可将固定行宽文本变为延伸文本。对于动态文本和输入文本类型，也有固定行宽的文本和延伸文本。只是控制柄在文本框的右下角。

思考与练习 4–4

（1）仿照【实例 20】“滚动字幕”影片的制作方法，制作另一个“滚动字幕”影片，该影片播放后，一些竖排的文字从右向左移动。

（2）制作一个“梦幻组合”影片，该影片播放后的 2 幅画面如图 4–67 所示。可以看到“梦幻组合”立体文字的光芒由黄色变为红色再变为黄色，“Dreamweaver 8　Flash 8　Fireworks 8”文字的阴影从左上角逐渐移到右下角再移到左上角。

图 4–67　“梦幻文字”动画播放后的 2 幅画面

4.5　编辑文本

【实例 22】电影文字 1

“电影文字 1”影片播放后的 2 幅画面如图 4–68 所示。它由一幅风景图像不断从右向左移过掏空的“山青水秀”文字内部而形成的电影文字效果，文字的轮廓线是红色。该影片的制作方法如下。

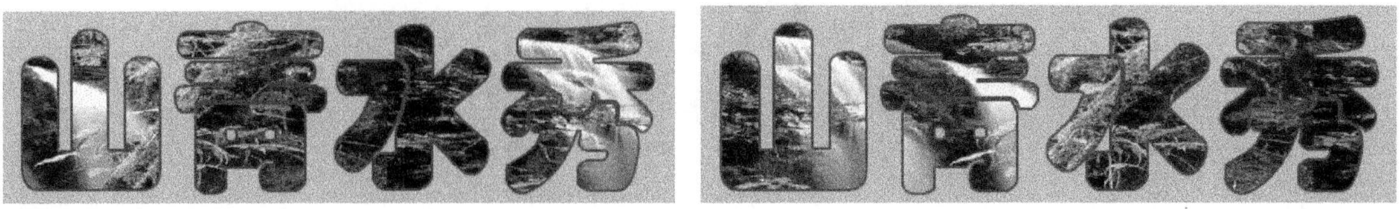

图 4–68　“电影文字 1”影片播放后的 2 幅画面

（1）设置舞台工作区的宽为 560 像素、高为 160 像素，背景为白色。

（2）选中“图层 1”图层的第 1 帧，导入一幅风景图像，将该图像调整到与舞台工作区大小相同，并完全将舞台工作区覆盖。

（3）按住 Alt+Shift 组合键，同时水平向右拖曳风景图像，将风景图像复制一份，并移到原图像的右边。然后，将 2 幅图像组合。

（4）在“图层 1”图层上创建一个名称为“图层 2”的图层。选中“图层 2”图层的第 1 帧，绘制一幅与舞台工作区大小和位置相同的绿色矩形。

（5）单击工具箱内的“文本工具”按钮 A，在其“属性”面板中，设置创艺繁琥珀字体、100 磅、蓝色。然后，单击舞台工作区外，输入“山青水秀”文字，如图 4-69 所示。

（6）选择“修改”→“分离”命令两次，将“山青水秀”文字打碎。

（7）选择工具箱中“选择工具”，单击舞台工作区的空白处，不选择文字。使用工具箱中的“墨水瓶工具”，在其“属性”面板内设置线类型为线条状，颜色为红色，笔触高度为 2。再单击文字笔画的边缘，可以看到，文字的边缘添加了红色的轮廓线，如图 4-70 所示。

图 4-69 “山青水秀”文字

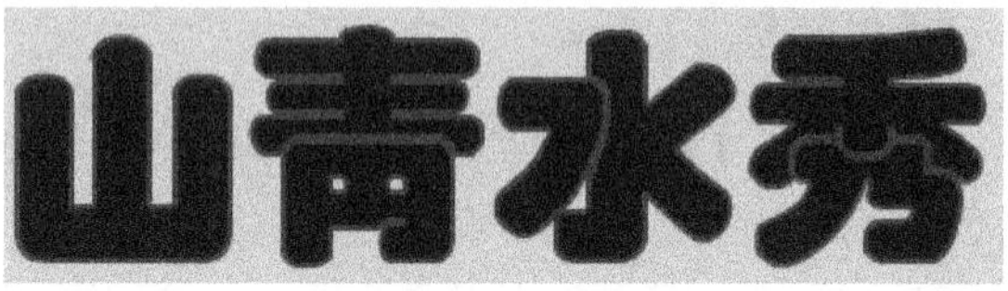

图 4-70 “山青水秀”文字描边

（8）选择工具箱中的“选择工具”，按住 Shift 键，单击各文字内部的填充，全部选中它们，如图 4-71 所示。然后，按 Delete 键，将它们的填充删除，只剩下文字的轮廓线，如图 4-72 所示。如果需要，可以用工具箱中的铅笔工具补画缺少的线条。

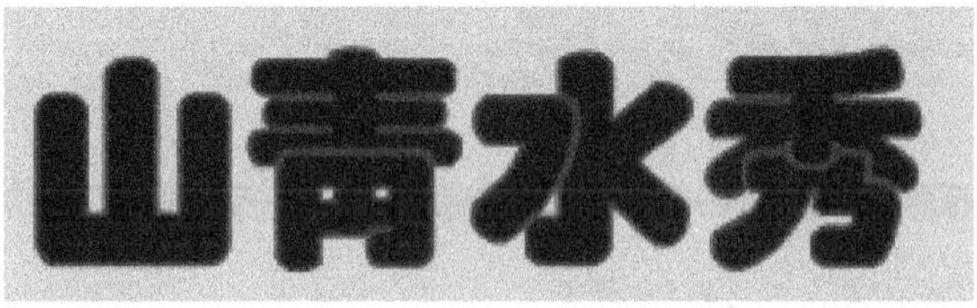

图 4-71 选中文字

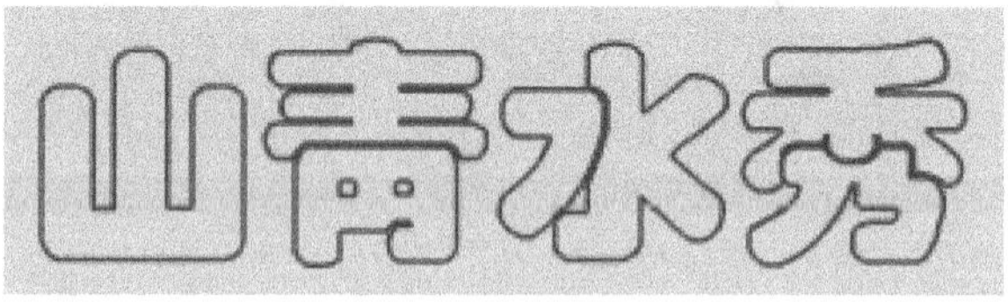

图 4-72 文字的轮廓线

（9）选择工具箱中的“任意变形工具”，适当调整文字轮廓线的大小。然后将文字轮廓线移到绿色矩形上，选择工具箱中的“选择工具”，按住 Shift 键，同时单击选中各文字内部的绿色区域。然后，按 Delete 键，将选中的绿色区域删除，只剩下文字的轮廓线和轮廓线外部的绿色区域，如图 4-73 所示。

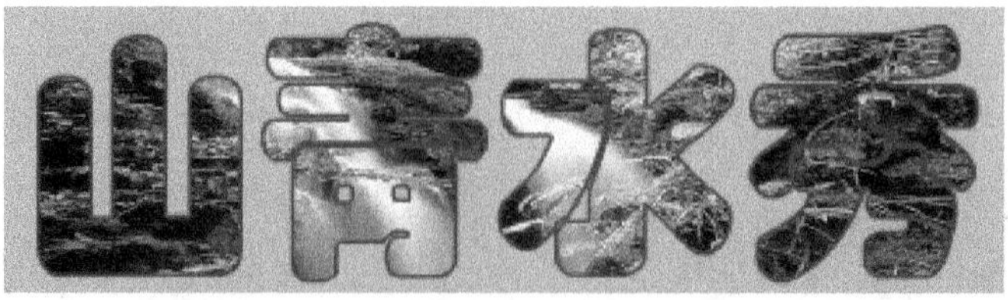

图 4-73 将选中的绿色区域删除

（10）将“图层 2”图层第 1 帧内的所有图形组合。选中“图层 2”图层的第 90 帧，按 F5 键，创建普通帧，使该图层第 1 帧到第 90 帧的内容一样。

（11）创建“图层 1”图层第 1 帧到第 90 帧的动作动画。第 1 帧的画面如图 4-74 所示，第 90 帧的画面如图 4-75 所示。

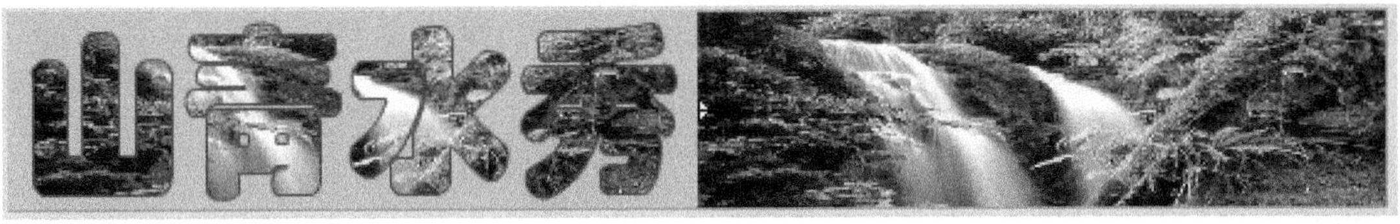

图 4-74　第 1 帧画面

图 4-75　第 90 帧画面

注意

因为制作的 Flash 动画是连续循环播放的，所以可以认为第 90 帧的下一帧是第 1 帧，因此在调整第 90 帧的画面时应特别注意这一点。

【实例 23】荧光文字

“荧光文字”影片播放后的 2 幅画面如图 4-76 所示。可以看到“FLASH”立体文字四周的金黄色光芒逐渐由小变大，再由大变小，光芒四射的光斑逐渐由大变小，再由小变大，同时不断地旋转。该影片的制作方法如下。

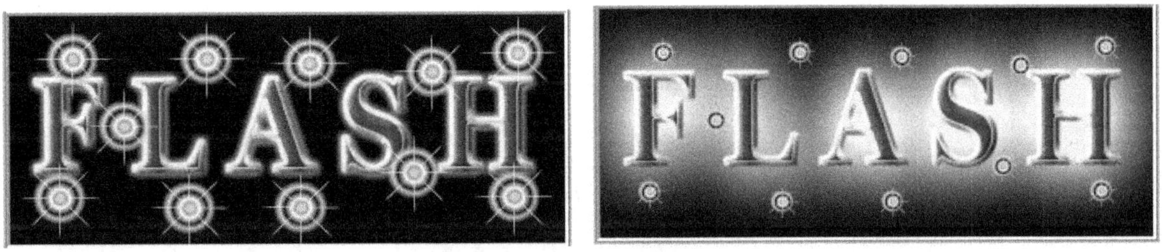

图 4-76 “FLASH”荧光文字图形

1. 制作“荧光文字”影片剪辑元件

（1）设置舞台工作区的宽为 340 像素，高为 140 像素，背景色为黑色。

（2）进入“荧光文字”影片剪辑元件的编辑状态。输入颜色为红色、字体为 Georgia、字号为 60、风格为加粗的文字“FLASH”。

（3）选择工具箱内的“选择工具”，选中输入的文字，选择“修改”→“分离”命令，将文字分离，再将分离的文字分开一定距离。然后，选中所有文字，选择“修改”→“分离”命令，将文字打碎。单击非文字区域，不选中文字。

（4）选择工具箱中的“墨水瓶工具”，在“属性”面板中设置线条类型为线条状，颜色为黄色，线粗为 2。单击“FLASH”文字各个笔画的边缘，向文字的边缘添加黄色的线条。

（5）选择工具箱内的“选择工具”，按住 Shift 键，分别单击文字“FLASH”各个笔画的边缘，选中文字边缘所有的线条。然后，选择“修改”→“形状”→“将线条转换为填充”命令，将文字边缘的所有线条转换成填充。

（6）选择“修改”→“形状”→“柔化填充边缘”命令，弹出“柔化填充边缘”对话框，参照图 4–77 所示进行设置。然后单击“确定”按钮，对黄色线条填充进行柔化。

（7）将荧光文字选中并组合，如图 4–78 所示。

（8）单击元件编辑窗口中的按钮 ⇦，回到主场景。

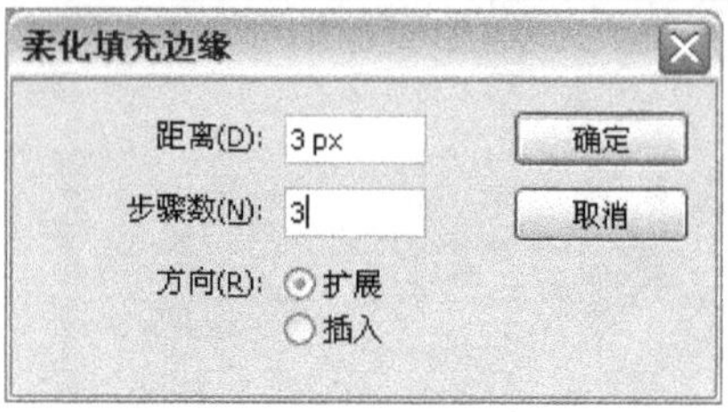

图 4–77 “柔化填充边缘”对话框

图 4–78 “FLASH”荧光字

2. 制作“光斑”影片剪辑元件

（1）进入“光斑”影片剪辑元件的编辑状态。调出“混色器”面板，选择“放射状”选项，设置填充色从左到右分别为：浅灰色、较浅灰色、白色、黑色和浅灰色，如图 4–79 所示。设置为无笔触色。选择工具箱内的“椭圆工具”，按住 Shift 键，用鼠标在舞台工作区内绘制一个圆形图形，如图 4–80 所示。

（2）选择工具箱内的“选择工具”，选中绘制的圆形图形。然后，调出“柔化填充边缘”对话框，在两个文本框中均输入 20，单击“确定”按钮，将圆形图形柔化，如图 4–81 所示。再将柔化后的圆形图形组合，形成圆形光环图形。

图 4–79 “调色板”面板设置

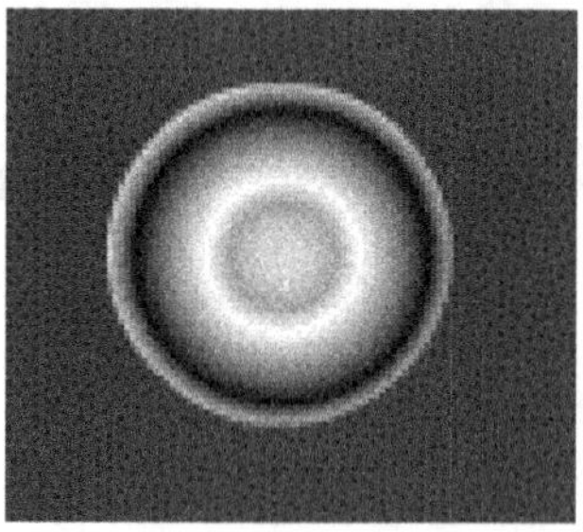

图 4–80 渐变填充圆形图形

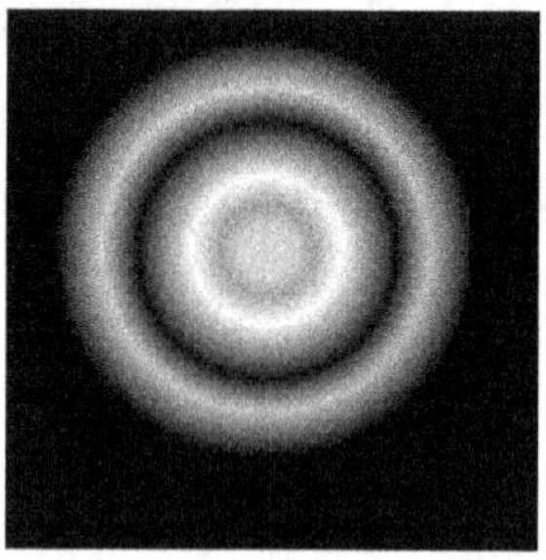

图 4–81 柔化圆形图形

（3）选择“混色器”面板内的“线性”选项，进行从左向右渐变填充色设置。设置的填充色从左到右分别为白色、白色和深灰色。

（4）选择工具箱内的“矩形工具”，在舞台工作区内绘制一个没有轮廓线的细长矩形。在没有选中矩形的情况下，选择工具箱内的“选择工具”，拖曳矩形的右边，使矩形右边变尖，形成光线图形，如图 4–82 所示，然后将其组合。要精确调整该矩形的长和宽，可在其“属性”面板中进行。

（5）调出“变形”面板，选择“旋转”单选按钮，再在其右边的文本框内输入 90，如图 4–83 所示。然后，单击三次该对话框右下角的按钮，复制三个依次旋转 90° 的细长矩形。按照上述方法，再复制旋转 45°、–45°、135° 和–135° 的细长光线图形。最后，将这 8 个细长的光线图形（相当于光线）分别移到圆形光环图形上，如图 4–84 所示。

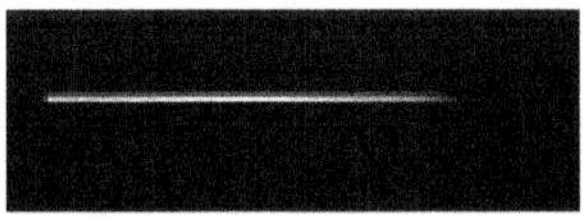

图 4–82　细长的矩形

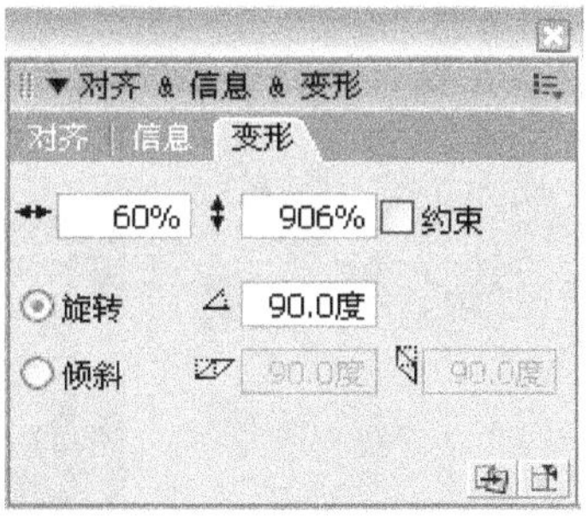

图 4–83　“变形”对话框

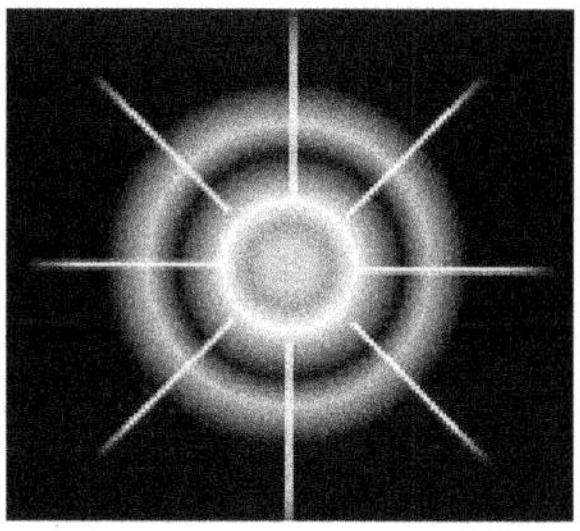

图 4–84　8 个细长的矩形

（6）选择工具箱内的“选择工具”，拖曳出一个矩形，将圆形光环图形和 8 个细长的光线图形圈起来，选中它们并将它们组合。至此，光斑绘制完毕。

（7）创建“图层 1”图层第 1 帧到第 80 帧的动作动画。选中“图层 1”图层的第 40 帧，按 F6 键，创建一个关键帧。选中“图层 1”图层第 40 帧内的光斑图形，将该图形调小。

（8）选中“图层 1”图层的第 1 帧，在其“属性”面板内的“旋转”下拉列表框中选择“顺时针”选项，在其右边的文本框中输入 1。选中“图层 1”图层的第 40 帧，在其“属性”面板内的“旋转”下拉列表框中选择“逆时针”选项，在其右边的文本框中输入 1。

（9）单击元件编辑窗口中的按钮，回到主场景舞台工作区。

3. 制作动画

（1）将“库”面板内的“荧光文字”影片剪辑元件拖曳到舞台工作区内。

（2）选择工具箱中“选择工具”，选中“FLASH”文字。在“属性”面板中切换到“滤镜”选项卡，单击“添加滤镜”按钮，弹出滤镜菜单。选择滤镜菜单中的“斜角”命令，此时“属性”面板如图 4–85 所示。文字效果如图 4–86 所示。

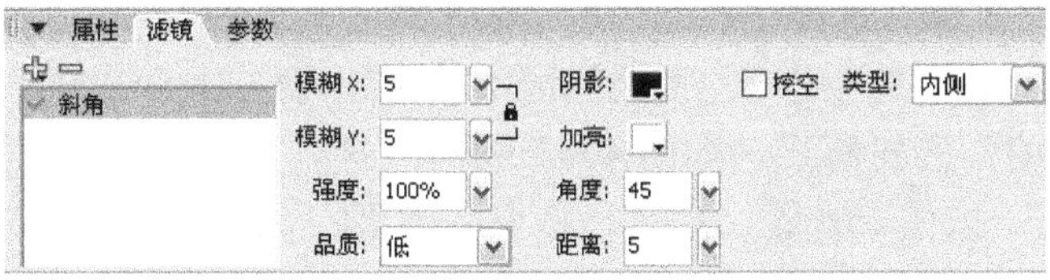

图 4–85　“属性”（“发光”滤镜）面板

图 4–86　“FLASH”文字添加斜角滤镜效果

（3）单击“添加滤镜”按钮，弹出滤镜菜单。选择滤镜菜单中的“发光”命令，参照图 4–87 所示的“属性”面板进行设置。渐变颜色的设置方法与“混色器”面板渐变颜色的设置方法一样。文字效果如图 4–88 所示。

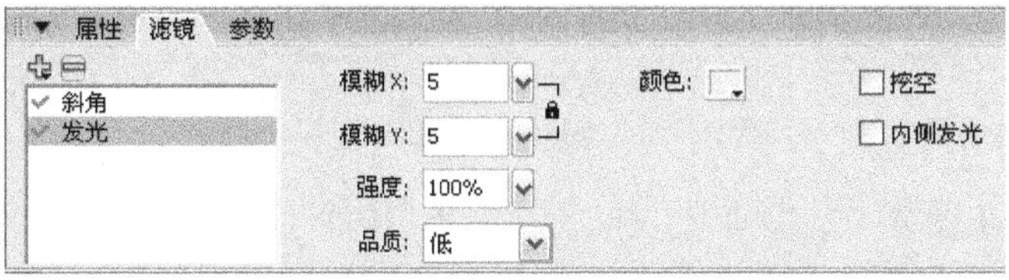

图 4–87　“属性”（“发光”滤镜）面板

图 4–88　“FLASH”文字添加发光滤镜效果

（4）创建“图层 1”图层第 1 帧到第 80 帧的动作动画。选中“图层 1”图层的第 40 帧，按

F6 键，创建一个关键帧。选中“图层 1”图层的第 40 帧。

（5）在“属性”面板中切换到“滤镜”选项卡，选择左边列表框内的“发光”选项，参照图 4-89 所示的“属性”面板修改参数设置，“FLASH”文字的效果如图 4-90 所示。

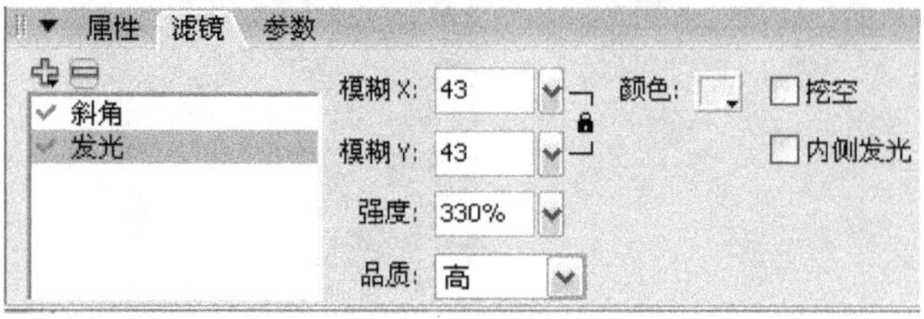

图 4-89 “属性”（“发光”滤镜）面板

图 4-90 “FLASH”文字修改发光滤镜效果

（6）在“图层 1”图层上添加一个“图层 2”图层，选中“图层 2”图层的第 1 帧。多次将“库”面板内的“光斑”影片剪辑元件拖曳到舞台工作区内的不同位置。

（7）选中“图层 2”图层的第 80 帧，按 F5 键。

【实例 24】立体文字

“立体文字”图形如图 4-91 所示。它给出了一个立体文字“CAR”的图形。由图 4-91 可以看出，文字的下边较亮，上边较暗，好像光线自下方向上方照射过来，立体感很强。画面的背景色为绿色。该图形的制作方法如下。

图 4-91 “立体文字与倒影图像”图形效果

（1）设置舞台工作区的宽为 300 像素，高为 100 像素，背景色为白色，显示网格。

（2）设置字体为 Arial Black、字号为 50，颜色为黑色，输入字母“C”。再适当调整它的大小，然后将字母“C”打碎。

（3）设置轮廓线的颜色为黑色，线粗为 2 像素。选择工具箱内的“墨水瓶工具”，单击字母“C”的边缘，添加字母“C”的外框轮廓线。选中字母“C”的内部填充色，按 Delete 键，将字母“C”的填充色删除，只保留字母“C”的轮廓线，如图 4-92 所示。

（4）拖曳选中字母“C”的外框轮廓线。按住 Ctrl 键，用鼠标拖曳字母“C”，复制一份字符“C”，它与原字母“C”呈一定的重叠状，如图 4-93 左起第 2 幅图所示。按住 Shift 键，再依次选中没用的线条，按 Delete 键，删除没用的线条，如图 4-94 所示。

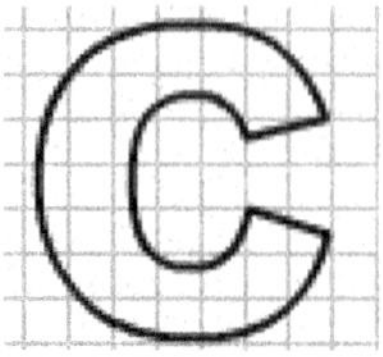

图 4-92 字母“C”的轮廓线

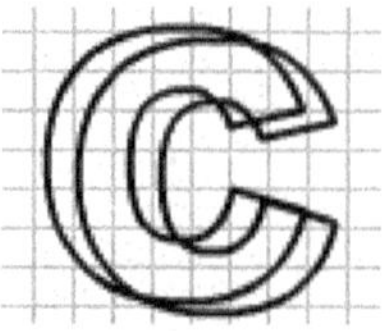

图 4-93 重叠的“C”轮廓线

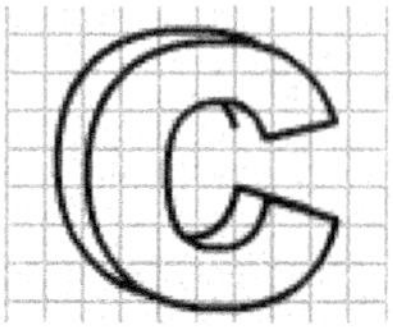

图 4-94 删除没用的线条

（5）使用工具箱内的“线条工具”，在图 4-92 基础上，补画几条线，构成了立体字母“C”的轮廓线，如图 4-95 右图所示。设置线的颜色为浅灰色，线粗为 1 像素。使用工具箱内的“墨水瓶工具”，单击字母“C”的边缘，改变字母“C”的外框轮廓线颜色和线粗。

（6）选择填充色为从白到红的线性渐变填充色。选择工具箱内的“颜料桶工具”，单击立体字母“C”的正面，填充线性渐变色。然后，选择工具箱内的“填充转换工具”，单击立体字母“C”的正面，调整字母“C”上的控制柄，使填充的颜色合适，如图 4–96 所示。

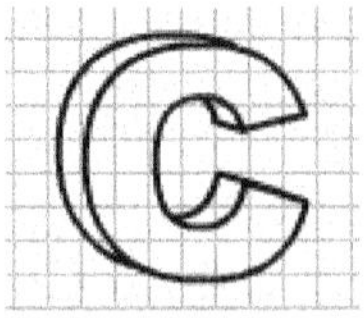

图 4–95　立体字母“C”的轮廓线

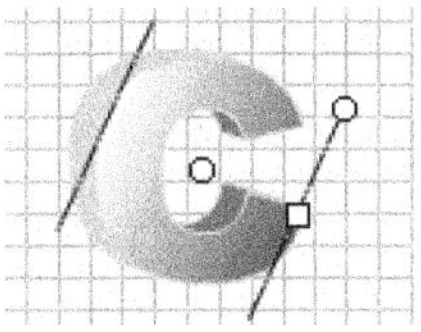

图 4–96　填充线性渐变色

（7）填充字母“C”的其他面和轮廓线，造成左上角亮，右下角暗的效果，遮挡的部分颜色最深。好像灯光从左上方照射过来。最终效果如图 4–91 所示。

按照上述方法，再制作立体字母“A”和“R”，最终效果如图 4–91 所示。

【相关知识】编辑文本

1. 文字分离

对于 Flash 中的文字，可通过执行“修改”→“分离”命令，将它们分解为独立的单个文字。例如，输入文字“文字的分离”，它是一个整体，即一个对象。选择它后，选择“修改”→“分离”命令，即可将它分解为相互独立的文字，如图 4–97 所示。如果选中一个或多个单独的文字，再选择“修改”→“分离”命令，可将它们打碎。例如，将图 4–97 所示文字再次分离后如图 4–98 所示。可以看出，打碎的文字上面有一些小白点。

图 4–97　打碎的文字

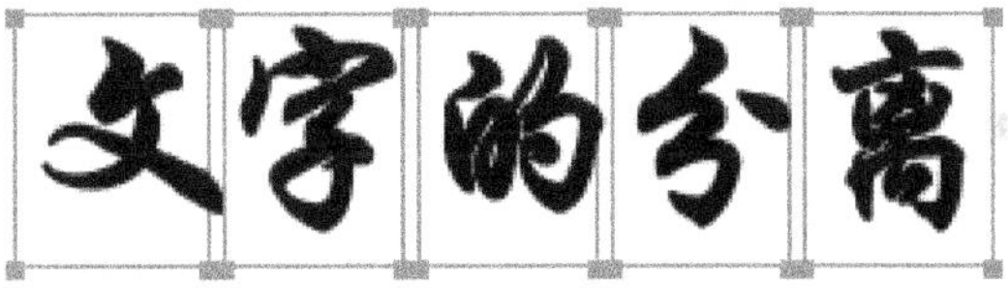

图 4–98　文字的分离

2. 文字编辑

（1）对于没有打碎的文字，只可以进行缩放、旋转、倾斜和移动的编辑操作。这可以通过使用工具箱中的“任意变形工具”和“选择工具”来完成，也可以选择“修改”→“变形”菜单的子菜单命令来完成。

（2）对于打碎的文字，可以像编辑操作图形那样来进行各种操作。可以选择工具箱中的“选择工具”来进行打碎文字的变形和切割等操作，可以选择“套索工具”来进行打碎文字的选取和切割等操作，可以使用“任意变形工具”来进行打碎文字的扭曲和封套编辑操作。

注意

对于没有打碎的文字，不可以进行上述操作。

（3）打碎的文字有时会出现连笔画现象，如图 4–97 所示，这时需要对文字进行修复，修复的方法有很多。可以选择工具箱中的“套索工具”选中多余的部分，按 Delete 键，删除选中的多余部分。还可以选择工具箱中的“橡皮擦工具”对删除后的文字进行修整。

思考与练习 4-5

（1）制作一幅“变形文字”图像，如图 4-99 所示。

（2）制作一幅“七彩文字”影片，该影片播放后的一幅画面如图 4-100 所示，可以看到，在一幅风景图像之上，有一个七彩文字，文字的内容是不断转圈变化的七彩色。

图 4-99 “变形文字”图像

图 4-100 “七彩文字”影片播放后的一幅画面

（3）仿照【实例 24】“立体文字”图形的制作方法，制作一个“Flash 8”立体文字。

第 5 章　元件、时间轴特效动画和遮罩层

5.1　库、元件和实例

【实例 25】变色图像

“变色图像”影片，该影片运行后的 2 幅画面如图 5-1 所示。可以看到，一幅风景图像的颜色在不断地变化。该影片的制作方法如下。

图 5-1　“变色图像”影片播放后的 2 幅画面

（1）设置舞台工作区的宽为 300 像素，高为 200 像素，背景色为白色。导入一幅风景图像到舞台工作区内，如图 5-1 左图所示。调整图像的大小和位置，使它刚好将舞台工作区完全覆盖。

（2）选中导入的图像，选择“修改”→“转换为元件”命令，弹出“转换为元件”对话框，单击“确定”按钮，将选中的图像转换为影片剪辑元件的实例，目的是为了可以使用滤镜。

（3）选中该实例对象，在“属性”面板中切换到“滤镜”选项卡。单击“添加滤镜”按钮 ，弹出滤镜菜单。选择该滤镜菜单中的“调整颜色”命令，此时“属性”面板的“滤镜”选项卡，参照如图 5-2 所示进行设置，即可将图像调整为浅蓝色。可以使图像的色相在-180～180 之间变化，颜色可以在浅蓝色、蓝色、深蓝色、紫色、粉红色、红色、深绿色和绿色之间变化。

（4）选择滤镜菜单中的“发光”命令，参照图 5-3 所示进行设置。

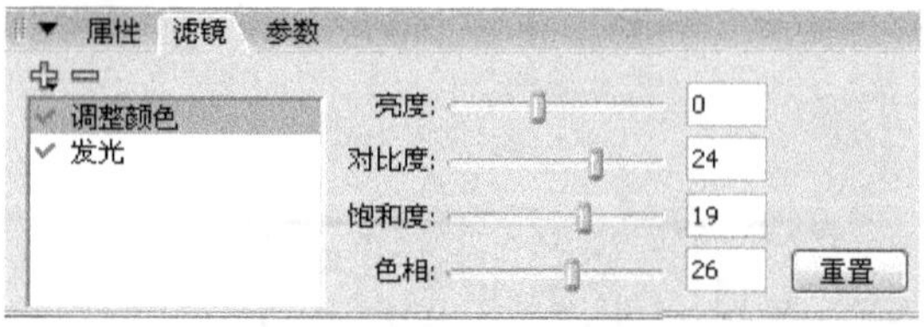

图 5-2 “调整颜色”滤镜设置

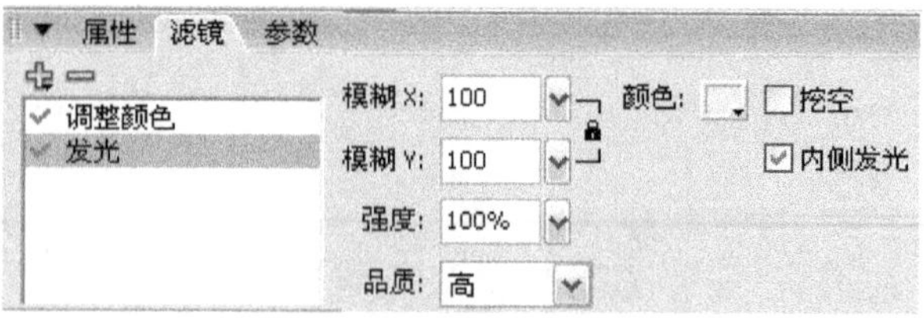

图 5-3 “发光”滤镜设置

（5）创建“图层 1”第 1 帧到第 120 帧的动作动画。选择工具箱中的“选择工具”，选中“图层 1”的第 60 帧，按 F6 键，创建一个关键帧。选择第 60 帧的图像实例对象。

（6）在“属性”面板的“滤镜”选项卡内的列表框中选择“调整颜色”选项，调整色相为 180，饱和度为−88，如图 5−4 所示。

（7）选择列表框中的“发光”选项，参照图 5−5 所示进行设置，使图像内发灰色光。

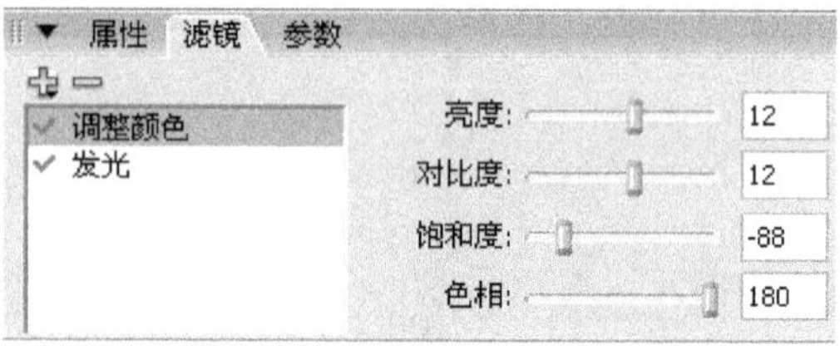

图 5−4 “调整颜色”滤镜设置

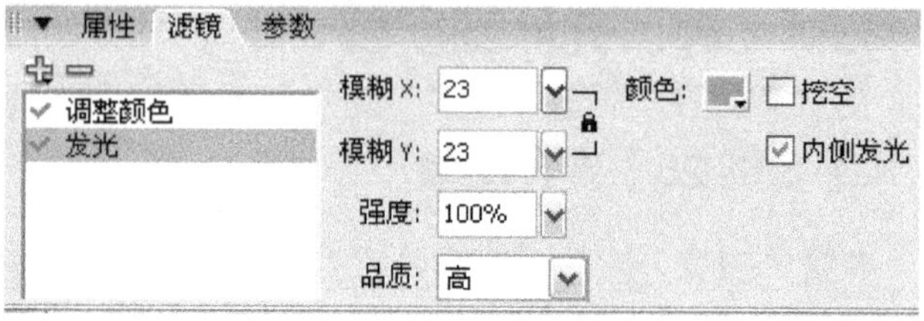

图 5−5 “发光”滤镜设置

（8）如果要更换图像，可以双击“库”面板中的“元件 1”影片剪辑元件，弹出它的编辑窗口，然后导入新图像，调整大小和位置，保证与原图像一样，再删除原图像。元件编辑完成后，单击元件编辑窗口中的场景名称图标 场景 1，回到主场景。

【相关知识】库、元件和实例

1. 库

库有两种，一个是用户库，也叫“库”面板，用来存放用户创建 Flash 动画中的元件；另一个是 Flash 8 系统提供的“公用库”，用来存放 Flash 8 系统提供的元件，根据存放元件的种类，“公用库”分为 3 种。用户库和公用库存放元素（主要是元件）的方法是一样的。

选择“窗口”→“库”命令，会弹出“库”面板，如图 5−6 所示；选择“窗口”→“公用库”→“××××”命令，会弹出相应的一种公用库的“库”面板。例如，选择“窗口”→“公用库”→“按钮”命令，弹出“库−按钮”面板，如图 5−7 所示。关于“库”面板的特点简介如下。

（1）了解库中的元素：选择其中一个元素，即可在“库”面板上边的窗口（素材预览窗口）内看到元素的形状。要了解元件的动画效果和声音效果，可单击“库”面板上边窗口右上角的▶按钮。如果要暂停播放，可单击■按钮。

（2）改变元素预览窗口的显示方式：用鼠标右键单击面板上的显示窗口，会弹出它的快捷菜单，如图 5−7 所示。利用该菜单可以改变素材面板预览窗口的显示方式。

（3）“库”面板的两种显示方式：单击“库”面板的右侧滚动条上边的□按钮，可将“库”面板在水平方向扩展，以显示元件类型和制作日期等更多的元件信息。单击水平扩展的“库”面板内右侧滚动条上边的按钮▯，可将“库”面板在水平方向缩小。也可以用鼠标拖曳“库”面板的边框来调整它的大小。

图 5-6 “库”面板

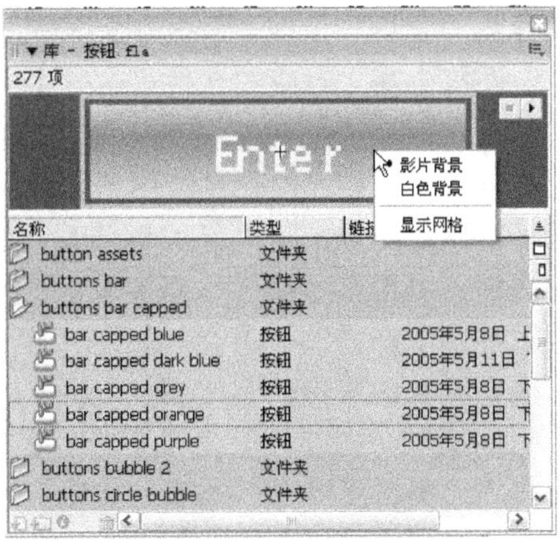

图 5-7 “库–按钮”面板

（4）“库”面板下边的窗口内列出了库中所有元素的图标和名称等，可以看出不同的图标，表示不同的类型。该窗口内的按钮表示是一个文件夹，双击可以打开文件夹，在按钮的下边显示出该文件夹内元素的图标和名称等。再双击它，可以关闭文件夹。

（5）“库”面板下边按钮的作用如下。

◎“新建元件”按钮：单击该按钮，会弹出“创建新元件”对话框，如图 5-8 所示。

图 5-8 “创建新元件”对话框

◎“新建文件夹”按钮：单击该按钮可在“库”面板中创建一个新文件夹。

◎“属性”按钮：选中“库”面板中的一个元件，再单击该按钮，会弹出“元件属性”对话框，它与图 5-8 所示的对话框相似。利用该对话框可以更改选中元件的属性。

◎“删除”按钮：单击该按钮，即可删除“库”面板中选中的元素。

2. 元件的分类

（1）图形元件：它可以是矢量图形、图像、声音或动画等。它通常用来制作电影中的静态图形，不具有交互性。声音元件是图形元件中的一种特殊元件，它有自己的图标。

（2）影片剪辑元件：用来制作独立于主影片时间轴的动画。包括交互性控制、声音甚至其他影片剪辑的实例。也可以把影片剪辑的实例放在按钮的时间轴中，从而实现动画按钮。为了实现交互性，单独的图像也可以做成影片剪辑。用两种元件创建的实例是不同的。影片剪辑实例只需要一个关键帧来播放动画，而图形实例必须出现在足够的帧中。

创建新的图形元件和影片剪辑元件，可以通过选择“插入”→“新建元件”命令或单击“库”面板左下角的“新建元件”按钮，弹出“创建新元件”对话框来实现。

（3）按钮元件：可以在影片中创建按钮元件的实例。在 Flash 中，首先要为按钮设计不同状态的外观，然后为按钮的实例分配事件（例如，鼠标单击等）和触发的动作。

在编辑时，必须选择“控制”→“测试影片”命令或选择“控制”→“测试场景”命令，才能在播放器窗口内演示其动画和交互效果。

3. 创建实例

在需要元件对象上场时，只需要用鼠标将“库”面板中的元件拖曳到舞台中即可。此时舞台中的该对象称为“实例”，即元件复制的样品。舞台中可以放置多个相同元件复制的实例对象，但在“库”面板中与之对应的元件只有一个。

当元件的属性（例如，元件的大小、颜色等）改变时，由它生成的实例也会随之改变。当实例的属性改变时，与它相应的元件和由该元件生成的其他实例不会随之改变。

实例是一种特殊的对象，可以像编辑修改一般对象那样来编辑实例对象。每个实例都有自己的其他一些属性，利用其“属性”面板可以改变实例的位置、大小、颜色、亮度和不透明度等属性。实例属性的编辑修改，不会对相应元件和其他由同一元件创建的其他实例造成影响。对于舞台工作区中元件的实例，其“属性”面板中会增加一个“颜色”下拉列表框等。利用它们可以设置实例的颜色、亮度、色调和不透明度等。实例“属性”面板中的“颜色”下拉列表框内有 5 个选项。如果选择“无”选项，则表示不进行实例颜色的设置。

4. 编辑元件

在创建了若干元件实例后，可能需要编辑修改。元件经过编辑后，Flash 会自动更新其在影片中的所有实例。编辑元件可以采用许多方法，介绍如下。

（1）双击“库”面板中的某一个元件，会弹出元件编辑窗口。用鼠标右键单击要编辑的实例，弹出实例的快捷菜单，单击该快捷菜单中的“编辑”命令，也会弹出元件编辑窗口。元件编辑完成后，单击元件编辑窗口中的场景名称图标 场景 1，回到主场景。

（2）用鼠标右键要编辑的实例，弹出实例的快捷菜单，单击实例快捷菜单中的“在当前位置编辑”命令，此时，仍在原舞台工作区中，而且保留原工作区的其他对象（不可编辑，只供参考）。双击舞台工作区中的元件实例也可进入这种元件的编辑状态。元件编辑完成后，双击舞台工作区的空白处，即可退出编辑状态，回到原状态。

（3）单击要编辑的实例，弹出实例快捷菜单，单击实例快捷菜单中的“在新窗口中编辑”命令，打开一个新的舞台工作区窗口，可以在该窗口内编辑元件。元件编辑完成后，单击该工作区右上角的按钮，即可回到原舞台工作区。

5. 编辑实例

编辑实例可以采用前面介绍过的编辑修改一般对象的方法。此外，每个实例都有自己的属性，利用其“属性”面板可以改变实例的位置、大小、颜色、亮度和透明度等属性，还可以改变实例的类型，设置图形实例中动画的播放模式等。实例属性的编辑修改，不会对相应元件和其他由同一元件创建的其他实例造成影响。

对于舞台工作区中元件的实例，其“属性”面板中会增加一个“颜色”下拉列表框等。利用它们可以设置实例的颜色、亮度、色调和透明度等。实例“属性”面板中的“颜色”下拉列表框内有 5 个选项。如果选择“无”选项，则表示不进行实例颜色的设置。选择其他选项后的颜色设置方法如下。

（1）亮度的设置：在实例“属性”面板中的“颜色”下拉列表框中选择“亮度”选项后，会在“颜色”下拉列表框右边出现一个带滑动条的文本框，如图 5-9 所示。用鼠标拖曳文本框的滑块或在文本框内输入数据（从-100～100），均可调整实例的亮度。

（2）透明度的设置：在实例“属性”面板中的“颜色”下拉列表框中选择“Alpha”选项后，会在“颜色”下拉列表框右边出现一个带滑动条的文本框，如图 5-10 所示。

（3）色调的设置：在实例“属性”面板中的“颜色”下拉列表框中选择“色调”选项后，会在“颜色”下拉列表框右边出现几个带滑动条的文本框和一个按钮，如图 5-11 所示。单击按钮，会弹出“颜色”面板，利用它可以改变实例的颜色。用鼠标拖曳按钮右边文本框的滑块或在文本框内输入百分比数据，可用来调整着色（即掺色）比例（0%～100%）。

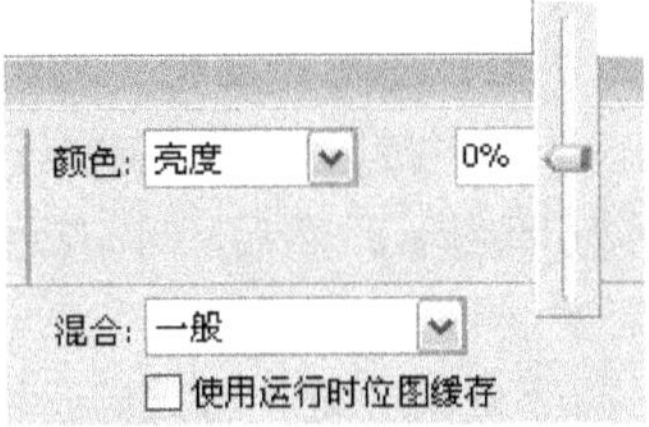

图 5-9　选择“亮度”选项

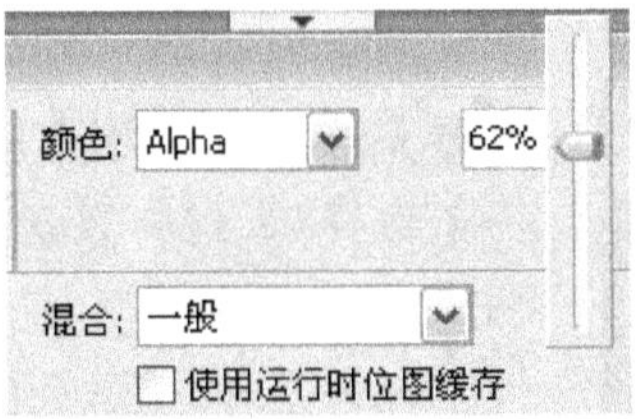

图 5-10　选择“Alpha”选项

图 5-11　选择“色调”选项

用鼠标拖曳 RGB 栏内文本框的滑块或在文本框内输入数据，也可以改变实例的颜色。“R、G、B”后面的 3 个文本框分别代表红、绿、蓝 3 原色的值。

（4）高级设置：在实例“属性”面板中的“颜色”下拉列表框中选择“高级”选项后，会在“颜色”下拉列表框右边出现一个“设置”按钮。单击“设置”按钮，会弹出“高级效果”对话框，如图 5-12 所示。利用该对话框可以调整实例的色调和透明度等。

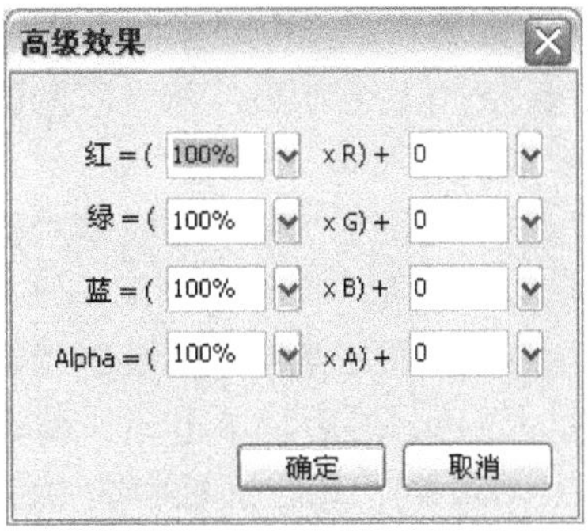

图 5-12　“高级效果”对话框

该面板有两个区域，百分数区域可从 0%～100%调整，数值区域可从-255～255 调整。可以通过拖曳各文本框的滑块来调整数据，也可以直接在文本框中输入数据。最终的效果将由两个区域中的数据共同决定。修改后每种颜色分量或透明度的值等于修改前的值乘以左边文本框内的百分比，再加上右边文本框中的数值。例如，一个实例原来的蓝色是 100，左边文本框的百分比是 50%，右边文本框内的数值是 80，则修改后的蓝色分量为 130。

思考与练习 5-1

（1）创建一个名称为“五角星”的图形元件，该元件是一幅红色五角星图形。利用该元件在舞台工作区内生成 5 个相同的“五角星”图形元件的实例。更改“库”面板中“五角星”图形元件编辑窗口中的图形，观察舞台工作区内的 5 个实例有什么变化。

（2）制作一个“日夜星辰”影片，该影片播放后，一幅图像逐渐变暗（星星和月亮逐渐显示），然后又逐渐变亮（星星和月亮逐渐消失），好像夜晚逐渐变为白天一样。

（3）制作一个“变色圆形”影片。该影片播放后，圆形图形的颜色、阴影深浅、阴影位置和发光颜色都在不断地变化。圆形图形的颜色可以在浅蓝色、蓝色、深蓝色、紫色、粉红色、红色、深绿色和绿色之间变化；阴影从左上方移到右下方，颜色逐渐变深；发光颜色逐渐变大，颜色逐渐由黄色变为红色。

5.2　实例“属性”面板和转换为元件

【实例 26】三原色混色

“三原色混色”图形如图 5-13 所示。这是一幅能反应红色、绿色和蓝色三原色混合效果的图形。该图形的制作方法如下。

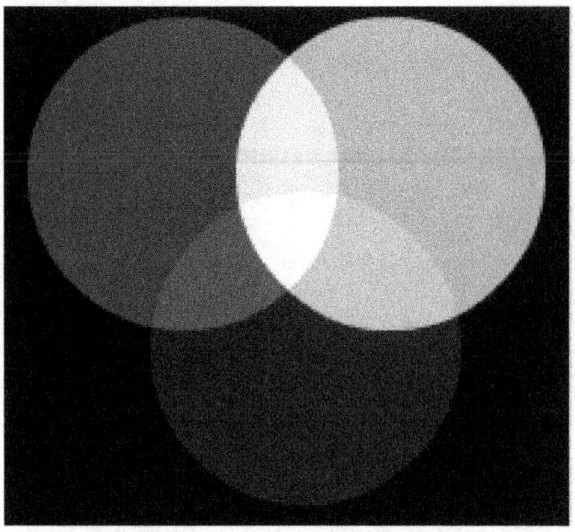

图 5-13 “三原色混色”图形

（1）设置舞台工作区的宽为 300 像素、高为 200 像素，背景为黑色。

（2）创建并进入“红圆”影片剪辑元件的编辑状态，选择工具箱内的“椭圆工具”。在其“属性”栏内，设置无笔触色，填充色为红色。按住 Shift 键，拖曳绘制一个直径为 120 像素的红色圆形图形。然后，单击元件编辑窗口中的按钮，回到主场景。

（3）选中“库”面板中的“红圆”影片剪辑元件，单击鼠标右键，弹出其快捷菜单，单击该快捷菜单中的“直接复制”命令，弹出“直接复制元件”对话框，将“名称”文本框中的内容改为“蓝圆”文字，单击“确定”按钮，关闭“直接复制元件”对话框。此时，“库”面板中会增加了一个“蓝圆”影片剪辑元件。

按照上述方法，在“库”面板中复制一个“红圆”影片剪辑元件，影片剪辑元件的名称改为“绿圆”。

（4）双击“库”面板中“蓝圆”影片剪辑元件，进入其编辑状态，选择工具箱内的“颜料桶工具”，将红色圆形图形的颜色改为蓝色。然后，回到主场景。

（5）双击“库”面板中“绿圆”影片剪辑元件，进入其编辑状态，将红色圆形图形的颜色改为绿色。然后，单击元件编辑窗口中的按钮，回到主场景。

（6）将“库”面板中的“红圆”、“蓝圆”和“绿圆”3 个影片剪辑元件依次拖曳到舞台工作区内，形成 3 个实例。选择工具箱中“选择工具”，将它们移到相应的位置，使它们相互重叠一部分。而且，“蓝圆”影片剪辑实例在最下边，“绿圆”影片剪辑实例在最上边。

（7）选中“红圆”影片剪辑实例，在其“属性”面板内的“混合”下拉列表框中选择“增加”选项。单击选中“绿圆”影片剪辑实例，在其“属性”面板内的“混合”下拉列表框中也选择“叠加”选项。

【实例 27】水中游鱼

“水中游鱼”影片运行后的 2 幅画面如图 5-14 所示。在蓝色的水中，一些不同颜色、不同大小的小鱼以各种不同的姿态来回游动，水中还有漂动的水草。该影片的制作方法如下。

图 5-14 “鱼缸和游鱼 1”影片播放后的 2 幅画面

1. 制作元件

（1）新建一个 Flash 文档，设置舞台工作区的宽为 550 像素，高为 300 像素，背景色为白色。以名称“【实例 27】水中游鱼.fla”保存。

（2）打开“游鱼.fla”Flash 文档，调出其“库”面板，将“库”面板内的“Fish Movie Clip”影片剪辑元件复制粘贴到“【实例 27】水中游鱼.fla”影片的“库”面板中。“Fish Movie Clip”影片剪辑元件内是一条小鱼来回移动的动画，共有 95 帧。

（3）创建并进入“水草”影片剪辑元件的编辑状态，选择“图层 1”的第 1 帧，在舞台工作区内绘制一幅水草图形，如图 5–15 左图所示。

（4）选中“图层 1”的第 5 帧，按 F6 键，单击工具箱中的“任意变形工具”按钮，再单击“选项”栏中的“封套”按钮，此时的图形周围出现许多控制柄，如图 5–15 中图所示。拖曳调整这些控制柄，来调整图形的形状，效果如图 5–15 右图所示。

（5）选中“图层 1”的第 10 帧，按 F6 键，按照上述方法，调整该帧水草图形的形状，如图 5–16 左图所示。选中“图层 1”的第 15 帧，按 F6 键，按照上述方法，调整该帧水草图形的形状，如图 5–16 右图所示。

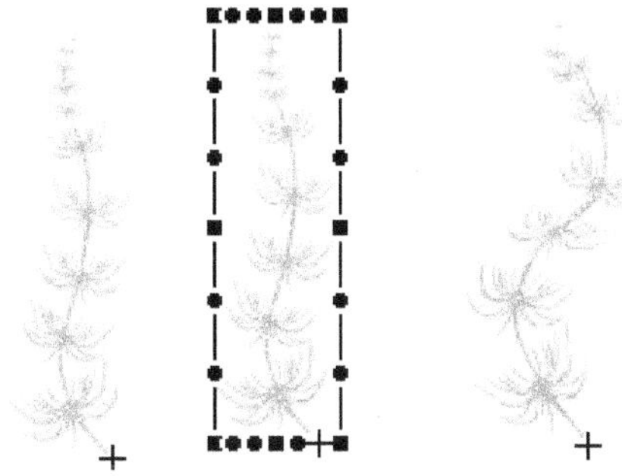

图 5–15　“水草”图形元件

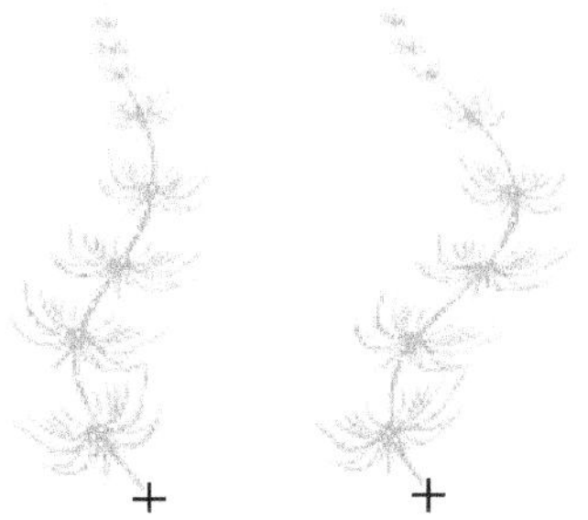

图 5–16　水草图形

（6）选中“图层 1”的第 20 帧，按 F5 键，创建一个普通帧。然后，单击元件编辑窗口中的按钮，回到主场景。

2. 制作动画

（1）选中“图层 1”的第 1 帧，导入一幅“水底”图像，调整该图像的大小和位置，使它刚好将舞台工作区完全覆盖。

（2）在“图层 1”图层的上边添加一个“图层 2”，选中该图层的第 1 帧，将“库”面板内的“水草”影片剪辑元件拖曳到舞台工作区中 8 次。然后，适当地调整它们的大小和位置。

（3）将“库”面板内的“Fish Movie Clip”影片剪辑元件拖曳到舞台工作区中 9 次，在舞台工作区内形成 9 条小鱼的影片剪辑实例。调整舞台工作区内这些小鱼影片剪辑实例的大小与位置，使它们分布在鱼缸内的各个地方。

（4）选中一条小鱼对象，调出“属性”面板，在该面板内的“颜色”下拉列表框中选择“高级”选项，再单击“设置”按钮，弹出“高级效果”对话框。利用该对话框调整小鱼的颜色。单击“确定”按钮，再适当调整小鱼的位置。

（5）按照上述方法，调整其他 8 条小鱼的颜色，并适当调整小鱼的位置。

（6）选中左边的一条小鱼对象，调出其“属性”面板，在“属性”面板中选择“实例行为”下拉列表框中的“图形”选项，将选中的小鱼影片剪辑元件实例转换为图形实例。然后，在“图形选项”中选择“循环”选项，并在“第一帧”文本框内输入 10，表示该实例从指定数字所指示的帧开始播放。“属性”面板设置如图 5–17 所示。

图 5-17 “属性”面板设置

（7）按照上述方法，分别将其他小鱼影片剪辑元件实例进行处理，要求“第一帧”文本框内输入 90 以内不同的数字。

（8）按住 Ctrl 键，单击选中“图层 1”和“图层 2”的第 95 帧，按 F5 键，创建“图层 1”和“图层 2”第 2 帧到第 95 帧的普通帧。至此，整个影片制作完毕。

【相关知识】实例“属性”面板

图形实例和影片剪辑实例的特性在许多方面是一样的，也有一些不同的选项。

1. 影片剪辑实例的“属性”面板

“影片剪辑”实例的“属性”面板如图 5-18 所示。该面板内各选项的作用如下。

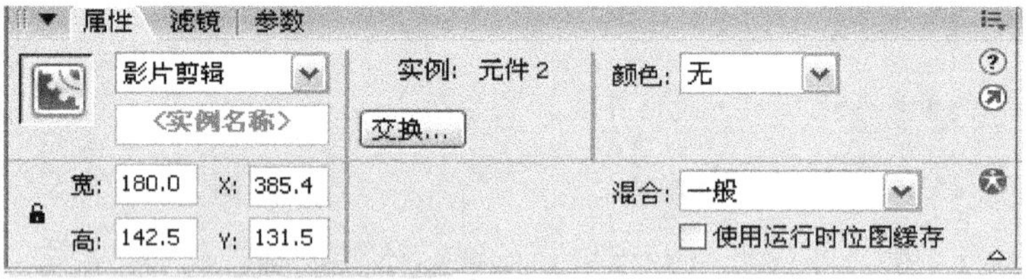

图 5-18 影片剪辑实例的“属性”面板

（1）“实例行为”下拉列表框：该下拉列表框中有 3 个选项：影片剪辑、图形和按钮，选择不同的选项，可以实现实例类型的转换，实例的“属性”面板也会随之改变。

（2）“实例名称”文本框：用来输入影片剪辑或按钮实例的名称，这个名称可以在程序中使用。只有影片剪辑和按钮实例才有此文本框。

（3）“编辑此对象的动作脚本”按钮：单击该按钮会弹出相应的“动作”面板，用来输入脚本程序。只有按钮和影片剪辑实例才有此按钮。

（4）“关于此属性检查器的帮助”按钮：单击该按钮会弹出相应的“帮助”面板，同时显示选中实例的相应帮助信息。

（5）“交换”按钮：单击该按钮会弹出“交换元件”对话框，如图 5-19 所示。在对话框中的列表框中会显示出所有元件的名称和图标，其左边有一个小黑点的元件是当前选中的元件实例。单击这些元件的名称或图标，即可在对话框左上角显示出相应的元件。

选中这些元件的名称或图标后单击“确定”按钮（或者双击元件的名称或图标），都可以用这些元件改变选中的实例。单击该对话框中的“复制元件”按钮，会弹出“元件名称”对话框，在该对话框的文本框中输入名称后，单击“确定”按钮，即可复制一个新元件。

（6）“编辑辅助功能设置”按钮：单击该按钮，会弹出“辅助功能”面板，如图 5-20 所示。只有选中“使对象可访问”复选框时，其他选项才有效。选择“窗口”→“其他面板”→“辅助功能”命令，也会弹出“辅助功能”面板。

图 5-19 “交换元件”面板

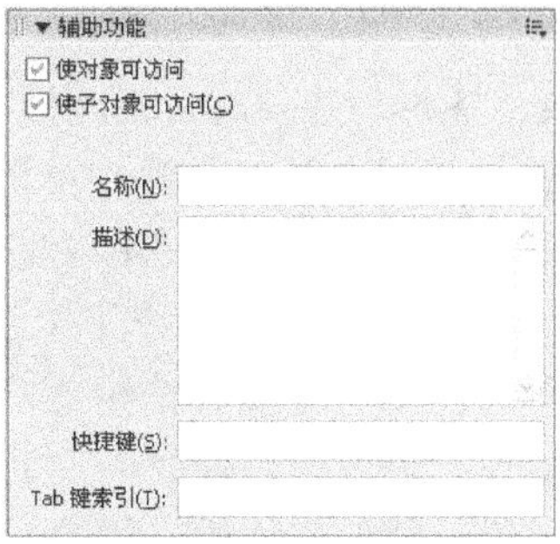

图 5-20 “辅助选项”面板

（7）“混合”下拉列表框：其选项用来设置混合模式。选择不同的混合模式，可以更改舞台上一个影片剪辑实例对象与位于其下方的各个对象的组合方式，可以混合重叠影片剪辑中的颜色，创造独特的效果，创建复合图像。复合是改变两个或两个以上重叠对象的透明度或颜色相互关系的过程。Flash 8 影片剪辑元件实例的混合模式如表 5-1 所示。

表 5-1　Flash 8 影片剪辑元件实例的混合模式

序号	混合模式	作　用
1	一般	正常应用颜色，不与基准颜色有相互关系
2	图层	可以层叠各个影片剪辑，而不影响其颜色
3	变暗	只替换比混合颜色亮的区域。比混合颜色暗的区域不变
4	色彩增殖	将基准颜色复合以混合颜色，从而产生较暗的颜色
5	变亮	只替换比混合颜色暗的像素。比混合颜色亮的区域不变
6	荧幕	将混合颜色的反色与基准颜色混合，产生漂白效果
7	叠加	进行色彩增值或滤色，具体情况取决于基准颜色
8	强光	进行色彩增值或滤色，具体情况取决于混合模式颜色。该效果类似于用点光源照射对象
9	差异	系统会比较影片剪辑实例对象的颜色和基准颜色，用它们中较亮颜色的亮度减去较暗颜色的亮度值，作为混合色的亮度。该效果类似于彩色底片
10	反转	获取基准颜色的反色
11	Alpha	Alpha 遮罩层。注意：“Alpha”混合模式要求将图层混合模式应用于父级影片剪辑实例。不能将背景影片剪辑实例的混合模式设置为“Alpha”混合模式，这样会使该对象不可见
12	擦除	删除所有基准颜色像素，包括背景图像中的基准颜色像素。该混合模式要求将图层混合模式应用于父级影片剪辑。不能将背景影片剪辑实例的混合模式设置为“擦除”混合模式，这样会使该对象不可见

说明：表中的“混合颜色”是指应用于混合模式的颜色，不透明度是指应用于混合模式的透明度，基准颜色是指混合颜色下的像素的颜色，结果颜色是基准颜色的混合效果。

由于混合模式取决于将混合应用于对象的颜色和基础颜色，因此必须试验不同的颜色，以查看结果。建议在使用混合模式时，试用不同的混合模式进行试验，以获得预期的效果。

（8）“滤镜”选项卡：切换到影片剪辑实例“属性”面板的“滤镜”选项卡。利用该选项卡，可以给影片剪辑实例和文字添加滤镜效果。

2. 图形实例的“属性”面板

当选择“图形”选项时，该面板与图 5-17 所示相似。该面板也有“实例行为”下拉列表框、“颜色”下拉列表框、左下角的 4 个用来精确确定实例大小与位置的 4 个文本框和“交换”按钮。此外，该面板还有如下两个特有的选项，这两个选项的作用如下。

（1）“图形选项”下拉列表框：只有在图形元件实例的“属性”面板中才有“图形选项”下拉列表框，它在“交换”按钮的右边，用来选择动画的播放模式，包括有“循环”（循环播放）、“播放一次”（只播放一次）和“单帧”（只显示第 1 帧）3 个选项。

（2）“第一帧”文本框：用来输入动画开始播放帧的号码，确定动画从第几帧开始播放。只有图形实例才有该文本框。

思考与练习 5-2

（1）制作一个“三补色混色”图形。黄、青、紫（也叫品红）称为 3 原色的 3 个补色，它们的混色特点如图 5-21 所示。

（2）利用“人跑.fla”Flash 文档，制作一个“奔跑的运动员”影片，该影片播放后，许多穿着不同颜色运动服的运动员来回奔跑，可以看出他们有些距离较近，有些距离较远，大小也不一样。该影片播放后的画面如图 5-22 所示。

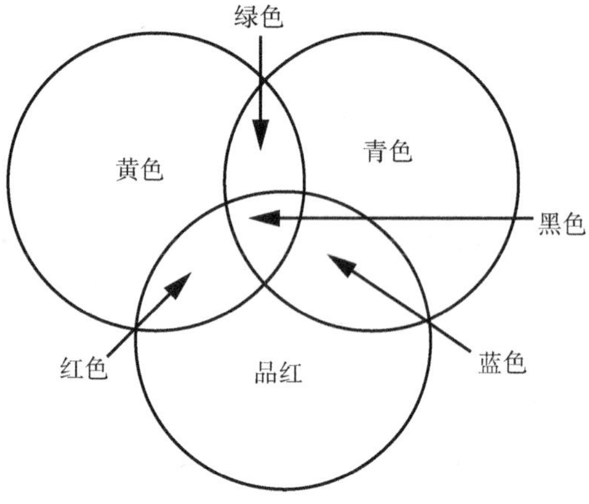

图 5-21　三补色混色

图 5-22　“奔跑的运动员”影片播放后的画面

5.3　转换为元件

【实例 28】晨练

“晨练”影片播放后的 2 幅画面如图 5-23 所示。在森林中，一只花狗和一名运动员来回奔跑，一只飞鸟来回飞翔，3 个小孩在跳绳，一派清晨锻炼景象。该影片的制作方法如下。

图 5-23　“晨练”影片播放后的 2 幅画面

1. 制作影片剪辑元件

（1）新建一个 Flash 文档，设置舞台工作区的宽为 540 像素，高为 250 像素，背景色为黄色。选中“图层 1”图层的第 1 帧，导入一幅“草地”风景图像，调整图像的大小和位置，使其刚好将整个舞台工作区完全覆盖。

（2）创建并进入“狗”影片剪辑元件的编辑状态。选中“图层 1”的第 1 帧，导入一幅狗原地奔跑的图像（如图 5-24 左图所示）。选中“图层 1”的第 6 帧，按 F7 键，创建一个空关键帧，导入另一幅狗原地奔跑的图像（如图 5-24 右图所示）。选中“图层 1”的第 10 帧，按 F5 键，创建一个普通帧。此时的时间轴如图 5-25 所示，然后，回到主场景。

图 5-24　两幅狗原地奔跑图像

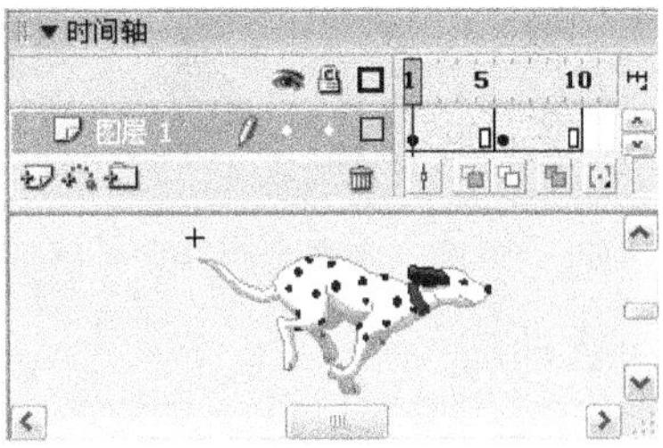

图 5-25　调整关键帧的位置

（3）创建并进入“跑步人”影片剪辑元件的编辑状态。导入“人跑.swf”动画文件。此时，“跑步人”影片剪辑元件的时间轴如图 5-26 所示。然后，回到主场景。

图 5-26　“跑步人”影片剪辑元件的时间轴

（4）创建并进入“飞鸟”影片剪辑元件的编辑状态。导入“飞鸟.gif”动画文件。此时，“飞鸟”影片剪辑元件的时间轴如图 5-27 所示。“飞鸟”影片剪辑元件播放的 4 帧画面如图 5-28 所示。然后，回到主场景。

图 5-27　“飞鸟”影片剪辑元件的时间轴

图 5-28　“飞鸟”影片剪辑元件播放的 4 帧画面

（5）创建并进入“跳绳”影片剪辑元件的编辑状态。在“图层 1”的 4 个关键帧内分别导入一幅跳绳图像，调整 4 幅图像的大小均为宽 200 像素，高 100 像素，4 幅图像如图 5–29 所示。“跳绳”影片剪辑元件的时间轴如图 5–30 所示。然后，回到主场景。

图 5–29 “跳绳”影片剪辑元件播放的 4 帧画面

图 5–30 “跳绳”影片剪辑元件的时间轴

2. 制作动画

（1）在“图层 1”上添加“图层 2”，选中该图层的第 1 帧，将“库”面板中的“狗”影片剪辑元件拖曳到舞台工作区中，移到风景画面的左边，如图 5–31 所示。

（2）创建“图层 2”第 1 帧到第 45 帧的动作动画，将第 45 帧的“狗”影片剪辑实例移到风景画面的右边，如图 5–32 所示。

图 5–31 第 1 帧的画面

图 5–32 第 45 帧的画面

（3）选中“图层 2”的第 46 帧，按 F6 键，创建一个关键帧。选中第 46 帧中的“狗”影片剪辑实例，选择“修改”→“变形”→“水平翻转”命令，将第 46 帧中的图像水平翻转，如图 5–33 所示。

（4）创建“图层 2”第 45 帧到第 80 帧的动作动画，将第 80 帧的“狗”影片剪辑实例移到风景画面的左边，如图 5–34 所示。

图 5–33 第 46 帧的画面

图 5–34 第 80 帧的画面

（5）在“图层 2”上添加“图层 3”，选中“图层 3”的第 1 帧，将“库”面板中的“跑步人”影片剪辑元件拖曳到舞台工作区中，移到风景画面的左边。仿照上边的制作方法，创建“图层 3”第 1 帧到第 45 帧，再从第 46 帧到 80 帧的动画。

（6）在“图层 3”上添加“图层 4”，选中“图层 4”的第 1 帧，将“库”面板中的“飞鸟”影片剪辑元件拖曳到舞台工作区中，移到风景画面的右上角处。仿照上边的制作方法，创建“图层 5”第 1 帧到第 45 帧，再从第 46 帧到 80 帧的动画。

（7）在“图层 4”上添加“图层 5”图层，选中“图层 5”第 1 帧，将“库”面板中的“跳绳”影片剪辑元件拖曳到舞台工作区中，移到风景画面的中间处。

至此，整个动画制作完毕。该动画的时间轴如图 5-35 所示。

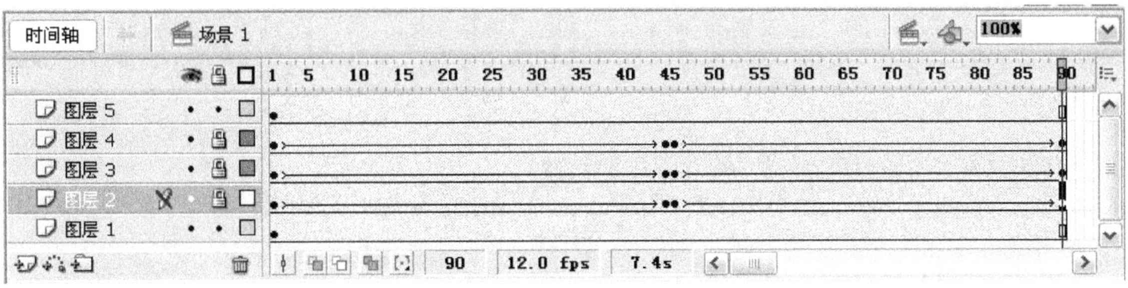

图 5-35 “晨练”动画时间轴

【相关知识】转换为元件和复制元件

1. 将舞台工作区中的对象转换为元件

选中舞台工作区中的对象。选择“修改”→“转换为元件”命令（或按 F8 键），弹出“转换为元件”对话框。在“名称”文本框内输入元件的名称，在“类型”栏内选择元件类型；单击中间的小方块，调整元件的中心（黑色小方块所在处表示是元件的中心坐标位置），单击“确定”按钮，即将选中的对象转换为元件。“库”面板内会添加一个名称为“元件 1”的元件，同时选中的对象会自动变为该元件的实例。

2. 将 GIF 动画转换为元件

（1）选择“插入”→“新建元件”命令，弹出“创建新元件”对话框。

（2）在“创建新元件”对话框的“名称”文本框内输入元件的名称（如输入“元件 1”），选择元件类型，此处选择“影片剪辑”单选按钮，单击“确定”按钮，即可进入元件的编辑窗口。

（3）选择“文件”→“导入”→“导入到舞台”命令，弹出“导入”对话框，选择一个 GIF 动画，导入到元件编辑区中。此时，时间轴上会在前几个帧单元格内出现黑点（关键帧）和灰色帧单元格。

（4）如果需要，应调整各帧的位置，使它们的中心与元件编辑窗口内的十字标记对齐。

（5）单击元件编辑窗口中的场景名称 场景 1图标或按钮，回到舞台工作区的主场景。

3. 将舞台工作区中的动画转换为元件

（1）选取动画的所有帧，单击鼠标右键，弹出帧快捷菜单，选择帧快捷菜单中的“复制帧”命令，将选中的所有帧复制到剪贴板中。

（2）选择“插入”→“新建元件”命令，弹出“创建新元件”对话框。

（3）在该对话框内，输入元件的名称（例如，“动画 1”），选择元件类型，单击“确定”按钮。此时，“库”面板中添加了一个名称为“动画 1”的元件，但其只是一个空元件，没有内容。同时从舞台工作区切换到元件编辑窗口。

（4）选中帧控制区域内的第 1 帧，单击鼠标右键，弹出帧快捷菜单，选择该菜单内的“粘贴帧”命令，将剪贴板内的所有帧粘贴到元件编辑窗口的时间轴上，然后回到主场景。

4. 复制元件

在“库”面板中，由一个元件复制出另一个相同的元件，再双击“库”面板内复制的元件，进入该元件的编辑状态，修改该元件后可获得一个新元件。复制元件的两种方法如下。

（1）元件复制为元件的方法：用鼠标右键单击“库”面板中的一个元件，弹出该元件的快捷菜单，选择该菜单中的“直接复制”命令，弹出“直接复制元件”对话框，如图 5-36 左图所示。在“直接复制元件”对话框中选择元件类型并输入名称，单击“确定”按钮，即可在“库”面板内复制一个新元件。

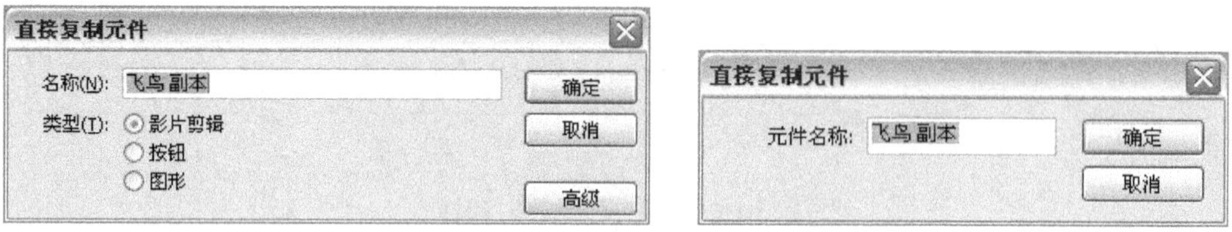

图 5-36 “直接复制元件”对话框

（2）实例复制为元件的方法：选中舞台工作区中的一个元件实例，选择“修改”→“元件”→“直接复制元件”命令，弹出“直接复制元件”对话框，如图 5-36 右图所示。在“直接复制元件”对话框中选择元件类型并输入名称，单击“确定”按钮，即可在“库”面板中复制一个新元件。

思考与练习 5-3

（1）制作一个“鹰击长空”影片，该影片播放后，空中的白云从左向右飘动，一只小鸟和一只老鹰在空中飞翔，影片播放后的画面如图 5-37 所示。

（2）制作一个“圣诞节”影片，该影片播放后的画面如图 5-38 所示。可以看到，圣诞老人们一起在圣诞树下载歌载舞的欢庆场面，圣诞树上的彩灯闪烁变化，月亮也在摇摆同庆。

图 5-37 “鹰击长空”影片画面

图 5-38 “圣诞节”影片画面

（3）制作一个“人和自然”影片，可以看到，在森林中，一只花狗和一只豹子在来回奔跑戏耍，一只小鸟来回飞翔，一个人在来回奔跑，在画面的左上角，一个女人的眼睛一睁一闭。

5.4 时间轴特效动画

【实例 29】转换分离图像切换

“转换分离图像切换”影片播放后的两幅画面如图 5-39 所示。先显示第 1 幅图像，接着第 2

幅图像逐渐从右向左推入显示，同时透明度逐渐变小，将第 1 幅图像遮挡；然后第 2 幅图像分为多块向上再向下分离开，将第 3 幅图像显示出来。该影片的制作方法如下。

图 5-39 “转换分离图像切换”影片的显示效果

1. 制作转换动画

（1）设置动画的舞台工作区宽为 400 像素，高为 300 像素，背景色为白色。在“库”面板内导入 3 幅图像，如图 5-40 所示。

图 5-40　3 幅图像

（2）选择工具箱中的“选择工具”，选中“图层 1”的第 1 帧，将“库”面板内的第 1 幅图像拖曳到舞台工作区中，调整其大小和位置，使其刚好将舞台工作区完全覆盖。

（3）在“图层 1”上添加“图层 2”。选中该图层的第 1 帧，将“库”面板内的第 2 幅图像拖曳到舞台工作区内，调整其大小和位置，使其刚好将第 1 幅图像覆盖。

（4）选中“图层 2”的第 1 帧，选择“插入”→“时间轴特效”→“变形/转换→“转换”命令，弹出“变形”（转换）对话框。

（5）在“变形”（转换）对话框中设置时间轴转换特效的各项参数：在“效果持续时间”文本框中输入 40；在“方向”栏中选择“入”单选按钮，选择“淡入”和“涂抹”复选框，单击左边的按钮，在“移动减慢”文本框中输入 1，如图 5-41 所示。

（6）单击该对话框中的“更新预览”按钮，可以在该对话框的右边显示所创建时间轴特效的动画效果。单击“确定”按钮，完成模糊特效动画的制作。此时，“图层 2”的名称自动改为“转换 1”，动画共占了 40 帧。

（7）选中“图层 1”的第 40 帧，按 F5 键，创建普通帧。

2. 制作分离动画

（1）在“转换 1”图层上添加“图层 3”。选中该图层的第 41 帧，按 F7 键，创建一个空关键帧。将“库”面板中的第 3 幅图像拖曳到舞台工作区中，调整其大小和位置，使图像刚好将舞台工作区完全覆盖。选中“图层 3”的第 80 帧，按 F5 键，创建普通帧。

图 5-41 “变形”（转换）对话框

（2）在“图层 3”上添加“图层 4”。选中该图层第 41 帧，将“库”面板内第 2 幅图像拖曳到舞台工作区内，调整它的大小和位置，使图像刚好将舞台工作区覆盖。

（3）选中“图层 4”的第 41 帧，选择“插入”→“时间轴特效”→“效果”→“分离”命令，弹出“分离”对话框。在“效果持续时间”文本框中输入 40，在“弧线大小”栏的“X”文本框中输入 100，在“弧线大小”栏的“Y”文本框中输入 150；单击向上的箭头按钮，在“碎片旋转量”文本框中输入 45，在“碎片大小更改量”栏的“X”文本框中输入 0，在“碎片大小更改量”栏的“Y”文本框中输入 100，在“最终的 Alpha”文本框中输入 41，如图 5-42 所示。

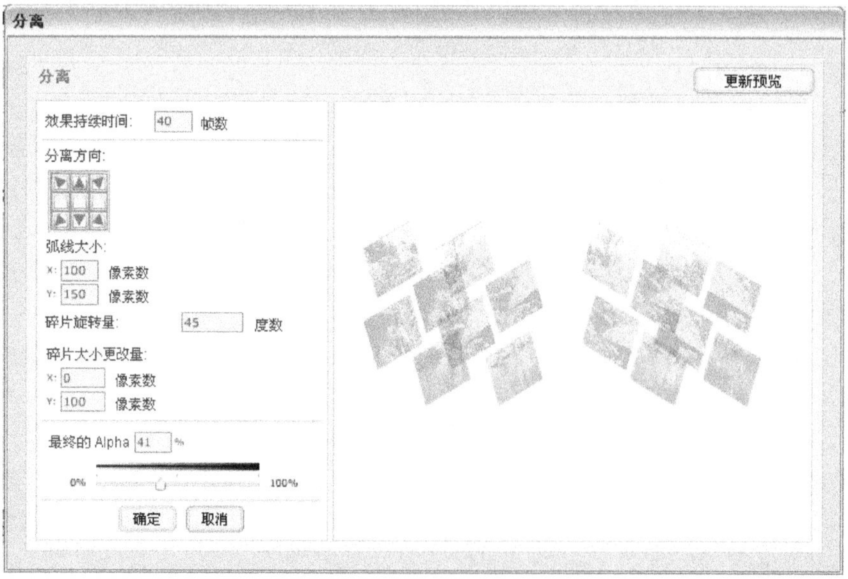

图 5-42 “分离”对话框

（4）单击“确定”按钮，完成分离特效动画的制作。此时，“图层 4”的名称自动改为“分离 2”，该动画共占了 40 帧。

至此，动画制作完毕。该动画的时间轴如图 5-43 所示。

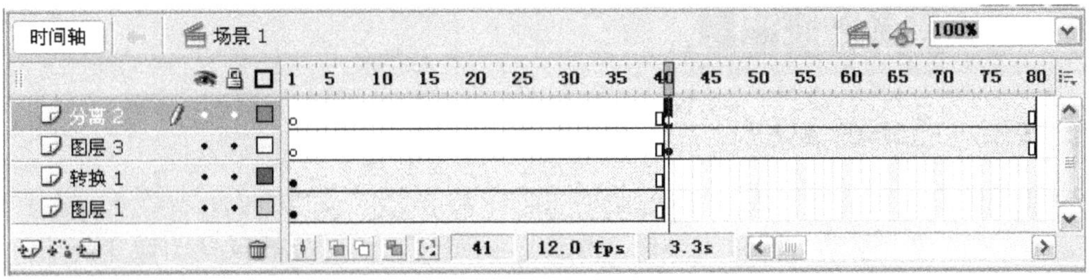

图 5-43 “转换分离图像切换”动画的时间轴

【相关知识】时间轴特效动画

1. 时间轴特效动画简介

时间轴特效是 Flash 8 中内置的一组动画效果，可以通过执行时间轴特效来快速创建复杂的动画。时间轴特效有“变形”、“转换”、“分离”、“展开”、“投影”和“模糊”等特效。其操作步骤很简单，可以对文本、图形、图像和元件实例等对象应用时间轴特效。

当将时间轴特效应用于舞台工作区中的对象，创建完一个时间轴特效后，“库”面板中会自动添加一个与该时间轴特效同名的文件夹，该文件夹包含有该时间轴特效所用到的所有元素。当一个对象创建了时间轴特效后，Flash 将为这个时间轴特效创建一个图层，并将对象放置在该图层中，动画所用到的所有补间、变形等都在该图层中。

2. 编辑时间轴特效

（1）选中有时间轴特效动画的图层，选择“修改”→“时间轴特效”→“编辑特效”命令，会弹出相应的对话框。

（2）在弹出的对话框中进行参数修改后，单击该对话框中的“确定”按钮，即可完成时间轴特效的编辑。

思考与练习 5-4

（1）制作一个“淡化涂抹图像切换”影片，该影片播放后的 2 幅画面如图 5-44 所示。可以看到，第 2 幅图像逐渐从左向右淡出涂抹，同时由透明变为不透明，逐渐将第 1 幅图像完全覆盖。然后，第 3 幅图像逐渐从右向左淡入涂抹，逐渐将第 2 幅图像完全覆盖。

图 5-44 “淡化涂抹图像切换”动画的显示效果

（2）制作一个“模糊图像切换”影片，该影片播放后，第 1 幅图像逐渐模糊消失，显示出第 2 幅图像，接着第 2 幅图像逐渐分离，显示出第 3 幅图像。

5.5 遮罩层和被遮罩层

【实例 30】变清晰探照灯

“变清晰探照灯”影片播放后的 2 幅画面如图 5-45 所示，可以看到，一个圆形探照灯光在一幅模糊的风景图像上移动（同时大小也变化），探照灯光照射处的风景图像变清晰。该影片的制作方法如下。

图 5-45 “变清晰探照灯”影片播放后的 2 幅画面

1. 制作模糊图像

（1）创建一个 Flash 文档。设置舞台工作区宽为 400 像素，高为 300 像素，背景为白色。

（2）单击工具箱中的“选择工具”按钮 ，单击舞台工作区，再单击“属性”面板中的“发布”栏中的“设置”按钮，弹出“发布设置”对话框。在该对话框的“版本”下拉列表框中选择“Flash Player 8”选项，设置 Flash 播放器的版本为“Flash Player 8”。

注意

这项操作的目的是为了使用 Flash 8 新增的滤镜功能。

图 5-46 风景图像

（3）创建并进入“风景图像”影片剪辑元件的编辑状态，选中“图层 1”，导入一幅风景图像，并调整其大小（宽为 400 像素，高为 300 像素）和位置，如图 5-46 所示。然后单击元件编辑窗口中的 按钮，回到主场景。

（4）选中主场景“图层 1”的第 1 帧，将“库”面板中的“风景图像”影片剪辑元件拖曳到舞台工作区中，调整其大小和位置，使其刚好将整个舞台工作区覆盖。

（5）在“图层 1”上添加“图层 2”，再将“图层 1”的第 1 帧复制粘贴到“图层 2”的第 1 帧。两幅图像的大小和位置设置完全相同。

（6）将“图层 2”隐藏，选中“图层 1”第 1 帧中的影片剪辑元件实例，在“属性”面板中切换到“滤镜”选项卡。

（7）单击“添加滤镜”按钮，弹出滤镜菜单。选择该滤镜菜单中的“模糊”命令，参照图 5-47 所示，设置“属性”面板中的“滤镜”选项卡。此时，选中的影片剪辑实例变成模糊状，如图 5-48 所示。

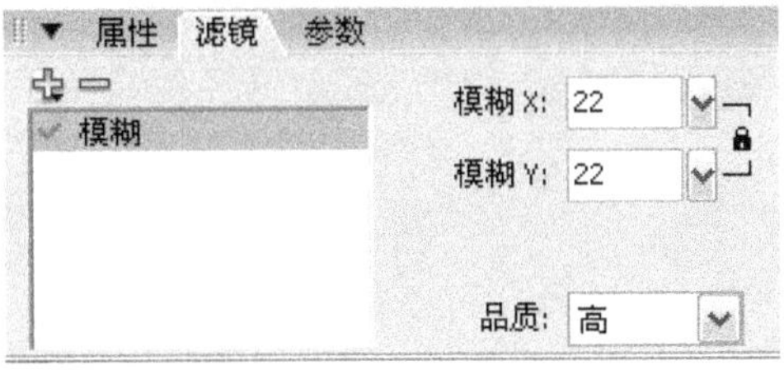

图 5-47 “滤镜”选项卡设置

图 5-48　图像变模糊

2. 制作探照灯动画

（1）在“图层 2”上添加“图层 3”，选中“图层 3”的第 1 帧，选择工具箱中的“椭圆工具” ，在舞台工作区内的左上角绘制一幅红色的圆形图形。

（2）在该图层创建一个第 1 帧到第 100 帧的动作动画。选中第 20 帧，按 F6 键，创建一个关键帧，按照相同的方法，再创建第 40 帧、第 60 帧和第 80 帧的关键帧。调整各关键帧内圆形图形的位置和大小，创建一个圆形图形不断移动、变形和变大或变小的动画。第 1、第 20、第 40、第 60、第 80 和第 100 帧的画面如图 5-49 所示。

图 5-49 “变清晰探照灯”动画关键帧画面

（3）按住 Ctrl 键，单击“图层 1”和“图层 2”的第 100 帧，按 F5 键，使“图层 1”和“图层 2”第 1 帧到第 100 帧的内容相同。

（4）选中“图层 3”，单击鼠标右键，在弹出的快捷菜单中选择“遮罩层”命令，将“图层 3”设置为遮罩图层，“图层 2”为被遮罩图层。

至此，“变清晰探照灯”影片制作完毕。该影片的时间轴如图 5-50 所示。

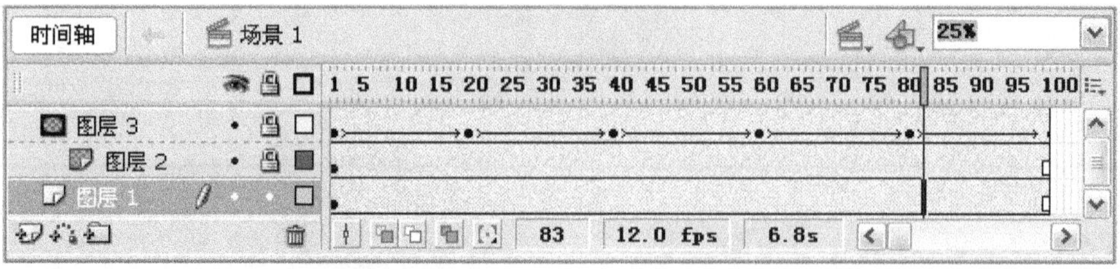

图 5-50 “变清晰探照灯”影片的时间轴

【实例 31】上下移出图像切换

“上下移出图像切换”影片播放后的 2 幅画面如图 5-51 所示，可以看出，先显示出第 1 幅图像，接着该图像分成左右两部分，左半边图像向下移，右半边图像向上移，逐渐地将第 2 幅风景图像显示出来。该影片的制作过程如下。

图 5-51 “上下移出图像切换”影片播放后的 2 幅画面

（1）设置动画的舞台工作区宽为 400 像素，高为 300 像素，背景色为白色。

（2）选中“图层 1”的第 1 帧，导入第 2 幅图像，如图 5-52 所示。将图像的大小和位置进行精确调整，使该图像刚好将舞台工作区完全覆盖。

（3）选中“图层 1”的第 80 帧，按 F5 键，使该图层第 1 帧到第 80 帧的内容相同。

（4）在“图层 1”上添加“图层 2”。选中“图层 2”的第 1 帧。导入第 1 幅图像，如图 5-53 所示。制作“图层 2”的第 1 帧到第 80 帧的动作动画，将第 1 帧的图像垂直移到舞台工作区的下边。

图 5-52 “图层 1”第 1 帧的画面

图 5-53 “图层 2”第 1 帧的画面

（5）在“图层 2”上添加“图层 3”。选中“图层 3”的第 1 帧。在舞台工作区的左半边绘制一个黑色矩形图像（图像宽为 200 像素，高为 300 像素，X 值为 100，Y 值为 150），如图 5-54 所示。选中“图层 3”的第 80 帧，按 F5 键。

（6）按住 Shift 键，单击“图层 2”的第 80 帧，再单击“图层 3”的第 1 帧，选中“图层 2”和“图层 3”中的所有帧。单击鼠标右键，弹出帧快捷菜单，选择该快捷菜单中的“复制帧”命令，将选中的内容复制到剪贴板中。

（7）在“图层 3”上添加“图层 4”。按住 Shift 键，单击“图层 4”的第 80 帧和第 1 帧，选中“图层 4”中第 1 帧到第 80 帧的所有帧。单击鼠标右键，弹出帧快捷菜单，选择该快捷菜单中的“粘贴帧”命令，将剪贴板中的内容粘贴到两个新图层中。然后将新图层的名称分别改为“图层 4”和“图层 5”，“图层 4”的内容与“图层 2”的内容相同，“图层 5”的内容与“图层 3”的内容相同。

（8）将“图层 4”第 80 帧中的图像垂直移到舞台工作区的下边。选中“图层 5”的第 1 帧。将风景图像左半边的黑色矩形移到风景图像的右半边（X 坐标值为 300，Y 坐标值为 150），如图 5-55 所示。

图 5-54　在图像左半边绘制一个矩形

图 5-55　图像右半边的矩形

（9）将“图层 3”设置为遮罩层，使“图层 2”成为被遮罩图层。将“图层 5”设置为遮罩层，使“图层 4”成为被遮罩图层。

至此整个动画制作完毕。该动画的时间轴如图 5-56 所示。

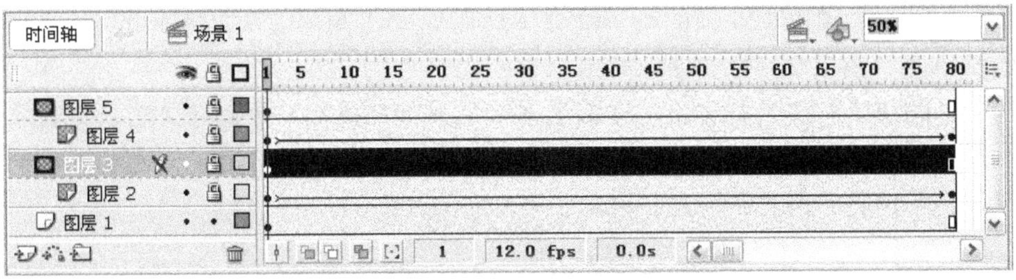

图 5-56　“上下移出图像切换”动画的时间轴

【实例 32】彩珠环内滚动图像 1

“彩珠环内滚动图像 1”影片播放后的 3 幅画面如图 5-57 所示。在顺时针自转的彩珠环内，从右向左循环移动的一幅幅北京风景图像。该影片的制作过程如下。

图 5-57　“彩珠环内滚动图像 1”影片的 3 幅画面

（1）设置舞台工作区的宽为 190 像素，高为 2000 像素，背景色为白色，以名称“【实例 32】彩珠环内滚动图像.fla”保存。打开“【实例 10】自转彩珠环.fla”文件，将该动画“库”面板中的“顺时针自转彩珠环”影片剪辑元件复制粘贴到“【实例 32】彩珠环内滚动图像”影片的“库”面板中。

（2）选中“图层 1”的第 1 帧，将 7 幅风景图像导入到舞台工作区中。

（3）通过“属性”面板分别调整 7 幅风景图像的大小（宽为 140 像素，高为 140 像素）与位置，使它们水平依次排列，如图 5-58 所示。然后将这 7 幅图像组合，复制一份。再将两份图像水平对接，并组合。最后将它们移到舞台工作区的右边。

图 5-58 导入的 7 幅风景图像

（4）在“图层 1”的上边添加一个普通图层“图层 2”，选中“图层 2”的第 1 帧，在舞台工作区内绘制一个黑色圆形图形，其直径为 140 像素，如图 5-59 所示。

图 5-59 第 1 帧图像与黑色圆形图形的相对位置

（5）用鼠标拖曳舞台工作区右边的图像，将它们移到黑色圆形图形处，如图 5-59 所示。制作“图层 1”中第 1 帧到第 120 帧的动作动画。然后选中“图层 2”的第 120 帧，按 F5 键，创建一个普通帧，使“图层 2”第 1 帧到第 120 帧的内容相同。

（6）选中“图层 1”的第 120 帧，将图像水平移到如图 5-60 所示的位置。要求第 2 组图像与黑色圆形图形的相对位置同第 1 帧第 2 组图像与黑色圆形图形的相对位置基本相同，比第 1 帧的图像位置稍稍偏右一些。

图 5-60 第 60 帧图像与黑色圆形图形的相对位置

（7）在“图层 2”的上边添加一个普通图层“图层 3”，选中“图层 3”的第 1 帧。将“库”面板中的“顺时针自转光环”影片剪辑元件拖曳到舞台工作区中。适当调整其大小和位置，如图 5-61 所示。

图 5-61 第 1 帧画面

（8）将鼠标指针移到“图层 2”的名称处，单击鼠标右键，调出快捷菜单，再单击该菜单内的“遮罩层”菜单命令，使“图层 2”成为遮罩层，使“图层 1”成为被遮罩图层。同时，“图层 1”和“图层 2”被锁定。

至此，“彩珠环内滚动图像”影片制作完毕，该影片的时间轴如图 5-62 所示。

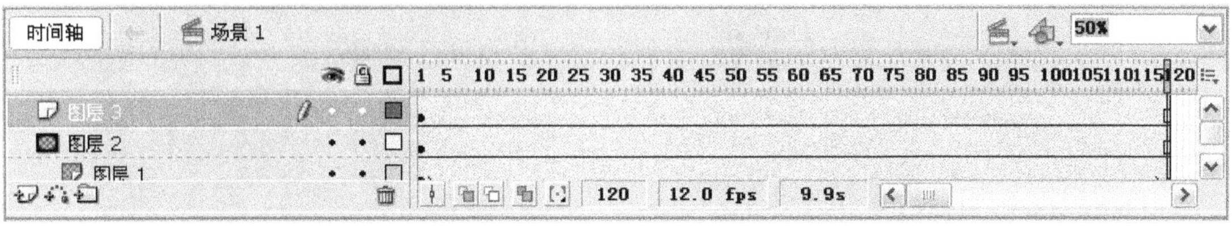

图 5-62 “彩珠环内滚动图像”影片的时间轴

【实例 33】小河流水

“小河流水”影片播放后的一幅画面如图 5-63 所示，可以看到小河流水的画面。该影片的制作方法如下。

（1）设置动画的舞台工作区宽为 400 像素，高为 600 像素，背景色为白色。

（2）选中“图层 1”的第 1 帧，导入一幅“小河流水”图像到舞台工作区，如图 5-64 所示。将该图像的大小和位置进行精确调整，使图像的宽为 600，高为 400，并将舞台工作区完全覆盖。

（3）选中“图层 1”的第 100 帧，按 F5 键。此时，“图层 1”的第 1 帧到第 100 帧的内容都相同，都为图 5-64 所示的“小河流水”图像。

（4）将“小河流水”图像打碎，选择工具箱内的“套索工具”，在“小河流水”图像的河流轮廓处拖曳，选中所有河流，如图 5-65 所示。

图 5-63 “小河流水”影片画面

图 5-64 “小河流水”图像

图 5-65 选中所有小河图像

（5）选择“编辑”→“复制”命令，将选中的瀑布图像复制到剪贴板中。

（6）在“图层 1”上添加“图层 2”，选中“图层 2”的第 1 帧，选择“编辑”→“粘贴到当前位置”命令，将剪贴板中的瀑布图像粘贴到“图层 2”第 1 帧原来的位置。按两次下方向键和右方向键，将“图层 2”图层第 1 帧的瀑布图像稍微向右下方移动一些。选中“图层 2”图层第 200 帧，按 F5 键。

（7）在“图层 2”上添加“图层 3”，选中“图层 3”的第 1 帧，绘制一些曲线线条，如图 5-66 所示。然后创建“图层 3”第 1 帧到第 100 帧的动画，垂直向下移动第 100 帧内曲线线条的位置，如图 5-67 所示。

图 5-66 第 1 帧画面

图 5-67 第 100 帧画面

（8）将“图层 3”的第 100 帧复制粘贴到“图层 3”的第 200 帧，创建“图层 3”第 100 帧到第 200 帧的动画。然后将“图层 3”设置为遮罩图层。

【实例 34】百叶窗式图像切换

“百叶窗式图像切换”影片播放后的 2 幅画面如图 5-68 所示。可以看到，先显示第 1 幅图像，接着第 1 幅图像逐渐呈水平百叶窗式消逝，将第 2 幅图像显示出来。然后，第 2 幅图像逐渐呈垂直百叶窗式消逝，将第 3 幅图像显示出来。该影片的制作方法如下。

图 5-68 “百叶窗式图像切换”影片的 2 幅画面

1. 制作“百叶”影片剪辑元件

（1）设置动画的舞台工作区宽为 400 像素，高为 300 像素，背景色为白色。

（2）导入 3 幅风景图像到“库”面板，如图 5-69 所示。

图 5-69　3 幅风景图像

（3）进入“百叶”影片剪辑元件的编辑状态。选中“图层 1”的第 1 帧，在舞台工作区的正中心绘制一条蓝色的矩形图形，该矩形宽 410 像素，高 2 像素。

（4）创建“图层 1”第 1 帧到第 45 帧的动作动画。将“图层 1”第 45 帧内矩形图像的高度调整为 30 像素，宽度不变。

（5）单击元件编辑窗口中的按钮，回到主场景。

2. 水平百叶窗式图像切换

（1）选择工具箱中的“选择工具”，选中“图层 1”的第 1 帧，将“库”面板内的第 1 幅图像拖曳到舞台工作区，调整其大小和位置，使该图像刚好将舞台工作区完全覆盖。

（2）在“图层 1”上添加“图层 2”。选中“图层 2”的第 1 帧，将“库”面板中的第 2 幅图像拖曳到舞台工作区，调整其大小和位置与第 1 幅图像完全相同。

（3）在“图层 2”上添加“图层 3”。选中“图层 3”的第 1 帧，将“库”面板中的“百叶”影片剪辑元件拖曳到舞台工作区中图像的最上边，与图像上边缘重合。

（4）选择“插入”→“时间轴特效”→“帮助”→“复制到网格”命令，弹出“复制到网格”对话框。设置“网格尺寸”栏的行数为 10（因为图像高度为 300 像素，所以“百叶”影片剪辑元件内矩形图形的最大高度为 30 像素），列数为 1；设置“网格间距”栏的行数为 30（因为“百叶”影片剪辑元件内矩形图形的最大高度为 30 像素），列数为 1。单击“更新预览”按钮，可以在显示框内看到效果，如图 5-70 所示。

图 5-70 “复制到网格”对话框

（5）单击“复制到网格”对话框中的“确定”按钮，完成“图层 3”第 1 帧百叶窗动画的制作。同时在“库”面板内自动生成一个“复制到网格 2”影片剪辑元件和其他元件。

（6）按住 Ctrl 键，选中 3 个图层的第 45 帧，按 F5 键。

（7）选中“图层 3”，单击鼠标右键，在弹出的快捷菜单中选择“遮罩层”命令，将“图层 3”设置为遮罩图层，“图层 2”为被遮罩图层。

3. 垂直百叶窗式图像切换

（1）在“图层 3”上添加“图层 4”、“图层 5”和“图层 6”。选中“图层 4”、“图层 5”和“图层 6”的第 46 帧，按 F7 键，创建 3 个空关键帧。

（2）将“图层 2”“库”面板中的第 2 幅图像拖曳到舞台工作区，调整其大小和位置，使该图像刚好将舞台工作区完全覆盖。

（3）将“图层 1”第 1 帧内容复制粘贴到“图层 4”的第 46 帧。选中“图层 5”的第 46 帧，将“库”面板中的第 3 幅图像拖曳到舞台工作区，调整其大小和位置。

（4）在“图层 2”上添加“图层 3”。选中“图层 3”的第 1 帧，将“库”面板中的“百叶”影片剪辑元件拖曳到舞台工作区中。选择“修改”→“变形”→“顺时针旋转 90 度”命令，将“百叶”影片剪辑实例旋转 90 度。然后将它移到图像的最左边，与图像左边缘重合。

（5）选择“插入”→“时间轴特效”→“帮助→“复制到网格”命令，弹出“复制到网格”对话框。设置“网格尺寸”栏的行数为 1，列数为 14；设置“网格间距”栏的行数为 1，列数为 30。单击“更新预览”按钮，可以在显示框内看到效果，如图 5-71 所示。

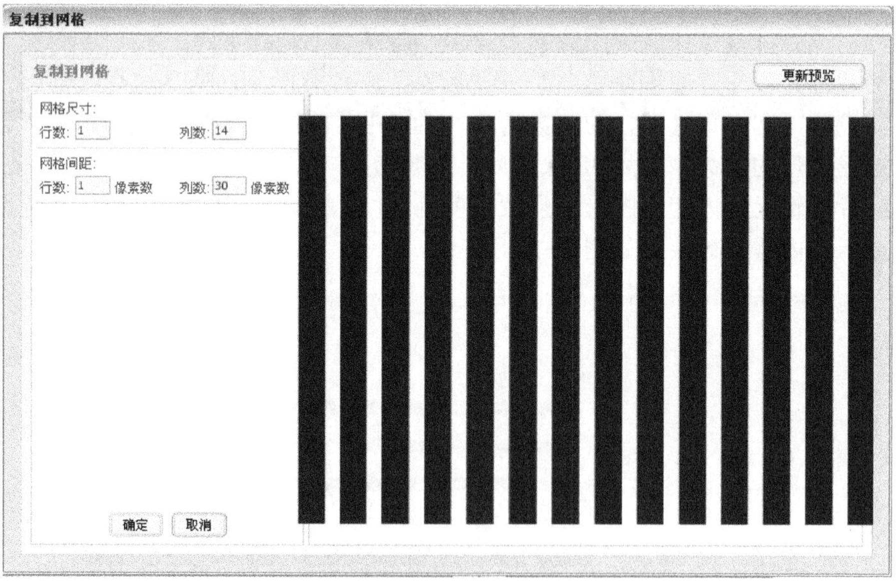

图 5-71 “复制到网格”对话框

（6）单击“复制到网格”对话框中的“确定”按钮，完成“图层 6”第 46 帧百叶窗动画的制作。同时在“库”面板内自动生成一个“复制到网格 3”影片剪辑元件和一些其他元件。

（7）按住 Ctrl 键，选中“图层 4”、“图层 5”和“图层 6”的第 90 帧，按 F5 键。选中“图层 6”，单击鼠标右键，在弹出的快捷菜单中选择“遮罩层”命令，将“图层 6”设置为遮罩图层，“图层 5”为被遮罩图层。

【相关知识】遮罩层

1. 遮罩层的作用

可以透过遮罩层内的图形看到其下面被遮罩图层的内容，而不可以透过遮罩层内的无图形处看到其下面被遮罩图层的内容。在遮罩层上创建对象，相当于在遮罩层上挖了相应形状的洞，形成挖空区域，挖空区域将完全透明，其他区域都是完全不透明的。通过挖空区域，下面图层的内容就可以被显示出来，而没有对象的地方成了遮挡物，把下面被遮罩图层的其余内容遮挡起来。因此可以透过遮罩层内的对象（挖空区域）看到其下面被遮罩图层的内容，而不可以透过遮罩层内没有对象的非挖空区域看到其下面被遮罩图层的内容。利用遮罩层的这一特性，可以制作很多特殊效果。

2. 创建遮罩层

（1）在“图层 1”第 1 帧创建一个对象，此处导入一幅图像，如图 5-72 所示。

（2）在“图层 1”的上边添加“图层 2”。

（3）选中“图层 2”的第 1 帧，绘制图形并输入一些文字，如图 5-73 所示，作为遮罩层中挖空区域。

（4）将光标移到遮罩层的名称处，单击鼠标右键，弹出图层快捷菜单，选择该快捷菜单中的“遮罩层”命令。此时，选中的图层名称会向右缩进，表示已经被其上面的遮罩层所关联，成为被遮罩图层。效果如图 5-74 所示。

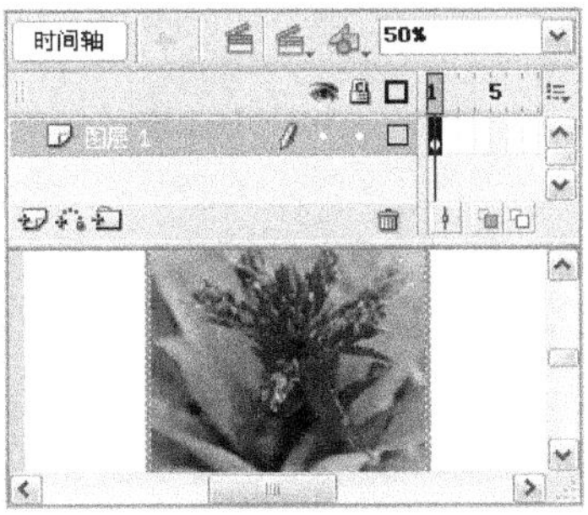

图 5-72　导入一幅图像

图 5-73　绘制图形与输入文字

图 5-74　创建遮罩图层

在建立遮罩层后，Flash 8 会自动锁定遮罩层和被遮盖的图层，如果需要编辑遮罩层，应先解锁，解锁后就不会显示遮罩效果了。如果需要显示遮罩效果，则需要再锁定图层。

如果输入的文字产生不了遮罩效果，可以将文字打碎。

3. 建立遮罩层与普通图层的关联

建立遮罩层与普通图层关联的操作方法有以下两种。

（1）在遮罩层的下面添加一个普通图层。用鼠标将该普通图层拖曳到遮罩层的右下边。

（2）在遮罩层的下面创建一个普通图层。用鼠标右键单击普通图层，弹出图层快捷菜单，如图 5-75 所示，选择该菜单中的“属性”命令，弹出“图层属性”对话框，如图 5-76 所示，在该对话框中选择“被遮罩”单选按钮。

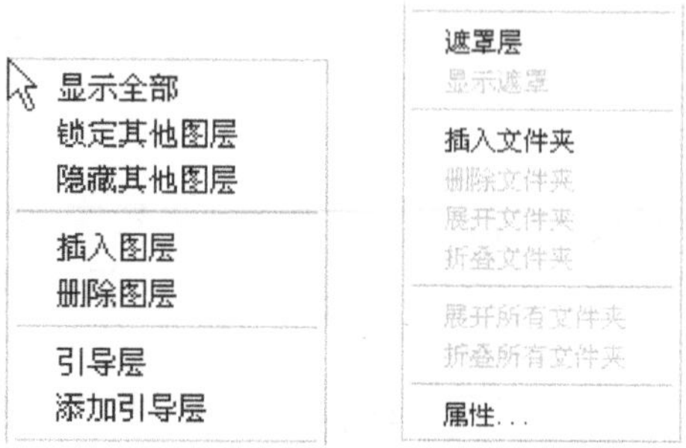

图 5-75　图层快捷菜单

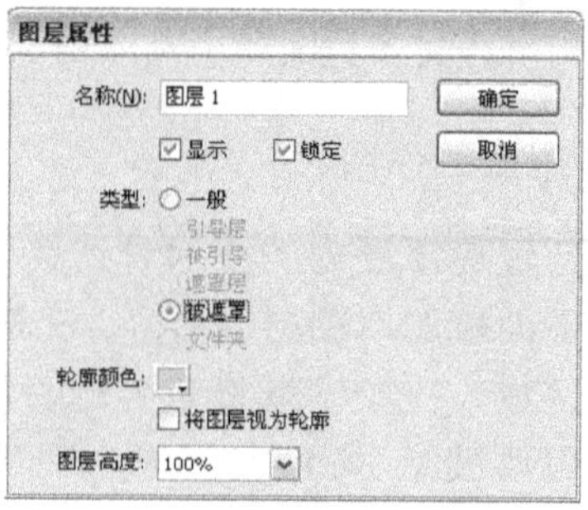

图 5-76　“图层属性”对话框

4. 取消被遮盖的图层与遮罩层之间的关联

取消被遮盖的图层与遮罩层关联的操作方法有以下两种。

（1）在时间轴中，用鼠标将被遮罩层拖曳到遮罩层的左下边或上面。

（2）选中被遮罩的图层，然后选择“图层属性”对话框中的“一般”单选按钮。

思考与练习 5-5

（1）制作一个“再现庐山真面貌”影片，播放后，一幅“庐山”图像逐渐从中间向两边逐渐由模糊变清晰。该影片播放后的两幅画面如图 5-77 所示。

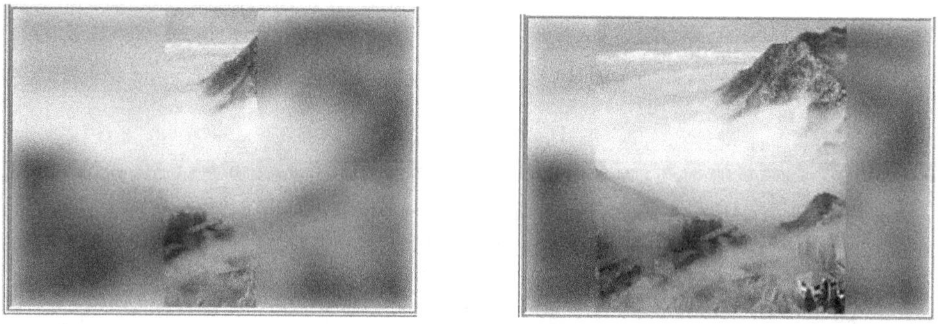

图 5-77　“再现庐山真面貌”影片播放后的两幅画面

（2）制作一个“探照灯”影片，该影片播放后，一个五角星形状的探照灯在一幅很暗的图像上移动，移动的探照灯将很暗的图像照亮。

（3）制作一个“滚动文字”影片，该影片播放后的一些文字在一个文字框架内从右向左缓慢移动，并在框架内左边消失。

（4）修改【实例 31】“上下移出图像切换”影片，使影片播放后，先显示出第 1 幅图像，接着第 2 幅图像分成上下两部分，上半边图像向左移，下半边图像向右移，逐渐地将第 1 幅风景图像完全覆盖。

（5）制作一个“图像切换”影片，该影片播放后的效果 6 幅图像依次采用不同的方式进行切换。

（6）制作一个“彩珠环内滚动图像”影片，该影片播放后的 3 幅画面如图 5-78 所示。在顺时针自转的七彩光环内，从右向左循环移动一幅幅的北京风景图像。

图 5-78 “彩珠环内滚动图像”影片的 3 幅画面

（7）制作一个“诗朗诵”影片，播放后的两幅画面如图 5-79 所示。可以看到，一幅“鹅”图像逐渐显示出来。同时，红色立体文字“咏　　鹅”竖排从上向下推出显示，接着第 2 列红色立体文字“鹅，鹅，鹅，”竖排从上向下推出显示……最后，第 6 列红色立体文字“骆 宾 王”竖排从上向下推出显示。在显示文字时，还有朗诵该唐诗的声音同步播放。

图 5-79 “唐诗朗诵”程序运行后的两幅画面

（8）制作一个“瀑布流水”影片，该影片播放后，可以看到山间瀑布在向下流淌，瀑布下边的小河中的流水在缓慢流动。

第 6 章　基本动画和按钮元件

6.1　动画简介和动作动画"属性"面板

【实例 35】摆动彩珠环

"摆动彩珠环"影片播放后的两幅画面如图 6-1 所示。可以看到，最左边的彩珠环摆起再回到原处后，撞击其他的彩珠环，使最右边的彩珠环摆起，当该彩珠环回到原处后，又撞击其他彩珠环，使最左边的彩珠环再摆起。周而复始，不断运动。中间的彩珠环是顺时针转圈，左右两个摆动彩珠环是逆时针转圈，在摆动中还会改变颜色。该影片的制作过程如下。

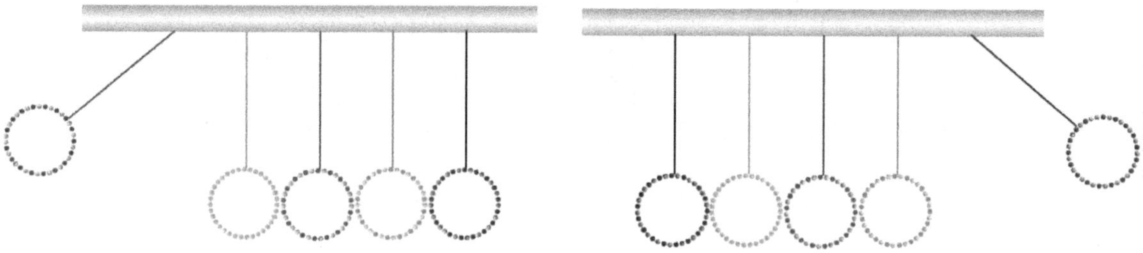

图 6-1　"摆动彩珠环"影片播放后的两幅画面

1. 制作"摆动彩珠环"影片剪辑和静止的画面

（1）新建一个 Flash 文档，设置舞台工作区宽为 550 像素，高为 300 像素，背景为白色。以名称"【实例 35】摆动彩珠环.fla"保存。

（2）打开"【实例 10】自转彩珠环.fla"Flash 文档，调出"库"面板，在"库"面板的下拉列表框中选中"【实例 10】自转彩珠环.fla"选项，调出"【实例 10】自转彩珠环.fla"Flash 文档的"库"面板。按住 Ctrl 键，单击选中"库"面板内的"顺时针自转彩珠环"和"逆时针自转彩珠环"影片剪辑元件，单击鼠标右键，调出其快捷菜单，选择该快捷菜单中的"复制"命令，将选中的影片剪辑元件复制到剪贴板中。

（3）在"库"面板的下拉列表框中选择"【实例 35】摆动彩珠环.fla"Flash 文档的"库"面板。用鼠标右键单击"库"面板，弹出其快捷菜单，选择该快捷菜单中的"粘贴"命令，将剪贴板中的影片剪辑元件粘贴到"【实例 35】摆动彩珠环.fla"Flash 文档的"库"面板中。此时，"【实例 35】摆动彩珠环.fla"Flash 文档的"库"面板中就有了"顺时针自转彩珠环"和"逆时针自转彩珠环"影片剪辑元件，以及"彩珠环"影片剪辑元件。然后关闭"【实例 10】自转彩珠环.fla"Flash 文档。

（4）创建并进入"摆动彩珠环 1"影片剪辑元件的编辑状态。将"库"面板中的"顺时针自转彩珠环”影片剪辑元件拖曳到舞台工作区，调整其宽为 80 像素，高为 80 像素，再绘制一条 2pts、蓝色、长 150 像素的垂直直线，如图 6-2 所示，然后回到主场景。

（5）按照上述方法，再制作“摆动彩珠环 2”影片剪辑元件，它与“摆动彩珠环 1”影片剪辑元件不同之处是其添加的不是“顺时针自转彩珠环”影片剪辑元件，而是“逆时针自转彩珠环”影片剪辑元件。

图 6-2 “摆动彩珠环 1”影片剪辑元件

（6）在主场景的“图层 1”第 1 帧绘制一个无笔触颜色的长条矩形，通过“调色器”面板来设置填充的颜色为金黄色到白色再到金黄色线性渐变色。使用工具箱中的“填充变形工具”，单击矩形内的填充，再用鼠标拖曳填充的控制柄，改变填充，如图 6-3 所示，作为横梁。

图 6-3　调整横梁图形的填充

（7）将“库”面板中的“摆动彩珠环 1”影片剪辑元件拖曳到舞台工作区中横梁图形的下边 3 次。形成 3 个实例对象。

（8）选择工具箱中的“选择工具”，选中左边的第 1 个“摆动彩珠环 1”影片剪辑实例对象，在其“属性”面板内的“颜色”下拉列表框中选择“高级”选项，再单击“颜色”下拉列表框右边的“设置”按钮，弹出“高级效果”对话框，利用该对话框调整“摆动彩珠环”影片剪辑实例的颜色。

（9）采用相同的方法，调整其他两个绿色“摆动彩珠环 1”影片剪辑实例对象的颜色。此时的画面如图 6-4 所示。选中第 60 帧，按 F5 键，使第 1 帧到第 60 帧的内容相同。

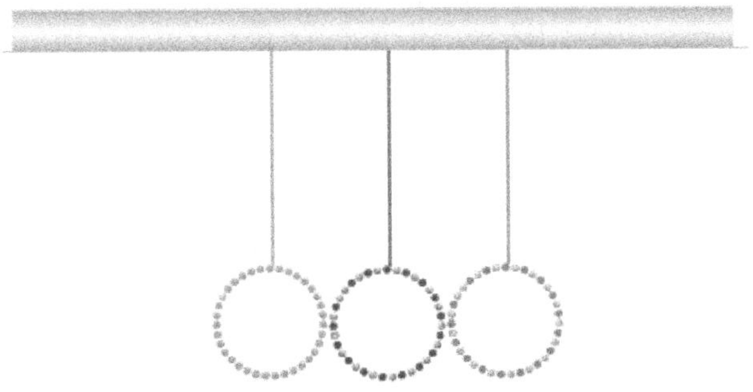

图 6-4　横梁和 3 个不同颜色的“摆动彩珠环 1”影片剪辑实例

2. 制作彩珠环摆动动画

（1）在“图层 1”下添加“图层 2”。选中“图层 2”的第 1 帧，将“库”面板中的“摆动彩珠环 2”影片剪辑元件拖曳到横梁下边的左边，形成“摆动彩珠环 2”实例。

（2）选择工具箱内的“任意变形工具”，选中“摆动彩珠环 2”影片剪辑实例，再拖曳“摆动彩珠环”影片剪辑实例的中心点标记，使它移到单摆线的顶端，如图 6-5 所示。

（3）创建“图层 2”中的第 1 帧到第 40 帧的动作动画。此时，第 1 帧与第 40 帧的画面均如图 6–5 所示。使“图层 2”中的第 20 帧为关键帧，将该帧的“摆动彩珠环 2”影片剪辑实例的圆形中心点标记移到单摆线的顶端，以确定单摆的旋转中心，再旋转调整“摆动彩珠环 2”影片剪辑实例到如图 6–6 所示的位置。

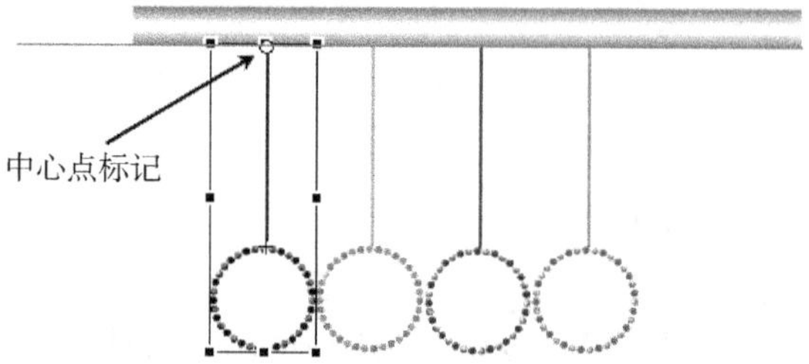

图 6–5 “摆动彩珠环 2”实例中心点标记

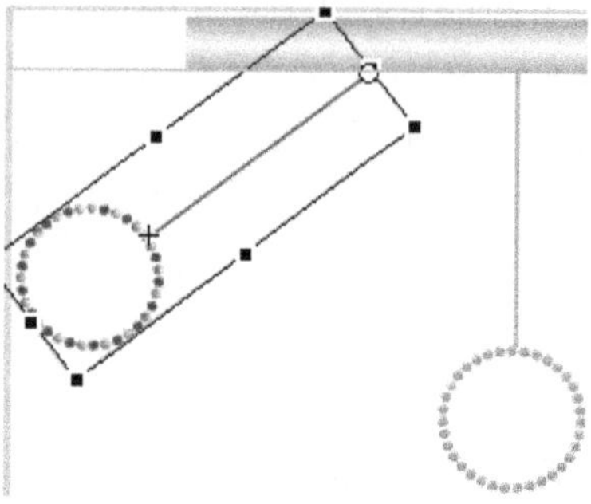

图 6–6 向左旋转“摆动彩珠环 2”实例

（4）选择工具箱中的“选择工具”，选中“图层 2”第 20 帧的“摆动彩珠环 2”影片剪辑实例，在其“属性”面板的“颜色”下拉列表框中选择“高级”选项，再单击“颜色”下拉列表框右边的“设置”按钮，弹出“高级效果”对话框，调整“摆动彩珠环”影片剪辑实例的颜色，从而实现摆动彩珠环变色摆动的动画。

（5）选中“图层 2”的第 80 帧，按 F5 键。用鼠标右键单击“图层 2”的第 40 帧，弹出帧快捷菜单，选择该快捷菜单中的“删除补间”命令，使该帧不具有动画属性。

（6）在“图层 2”上添加“图层 3”。将“图层 2”第 1 帧的“摆动彩珠环”影片剪辑实例复制粘贴到“图层 3”的第 1 帧，然后调整该“摆动彩珠环”影片剪辑实例的位置，使其成为最右边的“摆动彩珠环 2”影片剪辑实例。选中该图层的第 41 帧，按 F6 键，创建一个关键帧。第 41 帧的画面如图 6–7 所示。

（7）选中“图层 3”中的第 31 帧，按 F6 键，创建“图层 3”中的第 31 帧到第 60 帧的动作动画。此时，第 31 帧与第 60 帧的画面均如图 6–8 所示。使“图层 3”中的第 45 帧为关键帧，将该帧的“摆动彩珠环”影片剪辑实例的圆形中心点标记移到单摆线的顶端，以确定单摆的旋转中心。再旋转调整“摆动彩珠环”影片剪辑实例到如图 6–8 所示的位置。

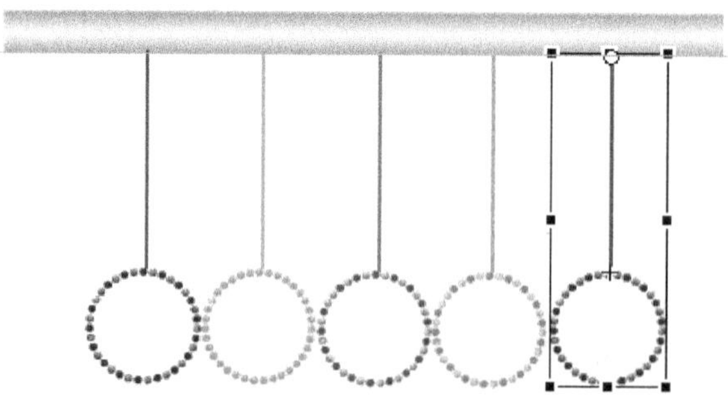

图 6–7 第 41 帧的画面

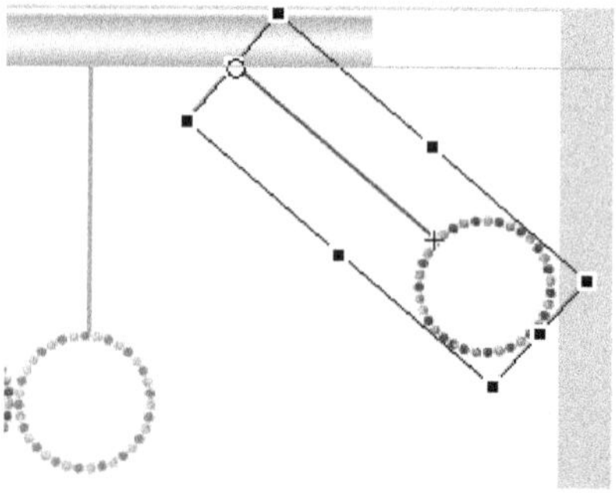

图 6–8 向右旋转“摆动彩珠环 2”实例对象

（8）选择工具箱中的“选择工具”，选中“图层 2”第 60 帧的“摆动彩珠环 2”影片剪辑实例，按照上述方法，调整“摆动彩珠环 2”影片剪辑实例的颜色。

至此，整个动画制作完毕，动画的时间轴如图 6–9 所示。

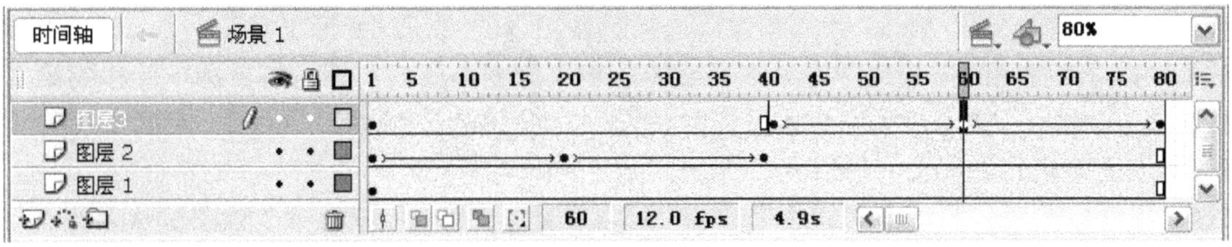

图 6–9　动画的时间轴

【实例 36】中华剪纸画册

“中华剪纸画册”影片播放后，中华剪纸画册第 1 幅图像慢慢从左向右翻开，接着第 2 幅图像慢慢从左向右翻开。其中的 3 幅画面如图 6–10 所示。当翻页翻到背面后，背面图像与正面图像不一样。该影片的制作方法如下。

图 6–10　“中华剪纸翻页画册”影片播放后的 3 幅画面

1. 制作第 1 页翻页动画

（1）设置舞台工作区宽为 300 像素，高为 300 像素。显示标尺，创建 3 条垂直辅助线和两条水平辅助线，如图 6–11 所示，然后导入 5 幅图像到“库”面板中。

（2）选中“图层 1”的第 1 帧，将“库”面板中的第 1 幅图像拖曳到舞台工作区内。调整该图像宽为 121 像素，高为 160 像素，X 为 222，Y 为 206，如图 6–11 所示。

（3）在“图层 1”上添加一个名称为“图层 2”的图层，选中“图层 2”的第 1 帧，将“库”面板中的第 2 幅图像拖曳到舞台工作区内。在其“属性”面板内设置宽为 121 像素，高为 160 像素，X 为 222，Y 为 206，如图 6–12 所示。

图 6–11　“图层 1”第 1 帧画面

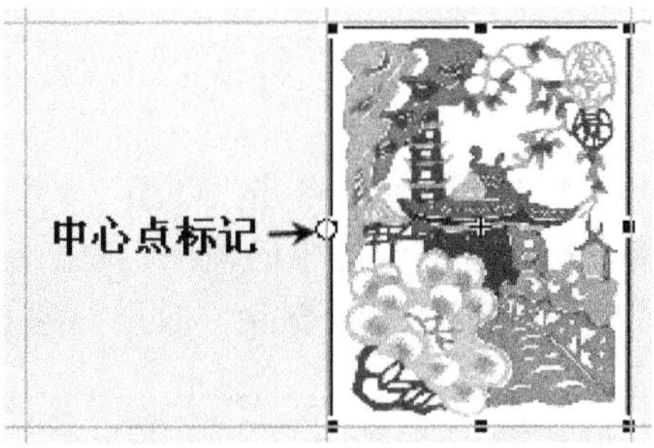

图 6–12　“图层 2”第 1 帧画面

（4）创建“图层 2”第 1 帧到第 50 帧的动画。选择工具箱内的“任意变形工具”，选中第 50 帧的图形，并用鼠标将该帧矩形图形对象的中心标记拖曳到如图 6–12 所示的位置。然后将第 3 幅图形复制粘贴到第 1 帧，第 1 帧图形的中心标记位置如图 6–12 所示。

（5）选中“图层 2”第 50 帧的图像。选择工具箱内的“任意变形工具”，用鼠标向左拖曳第 2 幅图像右侧的控制柄，将其水平反转过来（宽度不变）。然后将鼠标指针移到第 2 幅图像的左边缘处，当鼠标指针呈两条垂直箭头状时，垂直向上微微拖曳鼠标，使第 2 幅图像的左边微微向上倾斜，如图 6–13 所示。

（6）用鼠标拖曳时间轴中的红色播放头，可以看到“图层 2”中的第 2 幅图像从上边进行翻页。如果前面没有将第 2 幅图像左边微微向上倾斜，则很可能第 2 幅图像从下边进行翻页。当拖曳时间轴中的红色播放头移到第 25 帧处时，可以看到舞台工作区内的画册第 1 页已经翻到垂直位置，如图 6–14 所示。

图 6–13 “图层 1”第 1 帧画面

图 6–14 “图层 2”第 25 帧画面

（7）在“图层 2”上添加一个名称为“图层 3”的图层，按照上述方法创建“图层 3”第 1 帧到第 50 帧的图像翻页动作动画。只是图像更换为“库”面板内的第 3 幅图像。

（8）按住 Ctrl 键，选中“图层 1”和“图层 2”的第 25 帧，按 F6 键，创建两个关键帧。选中“图层 1”的第 50 帧，按 F5 键，使该图层第 1 帧到第 50 帧的内容相同。

（9）按住 Shift 键，单击“图层 3”的第 1 帧和第 25 帧，选中第 1 帧和第 25 帧之间的所有帧，如图 6–15 左图所示。将鼠标指针移到选中的帧上，单击鼠标右键，弹出帧快捷菜单，再选择该快捷菜单中的“删除帧”命令，将选中的帧删除，效果如图 6–15 右图所示。

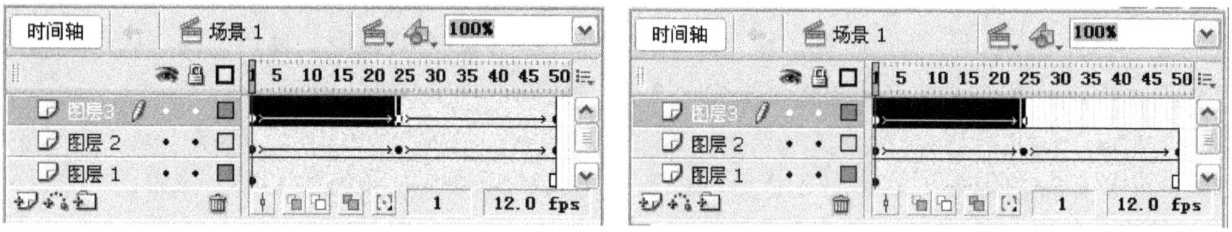

图 6–15 时间轴内删除一些帧

（10）拖曳选中的帧，将第 1 帧到第 25 帧动画移到第 26 帧到第 50 帧处，如图 6–16 左图所示。

（11）按住 Shift 键，单击“图层 2”的第 26 帧和第 50 帧，选中第 26 帧和第 50 帧之间的所有帧。将鼠标指针移到选中的帧上，单击鼠标右键，弹出帧快捷菜单，选择该快捷菜单中的“删除帧”命令，将选中的帧删除，效果如图 6–16 右图所示。

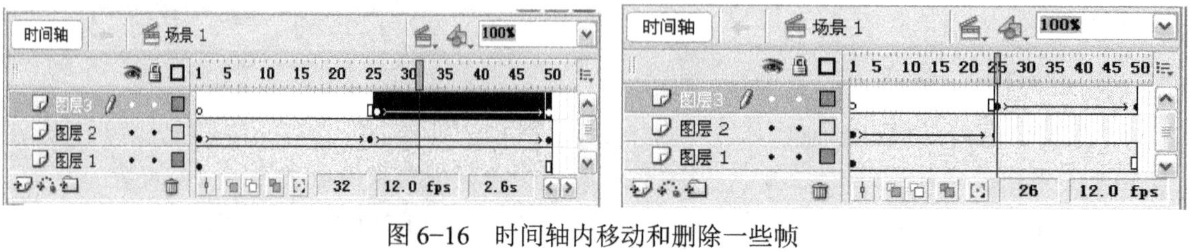

图 6–16 时间轴内移动和删除一些帧

2. 制作第 2 页翻页动画

（1）在“图层 3”上添加“图层 4”。选中“图层 1”的第 1 帧，单击鼠标右键，在弹出的帧快捷菜单中选择“复制帧”命令，将该帧内容复制到剪贴板中。

（2）选中“图层 4”的第 51 帧，按 F7 键，创建一个空关键帧。选中“图层 4”的第 51 帧，单击鼠标右键，在弹出的帧快捷菜单中选择“粘贴帧”命令，将剪贴板中的“图层 1”第 1 帧的内容粘贴到“图层 4”的第 51 帧。

（3）按照前面介绍的方法，创建“图层 4”第 51 帧到第 100 帧的翻页动画。再创建“图层 5”第 51 帧到第 100 帧的（第 4 幅图像的）翻页动画。

（4）按照上述方法，将“图层 4”的第 51 帧到第 75 帧动画删除，将原来的第 70 帧到第 100 帧动画移回原来的位置。将“图层 5”的第 76 帧到第 100 帧动画删除。

（5）选中“图层 3”的第 100 帧，按 F5 键，使“图层 3”第 50 帧到第 100 帧内容相同。

（6）在“图层 1”下添加一个名称为“背景”的图层。选中“背景”图层的第 51 帧，按 F7 键，创建一个空白关键帧。将“库”面板内的第 5 幅图像拖曳到舞台工作区中，调整其宽为 121 像素，高为 160 像素，X 为 222，Y 为 206，如图 6-17 所示。

（7）选中“背景”图层的第 100 帧，按 F5 键，使“背景”图层第 76 帧到第 100 帧的内容相同。

至此，整个“中华剪纸画册”影片制作完毕，该影片的时间轴如图 6-18 所示。

图 6-17　第 5 幅图像

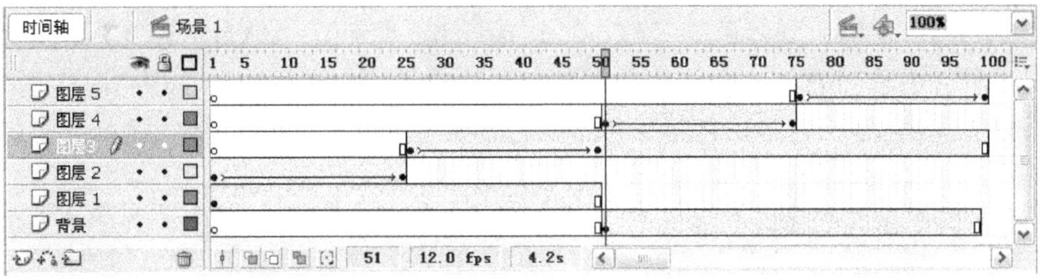

图 6-18　“中华剪纸画册”动画的时间轴

【实例 37】透明星球

“透明星球”影片是一个半透明星球不断自转，同时一个自转的七彩光环环绕着红色半透明自转星球上下摆动。其播放中的两幅画面如图 6-19 所示。该影片的制作方法如下。

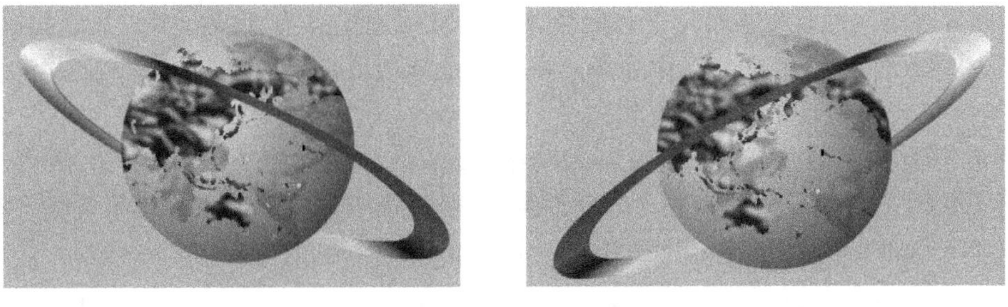

图 6-19　“透明星球”影片播放的 2 幅画面

1. 制作自转星球

（1）设置动画的舞台工作区宽为 550 像素，高为 400 像素，背景色为蓝色。然后以名称“【实例 37】透明星球.fla”保存。

（2）导入一幅如图 6-20 左图所示的地球展开图到“库”面板中。制作图 6-20 左图所示的地球展开图可以采用如下方法：调出 Windows 中的“时间和日期”软件的画面，按住 Alt 键，同时按 Print Screen 键，将“时间和日期”软件对话框复制到剪贴板中，再将剪贴板中的图像粘贴到 Photoshop 软件中，并将地球展开图抠出来，如图 6-20 右图所示。然后在 Photoshop 中将图 6-20 右图所示的地球展开图进行立体化和纹理化加工处理。

图 6-20 “时间和日期”软件对话框中的地球展开图

（3）创建并进入“自转星球”影片剪辑元件的编辑窗口。选中“图层 1”的第 1 帧，绘制一个蓝色或其他颜色的圆形图形，如图 6-21 所示。利用“信息”面板设置其大小和位置，如图 6-22 所示。这个圆形图形将作为遮罩图形。选中“图层 1”的第 200 帧，按 F5 键，使第 1 帧到第 200 帧的内容相同。

（4）在“图层 1”的下边添加一个名称为“图层 2”的图层。将“图层 1”第 1 帧的图形复制粘贴到“图层 2”的第 1 帧。然后将“图层 2”第 1 帧的圆形填充由白色（红= 0，绿= 0，蓝= 0，Alpha = 60%）到蓝色的（红= 255，绿= 0，蓝= 0，Alpha = 95%）放射状渐变透明色，绘制成一个红色透明球，这个红色透明球将作为透明星球的主体，如图 6-23 所示。选中“图层 1”的第 200 帧，按 F5 键，使第 1 帧到第 200 帧的内容相同。

图 6-21 圆形图形

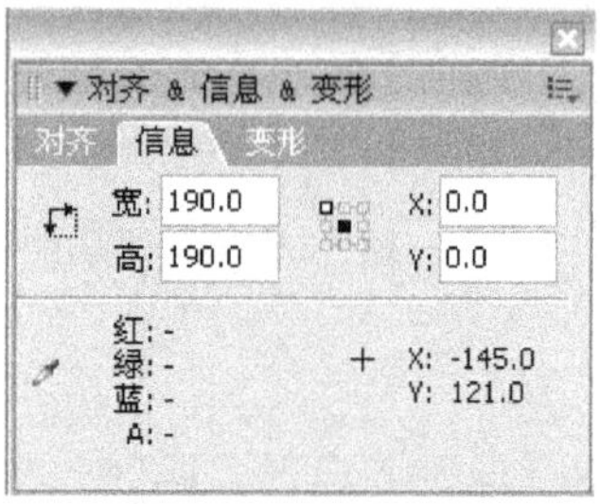

图 6-22 “信息”面板设置

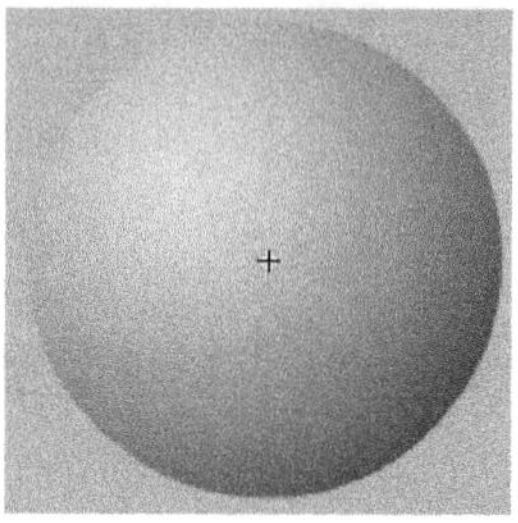

图 6-23 透明红色彩球

（5）在“图层 2”的上边添加一个名称为“图层 3”的图层。然后两次将“库”面板中的“地球展开图”图像元件拖曳到舞台工作区中，将两幅地球展开图像水平排列，并组合。然后调整“图层 3”的第 1 帧地球展开图的位置和大小，如图 6-24 所示。

（6）创建“图层 3”第 1 帧到第 200 帧的动作动画，地球展开图从左向右水平移动。选中“图层 3”的第 200 帧，选择工具箱中的“选择工具”，选中第 200 帧的地球展开图，按住 Shift 键，用鼠标水平拖曳调整地球展开图的位置，如图 6-25 所示。

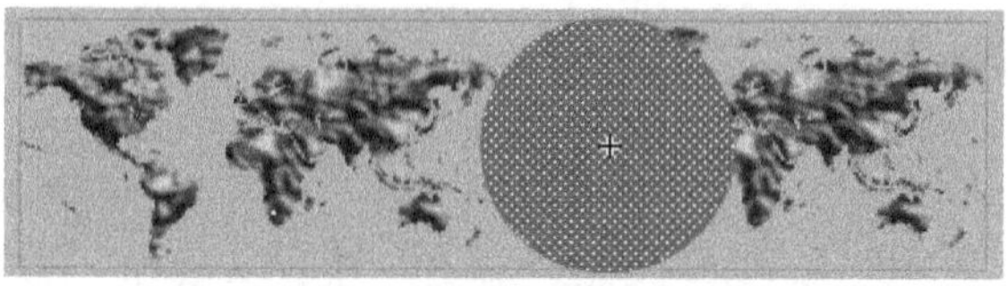

图 6-24 “图层 3”的第 1 帧画面

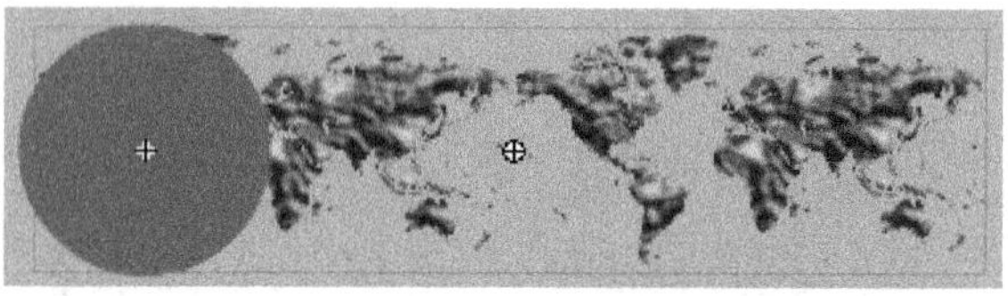

图 6-25 “图层 3”的第 200 帧画面

注意

在 Flash 动画播放时，播放完了第 200 帧，就又从第 1 帧开始播放，因此第 1 帧的画面应该是第 200 帧的下一个画面，否则会出现星球自转时抖动的现象。

（7）在“图层 2”的下边添加一个名称为“图层 4”的图层，再将“图层 3”的第 1 帧复制粘贴到“图层 4”的第 1 帧。然后将“图层 4”第 1 帧的地球展开图水平颠倒。将“图层 3”隐藏。调整“图层 4”的第 1 帧地球展开图的位置，如图 6–26 所示。

（8）创建“图层 4”的第 1 帧到第 200 帧的动作动画（地球展开图从右向左水平移动）。选中“图层 4”的第 200 帧，选择工具箱中的“选择工具”，选中第 200 帧的地球展开图，按住 Shift 键，用鼠标水平拖曳调整地球展开图的位置，如图 6–27 所示。

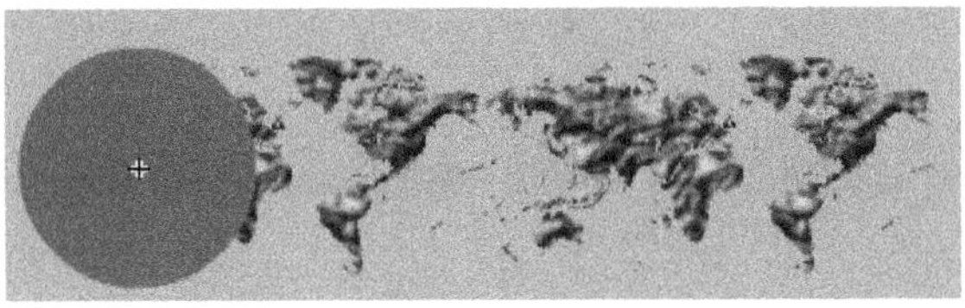

图 6–26 “图层 4”的第 1 帧画面

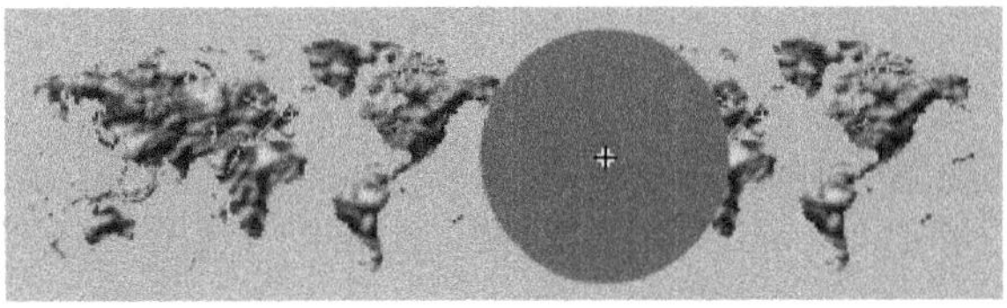

图 6–27 “图层 4”的第 200 帧画面

（9）将所有图层显示出来。用鼠标右键单击“图层 1”，弹出层快捷菜单，选择该快捷菜单中的“遮罩层”命令，将“图层 1”设置为遮罩图层，“图层 3”成为被遮罩图层。然后用鼠标向右上方拖曳“图层 2”和“图层 4”，使这两个图层也成为“图层 1”的被遮罩图层。至此，“自转星球”影片剪辑元件制作完毕，它的时间轴如图 6–28 所示。

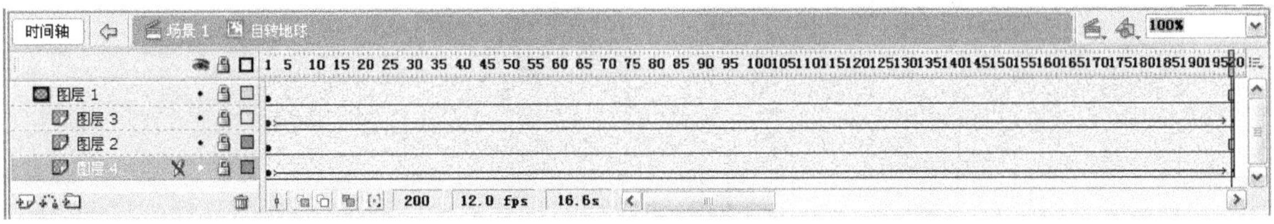

图 6–28 “自转星球”影片剪辑元件的时间轴

（10）单击元件编辑窗口中的按钮，回到主场景。

2. 制作动画

（1）制作一个“顺时针自转光环”影片剪辑元件，是一个顺时针自转的七彩光环，这由读者自行完成。

（2）选中主场景“图层 1”的第 1 帧，将“库”面板中的“自转星球”影片剪辑元件拖曳到舞台工作区，调整其大小和位置。

（3）在“图层 1”上添加一个“图层 2”，选中“图层 2”的第 1 帧，将“库”面板中的“顺时针自转光环”影片剪辑元件拖曳到舞台工作区。选择工具箱中的“任意变形工具”，在垂直方向将“顺时针自转光环”影片剪辑实例缩小，在水平方向将“顺时针自转光环”影片剪辑实例放大，适当调整其位置，旋转其角度，效果如图 6–29 左图所示。

（4）创建“图层 2”第 1 帧到第 120 帧的动作动画。选中“图层 2”的第 50 帧，按 F6 键，创建一个关键帧。选中“图层 2”的第 60 帧，选择工具箱中的“任意变形工具”，调整“顺时针自转光环”影片剪辑实例的角度，效果如图 6–29 右图所示。第 120 帧的画面与第 1 帧的画面一样，如图 6–29 左图所示。

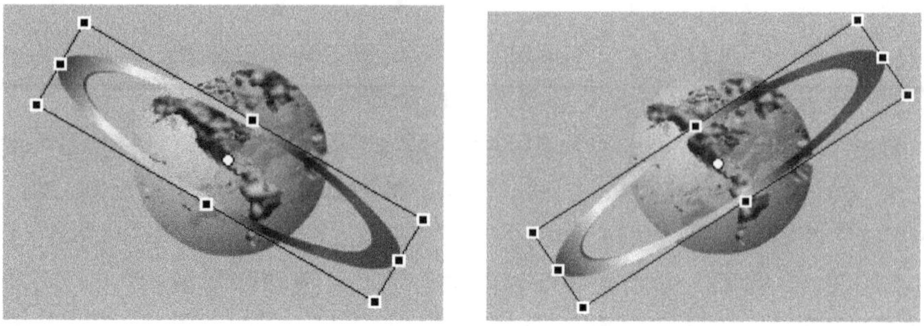

图 6–29　第 1 帧、第 120 帧和第 60 帧的画面

（5）在“图层 1”下面添加一个“图层 3”，将“图层 2”第 1 帧到第 120 帧的动作动画复制粘贴到“图层 3”的第 1 帧到第 120 帧。

（6）在“图层 2”上添加一个“图层 4”，绘制一个黑色矩形图形，选择工具箱中的“任意变形工具”，调整黑色矩形图形的角度，效果如图 6–30 左图所示。

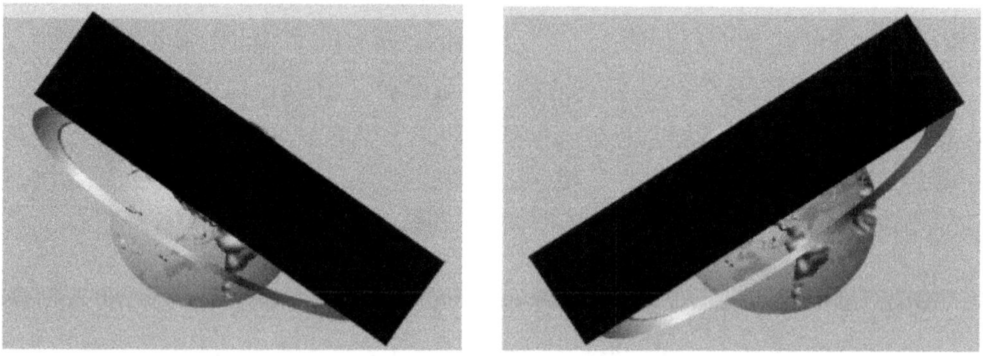

图 6–30　第 1 帧、第 120 帧和第 60 帧的画面

（7）创建“图层 4”第 1 帧到第 120 帧的动作动画。选中“图层 4”的第 60 帧，按 F6 键，创建一个关键帧。选中“图层 4”的第 60 帧，选择工具箱中的“任意变形工具”，调整黑色矩形图形的角度，效果如图 6–30 右图所示。第 120 帧的画面与第 1 帧的画面相同，如图 6–30 左图所示。

（8）将鼠标指针移到“图层 4”的名称处，单击鼠标右键，在弹出的快捷菜单中选择“遮罩层”命令，使“图层 4”成为遮罩层，使“图层 2”成为被遮罩图层。同时，“图层 4”和“图层 2”被锁定。

至此，整个动画制作完毕，该动画的时间轴如图 6–31 所示。

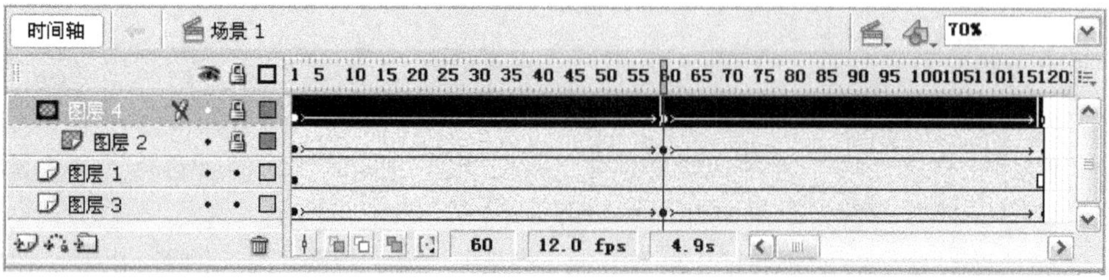

图 6–31　“透明星球”动画的时间轴

【相关知识】动画简介

1. Flash 动画的种类

（1）帧帧动画：帧帧动画的每一帧都由制作者确定，而不是由 Flash 通过计算得到，然后连续依次播放这些画面，即可生成动画效果。帧帧动画适用于制作非常复杂的动画，GIF 格式的动画就是属于这种动画。与过渡动画相比，通常帧帧动画的文件字节数较大。为了使一帧的画面显示的时间长一些，可以在关键帧后边添加几个与关键帧内容相同的普通帧。

（2）补间动画：也称过渡动画。制作若干关键帧画面，由 Flash 计算生成各关键帧之间的各个帧，使画面从一个关键帧过渡到另一个关键帧，补间动画又分为动作动画和形状动画。

利用帧帧动画和补间动画，可以制作大小、位置、角度、形状、颜色、亮度和透明度等分别变化或同时变化的动画，可以制作围绕对象中心点顺时针或逆时针转圈或者来回摆动的动画，可以制作沿着引导线移动的动画，还可以制作其他各种变化形式的动画。

2. 动作动画的特点

动作动画是补间动画中的一种。在 Flash 8 中可以创建出丰富多彩的动作动画效果，可以使一个对象在画面中沿直线移动，沿曲线移动，变换大小、形状和颜色，以中心为圆点自转，以中心为圆点旋转，产生淡入/淡出效果等。各种变化可以独立进行，也可合成复杂的动画。例如，一个对象不断自转的同时还水平移动。

Flash 8 可以使实例、图形、图像、文本和组合产生动作动画。创建动作动画后，自动将对象转换成补间的实例，“库”面板中会自动增加元件，名称为“补间 1”和“补间 2”等。

动作动画可以借助于引导层使对象沿任意路径运动，即创建引导动作动画。动作动画可以借助遮罩层的作用产生千奇百态的动画效果。

3. 动作动画关键帧的“属性”面板

选中动画关键帧，调出动画关键帧的“属性”面板。利用该面板可以设置动画类型和动画其他属性。在“补间”下拉列表框中选择了“动画”选项（应该翻译为“动作”）后，该面板如图 6-32 所示。该对话框内有关选项的作用如下（其中关于声音的选项参看第 4.3 节）。

图 6-32　动画关键帧的“属性”面板

（1）“帧标签”文本框：用来输入关键帧的标签名称。

（2）“标签类型”下拉列表框：在输入关键帧的标签名称后“标签类型”下拉列表框才会生效。该下拉列表框可以用来定义标签的类型，其中有 3 个选项“名称”、“注释”和“锚点”。

例如，选中动作动画的第 1 个关键帧，在其“属性”面板“帧标签”文本框中输入“第 1 帧”文字后，时间轴的第 1 关键帧会显示标签的名称。如果在“标签类型”下拉列表框中选择不同选项，则该关键帧内的红色标记图案会不同，其作用也会不同。选择“名称”选项时，程序中可以利用该名称。

（3）“补间”下拉列表框：用来选择动画类型。有 3 个选项，选择“无”选项是没有动画；选择“动画”选项是创建动作动画；选择“形状”选项是创建“形状”动画。

（4）“缓动”文本框：可输入数据或调整滑条的滑块（数值范围是-100～100），来调整运动的加速度。其值为负数时为动画在结束时加速，其值为正数时为动画在结束时减速。

（5）“旋转”下拉列表框：用来控制对象在运动时的旋转方式。选择“无”选项是不旋转；选择“自动”选项是按照尽可能少运动的情况下旋转；选择“顺时针”选项是顺时针旋转；选择“逆时针”选项是逆时针旋转。可以在其右边的“次”文本框中输入旋转的次数。

（6）“调整到路径”复选框：选择该复选框后，可将运动对象的基线调整到运动路径。

（7）“同步”复选框：选择该复选框后，可使图形元件实例的动画与主时间轴同步。

（8）“对齐”复选框：选择该复选框后，可使运动对象的中心点标记与运动路径对齐。

思考与练习 6-1

（1）制作一个“宝石灯”影片，该影片播放后的两幅画面如图 6-33 所示。演示窗口的框架内间隔一定的时间点亮一盏荧光宝石灯，依次显示 6 盏荧光宝石灯，荧光宝石灯中的数值按照“10”、…、“60”变化。当显示第 6 盏荧光宝石灯后会从左边向右边推出显示一幅风景图像。

图 6-33 “宝石灯”影片播放中的两幅画面

（2）制作一个“摆动的模拟指针钟”影片，该影片播放后，两个模拟指针钟来回摆动，其中的一幅画面如图 6-34 所示。

（3）制作一个“电风扇”动画播放后的两幅画面如图 6-35 所示，可以看到，一台电风扇的扇叶在顺时针转动。

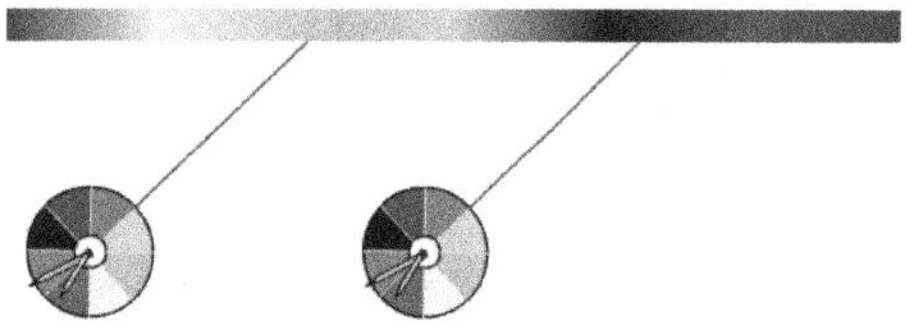

图 6-34 “模拟指针钟”影片播放后的画面

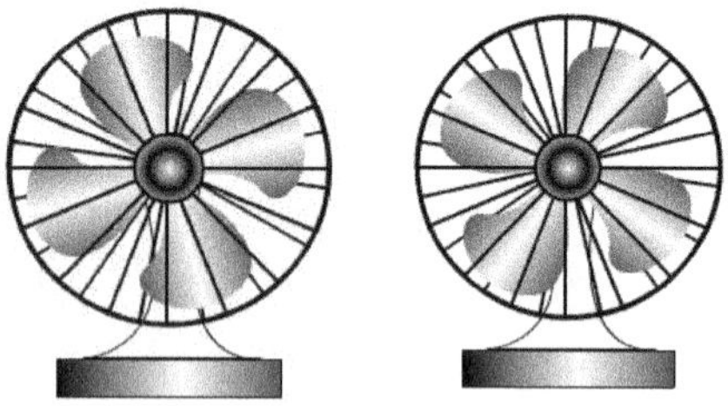

图 6-35 “电风扇”动画播放后的两幅画面

（4）制作一个“跷跷板”影片，该影片播放后的两幅画面如图 6-36 所示。可以看到，两个红色彩珠环不断弹起和落下，同时跷跷板也随之上下摆动。在彩球下落时，做加速运动；在彩球上弹时，做减速运动。

（5）制作一个“翻页画册”影片，该影片播放后的两幅画面如图 6-37 所示。可以看到，左边一页慢慢向左翻开，同时右边一页慢慢向右翻开，当翻页翻到背面后，背面的图像与正面的图像不同。另外，如翻页的不是图像，而是动画播放的画面，应如何修改影片。

图 6-36 “跷跷板”影片的两幅画面

图 6-37 “翻页画册”影片播放后的两幅画面

（6）制作一个“自转星球和转圈光环”影片，该影片播放后的两幅画面如图 6-38 所示。可以看到，一个自转的文字环围绕自转的星球不断转圈运动，同时文字环还不断地上下摆动。

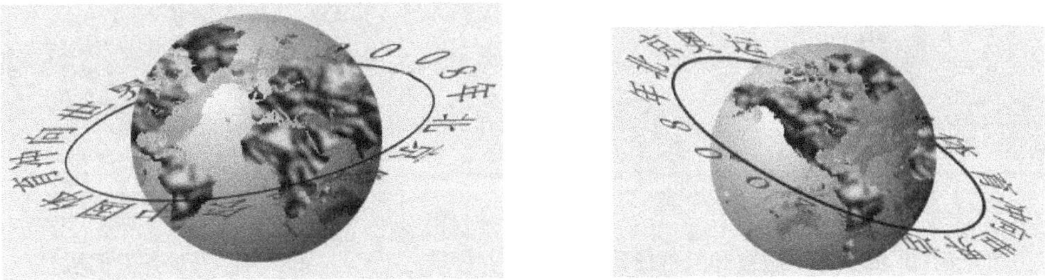

图 6-38 “自转星球和转圈光环”影片的两幅画面

6.2 引导动画和设置图层的属性

【实例 38】海底世界

“海底世界”影片播放后的两幅画面如图 6-39 所示。可以看到，在一幅海底图像中一些小鱼在游动，13 个透明气泡沿着不同的曲线轨迹，从上向下飘动。该影片的制作方法如下。

图 6-39 “海底世界”影片播放后的两幅画面

1. 制作“气泡”影片剪辑元件和其实例

（1）打开“【实例 27】水中游鱼.fla”Flash 文档，以名称“【实例 38】海底世界.fla”保存。设置舞台工作区的背景色为浅蓝色。

（2）创建并进入“气泡”影片剪辑元件的编辑状态，在舞台工作区绘制一个无笔触颜色的圆形图形，圆形图形的填充为放射状的白色、白色（Alpha 为 100%）、白色（Alpha 为 15%）、白色（Alpha 为 5%）、白色（Alpha 为 5%）、白色（Alpha 为 15%）、白色（Alpha 为 92%）。“混色器”面板设置如图 6–40 左图所示，绘制的气泡图形如图 6–40 右图所示。

（3）单击元件编辑窗口中的按钮，回到主场景。

（4）在主场景“图层 2”上添加“图层 3”，隐藏“图层 1”和“图层 2”，选中“图层 3”的第 1 帧，选择工具箱内的“选择工具”，将“库”面板内的“气泡”影片剪辑元件拖曳到舞台工作区的下边 13 次。

（5）拖曳选中 13 个“气泡”影片剪辑实例，选择“窗口”→“对齐”命令，弹出“对齐”面板，如图 6–41 所示。单击“底对齐”按钮，使被选中的对象底部对齐；单击“对齐”面内的“水平平均间隔”按钮，使被选中的对象水平等间距地排成一排，如图 6–42 所示。

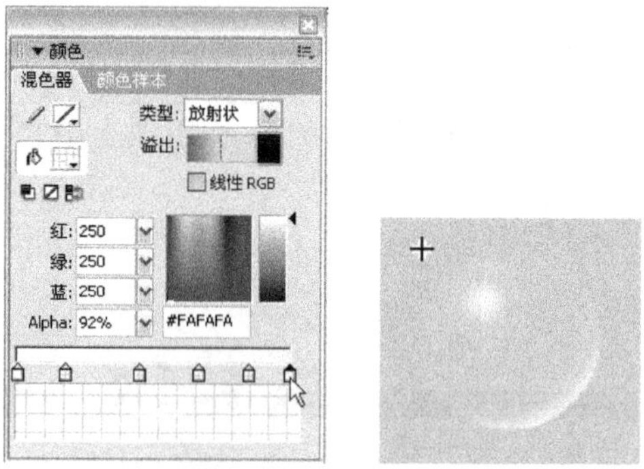

图 6–40 “混色器”面板和气泡图形

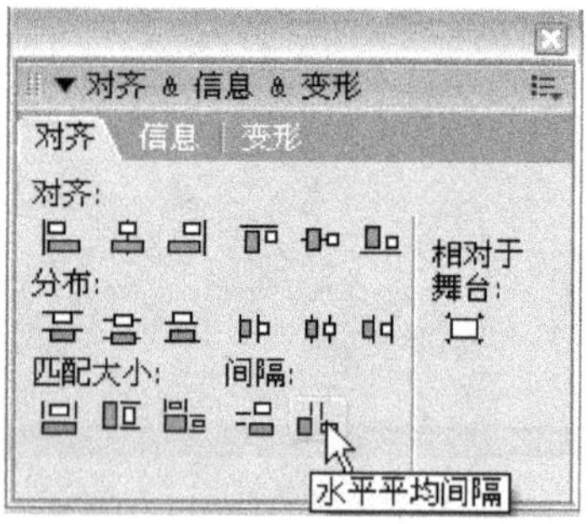

图 6–41 “对齐”面板

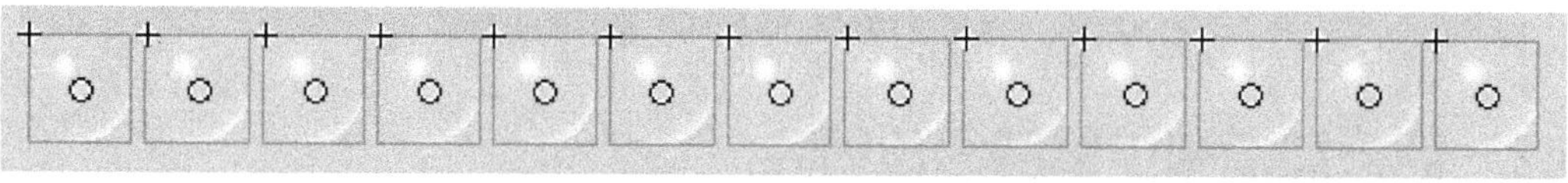

图 6–42 一排 13 个“气泡”影片剪辑实例

（6）选中“图层 3”的第 1 帧，选择“修改”→“时间轴”→“分散到图层”命令，将“图层 3”第 1 帧内的 13 个对象分配到不同图层的第 1 帧中，原来“图层 3”的第 1 帧内清空。将“图层 3”删除。将各图层的名称分别更改为“气泡 1”…“气泡 13”。

2. 制作“气泡”上升动画

（1）按住 Shift 键，单击“气泡 1”和“气泡 13”第 1 帧，选中“气泡 1”到“气泡 13”13 个图层的第 1 帧。单击鼠标右键，在弹出的帧快捷菜单中选择“创建补间动画”命令。按住 Shift 键，单击“气泡 1”和“气泡 13”的第 95 帧，选中“气泡 1”到“气泡 13”13 个图层的第 95 帧，按 F6 键，创建 13 个关键帧，也就创建了 13 个图层的动画。

（2）隐藏“气泡 1”和“气泡 12”图层，选中“气泡 13”图层，单击时间轴左下角的“添加运动引导层”按钮，即可在选中的“图层 6”上添加一个运动引导层。将该图层的名称改为“引导图层”。

（3）选中“引导图层”的第 1 帧，选择工具箱内的“铅笔工具”，在其工具箱“选项”栏中的下拉列表框菜单中选中“平滑”选项，在舞台工作区从“气泡 13”图层内的“气泡”影片剪辑实例处向左上角绘制一条细曲线，如图 6–43 左图所示。

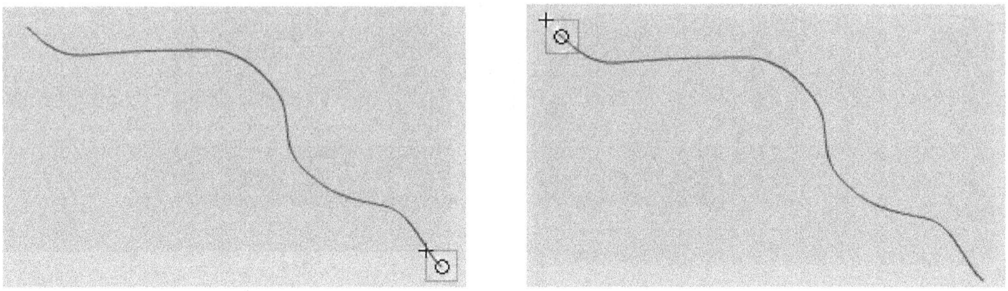

图 6–43　“气泡 13”图层第 1 和第 95 帧画面

（4）选择工具箱中的“选择工具”，将“气泡 13”图层第 1 帧内的“气泡”影片剪辑实例移到引导线的起点处或起点附近的引导线之上，如图 6–43 左图所示。将“气泡 13”图层第 95 帧内的“气泡”影片剪辑实例移到引导线的终点处或终点附近的引导线之上，如图 6–43 右图所示。

（5）将“气泡 13”图层隐藏，将“气泡 12”图层向右上方拖曳，使“气泡 12”图层向右缩进，成为“引导图层”的被引导图层。按照上述方法，在舞台工作区从“气泡 12”图层“气泡”影片剪辑实例处向左上角绘制第 2 条细曲线。

（6）选择工具箱中的“选择工具”，将“气泡 12”图层第 1 帧内的“气泡”影片剪辑实例移到引导线的起点处或起点附近的引导线之上，如图 6–44 左图所示。将“气泡 12”图层第 95 帧内的“气泡”影片剪辑实例移到引导线的终点处或终点附近的引导线之上，如图 6–44 右图所示。

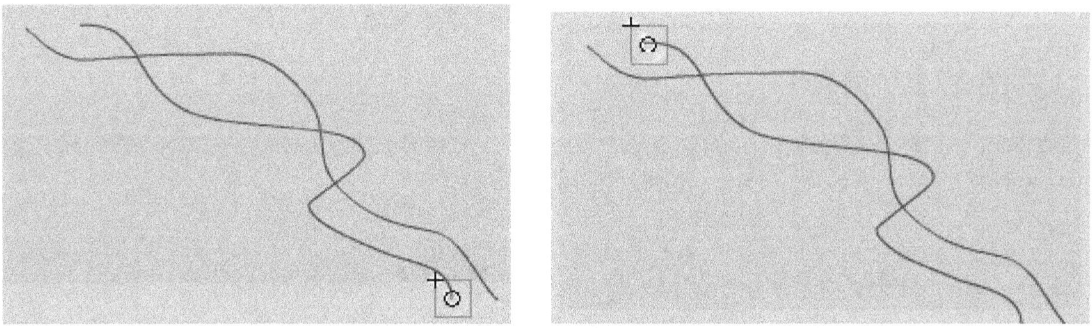

图 6–44　“气泡 12”图层第 1 和第 95 帧画面

（7）按照上述方法，依次制作“气泡 11”图层、“气泡 10”图层…“气泡 1”图层的引导线动画。“气泡 11”图层内的“气泡”影片剪辑实例沿着第 3 条细引导线移动，“气泡 10”图层内的“气泡”影片剪辑实例沿着第 4 条细引导线移动……“气泡 1”图层内的“气泡”影片剪辑实例沿着第 13 条细引导线移动。各引导线的起点和终点均不一样。

（8）显示所有图层，此时的舞台工作区如图 6–45 所示。

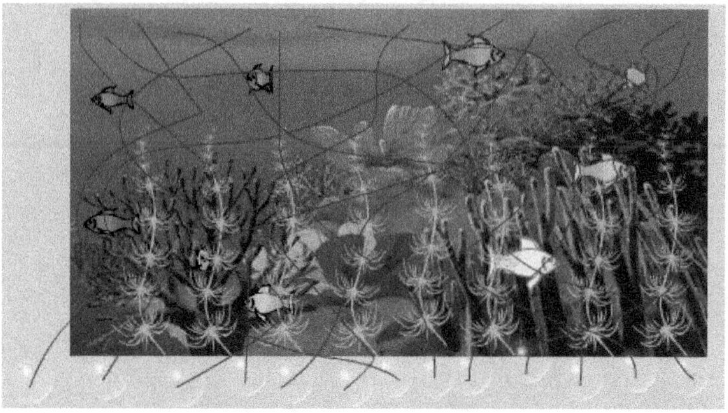

图 6-45 “海底世界”图像设置完成

至此，“海底世界”影片制作完毕，该影片的时间轴如图 6-46 所示。

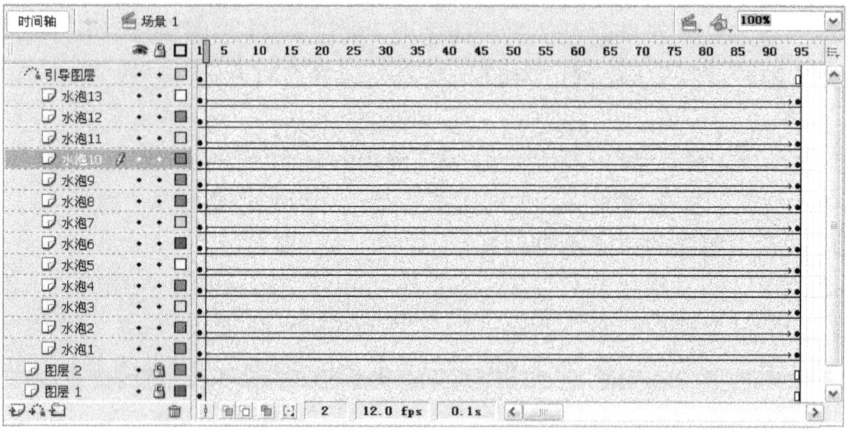

图 6-46 “海底世界”影片的时间轴

【实例 39】玩具火车

“玩具火车”影片播放后，一列精致的玩具火车，沿着蓝色地板上的 8 字形轨道行驶。影片播放中的两幅画面如图 6-47 所示。该影片的制作方法如下。

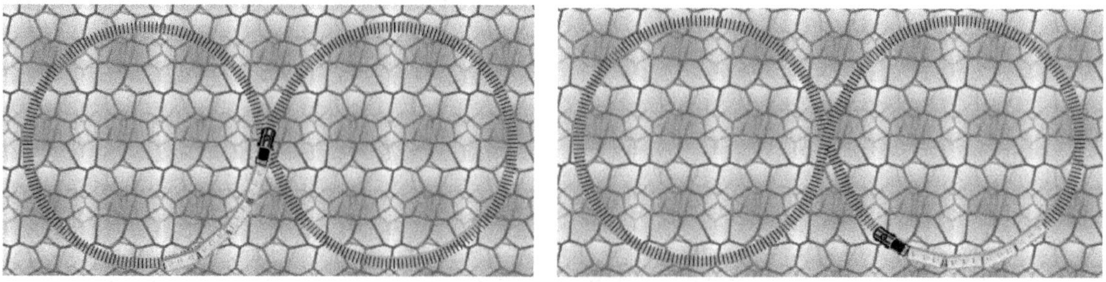

图 6-47 “玩具火车”影片播放后的两幅画面

1. 制作轨迹和轨道

（1）设置舞台工作区的宽为 550 像素，高为 300 像素，背景色为浅蓝色。

（2）选中“图层 1”的第 1 帧。选择工具箱内的“椭圆工具”，设置笔触色为黑色，设置无填充色。按住 Shift 键，在舞台工作区中绘制出一个圆形，然后再复制一个圆形，如图 6–48 所示。选择工具箱内的“橡皮擦工具”，擦除两个圆形邻近的边缘，如图 6–49 所示。

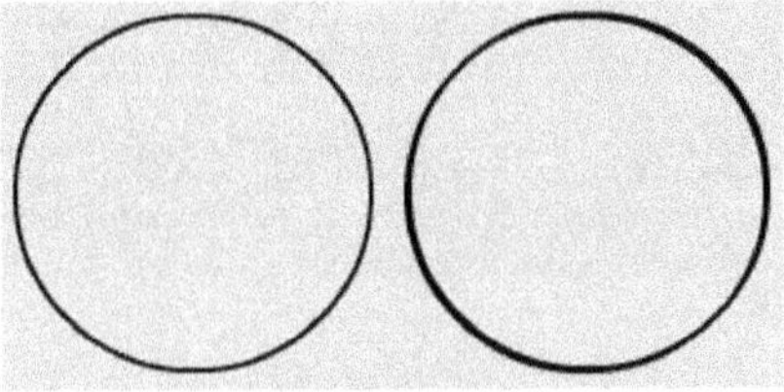

图 6–48　绘制两个圆形

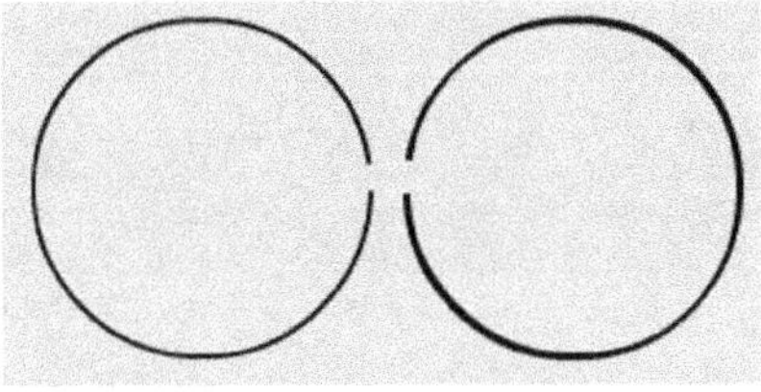

图 6–49　圆形的两个缺口

（3）单击主要工具栏内的“对齐对象”按钮，使该按钮呈抬起状。选择工具箱内的“选择工具”，单击舞台工作区的空白处，拖曳如图 6–46 所示左侧圆形线条的头部与右侧圆形线条连接，形成 8 字形，如图 6–50 所示。选中“图层 1”的第 200 帧，按 F5 键。

注意

要将两条线对象连接成为一条线对象时，是否连接成为一条线对象的标志是：单击两条线对象中的任何一条线对象，都可以将另外一条线对象选中，选中的线对象上边会蒙上一层白点，如图 6–51 所示。另外，在调整线条形状和位置时，可以将舞台工作区的显示比例放大，这样有利于线的调整。

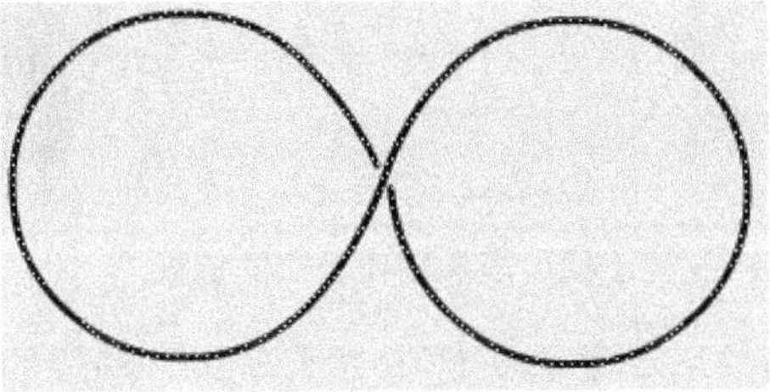

图 6–50　连接两个圆形线条图形

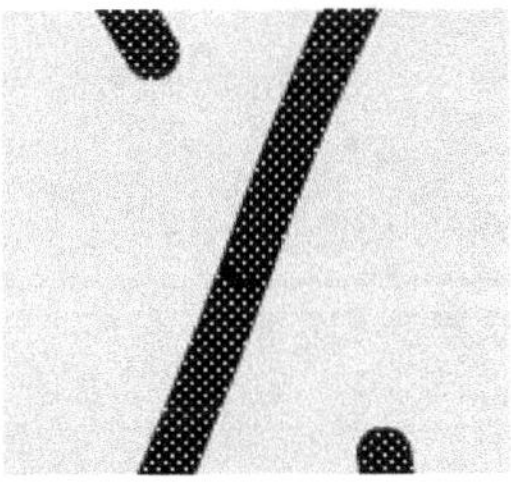

图 6–51　选中一条线条

（4）将“图层 1”的名称改为“轨基”，在“轨基”图层上添加一个名称为“轨道”的图层。将“轨基”图层第 1 帧中的 8 字线复制粘贴到“轨道”图层的第 1 帧。选中“轨道”图层的第 200 帧，按 F5 键。

（5）在“轨道”图层上添加一个名称为“火车头”的图层。选中“火车头”图层，单击时间轴左下角的“添加运动引导层”按钮，在“火车头”图层上会添加一个名称为“引导层：火车头”的引导图层，选中该图层的第 200 帧，按 F5 键。

（6）将“轨基”图层第 1 帧中的 8 字线复制粘贴到“引导层：火车头”图层的第 1 帧中。

（7）选中“轨基”图层第 1 帧，选中该图层中的 8 字形线条。将线条加粗为 10，颜色调整为灰色，如图 6–52 左图所示。

（8）选中“轨道”图层的第 1 帧，选中该图层中的 8 字形线条，通过线的“属性”面板，设置笔触高度为 10 个点，颜色为黑色，笔触样式为“斑马线”，将“轨道”图层第 1 帧中的 8 字线的颜色改为黑色，笔触改为 10，类型为斑马线，如图 6–52 右图所示。

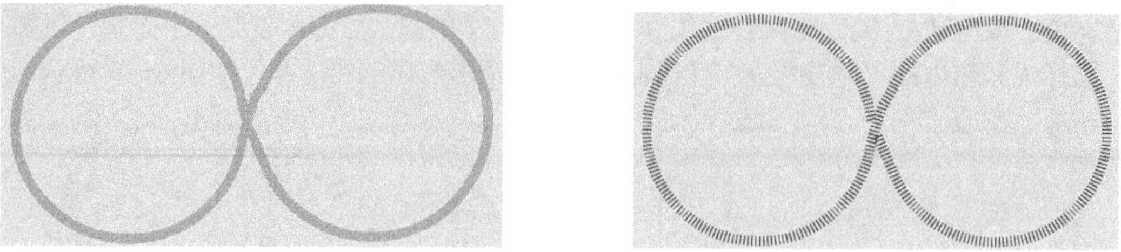

图 6-52　8 字形线条

2. 制作火车头动画

（1）将“火车头”和“车厢”两幅图像（如图 6-53 所示）导入到“库”面板中。如果图像有背景色，可以将图像打碎，再删除背景色。也可以创建“火车头”和“车厢”图形元件，在这两个图形元件内分别绘制“火车头”和“车厢”图形。

（2）将“轨基”和“轨道”图层隐藏。选中“火车头”图层的第 1 帧，将“库”面板中的火车头拖曳到舞台工作区中，调整其大小和位置，并旋转一定的角度，与轨道的弯度一致，如图 6-54 左图所示。选择工具箱内的“选择工具”，移动火车头与引导线重合，火车头图像的中心点标记应在引导线上，如图 6-54 右图所示。

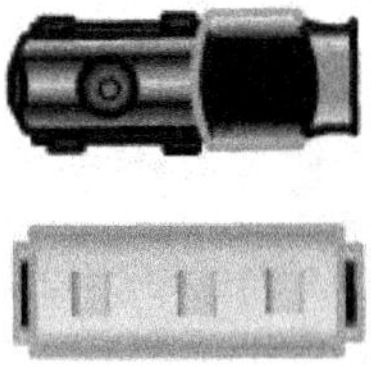

图 6-53　火车头和车厢

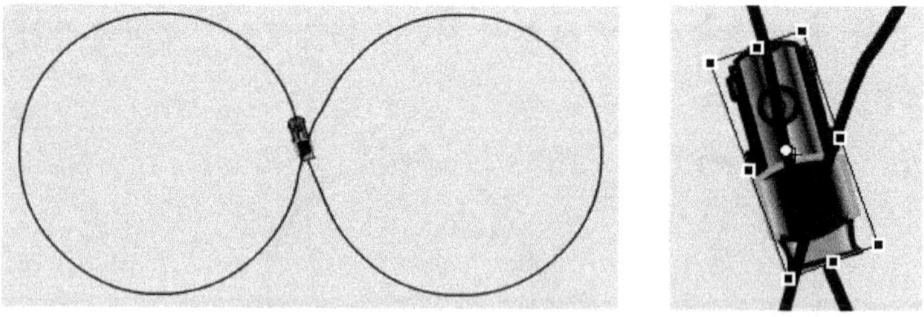

图 6-54　第 1 帧火车头图像所在的位置

（3）创建“火车头”图层第 1 帧到第 200 帧的运动动画。选中“火车头”图层的第 1 帧，选择其“属性”面板中的“对齐”和“调整到路径”复选框。选择“调整到路径”复选框后，可以使玩具火车在行驶中沿着轨道自动旋转并调整方向。

（4）选中“火车头”图层的第 200 帧，选择工具箱内的“选择工具”，移动火车头与引导线重合，再旋转一定角度，使其与引导线曲线适应，如图 6-55 左图所示。火车头图像的中心点标记应在引导线上，如图 6-55 右图所示。

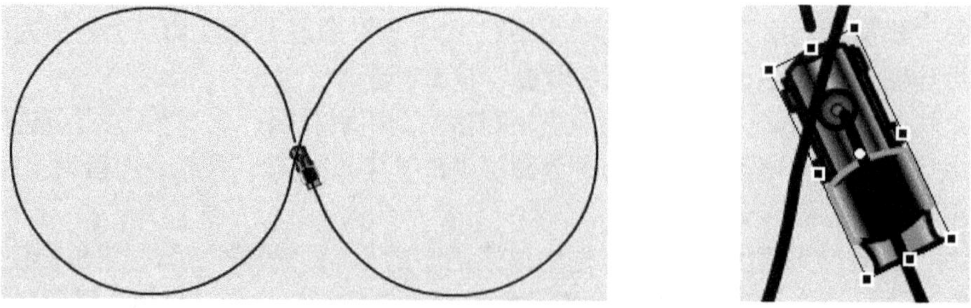

图 6-55　第 200 帧火车头图像所在的位置

至此，玩具火车头沿轨道运动的动画制作完毕，它的时间轴如图 6-56 所示（删除一些帧）。

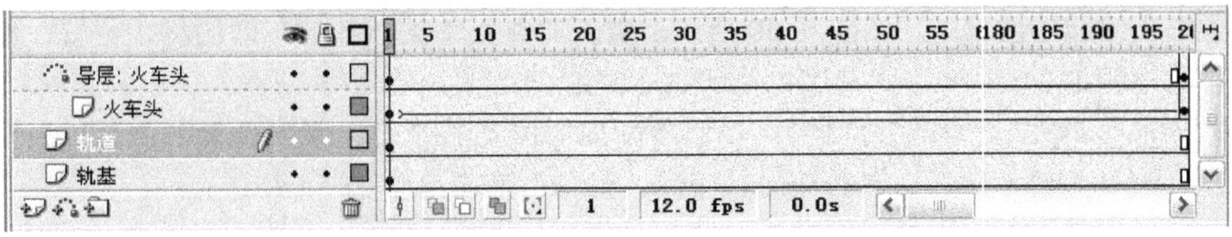

图 6-56 “火车头”动画的时间轴

3. 制作车厢动画

（1）选择工具箱内的“选择工具”，选中“火车头”图层的第 1 帧，移动火车头的位置如图 6-57 所示。其目的是为了添加车厢动画。

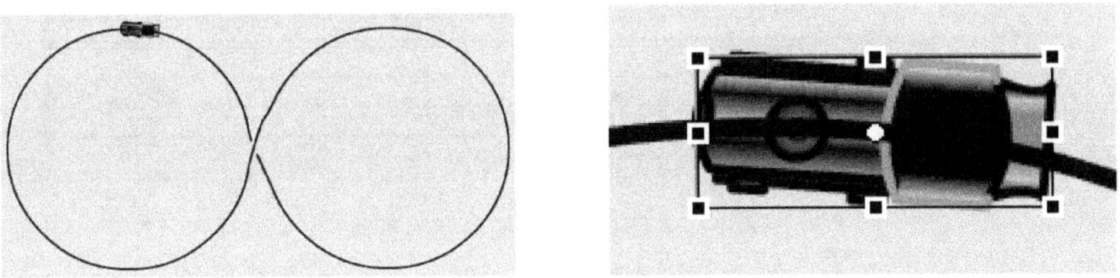

图 6-57 第 1 帧火车头图像所在的位置

（2）选中“火车头”图层，在该图层下添加一个名称为“车厢 1”的图层，在该图层制作“车厢 1”图像沿引导线移动的动画。

（3）按照上述方法，添加“车厢 2”、“车厢 3”和“车厢 4”图层，分别创建它们沿引导线移动的动画。第 1 帧内火车头和各车厢的位置如图 6-58 所示，第 200 帧内火车头和各车厢的位置如图 6-59 所示。

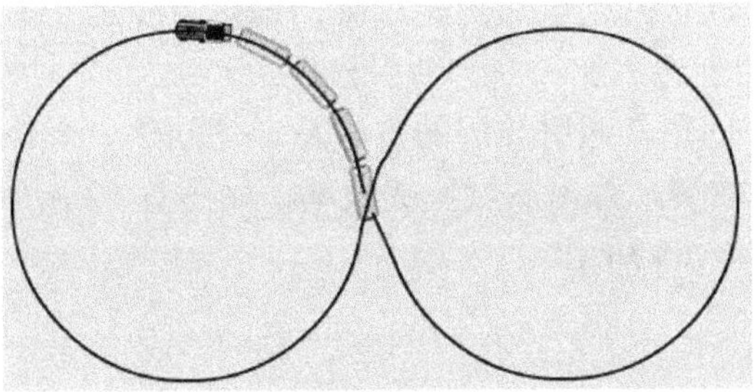

图 6-58 第 1 帧火车头和车厢的位置

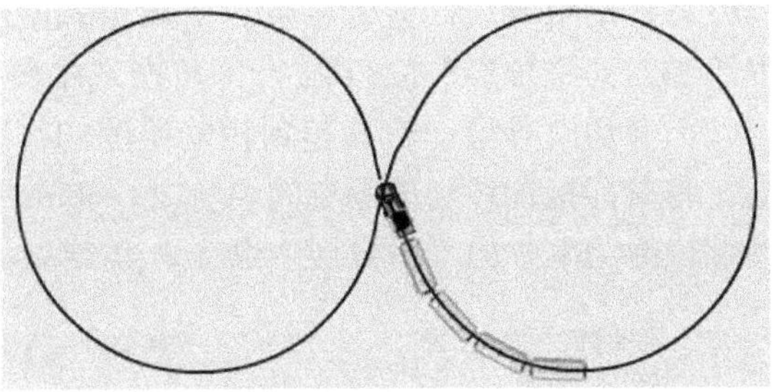

图 6-59 第 200 帧火车头和车厢的位置

（4）在“轨基”图层的下边添加一个新图层，名称为“背景图”，导入一幅地板砖图像。绘制一幅矩形图像，填充位图就是地板砖图像，调整该矩形图像与舞台工作区大小和位置相同。运行该动画，会看到玩具火车沿轨道移动到第 200 帧后再回到第 1 帧时产生跳跃，这是因为第 1 帧和第 200 帧不连续造成的。

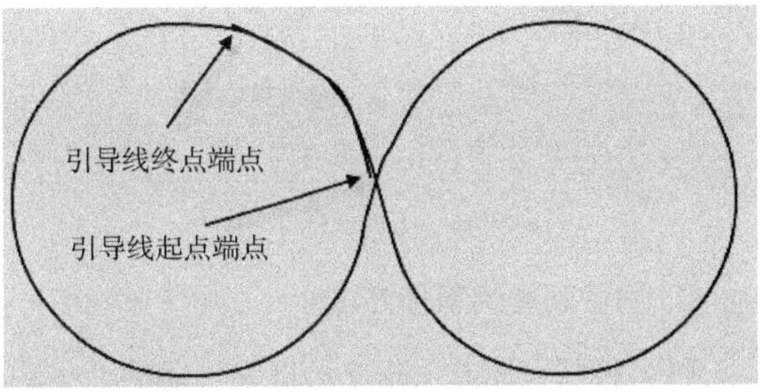

图 6-60 调整引导线终点端点的位置

（5）选择工具箱内的选择工具，在不选中引导线的情况下，拖曳引导线的终端端点，到火车头的起始位置处，如图 6–60 所示。重新调整火车头和各节车厢的终止位置，使它们比起点位置稍稍退后一点儿，从而保证循环播放时的连续性。

（6）为了获得火车一开始速度慢，以后逐渐加快速度的效果，可依次选中“火车头”图层和其他图层的第 1 帧，在其“属性”面板中的“简易”文本框中输入–40。

至此，“玩具火车”影片制作完毕。它的时间轴如图 6–61 所示（删去了其中一些帧）。

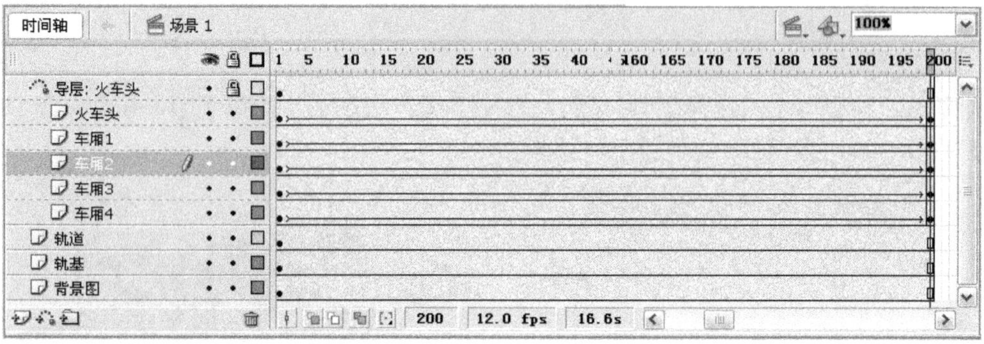

图 6–61 “玩具火车”影片的时间轴

【相关知识】引导动画

1. 引导层

可以在引导层内创建图形等，这可以在绘制图形时起到辅助作用，以及起到运动路径的引导作用。引导层中的图形只能在舞台工作区中看到，在输出的电影中不会出现。另外，还可以把多个普通图层关联到一个引导层下。在时间轴窗口中，引导层名称的左边有图标（运动引导层）或图标（普通引导层）。它们代表了不同的引导层，不同的引导层有不同的作用。

（1）运动引导层：它可以引导对象沿辅助线移动，产生引导动作动画。单击时间轴左下角的“添加运动引导层”按钮，即可在选中图层的上边添加一个运动引导层。

（2）普通引导层：它只起到辅助绘图的作用。创建普通引导层的方法是，先创建一个普通图层，将鼠标指针移到该图层的名称处，单击鼠标右键，弹出图层快捷菜单，如图 6–62 所示，选择该快捷菜单中的“引导层”命令，其结果如图 6–63 所示。

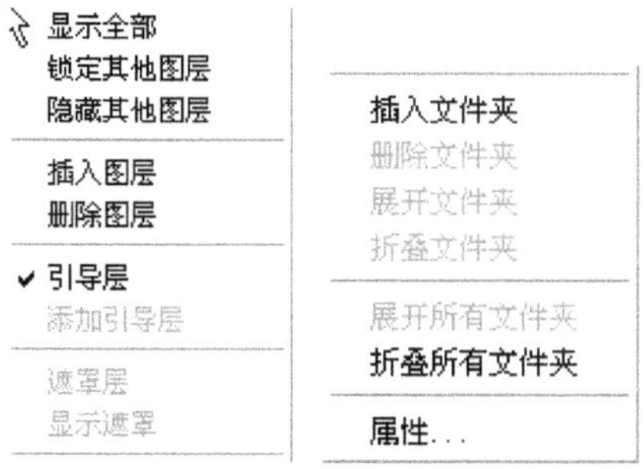

图 6–62 图层快捷菜单

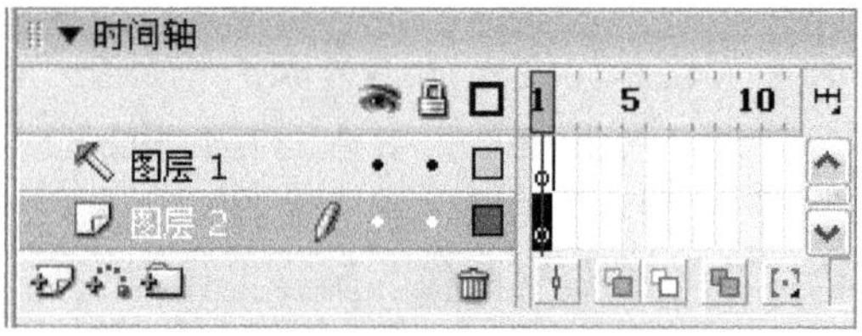

图 6–63 创建普通引导层

2. 引导动画的制作方法

（1）按照上述方法建立沿直线移动的动作动画，例如，圆球从左移到右边的动画。

（2）单击时间轴左下角的“添加运动引导层”按钮，则选中图层（此处是“图层 1”图层）的上边会添加一个引导层（也叫导向图层），同时选中的图层自动成为与引导层相关联的被引导层。关联的图层名称向右缩进，表示其是关联的图层。此外，还可以通过选择“插入”→“时间轴”→“运动引导层”命令来添加一个引导层。

（3）选中引导层，在舞台工作区内绘制路径曲线（辅助线），如图 6–64 所示。选中引导层的第 30 帧，按 F5 键，创建一个普通帧。

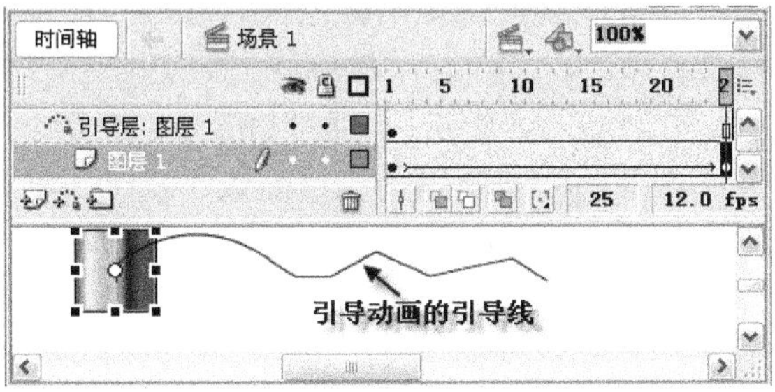

图 6–64　导向动作动画的时间轴和舞台工作区

（4）选中“图层 1”的第 1 帧，选择“属性”面板中的“对齐”复选框，用鼠标拖曳对象（圆球）到辅助线的起始端或辅助线上，使对象的中心十字与辅助线起始点或辅助线重合。再选中终止帧，用鼠标拖曳圆球到辅助线的终止端或辅助线上，使对象的中心十字与辅助线终止点或辅助线重合。

（5）按 Enter 键，播放动画，可以看到小球沿绘制的辅助线移动。按 Ctrl+Enter 组合键，播放动画，此时辅助线不会显示出来。

3. 引导层与普通图层的关联

（1）引导层与普通图层的关联：其方法是把一个图层控制区域内的普通图层拖曳到运动引导层或普通引导层的右下边，如图 6–65 所示（如果原来的引导层是普通引导层，与普通图层关联后会自动变为运动引导层）。一个引导层可以与多个普通图层关联。如果要断开图层与引导层的关联，可用鼠标把一个图层控制区域内的已关联的图层拖曳到运动引导层的下边。此时，如果运动引导层没有与它相关联的图层，则该运动引导层会自动变为普通引导层。

（2）引导层转换为普通图层：选中引导层，用鼠标右键单击，在弹出的图层快捷菜单中选择“引导层”命令，使其左边的对钩消失，这时就转换为普通图层了。

4. 设置图层的属性

选中一个图层，用鼠标右键单击，选择图层快捷菜单中的“属性”命令（或选择“修改”→“时间轴”→“图层属性”命令），弹出“图层属性”对话框，如图 6–66 所示。对话框中各选项的作用如下。

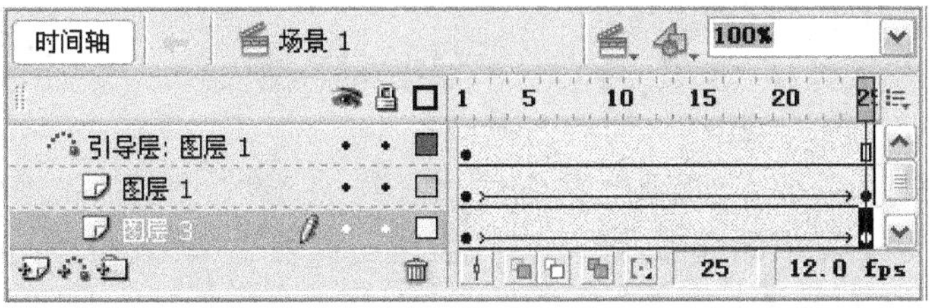

图 6–65　两个普通图层与引导层关联

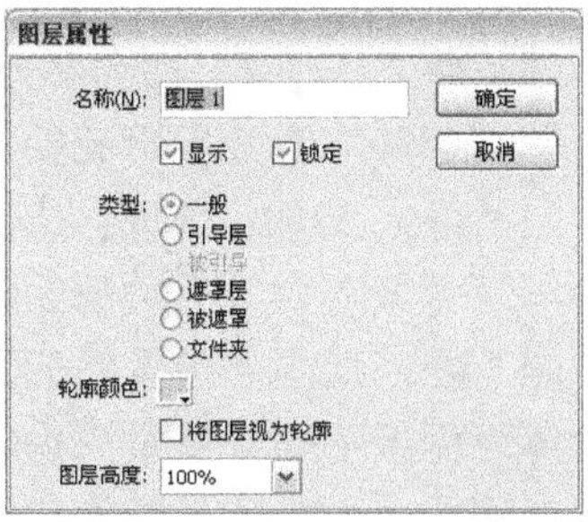

图 6–66　“图层属性”对话框

（1）“名称”文本框：给选定的图层命名。

（2）“显示”复选框：选择该复选框后，表示该层处于显示状态，否则处于隐藏状态。

（3）“锁定”复选框：选择该复选框后，表示该层处于锁定状态，否则处于解锁状态。

（4）“类型”栏：通过该栏的单选按钮，可以用来确定选定图层的类型。

（5）“轮廓颜色”按钮：单击该按钮会弹出颜色板，通过“混色器”面板可以设定在以轮廓线显示图层对象时，轮廓线的颜色。它仅在“轮廓线方式查看图层”复选框被选择时有效。

（6）“将图层视为轮廓”复选框：选中它后，将以轮廓线方式显示该图层内的对象。

（7）“图层高度”下拉列表框：用来选择一个百分数，在时间轴窗口中可以改变图层帧单元格的高度，其在观察声波图形时非常有用。

思考与练习 6-2

（1）制作一个“香山枫叶”影片，在一幅香山枫叶图像上，一些枫叶不断地飘落下来。

（2）制作一个“卫星围绕星球转”影片，该影片播放后，一个卫星围绕一个自转的星球转圈。自转的星球是一个 GIF 格式的动画。

6.3 形状动画

【实例 40】翻页画册

“翻页画册”影片播放后的 3 幅画面如图 6-67 所示。第 1 幅图像慢慢从左向右翻开，接着第 2 幅图像慢慢从左向右翻开，而且画册每一页背面的图像与正面的图像不同。在翻页的同时，一些花瓣还从上边向下缓缓飘落。该影片的制作方法如下。

图 6-67 “翻页画册”影片播放后的 3 幅画面

（1）进入“花瓣飘落”影片剪辑元件的编辑状态，3 片花瓣沿引导线下落动画的时间轴和舞台工作区如图 6-68 所示。读者可以参考【实例 38】“海底世界”影片的制作方法自行来完成。单击元件编辑窗口中的⇦按钮，回到主场景。

（2）将“图层 1”的名称改为“花瓣飘落”，选中“动画”图层的第 1 帧，将“库”面板内的“花瓣飘落”影片剪辑元件拖曳到舞台工作区的上边。

（3）导入 12 幅“红楼金陵十二钗”图像（“TU1.jpg”…“TU12.jpg”图像）、“底页”图像和与“背景”内容有关的 3 幅图像到“库”面板中。

（4）在“动画”图层的下面添加一个名称为“背景”的图层。选中“背景”图层的第 1 帧，将“库”面板中与“背景”内容有关的 3 幅图像拖曳到舞台工作区中。调整 3 幅图像的大小和位置并组合，作为背景图像，如图 6-69 所示。

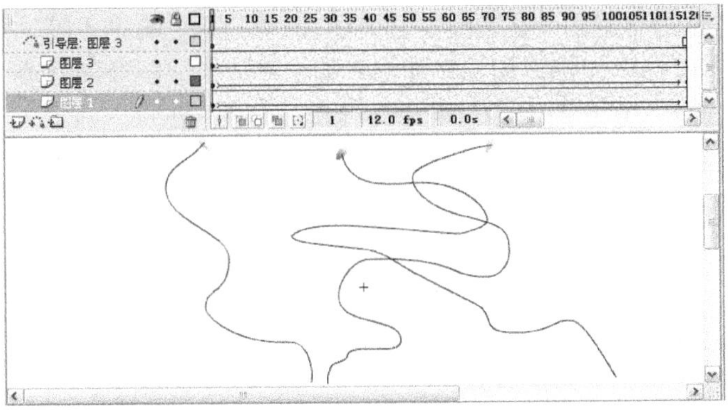

图 6-68 “花瓣飘落”影片剪辑元件的时间轴和舞台工作区

图 6-69 “背景”图层画面

（5）在“动画”图层的下面添加一个名称为“第一篇正”的图层和“第一篇反”的图层。选中“第一篇正”图层的第 1 帧。将“库”面板中“封面”图像拖曳到舞台工作区中。调整该图像的宽度为 242.4 像素，高度为 358.8 像素，位置如图 6-70 左图所示。

（6）将“封面”图像打碎，创建“第一篇正”图层第 1 帧到第 40 帧的形状动画。“第一篇正”图层第 1 帧的画面如图 6-70 左图所示，第 40 帧的画面如图 6-70 右图所示。

（7）选中“第一篇反”图层的第 41 帧。创建一个空关键帧，将“库”面板中的“TU1”图像拖曳到舞台工作区。调整该图像的大小和位置，使该图像的宽度为 242.4 像素，高度为 358.8 像素。然后将“TU1”图像打碎，再将该图像调整如图 6-71 右图所示。

（8）创建“第一篇反”图层第 41 帧到第 80 帧的形状动画。“第一篇反”图层第 41 帧的画面如图 6-71 左图所示，第 80 帧的画面如图 6-71 右图所示。

图 6-70 “第一篇正”图层关键帧的画面

图 6-71 “第一篇反”图层关键帧的画面

此时，“红楼金陵十二钗”动画的部分时间轴如图 6-72 所示。

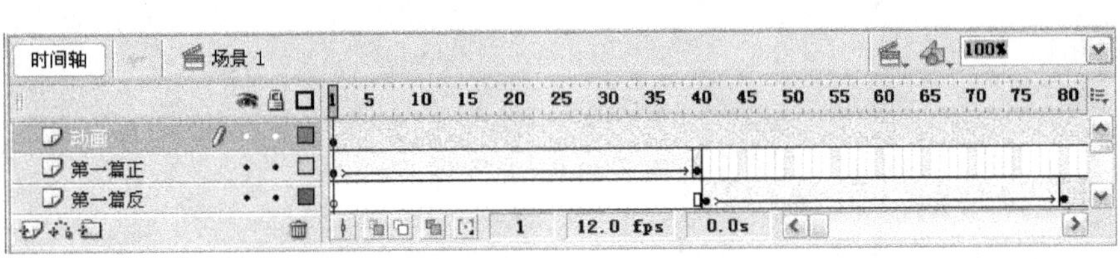

图 6-72 “红楼金陵十二钗”动画的部分时间轴

（9）选中“第一篇反”图层的第 120 帧，按 F5 键，创建普通帧，使第 80 帧到第 120 帧的内容相同。

（10）在“背景”图层上添加一个名称为“底页”的图层。选中“底页”图层的第 1 帧。将“库”面板中“底页”图像拖曳到舞台工作区中。调整该图像的大小和位置，使该图像的宽度为 242.4 像素，高度为 358.8 像素，位置与图 6-70 左图中图像的位置相同。

（11）按照上述方法，制作其他 10 幅图像的翻页动画。注意，每一段动画都有 3 个图层。

至此，“红楼金陵十二钗”动画制作完毕。该动画的时间轴如图 6-73 所示。

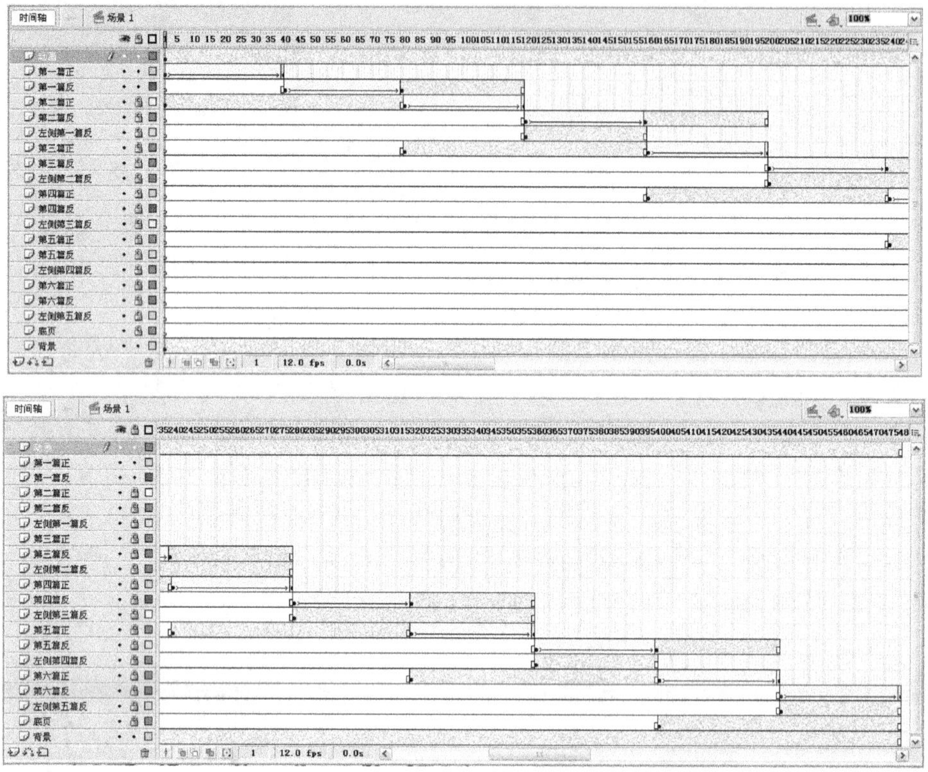

图 6-73 “红楼金陵十二钗”动画的时间轴

【实例 41】热爱大自然

“热爱大自然”影片播放后的两幅画面如图 6-74 所示。可以看到，在美丽的风景上，一个蓝色的方盒子自动打开，盒子中有一只飞翔的小鸟，盒子快打开时，小鸟从盒子中飞出，同时红色的文字“热爱大自然！爱护我们的家园！”逐渐显示出来，由小变大。该影片的制作关键是制作变形动画，制作精确控制的变形动画，一定要有耐心。该影片的制作过程如下。

图 6-74 “热爱大自然”影片播放后的两幅画面

（1）创建一个新的 Flash 文档，设置舞台工作区的宽为 450px，高为 300px，背景色为白色。然后以名称“【实例 41】热爱大自然.fla”保存。

（2）进入“飞鸟”影片剪辑元件的编辑状态，导入一个名称为“飞鸟”的 GIF 格式动画。该动画由图 6-75 所示的几幅画面组成。创建一个名称为“方块”的图形元件，选择工具箱中的的“矩形工具”，绘制一个无轮廓线的正方形，如图 6-76 所示。

图 6-75　“飞鸟”影片剪辑元件的几个关键帧画面

（3）将“方块”图形元件从“库”面板中拖曳到“图层 1”第 1 帧的舞台工作区中，然后将其打碎，并选择工具箱中的“任意变形工具”，调整正方形，使其变成菱形，再为该菱形填充七彩色，如图 6-77 所示。选中“图层 1”的第 30 帧，按 F5 键，使第 1 帧到第 30 帧的内容相同。再将这一图层锁定，防止在编辑其他图层的时候，对本图层进行了误操作。

（4）添加一个名称为“图层 2”的图层，选中该图层的第 1 帧。将“方块”图形元件从“库”面板中拖曳到舞台工作区中，将其打碎，选择工具箱中的“任意变形工具”，调整方块的形状，如图 6-78 所示。注意，这个图形的底边一定要与“图层 1”中方块的上斜边对齐。

图 6-76　正方形

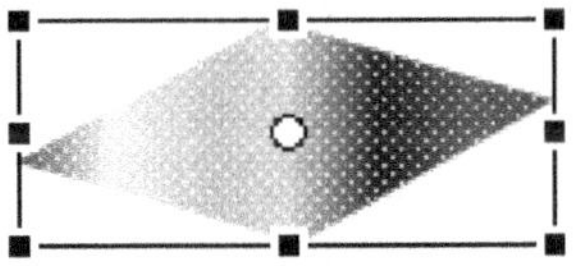

图 6-77　菱形图形

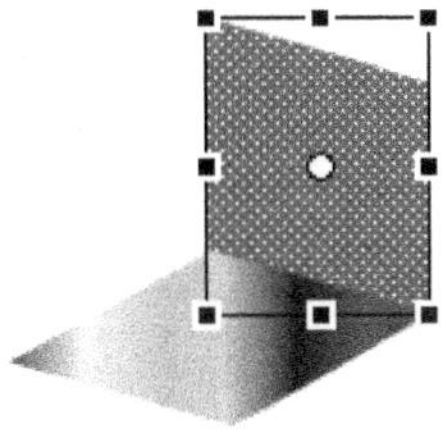

图 6-78　添加一个图形对象

（5）选中“图层 2”的第 1 帧，在“属性”面板中，选择“补间”下拉列表框中“形状”选项，设置为变形动画。选择“查看”→“显示图形提示”选项。选择“修改”→“外形”→“添加形状提示”命令，舞台中将出现一个红色的“a”形状提示。再添加 3 个形状提示。然后用鼠标将形状提示一个一个地移开，如图 6-79 所示。

（6）选中第 30 帧，创建一个关键帧，再将“方块”从“库”面板中拖曳到舞台工作区中，将其打碎，并调整其形状，如图 6-80 左图所示。然后将该关键帧的原图像删除。

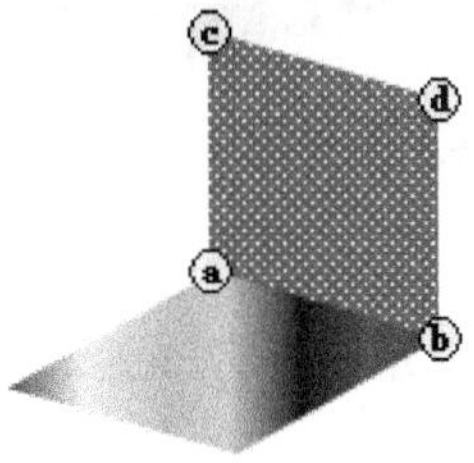

图 6-79　“图层 2”的第 1 帧画面

图 6-80　“图层 2”的第 30 帧画面

注意

将形状提示移动到图 6-80 右图所示的位置，如果位置正确，形状提示将变成绿色，同时，第 1 帧的形状也会由红色变为黄色。测试动画，盒子的一侧将出现逐渐打开的动画。如果在制作过程中，无法正确出现动画，可以重新选中图像，然后重新放置标记。制作精确变形动画的关键就是变形的关键位置点（即形状提示的位置点）应正确。

（7）添加一个“图层 3”，选中该图层的第 1 帧。将“方块”图形元件从“库”面板中拖曳到这一帧的舞台工作区中，将其打碎，调整该图形的形状和位置，如图 6-81 左图所示。

（8）在“图层 3”的第 30 帧创建一个关键帧，选中该图层的第 30 帧。将“方块”图形元件从“库”面板中拖曳到舞台工作区中，将其打碎，再调整其形状，如图 6-81 右图所示。选中这一帧原来的图像，将其删除。然后在“图层 3”第 1 帧到第 30 帧创建一个变形动画。按 Ctrl+Shift+H 组合键，为“图层 3”的第 1 帧和第 30 帧添加形状提示，如图 6-81 所示。

（9）添加一个新的图层，命名为“图层 4”，选中“图层 4”的第 1 帧。从“库”面板中将“方块”图形元件拖曳到舞台工作区中，将其打碎，并调整其形状，如图 6-82 所示。

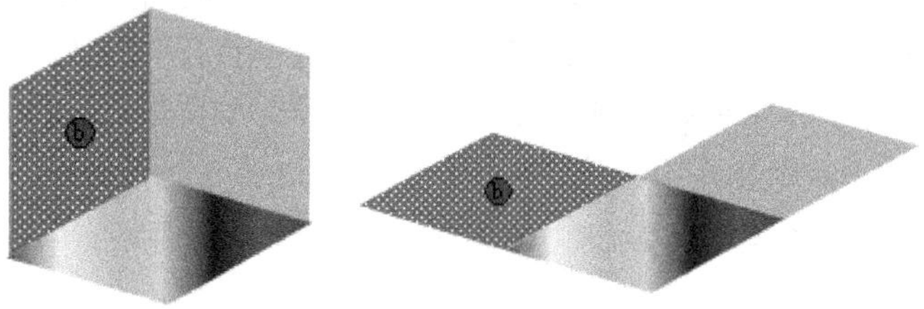

图 6-81 “图层 3”的第 1 帧和第 30 帧画面

图 6-82 “图层 4”的第 1 帧画面

（10）在方块的 4 个角分别添加形状提示 a、b、c 和 d。如图 6-83 左图所示。在“图层 4”的第 30 帧加入一个关键帧，选中该图层的第 30 帧，从“库”面板中将“方块”图形元件拖曳到舞台工作区，将其打碎，并调整其形状和位置如图 6-83 右图所示。再将该关键帧的原图像删除。然后调整形状标记，位置如图 6-83 右图所示。

（11）创建一个新的图层，命名为“图层 5”，选中该图层的第 1 帧，从“库”面板中将“方块”图形元件拖曳到舞台工作区中，将其打碎，并调整其形状，如图 6-84 所示。在图形中加入 3 个形状提示 a、b、c，如图 6-84 所示。

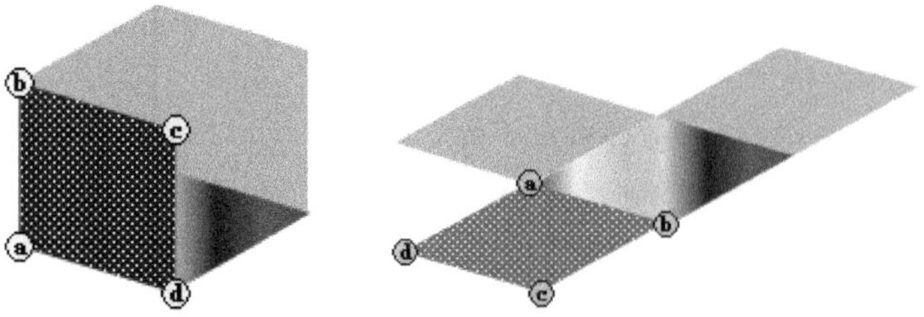

图 6-83 “图层 4”的第 1 帧和第 30 帧画面

图 6-84 “图层 5”的第 1 帧画面

（12）在第 30 帧创建一个关键帧，选中该图层的第 30 帧，从“库”面板中将“方块”图形元件拖曳到舞台工作区中，将其打碎，并调整其形状和位置如图 6-85 所示，再将该关键帧的原图像删除，然后调整形状提示，如图 6-85 所示。

（13）添加一个新的图层，命名为“图层 6”，选中该图层的第 1 帧，将“飞鸟”影片剪辑元件从库中拖曳到舞台工作区，将“图层 6”拖曳到“图层 3”和“图层 4”中间。其第 1 帧画面如图 6-86 所示。在“图层 6”图层的第 15 帧创建一个关键帧。

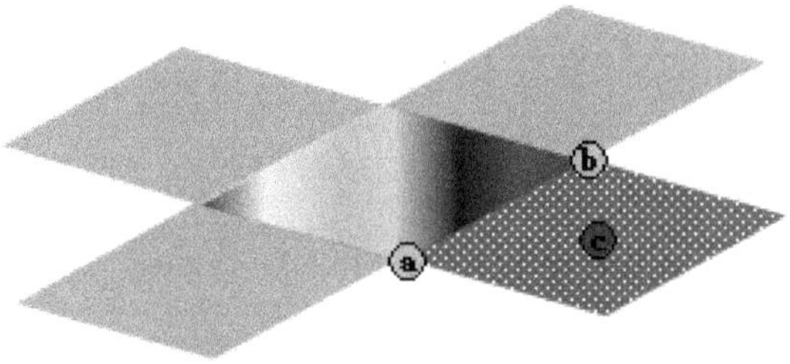

图 6-85 “图层 5”的第 30 帧画面

图 6-86 “图层 6”的第 1 帧画面

（14）创建“图层 6”第 15 帧到第 80 帧的动作动画，将第 80 帧的“飞鸟”影片剪辑实例移到舞台工作区的左上角。在“图层 6”上添加一个引导图层，选中该图层的第 15 帧，按 F6 键，创建一个关键帧。选择工具箱内的“铅笔工具”，绘制一条引导线，再将“图层 6”第 15 帧的“飞鸟”影片剪辑实例移到引导线的起点处，将“图层 6”第 80 帧的“飞鸟”影片剪辑实例移到引导线的终点处。

（15）在“图层 1”的下边添加一个名称为“图层 7”的新图层。制作“图层 7”第 30 帧到第 55 帧的文字“热爱自然！热爱大自然！”逐渐显示，并逐渐由小变大的动画。

（16）在“图层 7”的下边添加一个名称为“图层 8”的图层，选中该图层的第 1 帧，导入一幅风景图像，调整该图像的大小与位置，将舞台工作区刚好完全覆盖。按住 Ctrl 键，选中所有图层的第 95 帧，按 F5 键，使所有图层的前一个关键帧到第 95 帧的内容相同。

至此，该“热爱大自然”影片制作完毕，时间轴如图 6-87 所示。

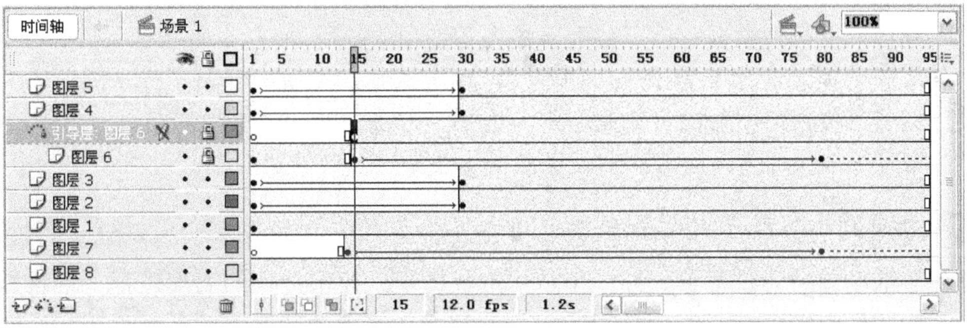

图 6-87 “热爱大自然”影片的时间轴

【相关知识】形状动画

1. 形状动画的基本制作方法

形状动画也叫变形动画，它是由一种形状对象逐渐变为另外一种形状对象。Flash 8 可以将图形、分离的文字、分离后的点阵图和由点阵图转换的矢量图形进行变形。Flash 8 不能将实例、未分离的文字、点阵图像和群组对象进行变形。

在形状动画中，对象位置和颜色的变换是在两个对象之间发生的，而在动作动画中，变化的是同一个对象的位置和颜色属性。

下面通过制作一个彩球变化为五角星的形状动画来介绍形状动画的制作方法。

（1）在时间轴内选中一个空白关键帧作为动画的开始帧。然后在舞台工作区中创建一个符合要求的对象，作为形状动画的初始对象，此处绘制一个红色立体彩珠。

（2）选中形状动画的第 1 个关键帧，再选择“属性”面板内“补间”下拉列表框中的“形状”选项，此时该面板如图 6-88 所示。

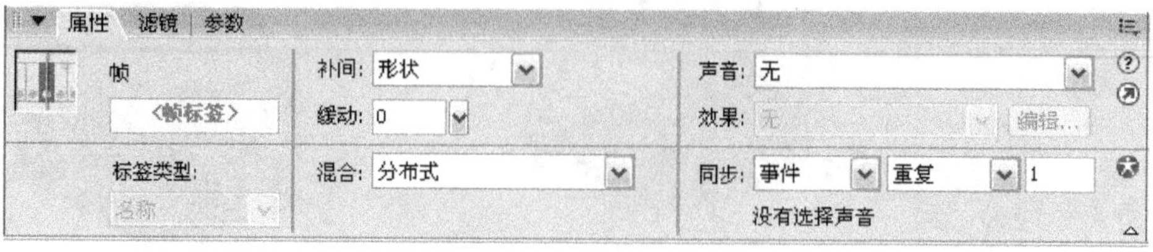

图 6-88 形状动画关键帧的“属性”面板

（3）单击形状动画的终止帧，按 F6 键，创建动画的终止帧为关键帧。此时，在时间轴上，从第 1 帧到终止帧之间会出现一个指向右边的箭头，帧单元格的背景为浅绿色。

（4）在舞台工作区内输入红色五角星文字，将文字打碎，再将该帧内原有的对象红色立体彩球删除。

注意

一定先创建新对象，再删除原对象；关键帧内创建的对象必须是图形、打碎的文字或打碎的点阵图像。

2. 形状动画关键帧的“属性”面板

如图 6-88 所示的“属性”面板中各选项的作用如下。

（1）“缓动”文本框：用来设置动画的加速度。

（2）“混合”下拉列表框：该下拉列表框内各选项的作用如下。

◎“角形”选项：选择该选项后，创建过渡帧中的图形更多地保留了原来图形的尖角或直线的特征。如果关键帧中图形没有尖角，则与选择“分布式”的效果一样。

◎“分布式”选项：选择该选项后，可使形状动画过程中创建的中间过渡帧的图形较平滑。

3. 添加形状提示的方法

为了使形状动画中间过程不一样，可使用形状提示来控制特殊的变形过程。形状提示就是在形状的初始图形与结束图形上分别指定一些形状的关键点，并使这些关键点在起始帧中和结束帧中一一对应，这样 Flash 就会根据这些关键点的对应关系来计算形状变化的过程。

（1）选中时间轴上第 1 帧单元格，再选择“修改”→“形状”→“添加形状提示”命令（或按 Ctrl+Shift+H 组合键），即可在第 1 帧的圆形中添加一个形状提示标记“a”。再重复上述过程，可以继续添加“b”到“z”25 个形状提示标记（分别用 26 个英文小写字母表示）。

（2）添加形状提示标记“a”到“e”5 个形状提示标记，用鼠标拖曳这些形状提示标记，分别放置在第 1 帧图形的一些位置，如图 6-89 所示。

（3）选中终止帧单元格，会看到终止帧五角星中也有“a”到“e”形状提示标记（几个形状提示标记重叠）。用鼠标拖曳这些形状提示标记，分别放置在五角星的适当位置，如图 6-90 所示。如果没有形状提示标记显示，可选择“视图”→“显示形状提示”命令。

（4）在 Flash 中最多可添加 26 个形状提示标记。起始帧的形状提示标记用黄色圆圈表示，终止帧的形状提示标记用绿色圆圈表示。如果形状提示标记的位置不在曲线上，会显示红色。

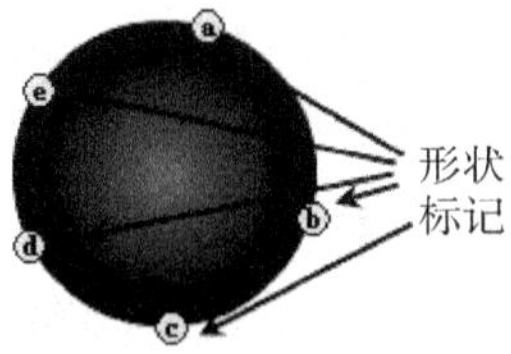

图 6–89　第 1 帧圆球形状提示标记

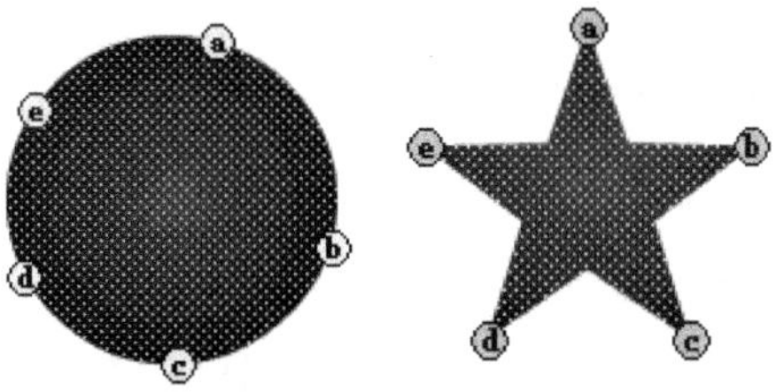

图 6–90　起始帧和终止帧矩形的形状提示标记

4. 添加形状提示的原则

为了获得更好的形状效果，通常应注意以下几个原则。

（1）如果过渡比较复杂，可以在中间增加一个或多个关键帧。

（2）起始关键帧与终止关键帧中形状提示标记的顺序最好一致。例如，在一条线上添加了 3 个形状提示标记，应依次为“a”、“b”和“c”。这样无论这条线如何变形，这 3 个点在线上始终会保持“a”、“b”和“c”的顺序。

（3）最好使各形状关键点沿逆时针方向排列，并且从图形的左上角开始。

（4）形状提示标记不一定越多越好，重要的是放置的位置合适。这可以通过实验来决定。

思考与练习 6–3

（1）制作一个“弹跳彩珠”影片，该影片播放后，屏幕上一个彩珠上下跳跃，当彩珠落到弹性地面时，弹性地面会随之下凹，然后弹性地面弹起，再将彩珠弹起。彩珠的弹跳与弹性地面的起伏动作连贯协调。该影片播放后的 3 幅画面如图 6–91 所示。

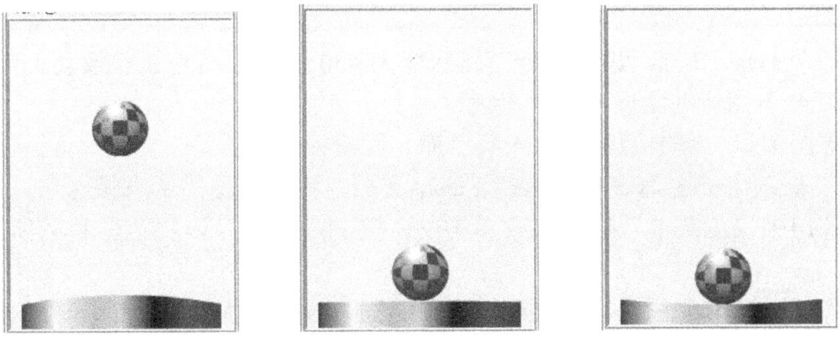

图 6–91　“弹跳彩珠”影片播放后的 3 幅画面

（2）制作一个“开门式图像切换”影片，该影片播放后的显示效果是一幅鲜花图像像打开门似地退出，同时另一幅鲜花图像随之显示出来。影片播放后的两幅画面如图 6–92 所示。

图 6–92　“开门式图像切换”影片播放后的两幅画面

6.4　按钮元件

【实例 42】图像动画展示

“图像动画展示”影片播放后，屏幕显示 4 个按钮和一个图像框，如图 6–93 所示（还没有鲜花 4）。当鼠标指针经过“1”按钮时，会发现“1”按钮中的“1”字颜色发生了变化，同时在按钮右边显示一幅图像，如图 6–93 所示。当单击“1”按钮时，会发现“1”按钮中的“1”字颜色又发生了变化，同时在按钮右边显示另一幅图像，如图 6–94 所示。当鼠标指针经过“2”、“3”和“4”按钮和单击“2”、“3”和“4”按钮时，会发现按钮中数字的颜色发生了变化，同时在按钮右边会显示另一幅图像。该影片的制作方法如下。

图 6–93　指针经过“3”按钮

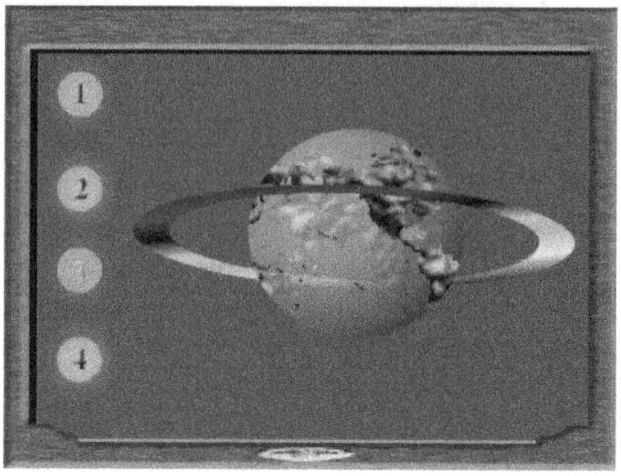

图 6–94　单击“3”按钮

1. 导入图像和制作影片剪辑元件

（1）新建一个 Flash 文档，设置舞台工作区宽为 400 像素，高为 300 像素，背景色为白色。以名称“【实例 42】图像动画展示.fla”保存。

（2）将 4 幅图像和一幅框架图像导入到“库”面板中。

（3）打开“【实例 38】海底世界.fla”Flash 文档，将该动画的所有帧选中，用鼠标右键单击选中的帧，调出帧快捷菜单，选择该菜单中的“复制帧”命令，将该影片的所有帧复制到剪贴板中。

（4）回到“【实例 42】图像动画展示.fla”Flash 文档，选择“插入”→“新建元件”命令，调出“创建新元件”对话框。在该对话框内的“名称”文本框中输入“海底世界”文字，选择“影片剪辑”类型。单击“确定”按钮，切换到“海底世界”影片剪辑元件的编辑状态。

（5）用鼠标右键单击“图层 1”的第 1 帧，弹出其帧快捷菜单，选择该快捷菜单中的“粘贴帧”命令，将剪贴板中的动画内容粘贴到时间轴内。然后，回到主场景。

（6）按照上述方法，将“【实例 34】百叶窗式图像切换.fla”、“【实例 30】变清晰探照灯.fla”和“【实例 37】透明星球.fla”Flash 文档的动画分别转换为“【实例 42】图像动画展示.fla”Flash 文档“库”面板内的“百叶窗式图像切换”、“变清晰探照灯”和“透明星球”影片剪辑元件。

注意

如果有名称相同的元件（例如，补间 1），则需要在粘贴以前将“库”面板中原来的元件名称进行修改。

2. 制作按钮

（1）选择“插入”→“新建元件”命令，弹出“创建新元件”对话框。在该对话框内的“名称”文本框中输入“按钮 1”文字，选择“按钮”类型。单击“确定”按钮，切换到“按钮 1”按钮元件的编辑状态。

（2）在“图层 1”下添加一个“图层 2”。选择“图层 2”“弹起”帧，绘制一个金黄色圆形图形，它的宽和高均为 30 像素。选中“图层 1”的第 1 帧，输入红色、Times New Roman 字体、30 磅、加粗文字“1”，使其位于金黄色圆形图形内的中间处。还可以给该文字添加滤镜效果。

（3）选中“图层 2”的“指针经过”和“按下”帧，按 F6 键，创建两个关键帧。将文字的颜色分别改为蓝色和绿色。

（4）在“图层 2”下添加一个“图层 3”。选中“图层 3”的“指针经过”帧，将“库”面板中的“TU1”图像拖曳到舞台工作区圆形图形的右边，调整该图像大小，宽为 260 像素，高为 235 像素。以后所有图像大小均调整为该尺寸。

（5）选中“图层 3”的“按下”帧，按 F7 键，创建一个关键帧。将文字的颜色改为绿色，将“库”面板中的“变清晰探照灯”影片剪辑元件拖曳到舞台工作区圆形图形的右边。按钮响应区域由“点击”帧的图像（即圆形图形）来决定。单击元件编辑窗口中的按钮，回到主场景。

（6）按照上述方法，制作“按钮 2”、“按钮 3”和“按钮 4”按钮元件。它们中的“指针经过”帧内的图像不一样，“按下”帧内的影片剪辑实例不一样。可以在“库”面板内通过复制“按钮 1”按钮元件来获得其他按钮元件，再修改其他按钮元件。

3. 编辑按钮

（1）将“库”面板中的“按钮 1”、“按钮 2”、“按钮 3”和“按钮 4”按钮元件拖曳到舞台工作区中相应的位置。

（2）双击舞台工作区中的“按钮 1”按钮实例，进入其编辑状态，选中“指针经过”帧，调整该帧图像的位置，如图 6-95 左图所示；选中“按下”帧，调整该帧图像的位置，如图 6-95 右图所示。然后单击单击元件编辑窗口中的按钮，回到主场景。

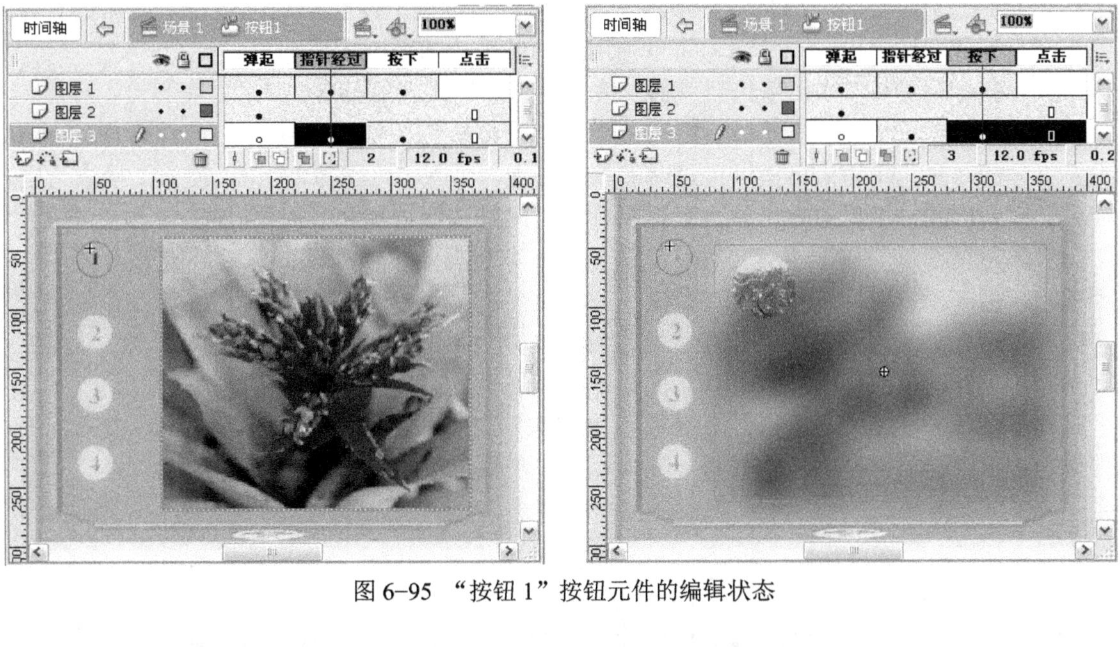

图 6-95　“按钮 1”按钮元件的编辑状态

（3）按照上述方法，调整“按钮 2”、“按钮 3”和“按钮 4”按钮实例中图像和影片剪辑实例的大小和位置。

【相关知识】按钮元件

1. 按钮元件的 4 个状态

在 Flash 影片中可以有按钮，按钮也是对象，当鼠标指针移到按钮上或单击按钮时，即产生交互事件，按钮会改变其外观。要使一个按钮在影片中具有交互性，需要先制作按钮元件，再由按钮元件创建按钮实例，并在制作按钮实例时为其分配对交互事件产生的动作。在 Flash 8 中，按钮有 4 个状态，这 4 个状态的特点如下。

（1）“弹起”（即 Up）状态：鼠标指针没有移到按钮之上时的按钮状态。

（2）“指针经过”（即 Over）状态：鼠标指针移到按钮上面，但没有单击时的按钮状态。

（3）“按下”（即 Down）状态：用鼠标单击按下按钮时的按钮状态。

（4）“点击”（即 Hit）状态：在此状态下可以定义鼠标事件的响应范围和鼠标事件的动作。如果没有设置“点击”状态的区域，则鼠标事件的响应范围由“弹起”状态的按钮外观区域决定。“点击”帧的图形在影片中是不显示的。

2. 创建按钮

（1）选择“插入”→“新建元件”命令，弹出“创建新元件”对话框。在该对话框内，选择“按钮”复选框，在“名称”文本框中输入元件的名称（例如，“按钮 1”）。单击该对话框内的“确定”按钮，切换到按钮元件的编辑状态，此时时间轴的“图层 1”中显示 4 个连续的帧，如图 6-96 所示。

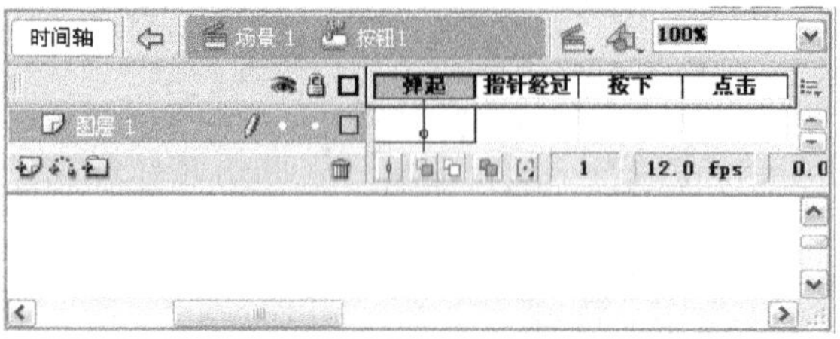

图 6-96　按钮元件的编辑状态

用户需要在这 4 个帧中分别创建相应的按钮外观，可以导入图形、图像或文字，影片剪辑或图形元件实例等，但不能在一个按钮中再使用按钮元件。最好使用“信息”面板将按钮图形精确定位，使图形的中心与十字标记对齐，并记下其坐标值。要制作动画按钮，可以使用动画的影片剪辑或图形元件。

（2）用鼠标单击第 1 帧（弹起），制作按钮“弹起”状态的外观。

（3）单击第 2 帧（指针经过），按 F6 键，使第 2 帧成为关键帧并复制了第 1 帧的按钮外观，改变第 2 帧的对象，作为鼠标指针经过时的按钮外观。另外，可以按 F7 键，使第 2 帧成为空白关键帧，重新创建一个新对象，作为鼠标指针经过时的按钮外观。

（4）单击第 3 帧，按照上述方法，制作鼠标按下状态的按钮外观。然后单击第 4 帧，绘制一个图形，用来确定鼠标事件的响应范围。

（5）单击元件编辑窗口中的场景名称图标 场景 1，回到主场景。可以看到“库”面板中已有了刚刚制作的按钮元件。从“库”面板中将其拖曳到工作区中，即可创建按钮实例。

按钮各种状态不但可以是图形，还可以是图像、文字和动画（影片剪辑或图形实例）等。还可以在按钮中插入声音。按钮的每一帧可以由多个图层组成。

3. 测试按钮

测试按钮就是将鼠标指针移到按钮上和单击按钮，观察其动作效果（应该像播放影片时一样按照指定的方式响应鼠标事件）。测试按钮以前要进行下列 4 种操作中的一种。

（1）选择“控制”→“测试影片”命令，运行整个动画（包括测试按钮）。

（2）选择“控制”→“调试影片”命令，运行整个动画，同时弹出“调试器”面板。

（3）选择“控制”→“测试场景”命令，运行当前场景的动画（包括测试按钮）。

（4）选择“控制”→“启用简单按钮”命令，可以在舞台工作区内测试按钮。

如果按钮中使用了影片剪辑，在舞台工作区是不能播放的，必须采用前 3 种方法播放。

4. 按钮实例的“属性”面板

按钮实例的“属性”面板如图 6-97 所示。“属性”面板中主要选项的作用前面已经介绍了。该“属性”面板中特有的选项是“按钮选项”下拉列表框，它是用来选择按钮的跟踪模式，有“当做按钮”和“当做菜单项”两个选项，只有按钮实例才有此下拉列表框。

图 6-97　“按钮 1”按钮元件实例的“属性”面板

思考与练习 6-4

（1）制作一个“图像展示”影片，该影片播放后，屏幕显示 4 个图像按钮，如图 6-98 所示。当鼠标指针经过海豚图像按钮时，会发现海豚图像按钮发生了变化，同时在按钮右边显示一幅戒指图像，如图 6-99 所示。当单击海豚图像按钮时，会发现海豚图像按钮又发生了变化，同时在按钮右边显示另一幅戒指图像，如图 6-100 所示。其他图像按钮又会有相应的动作，只是显示的图像不一样。

图 6-98　按钮弹起的画面

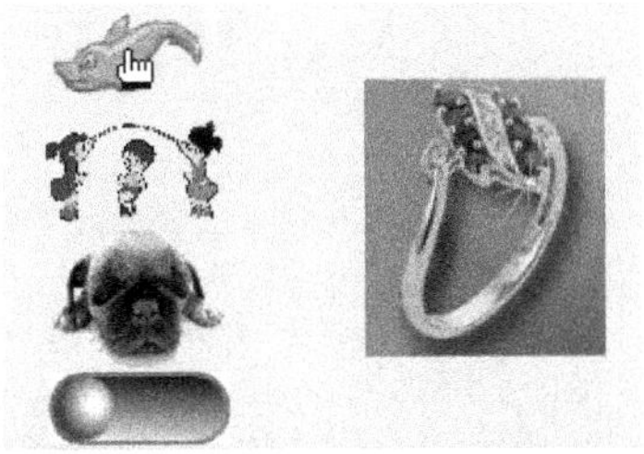

图 6-99　指针经过海豚的画面

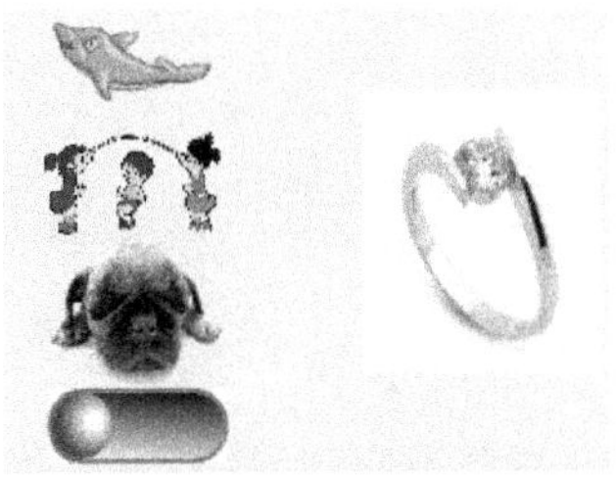

图 6-100　单击海豚的画面

（2）制作一个“展示 Flash 作品”影片，该影片播放后，屏幕显示“海底世界”、“玩具火车”、“翻页画册”和“热爱大自然”4 个文字按钮。将鼠标指针移到文字按钮上后，文字按钮中的文字颜色会改变，文字按钮右边会显示一个相应的 Flash 作品。

（3）制作一个“动感按钮”影片，该影片播放后，屏幕显示一个五角红星图形，如图 6-101 左图所示。将鼠标指针移到五角红星图形上后，鼠标指针变为小手状，五角红星开始发光，如图 6-101 右图所示。当鼠标指针移出五角红星图形后，五角红星又停止发光。

图 6-101 “动感按钮”影片播放后的两幅画面

第7章 “动作”面板和 ActionScript 程序设计初步

7.1 “动作”面板、事件和“时间轴控制”函数

【实例 43】按钮控制的渐隐渐现图像切换 1

“按钮控制的渐隐渐现图像切换 1”影片播放后的画面如图 7-1 左图所示，单击“播放”按钮，“渐隐渐现图像切换”影片开始播放，如图 7-1 右图所示；单击“停止”按钮，渐隐渐现图像切换影片停止在第 1 帧画面，如图 7-1 左图所示。该影片的制作方法如下。

图 7-1 “按钮控制的渐隐渐现图像切换 2”影片播放后的两幅画面

1. 界面设计

（1）打开“【实例 4】渐隐渐现图像切换.fla”文档。以名称“【实例 43】按钮控制的渐隐渐现图像切换 1.fla”保存。

（2）选中“图层 1”和“图层 2”动画的所有帧，用鼠标右键单击选中的帧，弹出帧快捷菜单，选择该快捷菜单中的“复制帧”命令，将该影片的所有帧复制到剪贴板中。

（3）选择“插入”→“新建元件”命令，弹出“创建新元件”对话框。在该对话框的“名称”文本框中输入“渐隐渐现图像切换”文字，选择“影片剪辑”类型。单击“确定”按钮，回到“渐隐渐现图像切换”影片剪辑元件的编辑状态。

（4）用鼠标右键单击“图层 1”的第 1 帧，弹出其帧快捷菜单，选择该快捷菜单中的“粘贴帧”命令，将剪贴板中的动画内容粘贴到时间轴内。然后，回到主场景。

（5）将“图层 1”和“图层 2”中除了第 1 帧以外的所有帧删除。将“图层 1”和“图层 2”

第 1 帧内的所有对象删除。

（6）选中“图层 1”的第 1 帧，将“库”面板中的“渐隐渐现图像切换”影片剪辑拖曳到舞台工作区的正中心。选中“图层 1”的第 2 帧，按 F6 键，创建一个关键帧。

（7）选中“图层 2”的第 1 帧。将按钮公用库中的两个按钮元件和分别拖曳到舞台工作区中，形成两个按钮实例，如图 7-1 所示。选中“图层 2”的第 2 帧，按 F5 键。

（8）选中“图层 2”的第 1 帧，调出“动作-帧”面板，单击“脚本助手”按钮。在该面板左边的命令列表区内选择“全局函数”→“时间轴控制”→“stop”命令，拖曳到程序编辑区，相当于在程序编辑区输入了“stop”命令，如图 7-2 所示。

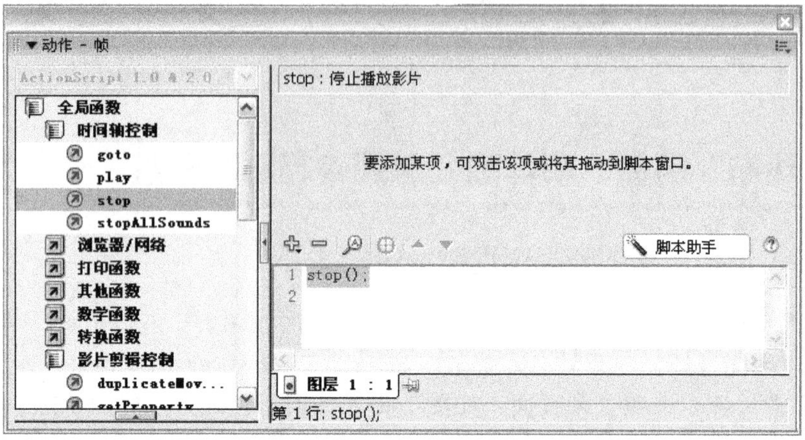

图 7-2 “动作-帧”面板

如果不单击“脚本助手”按钮，可以在“动作-帧”面板程序编辑区直接输入“stop”命令。“stop( );”命令可以使动画播放头在第 1 帧时暂停播放。

2. 按钮程序设计方法 1

在给舞台工作区中的一个按钮元件编写事件代码的时候，可以将所有的语句都集中到一个关键帧中，此时应给按钮实例命名（例如，“STOPAN”）。按钮实例事件的书写格式如下。

STOPAN.onPress=function( ){//响应事件的语句体}。

（1）选中“停止”按钮，在其“属性”面板的“实例名称”文本框中输入按钮实例的名称“STOPAN”。采用相同的方法，将“播放”按钮实例命名为“PLAYAN”。

（2）选中“图层 2”图层的第 1 帧，在“动作-帧”面板程序编辑区内输入如下程序。

```
Stop( );
PLAYAN.onPress=function( ){
gotoAndStop(2);   //转至第 2 帧停止
}
STOPAN.onPress=function( ){
gotoAndStop(1);   //转至第 1 帧停止
}
```

3. 按钮程序设计方法 2

（1）选中“停止”按钮实例，调出“动作-按钮”面板，单击“脚本助手”按钮。在该面板左边的命令列表区中选中“影片剪辑控制”下的“on”命令，并拖曳到程序编辑区，如图

7-3 所示。选择“释放”复选框，即可在程序编辑区内获得如图 7-3 所示的程序。

（2）如果不单击“脚本助手”按钮，则可以在“动作-按钮”面板左边的命令列表区选择“全局函数”→“时间轴控制”→“on”命令，将该命令拖曳到程序编辑区内，然后双击“release”命令（如图 7-4 所示），即可获得图 7-3 中程序编辑区内的程序。

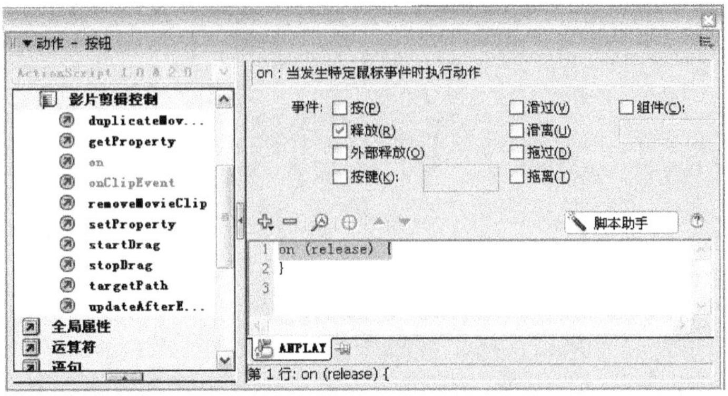

图 7-3 “动作-按钮”面板

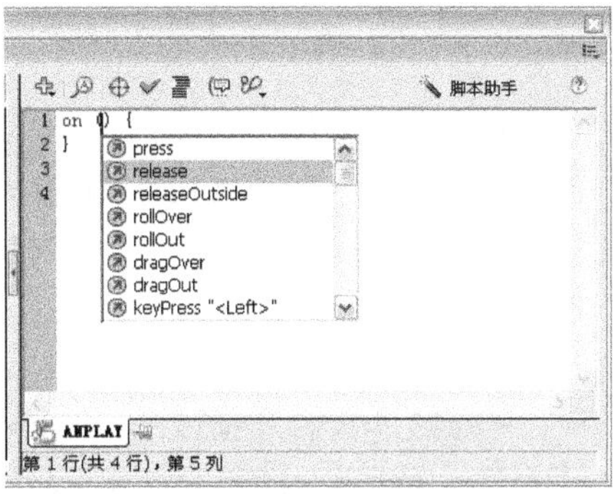

图 7-4 “动作-按钮”面板设置

（3）在“动作-按钮”面板中，将光标定位在第 2 行左边，在命令列表区选择“全局函数”→“时间轴控制”→“gotoAndStop”命令，将该命令拖曳到程序编辑区中。按“1”键，输入 1，表示转移到第 1 帧停止，此时程序编辑区内的程序如下。

```
On(press){
gotoAndStop(1);
}
```

也可以在“动作-按钮”面板右边的程序编辑区中直接输入上面的程序。

（4）选中“播放”按钮实例，在“动作-按钮”面板右边的程序编辑区内输入如下程序。

```
On(press){
gotoAndStop(2);
}
```

【实例 44】按钮控制的渐隐渐现图像切换 2

“按钮控制的渐隐渐现图像切换 2”影片播放后的画面类似图 7-1 左图所示（只是“停止”按钮换为“暂停”按钮），单击“播放”按钮，即可看到该影片从暂停处开始继续播放，如图 7-1 右图所示；单击“暂停”按钮，即可看到该影片暂停，如图 7-5 所示。该影片的制作方法如下。

（1）打开“【实例 4】渐隐渐现图像切换.fla”文档，以名称“【实例 44】按钮控制的渐隐渐现图像切换 2.fla”保存。

（2）在“图层 2”下面添加一个“图层 3”。选中“图层 3”的第 1 帧。

（3）将按钮公用库中的 3 个按钮元件和拖曳到舞台工作区中，形成两个实例，如图 7-5 所示。

图 7-5 “按钮控制的渐隐渐现图像切换 2”播放画面

（4）单击“暂停”按钮，在其“属

性”面板的“实例名称”文本框中输入按钮实例的名称“STOPAN”。通过相同的方法，将“播放”按钮实例命名为“PLAYAN”。

（5）选中“图层 3”的第 1 帧，在“动作-帧”面板右边程序编辑区中输入如下程序。

```
Stop( );
STOPAN.onPress = function( ){
    stop( );        // 使播放头停止在当前位置，暂停动画的播放
};
PLAYAN.onPress = function( ) {
    play( );        // 使播放头继续移动，即从当前位置继续播放
};
```

【实例 45】苹果熟了

“苹果熟了”影片播放后，屏幕上显示一棵苹果树，树上绿色苹果慢慢变大变红，如图 7-6 左图所示。将鼠标指针移到苹果上后，苹果会自动掉下来，如图 7-6 右图所示。稍等一会儿后，一个新的苹果又在原处生长出来（由小变大，由绿变红）。该影片的制作方法如下。

图 7-6 “苹果熟了”影片播放后的两幅画面

（1）新建一个 Flash 文档，设置舞台工作区宽为 550 像素，高为 400 像素，背景色为黄色。

（2）进入“按钮 1”按钮元件的编辑状态，选中“点击”帧，绘制一个椭圆形图形，用来确定按钮的响应区域。在其他帧创建空关键帧，不加入任何对象。

（3）进入“掉落的苹果”影片剪辑元件的编辑状态，将“图层 1”的名称改为“苹果”。在舞台工作区中绘制一幅绿色苹果图形，如图 7-7 所示。调整其宽和高为 12 像素。

（4）创建“苹果”图层第 1 帧到第 25 帧的苹果逐渐变大和变为红色的形状动画。第 25 帧的画面是一个红色苹果，其宽和高为 19 像素，X 和 Y 的值不变，仍为 0，如图 7-8 所示。

（5）选中“苹果”图层第 26 帧到第 31 帧，按 F6 键，创建 6 个关键帧。选中“苹果”图层的第 26 帧，适当旋转苹果图像，苹果图像的大小和位置基本不变。通过同样的方法处理第 27 帧到第 31 帧内的苹果图形。

（6）创建“苹果”图层第 31 帧到第 50 帧的苹果逐渐落下的动作动画。

（7）在“苹果”图层上添加一个“按钮”图层。选中“按钮”图层第 1 帧，将“库”面板内的“按钮 1”按钮拖曳到舞台工作区苹果图形上。选中“按钮”图层第 25 帧，按 F5 键，使“按钮”图层第 1 帧到第 25 帧的内容一样。此时的画面如图 7-9 所示。

图 7-7　第 1 帧绿苹果图形

图 7-8　第 25 帧红苹果图形

图 7-9　添加按钮后的效果

（8）选中“按钮”图层的第 26 帧，按 F7 键，创建一个空关键帧。选中“按钮”图层的第 50 帧，按 F5 键。选中“按钮”图层的第 26 帧，在帧的“属性”面板内的“标签名称”文本框中输入“over”，给第 26 帧命名为“over”。

（9）在“按钮”图层上添加一个“Action”图层。选中“Action”图层的第 25 帧，按 F7 键，创建一个空关键帧。

（10）选中“Action”图层的第 25 帧，调出“动作-帧”面板，在右边的程序编辑区中输入如下脚本程序。

```
stop( );      //使播放头停止在当前位置,暂停动画的播放
```

（11）选中“按钮”图层第 1 帧的按钮，调出它的“动作-按钮”面板，在右边的程序编辑区内输入如下脚本程序。

```
On(rollover){
gotoAndPlay("over");  //播放头转到“over”帧继续播放
}
```

（12）“掉落的苹果”影片剪截元件的时间轴如图 7-10 所示。单击元件编辑窗口中的场按钮，回到主场景舞台工作区中。

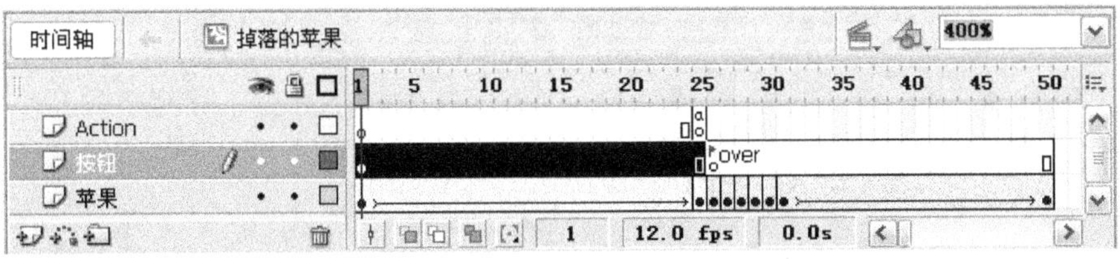

图 7-10　“掉落的苹果”影片剪辑元件的时间轴

（13）选中主场景中“图层 1”的第 1 帧，绘制一幅如图 7-6 左图（没有苹果）所示的图形。在“图层 1”上添加“图层 2”。

（14）选中“图层 2”的第 1 帧，将“库”面板内的“掉落的苹果”影片剪辑元件拖曳到舞台工作区内的苹果树上 20 多次，如图 7-6 左图所示，即可完成整个动画的制作。

【实例 46】按钮控制图像浏览 1

“按钮控制图像浏览 1”影片播放后的两幅画面如图 7-11 所示。单击画面中的“下一幅”按钮▶，可显示下一帧画面；单击“上一幅”按钮◀，可显示上一帧画面；单击“第 1 幅”按钮⏮，可显示第 1 帧画面；单击“最后一幅图”按钮⏭，可显示最后一帧画面。该影片的制作方法如下。

（1）设置舞台工作区宽为 430 像素，高为 450 像素，背景色为白色。导入 10 幅大小相同的风景图像和一幅框架图像到“库”面板中。

图 7-11 “按钮控制图像浏览”影片播放后的两幅画面

（2）选中“图层 1”的第 1 帧，将“库”面板中的框架图像拖曳到舞台工作区中，并调整其大小和位置如图 7-11 所示。再将按钮公用库中的 4 个按钮拖曳到舞台工作区中，然后利用“对齐”面板将 4 个按钮和 4 个文字块分别排列对齐，如图 7-11 所示。选中“图层 1”的第 19 帧，按 F5 键。

（3）在“图层 1”上添加“图层 2”。选中“图层 2”的第 1 帧，将“库”面板中的第 1 幅图像拖曳到舞台工作区中，并调整其大小和位置。选中“图层 1”的第 1 帧，按 F7 键，将“库”面板中的第 2 幅图像拖曳到舞台工作区，并调整其位置。以后依次将其他 8 幅图像分别添加到各个帧中，并分别调整大小和位置。

（4）选中“第 1 幅”按钮，在其“属性”面板的“实例名称”文本框内输入实例名称“AN1”。按照相同的方法，依次为其他按钮实例分别命名为“AN2”、“AN3”和“AN4”。

（5）选中“图层 1”的第 1 帧，调出“动作-帧”面板，输入如下程序。

```
Stop( );
AN1.onPress=function( ){
 gotoAndStop (1);  //转至起始帧停止
}
AN2.onPress=function( ){
 prevFrame( );        //转上一帧播放
}
AN3.onPress=function( ){
 nextFrame( );        //转至后一帧播放
}
AN4.onPress=function( ){
 gotoAndStop(27);  //转至最后一帧停止
}
```

【相关知识】“动作”面板和事件

1. “动作”面板的特点

具有交互式的动画可以使用户参与控制动画。用户可以通过鼠标单击或按键盘按键等操作，使动画画面产生跳转变化或者执行其他一些动作脚本（也叫程序）。动作脚本是可以在 Flash 影片运行过程中起计算和控制作用的程序代码，这些程序代码是使用 ActionScript 编程语言编写的。ActionScript 编程语言与 Java 语言基本相同，也具有语法规则，其结构与 JavaScript 语言结构基本相同。动作脚本是在“动作”面板中编写的。

在时间轴中，选中一个要加入动作的关键帧或空关键帧。选择“窗口”→“动作”命令，会弹出“动作-帧”面板。“动作”面板有 3 种：帧的“动作-帧”面板、按钮的“动作-按钮”面板和影片剪辑实例的“动作-影片剪辑”面板。以后称为“动作”面板就是指这 3 种面板。“动作”面板是用来编写 ActionScript 程序的。

注意

在 Flash MX 2004 版本中，没有“标准”模式，只有“专家”模式，而在 Flash 8 版本中又恢复了“标准”模式。单击按下“动作”面板内的“脚本助手”按钮，即可进入“标准”模式。

“动作”面板有 3 个区域：命令列表区、程序编辑区和位置列表区。下面以帧的“动作-帧”面板为例（如图 7-12 所示），介绍其中一些按钮的作用。

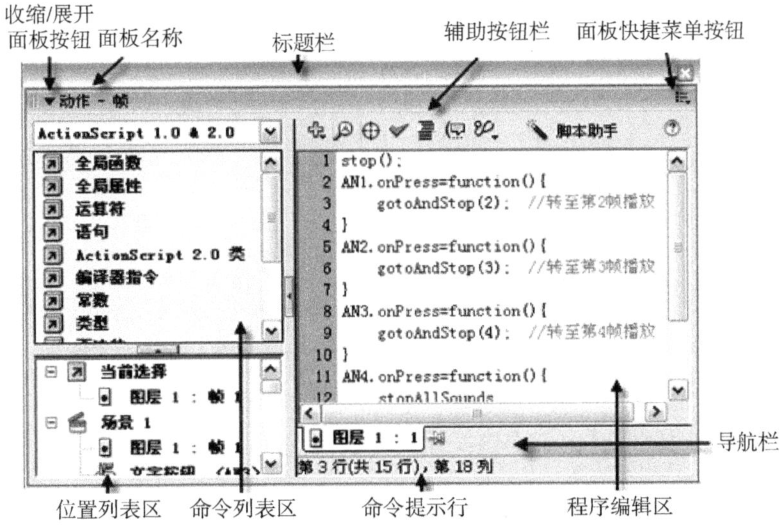

图 7-12　“动作-帧”面板

（1）“收缩/展开面板”按钮：单击该按钮或该按钮所在的栏，可以使“动作”面板收缩或展开。单击“动作”面板的标题栏也可以使“动作”面板收缩或展开。

（2）位置列表区：它也称为脚本导航器，该区域显示了当前选择的关键帧、按钮或影片剪辑实例的相关信息（所在图层、关键帧名称、按钮和影片剪辑元件名称及实例名称等）。单击选中该列表区中的帧、按钮或实例对象，即可在程序编辑区内显示相应的脚本程序。

（3）命令列表区：该区域中有 12 个文件夹，和一个索引文件夹，单击可以展开文件夹。文件夹内有下一级文件夹或命令，双击命令或用鼠标拖曳命令到程序编辑区内，都可以在程序区内导入相应的命令。这里所说的命令是指程序中的运算符号、函数、语句、属性等的统称。

将鼠标指针移到命令上，单击鼠标右键，弹出其快捷菜单，选择该快捷菜单中的“查看帮助”命令，会弹出该命令的帮助信息。可以通过单击面板中间的、（或）按钮来控制是否显示命令列表区。也可以用鼠标拖曳面板中间的竖条来调整命令列表区的大小。

（4）程序编辑区：程序编辑区是用来编写 ActionScript 程序的区域。在程序编辑区内，单击鼠标右键，会弹出一个快捷菜单，通过快捷菜单命令可以编辑（复制、粘贴和删除等）程序。

（5）命令行提示栏：用来显示程序编辑区当前命令（即选中的命令）及其所在的行号。

（6）辅助按钮栏：辅助按钮栏内有一些按钮，它们的作用如下。

◎“将新项目添加到脚本中”按钮：单击该按钮，会弹出如图 7-13 所示的菜单，再选择相应的命令，即可将相应的命令添加到程序编辑区中。

◎“查找”按钮：单击该按钮，会弹出“查找和替换”对话框，如图 7-14 所示。在“查找内容”文本框中输入要查找的字符串，单击“查找下一个”按钮，即可选中程序中要查找的字符串。选择“区分大小写”复选框，则在查找时区分大小写。如果在“替换为”文本框内输入要替换的字符串，单击“替换”按钮，则可以替换查找到的字符串，单击“全部替换”按钮，即可将所有查找到的字符串替换。

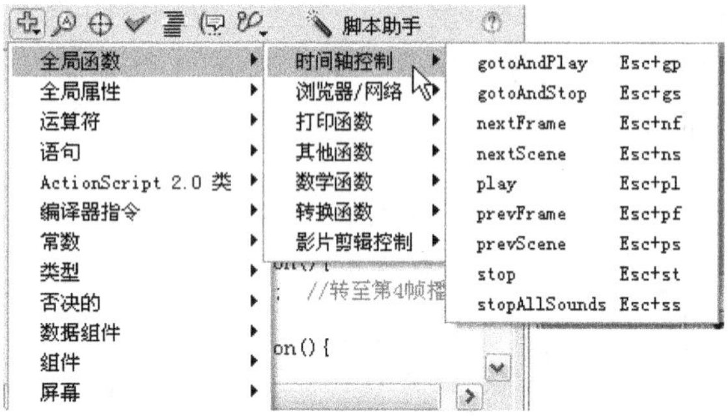

图 7-13　命令菜单

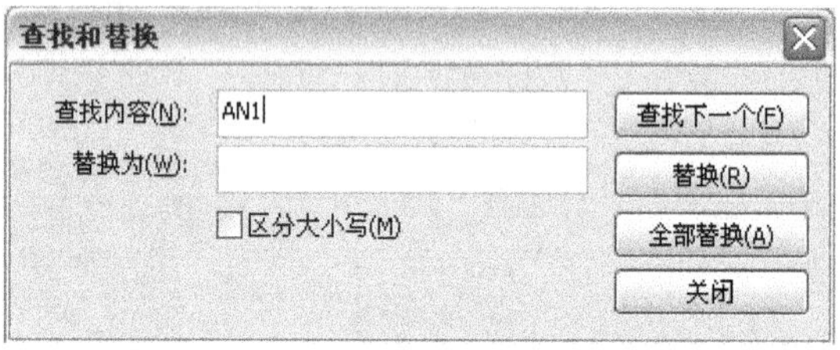

图 7-14　“查找和替换”对话框

◎“插入目标路径”按钮：单击该按钮，会弹出“插入目标路径”对话框，如图 7-15 所示。在该对话框中可以选择路径的方式、路径的符号和对象的路径。可参看下一章介绍的内容。

◎“语法检查”按钮：单击该按钮，可以检查程序是否存在语法错误。如果不正确，会显示相应的提示信息。

◎“自动套用格式”按钮：单击该按钮，可以使程序中的命令按照设置的格式重新调整。例如，使程序中应该缩进的命令自动缩进。

◎“显示代码提示”按钮：在当前命令没有设置好参数时，单击该按钮会弹出一个参数（代码）提示列表框，供用户选择参数，如图 7-16 所示。

图 7-15　“插入目标路径”对话框

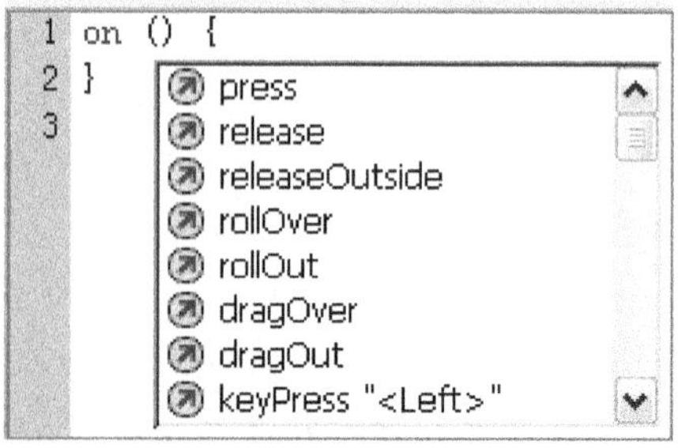

图 7-16　代码提示

◎“调试选项”按钮：单击该按钮，会弹出一个用于调试程序的菜单，如图 7-17 所示。选择“设置断点”命令，可以将选中的命令行设置为断点（该行左边会显示一个红点），运行程序后会在该行暂停。选择“移除断点”命令，可以将选中的断点行设置的断点删除。选择“移除所有断点”命令，可以将设置的所有断点删除。

◎“帮助”按钮：选中程序中的关键字，然后单击该按钮，会弹出“帮助”面板，并显示相应的帮助信息。

◎“脚本助手”按钮 脚本助手：单击该按钮，可以使程序编辑区进入具有脚本帮助的程序输入状态，相当于 Flash MX 版本中的标准模式状态，如图 7–18 所示。如果“脚本助手”按钮 脚本助手 处于弹起的状态，程序编辑区进入相当于 Flash MX 版本中的专家模式状态。

在具有脚本帮助的程序编辑区中，增加了一个参数设置区，用来设置语句的参数。选中一条语句后，参数设置区会显示出相关的参数选项。对于初学者来说，可采用这种方法。

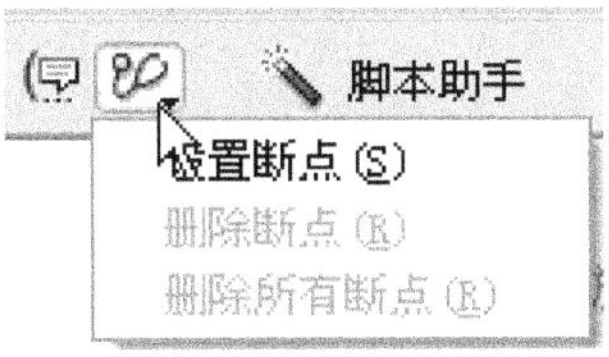

图 7–17 调试程序菜单

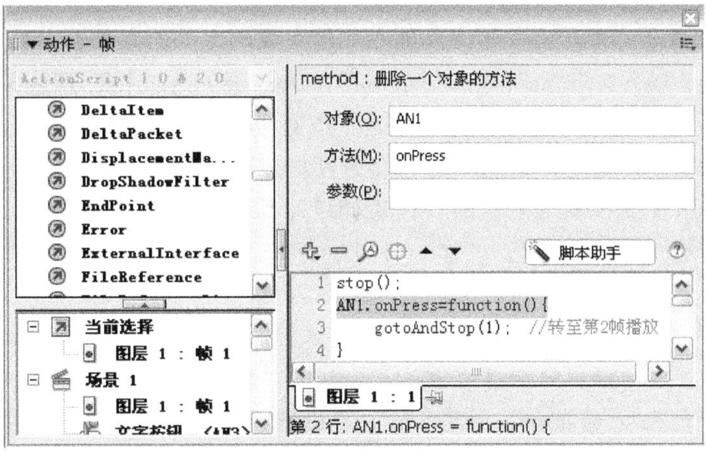

图 7–18 具有脚本帮助的程序编辑区

（7）面板快捷菜单按钮：单击该按钮，会弹出“动作”面板的快捷菜单。其中一些命令的作用与辅助按钮栏中按钮的作用相同，其他命令的作用如下。

◎“首选参数”命令：选择该命令，会弹出“首选参数”对话框，如图 7–19 所示。通过该对话框可以进行动作脚本的默认状态和参数的设置。

◎“转到行”命令：选择该命令会弹出“转到行”对话框，如图 7–20 所示。在“行号”文本框中输入程序编辑区中的行号，单击“确定”按钮，该行即被选中。

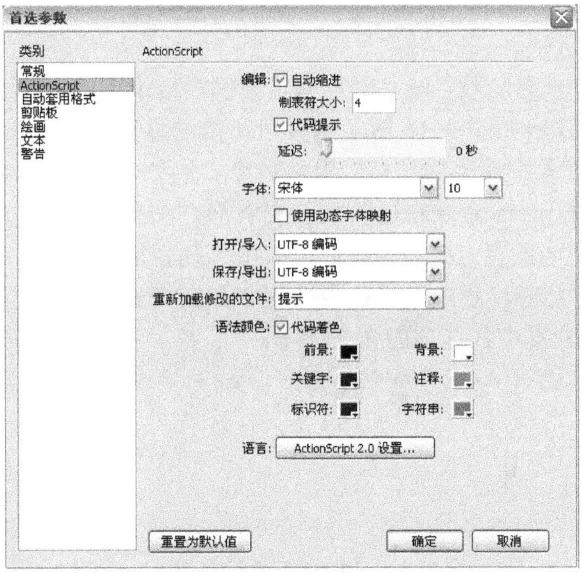

图 7–19 “首选参数”对话框

图 7–20 “转到行”对话框

◎“导入脚本”命令：选择该命令，会弹出“打开”对话框。通过该对话框，可以从外部导入一个“*.as”的脚本程序文件，它是一个文本文件。

◎“导出脚本”命令：选择该命令，会弹出“另存为”对话框。通过该对话框，将当前程序编辑区中的程序作为一个“*.as”的脚本程序文件保存。

◎“打印”命令：选择该命令，会弹出“打印”对话框，将当前程序编辑区中的程序打印出来。

◎“Esc 快捷键”命令：选择该命令，可使命令列表区中各命令右边显示其快捷键。

2. 帧的事件与动作

交互式动画的一个行为包含了两个内容，一个是事件，另一个是事件产生时所执行的动作。事件是触发动作的信号，动作是事件的结果。播放指针到达某个指定的关键帧、用户单击按钮或影片剪辑元件或用户按下了键盘按键等操作，都可以触发事件。可以认为动作是由一系列的语句组成的程序。最简单的动作是使播放的动画停止播放，使停止播放的动画重新播放等。

事件的设置与动作的设计是通过“动作”面板来完成的。帧事件就是当影片或影片剪辑播放到某一帧时的事件。

注意

只有关键帧才能设置事件。例如，如果要求上述的动画播放到第 30 帧时停止播放，那么就可以在第 30 帧创建一个关键帧，再设置一个帧事件，其响应动作是停止动画的播放。操作的方法如下。

（1）在时间轴中，选中第 30 帧单元格，按 F6 键，将该帧设置为关键帧。

（2）选中该关键帧单元格，选择“窗口”→“动作”命令，弹出“动作–帧”面板。

（3）将“动作–帧”面板左边命令列表区中“全局函数”→“时间轴控制”目录下的 stop( ) 函数拖曳到右边程序编辑区。这时程序编辑区会显示出相应的程序：“stop( )”。也可以单击按钮，弹出一个菜单，再选择“全局函数”→“时间轴控制”→“stop”命令。

3. 按钮和按键的事件与动作

选中舞台工作区中的一个按钮实例对象，“动作”面板即可变为“动作–按钮”面板。可以看出其与“动作–帧”面板基本相同。

将“动作–按钮”面板左边命令列表区“全局函数”→“影片剪辑控制”目录下的 on( )函数拖曳到右边程序编辑区。这时程序编辑区会弹出如图 7–16 所示的按钮和按键事件命令列表框。双击该列表框中的选项，可以在 on 函数中加入按钮事件与按键事件命令。例如，双击 press 命令后，程序编辑区的程序如图 7–21 所示。在 press 命令右边输入英文字符“，”后，单击辅助按钮栏内的“显示代码提示”按钮，弹出如图 7–16 的列表框，双击该列表框中的 keyPress "<Down>"命令，即可再加入按键事件命令。此时，程序编辑区内的程序如图 7–22 所示。可见该按钮可以响应两个或多个事件命令。该列表框中各选项的含义如下。

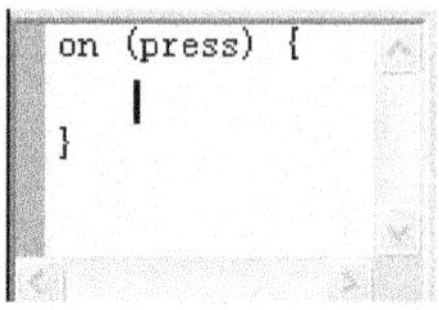

图 7–21　双击 press 命令效果

图 7–22　加入按键命令效果

（1）press（按）：当鼠标指针移到按钮上，并单击鼠标左键时触发事件。

（2）release（释放）：当鼠标指针移到按钮上，单击鼠标左键，松开鼠标左键时触发事件。

（3）releaseOutside（外部释放）：当鼠标指针移到按钮上，并按住鼠标左键，将鼠标指针移出按钮范围，再松开鼠标左键时触发事件。

（4）rollOver（滑过）：当鼠标指针由按钮外面，移到按钮上时触发事件。

（5）rollOut（滑离）：当鼠标指针由按钮上，移到按钮外边时触发事件。

（6）dragOver（拖过）：当鼠标指针移到按钮上，并单击按下鼠标左键，按住鼠标左键，然后将鼠标指针拖曳出按钮范围，接着再拖曳回按钮上时触发事件。

（7）dragOut（拖离）：当鼠标指针移到按钮上，并单击按下鼠标左键，按住鼠标左键，然后把鼠标指针拖曳出按钮范围时触发事件。

（8）keyPress（按键）：当键盘的指定按键被按下时，触发事件。

在 on 括号内输入多个事件命令，事件命令之间用逗号分隔，这样在这几个事件中的任意一个发生时都会产生事件，触发动作的执行。动作脚本程序写在大括号内。

在具有脚本帮助的状态下，用鼠标将“动作–按钮”或“动作–影片剪辑”面板左边命令列表区中“全局函数”→“影片剪辑控制”目录下的 on( )函数拖曳到右边程序编辑区后，“动作–按钮”面板如图 7–23 所示，可以方便地选择一个或多个按钮事件。这对于初学者非常适用。

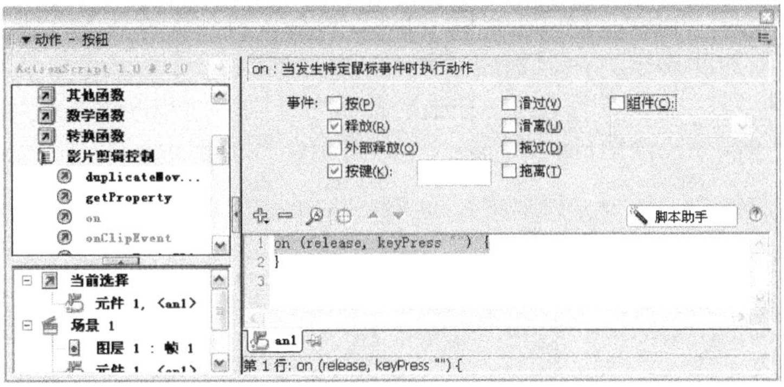

图 7–23　“动作–按钮”面板

4. 影片剪辑元件的事件与动作

将影片剪辑元件从“库”面板中拖曳到舞台时，即完成了一个影片剪辑的实例化，通常将这个在舞台中的影片剪辑元件的实例称为影片剪辑实例。在舞台中的影片剪辑实例是可以通过鼠标、键盘和帧等的触发而产生事件的，并通过事件来执行一系列动作（即程序）。

使用工具箱内的“选择工具”选中舞台工作区内的影片剪辑实例，调出“动作–影片剪辑”面板。这个面板与“动作–帧”面板和“动作–按钮”面板的使用方法基本相同。

用鼠标将“动作–影片剪辑”面板左边命令列表区中“全局函数”→“影片剪辑控制”目录下的 onClipEvent 命令拖曳到右边程序编辑区。这时面板右边程序编辑区会弹出影片剪辑实例事件命令列表框，如图 7–24 所示。双击该列表框中的选项，可以在 onClipEvent( )函数的括号内加入影片剪辑实例事件命令。例如，双击 load 命令后，程序编辑区内的程序如图 7–25 所示。在 press 命令右边输入英文字符“，”后，单击辅助按钮栏中的“显示代码提示”按钮，会弹出如图 7–24 的影片剪辑实例事件命令列表框，双击该列表框中的 keyDown 命令，即可再加入相应的事件命令，如图 7–26 所示。可见影片剪辑实例可以响应两个或多个事件命令。

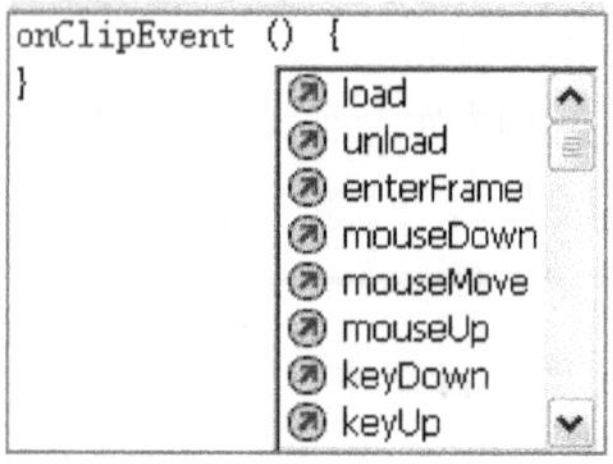

图 7-24 影片剪辑实例事件

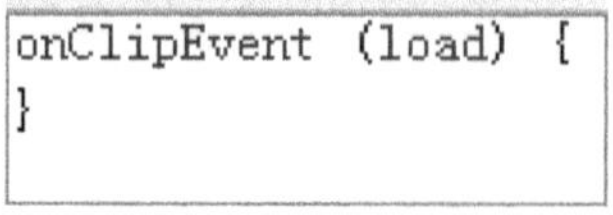

图 7-25 加入 load 参数

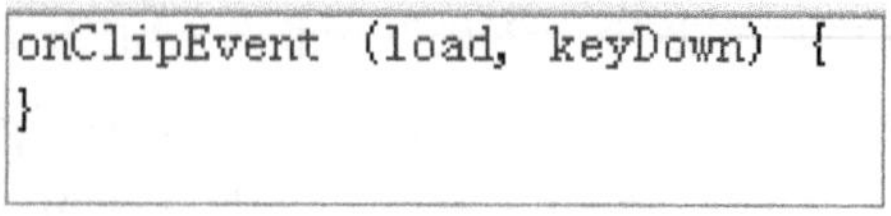

图 7-26 再加入 keyDown 参数

影片剪辑实例事件（“onClipEvent( )”句柄）可以设置以下 9 种不同的事件。

（1）load（加载）：当影片剪辑元件加载到舞台中的时候产生事件。

（2）enterFrame（进入帧）：当导入帧的时候产生事件。

（3）unload（卸载）：当影片剪辑元件从舞台中被卸载的时候产生事件。

（4）mouseDown（鼠标按下）：当鼠标左键按下时产生事件。

（5）mouseUp（鼠标弹起）：当鼠标左键释放时产生事件。

（6）mouseMove（鼠标移动）：当鼠标在舞台中移动时产生事件。

（7）keyDown（向下键）：当键盘的某个键按下时产生事件。

（8）keyUp（向上键）：当键盘的某个按键释放时产生事件。

（9）data（数据）：当 LoadVariables 或 LoadMovie 收到了数据变量时产生事件。

在具有脚本帮助的状态下，用鼠标将“动作-影片剪辑”面板左边命令列表区中“全局函数”→“影片剪辑控制”目录下的 onClipEvent 命令拖曳到右边程序编辑区中，“动作-影片剪辑”面板如图 7-27 所示。可以方便地选择一个或多个影片剪辑事件。

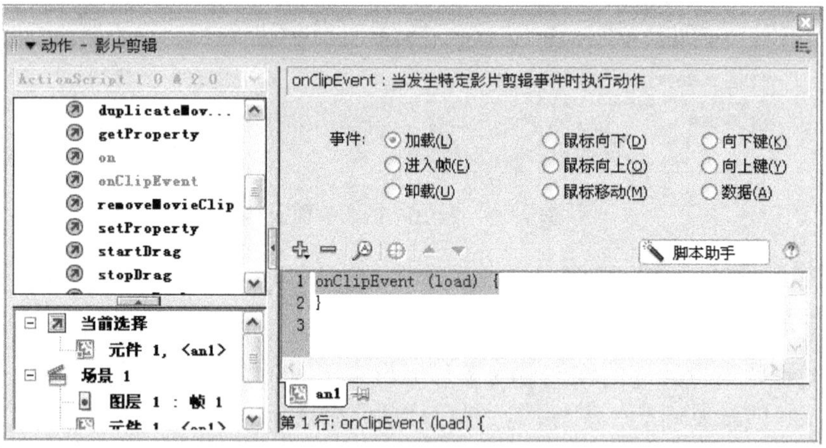

图 7-27 “动作-影片剪辑”面板

【相关知识】“时间轴控制”全局函数

函数是完成一些特定任务的程序，通过定义函数，就可以在程序中通过调用这些函数来完成具体的任务。函数有利于程序的模块化。Flash 8 提供了大量的函数，这些函数可以从“动作”面板命令列表区的“全局函数”目录下找到。

“时间轴控制”函数是全局函数中的一类，它由 9 个函数组成，在“全局函数”→“时间轴控制”目录下可以找到。“时间轴控制”函数的功能如表 7-1 所示。

表 7-1 “时间轴控制”函数的格式和功能

序号	格　式	功　能
1	stop( )	暂停当前动画的播放，使播放头停止在当前帧
2	play( )	如果当前动画暂停播放，则从播放头暂停处继续播放动画
3	gotoAndPlay（[scene，]　frame）	使播放头跳转到指定场景内的指定帧，并从该帧开始播放动画，参数 scene 是设置开始播放的场景，如果省略 scene 参数，则默认当前场景；参数 frame 是指定播放的帧号。帧号可以是帧的序号，也可以是帧的标签（即帧“属性”面板中的“帧标签”文本框中名称）
4	gotoAndStop（[scene，]　frame）	使播放头跳转到指定场景内的指定帧，并停止在该帧上
5	nextFrame( )	使播放头跳转到当前帧的下一帧，并停在该帧
6	prevFrame( )	使播放头跳转到当前帧的前一帧，并停在该帧
7	nextScene( )	使播放头跳转到当前场景的下一个场景的第 1 帧，并停在该帧
8	prevScene( )	使播放头跳转到当前场景的前一个场景的第 1 帧，并停在该帧
9	stopAllSounds ( )	关闭目前播放的 Flash 动画（无论正在播放几个 Flash 动画）内所有正在播放的声音

思考与练习 7-1

（1）参考【实例 43】“按钮控制的渐隐渐现图像切换”影片的制作方法，制作一个“按钮控制的翻页画册”影片。该影片播放后，可以通过按钮来控制“翻页画册”影片的播放和暂停。

（2）制作一个“鼠标触发的圆柱和圆球”影片，该影片播放后，屏幕上显示 16 个圆柱体和 16 个圆球，圆球在圆柱体的上面，每个圆球的下面有一个阴影，如图 7-28 左图所示。将鼠标指针移到圆柱体顶部之后，圆柱体会自动向上伸长，圆球快速垂直向上跳跃，阴影会随之在圆柱体顶部扩展，如图 7-28 中图所示。如果将鼠标指针迅速在圆柱体顶部移动，会同时有多个圆柱体自动向上伸长，有多个圆球快速垂直向上跳跃，阴影随之变化，如图 7-28 右图所示。

图 7-28 “鼠标触发的圆柱和圆球”影片播放后的 3 幅画面

（3）制作一个“多媒体播放器”影片，该影片播放后，屏幕显示如图 7-29（演播框内还没有图像）所示。左边是 3 个按钮（图像按钮、影片按钮和文字按钮）。单击图像按钮后，演播框中会显示一幅图像，如图 7-29 所示。动画按钮是一个顺时针自转的七彩光环，将鼠标指针移到七彩光环影片按钮之上后，鼠标指针变为小手状，同时七彩光环影片改变为逆时针自转，单击该按钮后七彩光环停止自转，同时演播框中会显示一个“电风扇”动画，如图 7-30 所示。单击文字按钮后，演播框中会播放一个视频电影，如图 7-31 所示。在进行播放时，将鼠标指针移到演播框的右下角小人处时，会显示“退出”两字。单击后，可回到图 7-29 所示的状态。

图 7–29　显示一幅图像

图 7–30　播放一个 Flash 影片

图 7–31　播放一个视频电影

（4）制作一个“北京名胜网页”影片，这是一个有 3 页的网页。该影片播放后显示如图 7–32 所示的主页画面。单击导航栏中的“北京建筑”按钮，即可显示关于北京建筑的“北京建筑”页面；单击导航栏中的“北京文化”按钮，即可显示“北京文化”页面。单击导航栏中的“首页”按钮，即可显示如图 7–32 所示的页面。

图 7–32　“北京名胜网页”影片的网页主页画面

7.2　ActionScript 基本语法和“影片剪辑控制”函数

【实例 47】跟随鼠标移动的飞蝶

“跟随鼠标移动的飞蝶”影片播放后，一些旋转不同角度、不同透明度的飞蝶，跟随着鼠标指针的移动而移动。影片播放后的一幅画面如图 7–33 所示。该影片的制作方法如下。

（1）设置舞台工作区的宽为 600 像素，高为 300 像素，背景色为浅蓝色。以名称“【实例 47】跟随鼠标移动的飞蝶.fla”保存。

（2）打开“【实例 8】花丛蝴蝶飞.fla”文档，将“库”面板内的“蝴蝶 3”影片剪辑元件复制粘贴到“【实例 47】跟随鼠标移动的飞蝶.fla”文档的“库”面板中。

图 7-33 “跟随鼠标移动的飞蝶”影片播放后的画面

（3）将“库”面板中的“蝴蝶 3”影片剪辑元件拖曳到舞台工作区中，设置该实例的名称为“YU0”，调整其宽为 80 像素，高为 70 像素。然后选中“图层 1”的第 4 帧，按 F5 键，使第 1 帧到第 4 帧内容相同。

（4）在“图层 1”的上边添加一个新图层，将该图层名称改为“Actions”。单击选中“Actions”图层的第 1 帧，在第 1 帧的“动作-帧”面板的程序编辑区输入如下程序。

```
N=0;                    //定义变量 n,给变量 n 赋初值 0
YU0.startDrag(true);  //允许鼠标拖曳“YU0”影片剪辑实例
```

（5）单击选中“Actions”图层的第 2 帧，按 F7 键，在第 2 帧的“动作-帧”面板的程序编辑区输入如下程序。

```
n++;                                          //变量 n 自动加 1
//当 n 大于 10 以后,重新给变量 n 赋初值 1
if(Number(n)>10) {
 n = 1;
}
YU0.duplicateMovieClip（"YU"+n, n）;          //复制一个“YU”加序号的影片剪辑实例
setProperty("YU"+n, _rotation, random(360));  //按随机角度旋转复制的实例
setProperty("YU"+n, _alpha, random(100));     //按随机数改变复制实例的透明度
```

注意

在程序中，random（n）函数返回一个大于等于 0 而小于 n 的随机数。

（6）选中“Actions”图层的第 4 帧，按 F7 键，在第 4 帧“动作-帧”面板的程序编辑区中输入如下程序。

```
gotoAndPlay(2);   //转移到第 2 帧执行
```

【实例 48】按钮控制图像浏览 2

“按钮控制图像浏览 2”影片播放后的显示效果与【实例 46】“按钮控制图像浏览 1”影片播放后的显示效果一样，但程序的设计方法有些不同。该影片的制作方法如下。

（1）打开“【实例 46】按钮控制图像浏览 1.fla”Flash 文档，以名称“【实例 48】按钮控制图像浏览 2.fla”保存。

（2）选中“图层 2”的第 1 帧到第 10 帧，用鼠标右键单击选中的帧，弹出帧快捷菜单，选择该快捷菜单中的“复制帧”命令，将选中的帧复制到剪贴板中。

（3）创建并进入“图像”影片剪辑元件的编辑状态，用鼠标右键单击“图层 1”的第 1 帧，弹出帧快捷菜单，选择该快捷菜单中的“粘贴帧”命令，将剪贴板中的 10 帧内容粘贴到“图层 1”的第 1 帧到第 10 帧。

（4）选中“图层 1”的第 1 帧，调出“动作–帧”面板，输入“stop( );”。然后回到主场景。

（5）选中主场景“图层 1”的第 1 帧，将“库”面板中的“图像”影片剪辑元件拖曳到舞台工作区外，调整其大小和位置，使其位于框架内。然后，为该实例命名为 HP。

（6）选中“图层 1”的第 1 帧，调出“动作–帧”面板，输入如下程序。

```
stop( );
AN1.onPress=function( ){
  _root.HP.gotoAndStop (1);   //转至起始帧停止
}
AN2.onPress=function( ){
  _root.HP.prevFrame( );      //转上一帧播放
}
AN3.onPress=function( ){
  _root.HP.nextFrame( );      //转至后一帧播放
}
AN4.onPress=function( ){
 _root.HP.gotoAndStop(10);   //转至最后一帧停止
}
```

【实例 49】彩珠环内滚动图像 2

“彩珠环内滚动图像 2”影片播放后的显示效果与【实例 32】“彩珠环内滚动图像 1”影片的显示效果相同，但在设计方面不同，该影片是通过程序来产生图像移动的。该影片的制作方法如下。

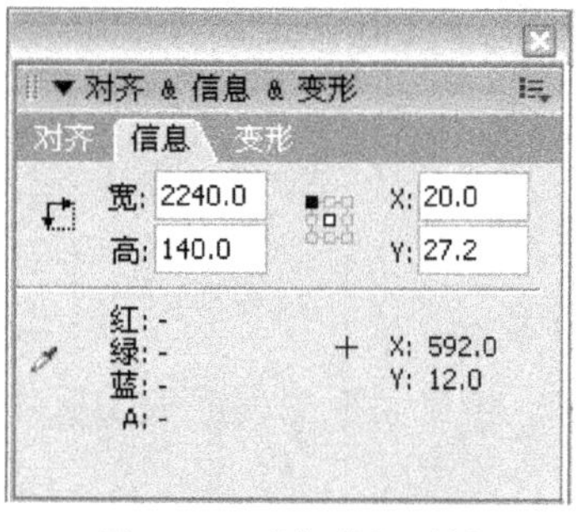

图 7-34 “信息”面板

（1）打开“【实例 32】彩珠环内滚动图像.fla”Flash 文档，以名称“【实例 49】彩珠环内滚动图像 2.fla”保存。然后，选中“图层 1”、“图层 2”和“图层 3”第 2 帧以后的所有帧，删除这些帧，只剩下“图层 1”、“图层 2”和“图层 3”的第 1 帧和第 2 帧。

（2）将排成一排的图像转换为影片剪辑实例，将该实例命名为“TU”。该实例的高为 140 像素，宽为 2240 像素，X 值为 20，Y 值为 27.2。此时的“信息”面板设置如图 7–34 所示。

（3）选中“图层 3”的第 1 帧，调出其“动作–帧”面板，输入如下程序。

```
setProperty("_root.TU",_x, getProperty("_root.TU",_x)−10)
//如果“TU”实例的 X 的值小于−1100
if  (_root.TU._x<=−1100){
     _root.TU._x=20;
}
```

（4）按住 Ctrl 键，选中“图层 1”和“图层 2”的第 1 和第 2 帧，单击鼠标右键，弹出帧快捷菜单，选择该快捷菜单中的“删除补间”命令。

【相关知识】ActionScript 基本语法

1. 常量、变量和注释

（1）常量：它是程序运行中不改变的量。常量有 3 种，它们的特点如下。

◎ 数值型：就是具体的数值。例如，129、519 和 68.9 等。

◎ 字符串型：用引号括起来的一串字符。例如，“Flash 8”和“奥运北京 2008”等。

◎ 逻辑型：用于判断条件是否成立。True 或“1”表示真（成立），False 或“0”表示假（不成立）。逻辑型常量也称为布尔常量。

（2）变量：它可以赋值一个数值、字符串、布尔值、对象等。而且，还可以为变量赋一个 Null 值，即空值，它既不是数值 0，也不是空字符串，是什么都没有。数值型变量都是双精度浮点型。不必明确地指出或定义变量的类型，Flash 会在变量赋值的时候自动决定变量的类型。在表达式中，Flash 会根据表达式的需要自动改变数据的类型。

◎ 变量的命名规则：变量的开头字符必须是字母、下画线或美元符号，后续字符可以是字母、数字等，但不能是空格、句号、保留字（即关键字，它是 ActionScript 语言保留的一些标示符，例如，play、stop 和 int 等）和逻辑常量等字符。变量名区分大小写。

◎ 变量的作用范围和赋值：变量分为全局变量和局部变量，全局变量可以在时间轴的所有帧中共享，而局部变量只在一段程序（大括弧内的程序）内起作用。如果使用了全局变量，一些外部的函数将有可能通过函数改变变量的值。

可以使用 var 命令定义局部变量，例如，var ab1=“奥运北京”。可以在使用 set variable 命令或者使用赋值号“=”运算符给变量赋值时，定义一个全局变量，例如，BT=2008。

◎ 测试变量的值：可以通过“动作”面板中命令列表区中的“全局函数”→“其他函数”目录中的 trace( )函数，将变量的值传递给“输出”窗口，在该窗口中显示变量的值。该函数的格式是 trace（表达式）。其中的表达式可以是常量、变量、函数或表达式。例如，在某动画的第 1 帧加入如下程序：

```
n="环境保护";
trace(n);
trace("中国人民应该进行");
trace("中国人民应该进行"+n);
```

运行程序，“输出”面板的显示如图 7-35 所示。

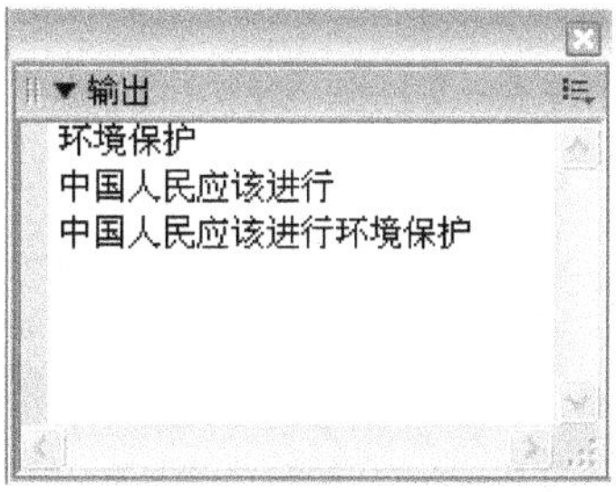

图 7-35 “输出”面板

（3）注释：为了帮助阅读脚本程序，可以在脚本程序中加入注释内容。注释语句在程序运行时是不执行的。

◎ 单行注释符号“//”：用来注释一行语句。在要注释的语句右边添加注释符号“//”，在“//”注释符号的右边添加注释内容，构成注释语句。

◎ 多行注释符号“/*”和“*/”：如果要加多行注释内容，可在开始处添加“/*”注释符号，在结束处添加“*/”注释符号，构成注释语句。

2. 运算符和表达式

运算符（即操作符）是能够提供对常量与变量进行运算的元素。表达式是用运算符将常量、变量和函数以一定的运算规则组织在一起的式子。表达式可分为 3 种：算术表达式、字符串表达式和逻辑表达式。在 Flash 8 的表达式中，同级运算按照从左到右的顺序进行。

使用运算符可以在“动作”面板程序编辑区直接输入。也可以在“动作”面板命令列表区的“运算符”目录下，双击其中一个运算符来输入。还可以单击“动作”面板内辅助按钮栏中的“将新项目添加到脚本中”按钮，再选择“运算符”菜单下的一个运算符。

常用的运算符及其含义如表 7–2 和表 7–3 所示。

表 7–2 普通运算符和字符串运算符

运算符	名 称	使 用 方 法	运算符	名 称	使 用 方 法
!	逻辑非	a=!true; //a 的值为 false	?:	条件判断	【格式】变量=表达式 1?：表达式 2，表达式 3 【功能】如果表达式 1 成立，则将表达式 2 的值赋给变量，否则将表达式 3 的值赋给变量
%	取模	a=21%5；//a=1	*	乘号	6*8//其值为 48
+	加号	a=“abc”+5； //a 的值为 abc5	_	减号	9–6/其值为 3
++	自加	y++相当于 y=y+1	––	自减	y––相当于 y=y–1
/	除	9/3；//其值为 3	>	大于	a>1；//当 a=3 时，其值为 true
<>	不等于	a<>5；// a=5 时，其值为 false	<	小于	a<1；//当 a=6 时，其值为 false
<=	小于等于	a<=3；// a=1 时，其值为 true	==	等于	判断左右的表达式是否相等 a==6；//当 a=6 时，a 的值为 true
>=	大于等于	a>2；//当 a 为 4 时，其值 true；	&& and	逻辑与	只当 a 和 b 都为 0 时，a && b 的值 0； a and b 的值 ture
!=	不等于	判断左右的表达式是否不相等， a!=true //a 的值为 false	|| or	逻辑或	当 a 和 b 中一个不为 0 时，a || b 的值为 1，a or b 的值为 true
= = =	全等	判断左右表达式和数据类型是否相等	!=	不全等	判断左右的表达式和数据类型是否不相等
“”	定义字符串	“abcde”	add 或+	字符串连接	a=“ab”add“cd”；//a 的值为“abcd”

表 7–3 二进制运算符和赋值运算符及其含义

运 算 符	名 称	使 用 方 法
&	按位与	n=6&3；//n 的值为 2//110&011 为 010
<<	左移位	n=6<<1；//0110（即 6）左移 1 位，n 的值为 12（1100）
>>	右移位	n=6>>1；// 0110（即 6）右移 1 位，n 的值为 3（0011）
>>>	无符号右移位	n=9>>2；// 1001（即 0）右移 2 位，n 的值为 4（00100）
^	按位异或	1^1=0，1^0=1，0^0=0，0^1=1
|	按位或	1|1=1，1|0=1，0|0=0，0|1=1
~	按位非	~0=1，~1=0
%=、&=、*=、+=、–=、/=、<<=、>>=、>>>=、^=、|=	赋值运算	Abc%=8 等同于 Abc=Abc%8

3. 自定义函数

（1）自定义函数：它是完成一些特定任务的程序，可以在程序中通过调用这些函数来完成具体的任务。自定义函数有利于程序的模块化。可以通过“function( ){ }”来定义自己需要的函数。自定义函数的格式如下。

```
function  函数名称(自变量){
      语句体
}
```

例如，在舞台工作区中创建一个输入文本框，其变量名为“TEXT”。在舞台中加入一个按钮元件实例（名称为“AN1”）。在第 1 帧输入如下程序。程序运行后，在文本框内输入一个数，单击按钮，即可在该文本框内显示输入数的平方值。

```
function example1(n){
    var temp;
    temp=n*n*n;
    return temp;
}
 AN1.onPress=function( ){
  _root.TEXT=example1(TEXT);//计算立方
}
```

（2）函数的返回值：刚才那个函数中的 return 就用来指定返回的值，在命令选择区中选择 return 命令，return 命令的参数是函数所要返回的变量，这个变量包含着所要返回的值。

注意

并非所有的函数都有返回值，有的函数可以通过共享一些变量来传递值。

（3）调用函数的方法：如上个例子中的“TEXT1=example1(TEXT1)”，直接将文本变量 TEXT1 的值作为参数传递给 example1(*n*)函数的参数 *n*。通过函数内部程序的计算，将函数的返回值直接返回到文本变量 TEXT1 中。

【相关知识】层次结构和路径

1. 层次结构

这里的层次结构是指编程的层次结构，即引用对象的层次结构。Flash 8 层次结构的最底层是场景，一个影片可有多个场景，每个场景都是一个独立的动画，可以设置场景的动画播放顺序。每一个场景的结构都是一样的。每一个舞台工作区可以由许多图层（Layer）组成，每一个图层中的关键帧可以由许多层（Level）组成，层类似于在制作动画时的图层，但它与图层并不是一个概念。每一个层的上面可以放置不同的影片剪辑元件。层是有严格的顺序的，最底下的层是“层 0”，其上面的层是“层 1”，依次向上，如图 7-36 所示。

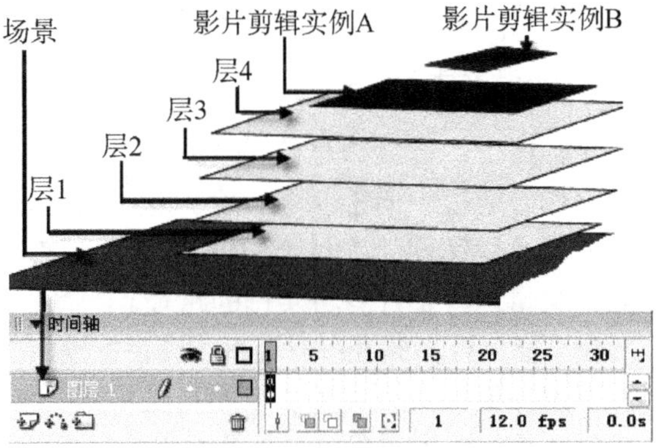

图 7-36　层（Level）的结构

在每一个层上最多只能放置一个实例对象，如果将实例对象放置到有对象的层上，原有对象会被新的对象所替换。每一个影片剪辑元件的舞台工作区，也都是由场景和层组成。

各个场景之间是无法实现实例对象的互相调用的，所以在制作交互动画的时候，尽量使用一个独立的场景进行编程。

2. 点操作符和_root、_parent、this 关键字

（1）点操作符：在 ActionScript 中，点操作符“.”通常被用来指定一个对象或影片剪实例有关系的属性和方法，通常被用来标识一个影片剪辑实例或者变量的目标地址。点操作符的左边是对象或影片剪辑实例的名称，点操作符的右边是它们的属性或方法。

例如，在主场景的舞台工作区中添加一个影片剪辑实例 A，影片剪辑实例 A 中有影片剪辑实例 B。如果在主场景中指示影片剪辑实例 A，则路径可写成 A；如果在主场景指示影片剪辑实例 B，路径可以写成 A.B（使用了点运算符连接两个影片剪辑实例）；如果在影片剪辑实例 A 中指示影片剪辑实例 B，路径可写成 B。

（2）_root 关键字：指主场景。使用它来创建绝对路径。

◎ 在电影的任何位置都可以利用这个关键字来指示主场景中的某个对象。例如，在主场景第 1 帧定义并赋值了一个变量 A，然后在任何的影片剪辑元件中，都可以采用“_root . A”来使用这个变量。又如，在主场景的舞台工作区中添加一个影片剪辑实例，实例名称为“影片 1”，而且这个影片剪辑元件时间轴上的第 1 帧定义了一个变量 B，那么可以采用“_root.影片 1.B”来使用这个变量。

◎ 如果影片剪辑实例或变量 ab1 位于影片剪辑实例 B 的舞台工作区中，在任何地方调用影片剪辑实例或变量 ab1 时，都可以使用_root . A . B . ab1。

这里要特别说明一下，在主场景中，如果舞台工作区中的某个影片剪辑元件上加有程序命令“onMovieClip( )”，那么在调用主场景某个帧中的变量时，应使用_root。

（3）_parent 关键字：指父一级对象。它指定的是一种相对路径。

◎ 当把新建的一个影片剪辑实例添加到另一个影片剪辑实例的舞台工作区时，被放入的影片剪辑实例就是“子”，承载对象的影片剪辑实例就是父。例如，前面提到的影片剪辑实例 A 中有影片剪辑实例 B，那么 A 就相对于 B 来说是“父”，B 相对于 A 来说是“子”。如果在影片剪辑实例 B 中调用影片剪辑实例 A 的 ab1 变量或实例对象，可使用_parent.ab1。

◎ 在编辑影片剪辑实例 B 的时候，如果想从第 1 帧开始播放影片剪辑实例 A，则使用的命令是“_parent . gotoAnd Play（1）”。

（4）this 关键字：指示当前影片剪辑实例和变量。它指定的是一种相对路径。例如，“this.ab1”就是指当前影片剪辑实例内的影片剪辑实例或变量 ab1。在影片剪辑实例 A 中，如果想调用影片剪辑实例 B 本身的语句或者变量、属性等，可以使用“this”。

3. 使用“插入目标路径”对话框直接加载路径

在程序中，直接书写目标路径容易出错，Flash 8 提供了一个“插入目标路径”对话框，单击“动作”面板中的⊕按钮，会弹出“插入目标路径”对话框。通过“插入目标路径”对话框可以方便、快速地建立对象的目标路径。该对话框只显示舞台工作区中影片剪辑实例的名称，才能够编辑这些影片剪辑实例的路径。

在“插入目标路径”对话框中，目标路径的层次结构将显示在目标路径显示区中。选择“相关”单选按钮，可以设置目标路径结构为相对路径结构；选择“绝对”单选按钮，可以设置目标路径结构为绝对路径结构。单击目标路径显示区中某个需要加载的影片剪辑或按钮实例名称，对应这个影片剪辑或按钮实例的路径将显示在“目标”文本框中，单击“确定”按钮，这个影片剪辑实例的完整路径将自动加在“动作”面板的程序编辑区中。

4. “影片浏览器”面板

“影片浏览器”面板用来管理 Flash 电影的所有元素，这些元素包括各种元件、图像、程序、层和帧等。该面板通过层状结构将这些元素显示出来，便于资源的管理。事实上，在制作一般的动画时，并不用这个面板，只有在动画或者程序非常大的时候，才使用这个面板。

选择“窗口”→“影片浏览器”命令，弹出“影片浏览器”面板，如图 7-37 所示。单击“影片浏览器”面板上的按钮，弹出“影片浏览器设置”对话框，如图 7-38 所示。通过选择对话框中的复选框，可决定在“影片浏览器”面板中显示哪些元素。

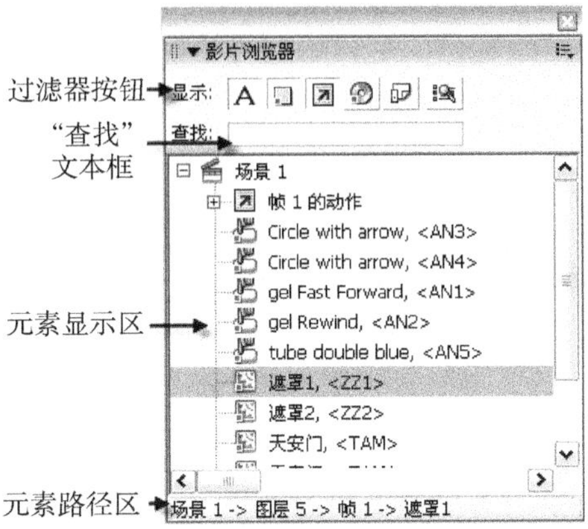

图 7-37　“影片浏览器”面板

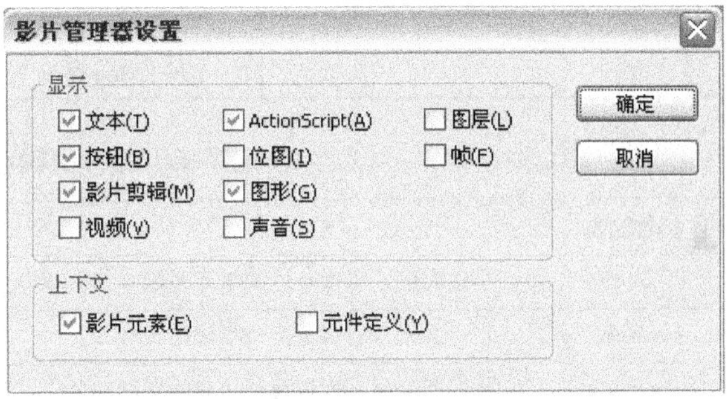

图 7-38　“影片浏览器设置”对话框

◎ A 按钮：在元素显示区中显示字体信息、文本信息。
◎ 按钮：在元素显示区中显示按钮元件、影片剪辑元件、图形元件。
◎ 按钮：在元素显示区中显示程序代码。
◎ 按钮：在元素显示区中显示声音和点阵图信息。
◎ 按钮：在元素显示区中显示帧和层的信息。

使用“影片浏览器”面板，可以快速定位一个元素，例如，要查找一个影片剪辑元件，可以在“查找”文本框中输入这个影片剪辑实例的名称，按 Enter 键，元素显示栏就会定位在这个影片剪辑实例上。通过元素路径区，可以快速找到这个影片剪辑实例。

在元素显示区中的任意元素上单击鼠标右键，弹出一个快捷菜单（或单击面板右上角的按钮，也可以弹出该快捷菜单）。选择该快捷菜单中的命令，能进行相关的编辑。

【相关知识】“影片剪辑控制”全局函数和 tellTarget 及 with 语句

1. “影片剪辑控制”全局函数

“影片剪辑控制”全局函数的格式与功能如表 7-4 所示。

表 7-4　“影片剪辑控制”全局函数的格式与功能

序号	格　式	功　能
1	duplicateMovieClip(target，newname，depth)	复制一个影片剪辑实例对象到舞台工作区指定层，并为其赋予一个新的名称。target 给出要复制的影片剪辑元件的目标路径。newname 给出新的影片剪辑实例的名称。depth 给出新的影片剪辑元件所在层的号码
2	removeMovieClip(target)	该函数用于删除指定的对象，其中参数 target 是对象的目标地址路径

续表

序号	格 式	功 能
3	On(mouseEvent)	用来设置鼠标和按键事件处理程序。mouseEvent 参数是鼠标和按键事件的名称
4	On(ClipEvent)	用来设置影片剪辑事件处理程序。ClipEvent 参数是影片剪辑事件的名称
5	startDrag(target [，lock [，left，top，right，bottom]])	该函数用来设置鼠标可以拖曳舞台工作区的影片剪辑实例。target 是要拖曳的对象，lock 参数是是否以锁定中心拖曳，参数 left（左边）、top（顶部）、right（右边）和 bottom（底部）是拖曳的范围。在 [ ] 中的参数是可选项。
6	stopDrag( )	stopDrag 函数没有参数，其功能是用来停止鼠标拖曳影片剪辑实例
7	getProperty(my_mc，property)	用来得到影片剪辑实例属性的值。括号内的参数 my_mc 是舞台工作区中的影片剪辑实例的名称，参数 property 是影片剪辑实例的属性名称，参看表 7-5
8	setProperty(target，property，value/expression)	用来设置影片剪辑实例（target）的属性。target 给出了影片剪辑实例在舞台中的路径和名称；Property 是影片剪辑实例的属性，参看表 7-5；value 是影片剪辑实例属性的值；expression 是一个表达式，其值是影片剪辑实例属性的值

表 7-5 影片剪辑实例的属性表

属性名称	定 义
_alpha	透明度，以百分比的形式表示，100%为不透明，0%为透明
_currentframe	当前影片剪辑实例所播放的帧号
_droptarget	返回最后一次拖曳影片剪辑实例的名称
_focusrect	当使用 Tab 键切换焦点时，按钮实例是否显示黄色的外框。默认显示是黄色外框，当设置为 0 时，将以按钮元件的“弹起”状态来显示
_framesloaded	返回通过网络下载完成的帧的数目。在预下载时使用它
_height	影片剪辑实例的高度，以像素为单位
_highquality	影片的视觉质量设置：1 为低，2 为高，3 为最好
_name	返回影片剪辑实例的名称
_quality	返回当前影片的播放质量
_rotation	影片剪辑实例相对于垂直方向旋转的角度。会出现微小的大小变化
_soundbuftime	Flash 中的声音在播放之前要经过预下载然后播放，该属性说明预下载的时间
_target	用于指定影片剪辑实例精确的字符串。在使用 TellTarget 时常用到
_totalframes	返回影片或者影片剪辑实例在时间轴上所有帧的数量
_url	返回该“.swf”文件的完整路径名称
_visible	设置影片剪辑实例是否显示：true 为显示，false 为隐藏
_width	影片剪辑实例的宽度，以像素为单位
_x	影片剪辑实例的中心点与其所在舞台的左上角之间的水平距离。影片剪辑实例在移动的时候，会动态地改变这个值，单位是像素。需要配合“信息”面板来使用
_xmouse	返回鼠标指针相对于舞台水平的位置
_xscale	影片剪辑元件实例相对于其父类实际宽度的百分比
_y	影片剪辑实例的中心点与其所在舞台左上角之间的垂直距离。影片剪辑实例在移动的时候，会动态地改变这个值，单位是像素。需要配合“信息”面板来使用
_ymouse	返回鼠标指针相对于舞台垂直的位置
_yscale	影片剪辑实例相对于其父类实际高度的百分比

2. tellTarget 语句和 with 语句

（1）tellTarget 语句

【格式】tellTarget(target) {
语句体;}

【功能】用于控制某个指定的影片剪辑实例。它是 Flash 5 的一个语句，Flash 8 可兼容它。

【说明】函数参数 target 是要控制的影片剪辑实例的目标路径和名称，可以使用斜线操作符指示目标路径。

（2）with 语句

【格式】with(object){
语句体;
}

【功能】用于控制指定的影片剪辑实例，Flash 8 使用它替换 tellTarget( )函数。

【说明】函数参数 object 是要控制的影片剪辑实例的路径和名称，使用点操作符指示目标路径。在语句体程序中一旦遇到与预设对象有关的属性或子对象，就可以省略预设对象的路径和名称。例如，单击按钮后，开始从第 10 帧播放影片剪辑元件“SS1”的程序如下。

```
on(release){
        with(_root.SS1){
        gotoAndPlay(10);
        }
}
```

思考与练习 7-2

（1）制作一个“电影文字”影片，它由一幅建筑图像不断地从右向左移过掏空的“中原重镇武汉”文字的内部，形成电影文字效果。该影片播放后的一幅画面如图 7-39 所示。

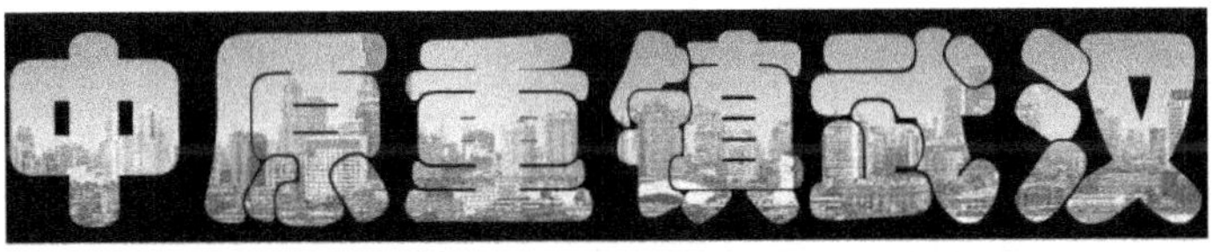

图 7-39 “电影文字”影片播放后的一幅画面

（2）制作一个 “变换浏览图像”影片，该影片播放后的两幅画面如图 7-40 所示。单击“放大”按钮，可使图像变大。单击“缩小”按钮，可使图像变小。单击“上移”按钮、“下移”按钮、“左移”按钮或“右移”按钮，可使图像向不同方向移动。单击“顺时针旋转”按钮或“逆时针旋转”按钮，可使图像顺时针或逆时针旋转一定角度。

图 7-40 “变换浏览图像”影片播放后的两幅画面

7.3 文本、数学函数、转换函数和数学对象

【实例 50】请您算算看

“请您算算看”影片播放后的画面如图 7-41 左图所示，上边的两个文本框是输入文本框，下边的文本框是动态文本框，两个输入文本框中的数是随机产生的，也可以输入数据。单击“减法”按钮，可以显示下一道随机减法题，同时题号会自动加 1；单击“加法”按钮，可以显示下一道随机加法题，同时题号会自动加 1。单击“=”按钮，即可在右边的文本框内显示上面两个数的和或差，如图 7-41 所示。该影片的制作方法如下。

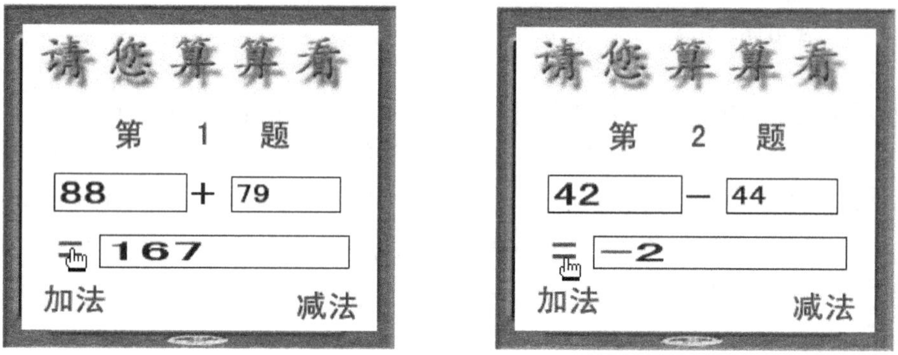

图 7-41 “请您算算看”影片播放后的两幅画面

1. 制作外观

（1）设置舞台工作区的宽为 300 像素，高为 260 像素，背景色为白色。

（2）选中“图层 1”的第 1 帧，导入一幅框架图像和一幅红色文字“请您算算看”图像，调整它们的大小和位置。绘制一幅与框架内框大小和位置相同的白色矩形，将其组合，并调整其在框架图像之上，效果如图 7-41 所示。

（3）制作 3 个文字按钮元件，一个是“按钮 1”按钮元件，其显示一个“=”字符；第 2 个是“按钮 2”按钮元件，其显示一个“+”字符；第 3 个是“按钮 3”按钮元件，其显示一个“−”字符。将“库”面板中的 3 个按钮元件拖曳到舞台工作区相应的位置，分别为这 3 个按钮实例命名为“AN1”、“AN2”和“AN3”。

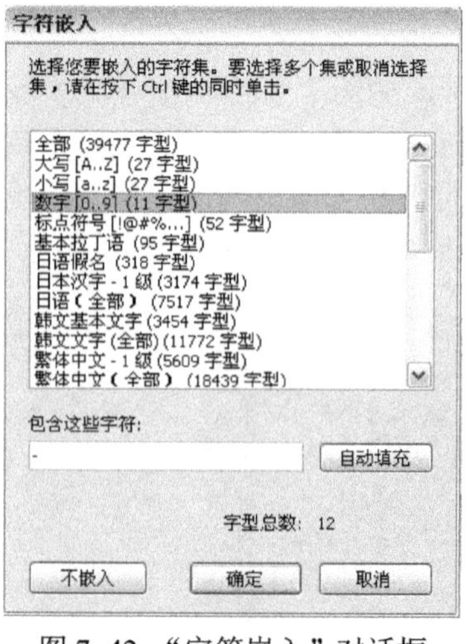

图 7-42 “字符嵌入”对话框

（4）在“图层 1”上添加一个名称为“图层 2”的图层。选中“图层 2”的第 1 帧，在舞台工作区中添加两个输入文本框，在它们的“属性”面板内的“变量”文本框中分别输入“JS1”和“JS2”，将两个文本框的文本变量分别命名为“JS1”和“JS2”，再在两个输入文本框之间创建一个动态文本框，文本框内输入“+”字符。设置 3 个文本框的字体为黑体，大小为 24，颜色为蓝色。

（5）选中第 1 个输入文本框，单击其“属性”面板中的“嵌入”按钮，弹出“字符嵌入”对话框，如图 7-42 所示。选中该对话框中的“数字”，在“包括这些字符”文本框内输入“−”，单击“确定”按钮，从而设置该动态文本框内只可以输入数字、小数点和负号“−”。按照相同的方法，设置在第 2 个输入文

本框内只可以输入数字、小数点和负号“−”。

（6）在第 2 个输入文本框的下边添加一个动态文本框，其文本变量命名为 JSJG。选中该动态文本框，调出“字符嵌入”对话框，设置与图 7−42 所示一样。

（7）在标题文字的左边输入“第”和“题”文字，如图 7−41 所示。然后在“第”和“题”文字中间添加一个动态文本框，其文本变量命名为 TH。

2. 输入程序

选中“图层 2”的第 1 帧，调出“动作−帧”面板，输入如下脚本程序。

```
JS2=random(89)+10;              //变量 JS1 用来存储一个随机的两位自然数
JS1=random(89)+10;              //变量 JS2 用来存储一个随机的两位自然数
TH=1;                           //变量 TH 用来保存题号
FH="+"                          //变量 FH 用来保存运算符号
//单击“＝”按钮后执行大括号内的程序
AN1.onpress=function( ) {
  JS1=Number(JS1);
  JS2=Number(JS2);
  if ( FH=="+") {               //如果 FH 变量的值等于“+”,则执行下边的程序
       JSJG = JS1+JS2;
  }
  if ( FH=="−") {               //如果 FH 变量的值等于“−”,则执行下边的程序
     JSJG = JS1−JS2;
  }
}
AN2.onpress=function( ) {
  JS2=random(89)+10;            //变量 JS1 用来存储一个随机的两位自然数
  JS1=random(89)+10;            //变量 JS2 用来存储一个随机的两位自然数
  TH=TH+1;                      //题号自动加 1
  FH="+" ;                      //变量 FH 用来保存运算符号“+”
   JSJG="";                     //清文本变量 JSJG
}
AN3.onpress=function( ) {
  JS2=random(89)+10;       //变量 JS1 用来存储一个随机的两位自然数
  JS1=random(89)+10;       //变量 JS2 用来存储一个随机的两位自然数
  TH=TH+1;                 //题号自动加 1
  FH="−" ;                 //变量 FH 用来保存运算符号“−”
  JSJG="";                 //清文本变量 JSJG
}
```

在程序中，为了使两个输入文本框变量 JS1 和 JS2 的数据能够进行加法和减法运算，使用 Number( )函数将字符型数据转换为数值型数据。

【实例 51】雪花飘 1

“雪花飘 1”影片播放后的两幅画面如图 7−43 所示。可以看到，雪花飘飘的美丽冬景。通过

学习该实例，可以进一步掌握部分数学对象的使用方法。“雪花飘”影片的制作方法如下。

1. 制作影片剪辑元件

（1）设置舞台工作区的宽为 600 像素，高为 450 像素，背景色为白色。

（2）将“图层 1”的名称改为“背景”，选中“背景”图层的第 1 帧，导入一幅雪中小屋图像，调整其大小和位置，效果如图 7-43（没有飘动的雪花）所示。

图 7-43 “雪花飘 1”影片播放后的两幅画面

（3）进入“雪花”影片剪辑元件的编辑状态，绘制一个雪花图形，如图 7-44 所示。雪花图形的宽和高均为 10 像素。然后，回到主场景。

（4）进入“雪花飘落”影片剪辑元件的编辑状态，选中“图层 1”的第 1 帧，将“库”面板中的“雪花”影片剪辑元件拖曳到舞台工作区中。在“图层 1”中创建一个第 1 帧到第 120 帧的雪花沿引导线下移的动画。“雪花飘落”影片剪辑元件的时间轴如图 7-45 所示。

图 7-44 雪花图形

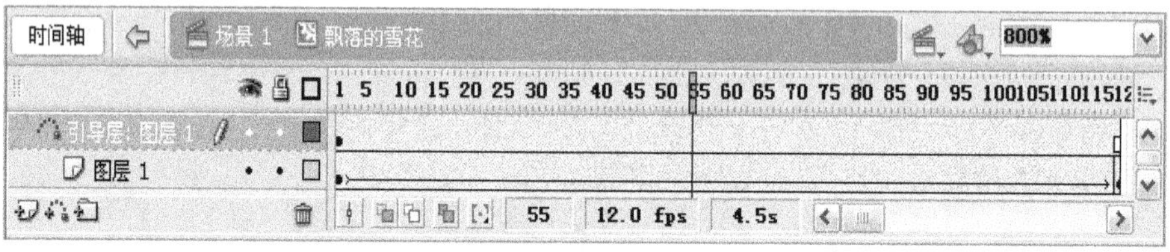

图 7-45 “雪花飘落”影片剪辑元件的时间轴

（5）单击元件编辑窗口中的⇦按钮，回到主场景。

2. 制作动画

（1）在“背景”图层上添加“雪花飘飘”图层，选中该图层的第 1 帧，将“库”面板中的“雪花飘落”影片剪辑元件拖曳到舞台工作区中，将该实例命名为 xhp。

（2）同时选中“背景”和“雪花飘飘”图层的第 1 帧，按 F5 键，创建普通帧。

（3）在“雪花飘飘”图层上添加名称为“Action”的图层，选中该图层的第 1 帧，调出“动作”面板，输入如下程序。

```
xhshu= 0;                  //定义雪花的数量初始值为 0
xhp._visible=false;        //场景中 xh 实例的为不可见
```

（4）选中“Action”图层的第 2 帧，按 F7 键，调出“动作”面板，输入如下程序。

```
xhp.duplicateMovieClip("xhp"+xhshu, xhshu);      //复制一个名称为“xhp”加序号的实例
```

```
newxh = _root ["xhp"+xhshu] ;           //将复制好的新实例 xhp 的名称用 newxh 替代
newxh._x = Math.random( )*600;          //赋给 newxh 实例 X 坐标一个 0~600 之间的随机数
newxh._y = Math.random( )*10;           //赋给 newxh 实例 Y 坐标一个 0~10 之间的随机数
newxh._rotation = Math.random( )*100-50; //赋给 newxh 角度一个-50~50 度间的随机数
newxh._xscale = Math.random( )*40+60;   //赋给 newxh 水平宽度比例 60~100 之间随机数
newxh._yscale = Math.random( )*40+60;   //赋给 newxh 垂直宽度比例 60~100 之间随机数
newxh._alpha = Math.random( )*50+50;    //赋给 newxh 透明度一个 50~100 之间的随机数
xhshu++;                                //变量 xhshu 的值自动加 1,即雪花数量加上 1
```

（5）选中“脚本程序”图层的第 3 帧，按 F7 键，调出“动作”面板，输入如下程序。

```
gotoAndPlay(2);                         //跳转到第 2 帧
```

【相关知识】文本的 3 种类型和文本“属性”面板

1. 文本的 3 种类型

文本的 3 种类型是静态文本、动态文本和输入文本。通过文本的“属性”面板中的“文本类型”下拉列表框 动态文本 ，可以选择文本的类型。选择“动态文本”选项时的“属性”面板如图 7-46 所示，选择“输入文本”选项时的“属性”面板如图 7-47 所示。

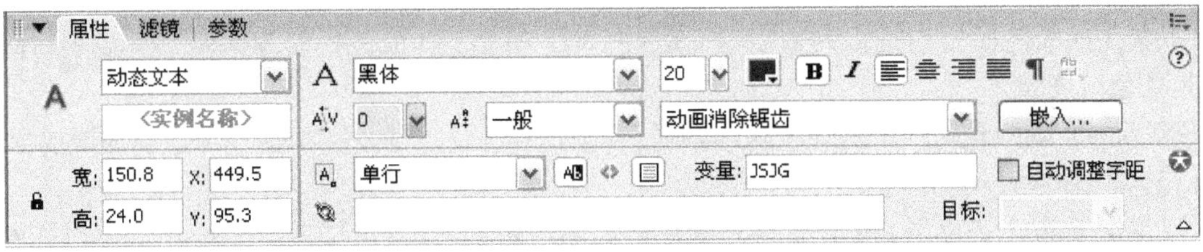

图 7-46　选择“动态文本”选项时的“属性”面板

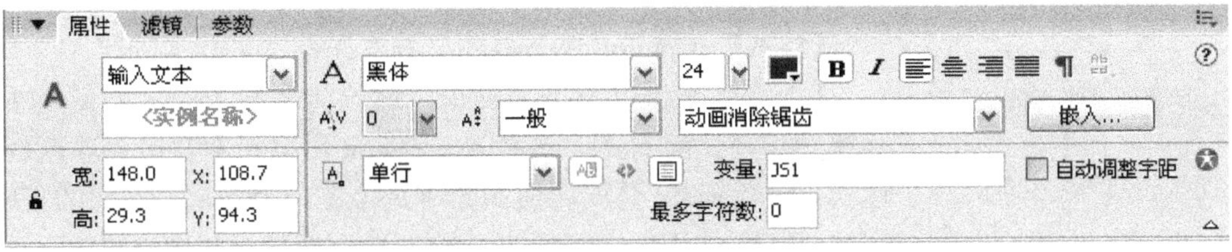

图 7-47　选择“输入文本”选项时的“属性”面板

2. 文本“属性”面板

文本“属性”面板中一些前面没有介绍过选项的作用。

（1）“线条类型”列表框 单行 ：对于动态文本，其中有 3 个选项：“单行”（在动画播放后，只可以输入一行字符）、“多行”（在动画播放后，输入字符时可以自动换行的多行）和“多行不换行”（在动画播放后，不能够自动换行的多行）。对于输入的文本，其中有 4 个选项，增加了“密码”选项。选择了“密码”选项后，输入的字符用字符“*”符号代替。

（2）“将文本呈现为 HTML”按钮 ：单击该按钮后，支持 HTML 标记语言的标记符。

（3）“在文本周围显示边框”按钮 ：单击该按钮后，输出的文本周围会有一个矩形边框线。

（4）“可选”按钮 ：单击该按钮后，允许用鼠标拖曳选择文本，以进行复制、剪切等编辑。该按钮只有在动态文本和静态文本状态下有效。

（5）“最多字符数”文本框：只在输入文本状态下有效，可输入文本框中允许的最多文字数量。如果是 0，则表示输入的文本没有限制。

（6）“实例名称”：用来输入文本框的实例名称。

（7）“变量”文本框：用来输入文本框的变量名称。

（8）“嵌入”按钮：单击该按钮，弹出“字符嵌入”对话框，如图 7-42 所示。利用该对话框可以设置只允许输入、输出和嵌入哪些字符。按住 Ctrl 键，同时单击列表框中的选项，可以同时选择多个选项。单击“不嵌入”按钮，可以取消选择的选项。

3. “数学函数”全局函数

数学函数可以从“动作”面板命令列表的“全局函数”→“数学函数”目录下找到。“数学函数”全局函数的格式与功能如下。

（1）isFinite 函数

【格式】isFinite(expression);

【功能】判断 expression 的值是否为有限，是有限时，其值为 ture; 否则为 false。参数 expression 可以是数值或变量。

（2）isNaN 函数

【格式】isNaN(expression);

【功能】判断随同日内是否为数字，不是数字时，其值为 ture；否则为 false。参数 expression 可以是数值或变量。

（3）parseFloat 函数

【格式】parseFloat(string);

【功能】将指定字符串 string 转换为浮点数返回，如果无法转换为浮点数，则返回 NaN。参数 string 是要转换的字符串。

（4）parseInt 函数

图 7-48 “输出”面板

【格式】parseInt(expression，radix);

【功能】将指定的 expression 转换为整数返回，如果无法转换为整数，则返回 NaN。参数 expression 可以是字符串、浮点数或表达式；参数 radix 是要转换的数字进位制，为 2～36 之间的正整数。例如，下面的程序运行后，“输出”面板显示如图 7-48 所示。如果参数中指定的字符串不能转换为数字，则此函数返回 NaN。以 0x 开头的字符串被解释为十六进制数字。以 0 开头的整数或指定基数为 8 的整数被解释为八进制数字。有效整数前面的空白和有效整数后面的非数字字符将被忽略。

```
Myvar= parseInt("5F3"，16)
Trace(Myvar)
```

4. “转换函数”全局函数

转换函数可以从“动作”面板命令列表的“全局函数”→“转换函数”目录下找到。转换函数的格式与功能如下所述。

（1）Array 数组函数

【格式 1】Array ( );

【格式 2】Array(length);

【格式 3】Array(arg1, arg2…argN);

【功能】转换或建立一个数组类型的变量，用来保存一系列的数据。参数 length 用来指定数组的长度，参数 arg1，arg2…argN 为指定的数组元素内容。例如：

```
myValue= Array("a","b","c");        //定义了一个数组 myValue，它的值为“a”、“b”、“c”
myValue= Array(6);                  //定义了一个数组 myValue，数组长度为 6，可以保存 6 个数
```

（2）Boolean 函数

【格式】Boolean(expression);

【功能】如果 expression 为逻辑值，则返回逻辑值。如果值为数字 0，则返回 false；否则，返回 true。如果是影片剪辑实例名称或对象，则返回 true。如果是定义的变量（undefined），则返回 false。如果是字符串，在该字符串转换为数字后，若为 0，则返回 false；否则，返回 true（对于 Flash 6 以前版本）。该字符串长度大于 0 时，返回 true；否则，返回 false（对于 Flash 7 以后的版本）。该参数可以是数字、字符串、变量、影片剪辑实例名称、表达式或对象。

（3）Number 函数

【格式】Number(expression);

【功能】将 expression 的值转换为数值。如果是逻辑值，当其值为 true 时，返回 1；否则，返回 0。如果是字符串，则会尝试将该字符串转换为指数形式的十进制数字，例如，5.125e−12。如果是定义的变量（undefined），则返回 0（对于 Flash 6 以前版本）；或者为 NaN（对于 Flash 7 以后版本）。该参数可以是字符串、数字、逻辑值、变量或表达式。

（4）Object 函数

【格式】Object(expression);

【功能】将 expression 的值转换为对象或建立空对象。

（5）String 函数

【格式】String(expression);

【功能】将 expression 值转换为字符串。参数取值类型同上外，还可以是影片剪辑实例的名称或对象名称。如果是影片剪辑实例的名称，则返回该实例的路径（用斜杠标记法标记的路径）。

5. 数学（Math）对象

在面向对象的编程中，对象是属性和方法的集合，程序是由对象组成的。Flash 8 中有许多类对象，其中使用较多的是数学（Math）对象。关于对象的有关知识和其他类对象，是下一章讲述的重点，此处只介绍数学（Math）对象。Math 类对象是一个顶级类对象，不必使用构造函数即可使用其方法和属性，使用此类的方法和属性可以访问和处理数学常数和函数。

数学（Math）对象的常用方法在“动作”面板命令列表中的“ActionScript 2.0 类”→“核心”→“Math”→“方法”目录下。数学（Math）对象常用方法的格式和功能如表 7-6 所示。数学对象不需要实例化，其方法可以像使用一般函数那样来使用（注意前面应加“Math.”）。

表 7-6 数学（Math）对象的常用方法

格 式	功 能
Math.abs(*n*)	求 *n* 的绝对值。例如，Math.abs(−123)=123
Math.acos(*n*)	求 *n* 的反余弦值，返回弧度值。例如，Math.acos(0.5)=1.047197
Math.asin(*n*)	求 *n* 的反正弦值，返回弧度值。例如，Math.asin(0.5)=0.523598
Math.atan(*n*)	求 *n* 的反正切值，返回弧度值。例如，Math.atan(0.5)=0.463647

续表

格　　式	功　　能
Math.ceil(number)	向上取整。返回大于或等于 number 的最小整数。例如，Math.ceil(18.5)=19，Math.ceil(−18.5)=−18
Math.cos(*n*)	返回余弦值，*n* 的单位为弧度。例如，Math.cos(3.1415926)=−0.999999
Math.exp(*n*)	返回自然数的乘方。例如，Math.exp(1)=2.718281828
Math.floor(number)	返回小于或等于 number 的最大整数，相当于截取最大整数。例如，Math.floor(−18.5)=−19，Math.Floor(18.5)=18
Math.log(*n*)	返回以自然数为底的对数的值。例如，Math.log(2.718)=0.999896315
Math.max(*x*，*y*)	返回 *x* 和 *y* 中，数值大的。例如，Math.max(10，3)=10
Math.min(*x*，*y*)	返回 *x* 和 *y* 中，数值小的。例如，Math.min(10，3)=3
Math.pow(base，exponent)	返回 base 的 exponent 次方。例如，Math.pow(−1，2)=1
Math.random( ) random(*n*)	返回一个大于等于 0 而小于 1 的随机数。例如：Math.random( )*501；可以产生大于等于 0 而小于 501 之间的随机数；random(*n*)返回一个大于等于 0 而小于 *n* 的随机数
Math.round(*n*)	四舍五入到最近整数的参数。例如，Math.round(5.3)=5，Math.round(5.6)=6
Math.sin(*n*)	返回正弦值，*n* 的单位为弧度。例如，Math.sin(1.57)=0.999999682
Math.sqrt( )	返回平方根。例如，Math.sqrt(16)=4
Math.tan(*n*)	返回正切弧度值。例如，Math.tan(0.785)=0.999203990

思考与练习 7-3

（1）修改【实例 50】“请您算算看”影片，制作一个“加减乘除”影片，在原来影片的基础上，添加了“乘法”和“除法”两个按钮，单击“乘法”按钮可以出乘法题，单击“除法”按钮可以出除法题。

（2）制作一个“求三角函数值”影片，该影片播放后的两幅画面如图 7-49 所示（无数字）。在输入文本框内输入数，单击函数符号按钮，可在右边的文本框中显示结果。例如，输入 30 后，单击“SIN”按钮的结果如图 7-49 左图所示，单击“COS”按钮后结果如图 7-49 右图所示。

图 7-49 “求三角函数值”影片播放后的两幅画面

（3）制作一个“请您算算看”影片，该影片播放后的两幅画面如图 7-50 所示（文本框中没有数值）。左边的两个文本框是输入文本框，右边的文本框是动态输出文本框。在两个输入文本框内输入数值，然后单击运算符号按钮，即可在右边的文本框内显示运算后的结果。例如，单击“+”按钮后的结果如图 7-50 左图所示；单击“×”按钮后的结果如图 7-50 右图所示。

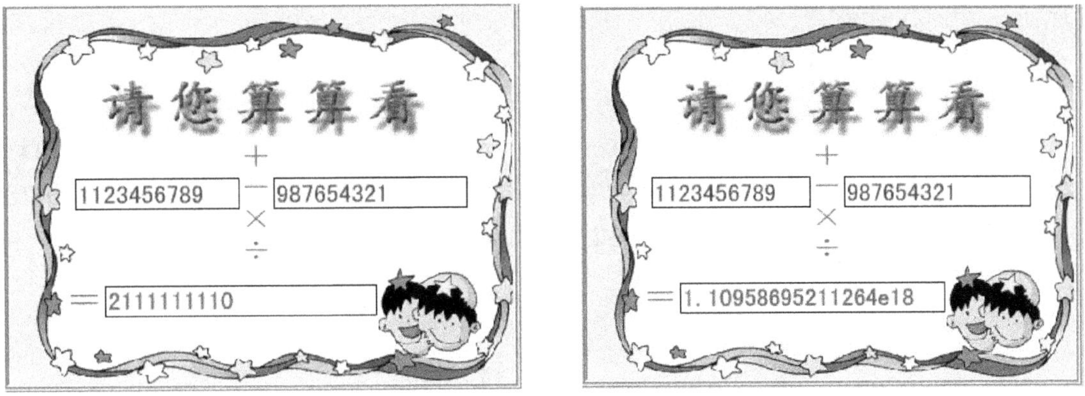

图 7-50 “请您算算看”影片播放后的两幅画面

第 8 章　ActionScript 程序设计进级

8.1　分支语句

【实例 52】生日快乐

“生日快乐”影片播放后得到如图 8-1 左图所示。一个闪亮的星星跟随着鼠标指针的移动而移动。闪亮的星星不断旋转和变大变小。同时，在演示窗口的下边还随着鼠标指针的移动显示出闪亮的星星当前的坐标位置，右下方还提示鼠标指针应该移动的方向。当鼠标移到 X 值在 200 与 220 之间，Y 值在 160 与 180 之间时，会渐渐显示出一幅生日快乐的图像，如图 8-1 右图所示。该影片的制作方法如下。

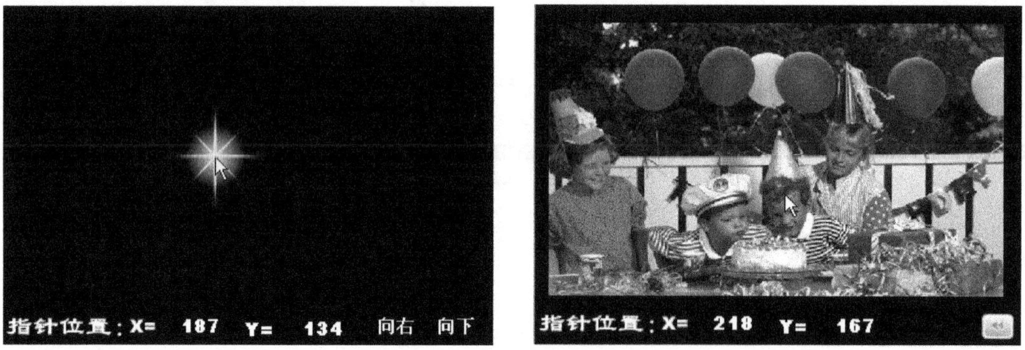

图 8-1　“生日快乐”影片播放后的两幅画面

1. 制作“星星”影片剪辑元件

（1）设置舞台工作区的宽为 430 像素，高为 300 像素，背景色为黑色。

（2）创建并进入名称为“星星”的影片剪辑元件的编辑状态。选中“图层 1”的第 1 帧。

（3）绘制一个放射状渐变填充的长条矩形图形，如图 8-2 所示。渐变填充色为白色（红为 255、绿为 254、蓝为 255，Alpha 为 100%）到白色（红为 255、绿为 255、蓝为 255，Alpha 为 100%）再到金黄色（红为 255、绿为 205、蓝为 50，Alpha 为 5%），如图 8-3 所示。

图 8-2　绘制的矩形

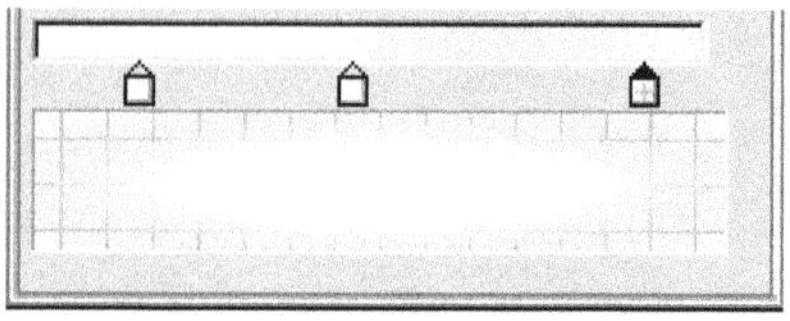

图 8-3　渐变填充色设置

（4）选择工具箱内的“选择工具”，将鼠标指针移到矩形右边边缘处，当鼠标指针右下方出现小弧线时，向右水平拖曳鼠标。

（5）选择工具箱内的“填充变形工具”，单击矩形图形，将鼠标指针移到控制柄处，向矩形图像的中心点拖曳鼠标，如图 8-4 所示。

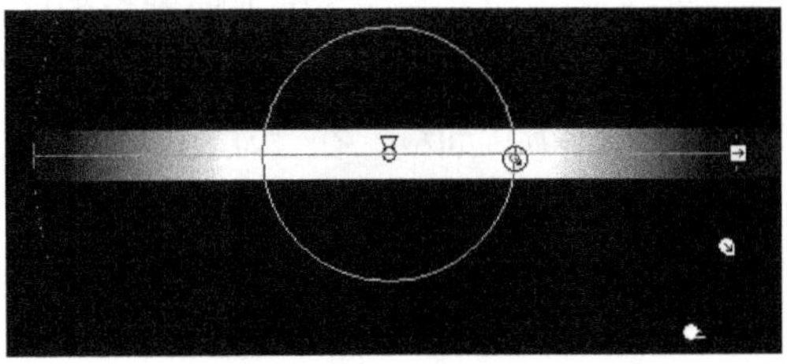

图 8-4　调整矩形图形的填充变形

（6）接着将鼠标指针移到控制柄处，水平向右拖曳鼠标，效果如图 8-4 所示。选择工具箱内的“选择工具”，鼠标拖曳出一个矩形，将图 8-5 所示图形中的左半边图形选中，按 Delete 键，删除选中的图形，即可将矩形图形加工成如图 8-6 所示的光线图形。

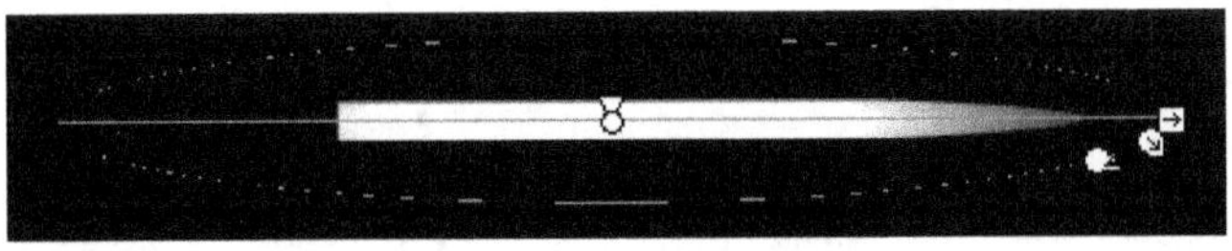

图 8-5　加工矩形图形

图 8-6　光线图形

（7）通过“变形”面板，复制 7 个光线图形，将它们组合在一起，再在它们的中间绘制一个白色的小圆形图形，将它们组成组合，形成四射的光线图形如图 8-7 所示。

（8）绘制一个放射状渐变填充的圆形图形，如图 8-8 所示。渐变填充色为白色（红、绿、蓝均为 255，Alpha 为 100%）到浅蓝色（红、绿均为 200、蓝为 255，Alpha 为 100%）。

（9）将四射的光线图形和圆形图形组合成一个星星图形，如图 8-9 所示。

图 8-7　光线图形

图 8-8　圆形图形

图 8-9　星星图形

（10）创建“图层 1”第 1 帧到第 40 帧顺时针旋转一圈的动画，选中“图层 1”的第 20 帧，按 F6 键，创建一个关键帧，将该帧的图像调小一些，颜色改为蓝色。“星星”影片剪辑元件的时间轴如图 8-10 所示。然后，回到主场景。

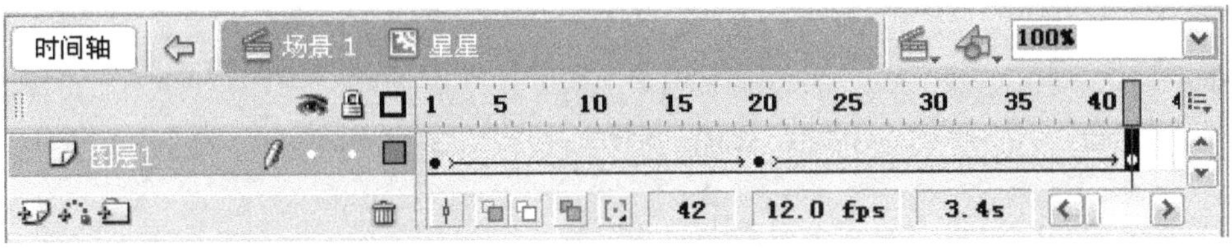

图 8-10　“星星”的影片剪辑元件的时间轴

（11）进入名称为“生日快乐”的影片剪辑元件的编辑状态。选中“图层 1”的第 1 帧，按 F7 键，创建一个空关键帧。导入一幅“生日快乐”图像，调整其宽为 560 像素，高为 260 像素。

（12）创建“图层 1”第 1 帧到第 50 帧的动作动画。选中“图层 1”第 50 帧的图像，通过其“属性”面板将图像的 Alpha 值调整为 0%，创建图像逐渐显示的动画。选中“图层 1”的第 50 帧，调出“动作–帧”面板。在“动作–帧”面板右边的程序编辑区中输入“stop( );”语句。然后单击按钮⇦，回到主场景。

2. 制作主场景动画

（1）选中主场景“图层 1”的第 1 帧，将“库”面板中的“星星”影片剪辑元件拖曳到舞台工作区中间处，形成一个实例，该实例命名为“XX”。

（2）在舞台工作区下边输入白色、隶书、23 号大小的文字“指针当前位置：”，再输入“X=”和“Y=”。在“X=”文字的右边创建一个动态文本框，在其“属性”栏的“变量”文本框内输入“xposition”，给该动态文本框变量命名为“xposition”；在“Y=”文字的右边创建一个动态文本框，其变量名称为“yposition”。文字颜色设置为白色、字体设置为 Arial Black、字号大小设置为 23。选中主场景“图层 1”的第 2 帧，按 F5 键。

（3）在“图层 1”上添加“图层 2”。选中“图层 2”的第 1 帧。在右下角添加两个动态文本框，它们的变量名分别设置为“XIN1”和“XIN2”。文字颜色设置为白色、字体设置为 Arial Black、字号大小设置为 23。

（4）选中“图层 2”的第 2 帧，按 F7 键。将公共按钮库中的一个按钮拖曳到舞台工作区右下角。将该按钮实例命名为“AN1”；将“库”面板中的“生日快乐”影片剪辑元件拖曳到舞台工作区中间处，形成一个实例，调整该实例的宽为 380 像素，高为 250 像素。

（5）选中“图层 2”的第 1 帧。在“动作–帧”面板程序编辑区中输入如下程序。

```
stop( );                          //使播放头停止移动,定位在第 1 帧
//允许用鼠标拖曳“XX”影片剪辑实例,锁定鼠标指针指向实例对象的中心拖曳
startDrag("XX",true);             //允许用鼠标拖曳“XX”影片剪辑实例
//创建一个自定义函数,执行当前帧时会频繁调用该函数
onEnterFrame=function( ){
  xposition=_xmouse               //将鼠标指针的水平坐标值赋给动态文本框的变量 xposition
  yposition=_ymouse               //将鼠标指针的垂直坐标值赋给动态文本框的变量 yposition
//如果 xposition 值在 200 与 220 之间,yposition 值在 160 与 180 之间
if (xposition>=200 && xposition<=220 && yposition>=160 && yposition<=180){
       gotoAndStop(2);            //跳转到第 2 帧暂停
  }
if (xposition<200){               //如果 xposition 小于 200
     XIN1="向右";                 //显示“向右”信息
  }
  if (xposition>220){             //如果 xposition 大于 220
     XIN1="向左" ;                //显示“向左”信息
  }
  if (yposition>180){             //如果 ypositionn 大于 180
     XIN2="向上" ;                //显“向上”示信息
  }
  if (yposition<160){             //如果 ypositionn 小于 160
     XIN2="向下" ;                //显示“向下”信息
```

```
    }
}
```

注意

程序中的 onEnterFrame = function( ){}是用来定义一个可以频繁调用的函数。可以在时间轴上定义该函数，也可以在扩展影片剪辑类或链接到库中元件的类文件中定义该函数。

（6）选中“图层 1”的第 2 帧，按 F5 键。选中“图层 2”的第 2 帧，按 F7 键。选中“图层 2”的第 2 帧，在“动作-帧”面板右边的程序编辑区中输入如下程序。

```
stopDrag( );                //停止拖曳影片剪辑实例对象
AN1.onPress=function( ){
    gotoAndStop(1);         //转至第 1 帧停止
}
```

startDrag( )函数参数的设置可以在具有脚本帮助的状态（相当于标准模式）下进行。将光标定位在“动作”面板内程序的 startDrag()函数行，单击“脚本助手”按钮 脚本助手，使程序编辑区进入具有脚本帮助的状态，然后按照图 8-11 所示进行设置。如果选择了“限制为矩形”复选框，其右边的 4 个文本框会变为有效，还可以设置被拖曳实例对象的可移动范围。

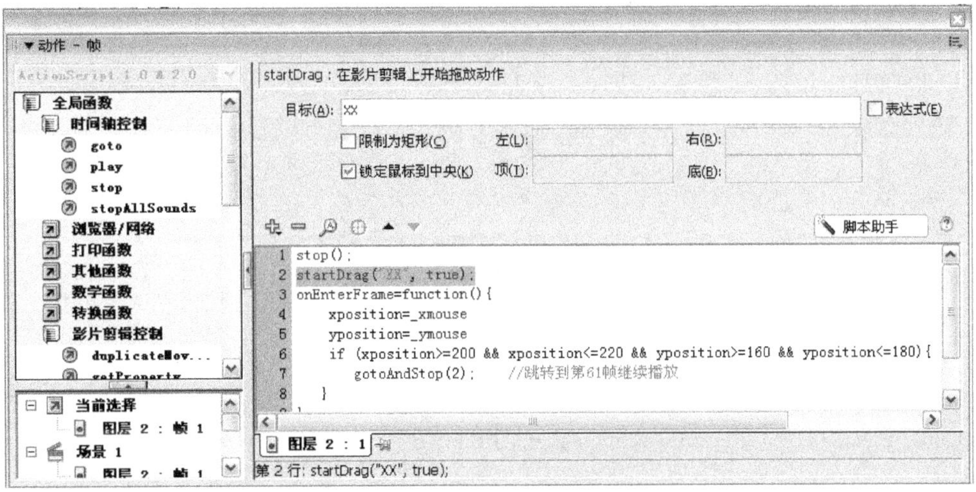

图 8-11　具有脚本帮助的程序编辑区

【实例 53】跟随鼠标移动的气泡

“跟随鼠标移动的气泡”影片播放后的一幅画面如图 8-12 所示。可以看到，一些逐渐变大变小，同时逐渐消失的变色（绿色变红色）气泡，跟随着鼠标指针的移动而移动。这些气泡的大小还随机变化。该影片的制作方法如下。

（1）设置舞台工作区的宽为 550 像素，高为 400 像素，背景色为白色。进入“气泡”影片剪辑元件的编辑状态，选中“图层 1”的第 1 帧，绘制一个绿色气泡，如图 8-13 左图所示。

（2）制作“图层 1”第 1 帧到第 40 帧的动作影片。选中“图层 1”第 20 帧，按 F6 键，创建一个关键帧。将“图层 1”第 20 帧内的气泡图形调大一些，在其“属性”面板的“颜色”下拉列表框中选择“高级”选项，单击“设置”按钮，弹出“高级效果”对话框，利用该对话框将第 20 帧气泡调整为透明红色气泡，如图 8-13 右图所示。

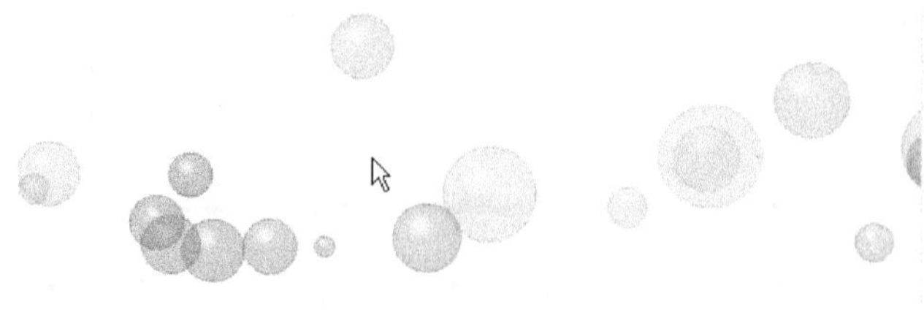

图 8-12 “跟随鼠标移动的气泡”影片播放后的画面

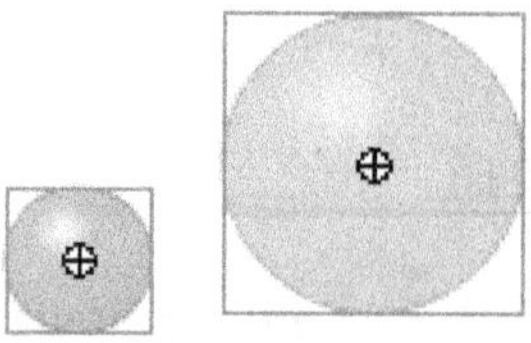

图 8-13 “气泡”影片剪辑影片关键帧画面

（3）选中“图层 1”的第 40 帧，在其“动作-帧”面板添加“Stop( );”脚本程序。

（4）单击元件编辑窗口中的⇦按钮，回到主场景舞台工作区。

（5）创建并进入“移动气泡”影片剪辑元件的编辑状态，选中“图层 1”的第 1 帧，将“库”面板中的“气泡”影片剪辑元件拖曳到舞台工作区中，创建“图层 1”第 1 帧到第 30 帧气泡沿着圆形引导线转圈移动的影片，而且气泡在移动时还逐渐消失（设置第 30 帧的气泡对象的 Alpha 值为 20%）。该影片由读者自行完成。

（6）将“库”面板中的“移动气泡”影片剪辑元件拖曳到舞台工作区外，设置该实例的名称为“YDQP”。然后在第 1 帧的“行为-帧”面板的程序设计区输入如下程序。

```
YDQP._visible = false;                    //隐藏“YDQP”影片剪辑实例
//执行第 1 帧时产生事件,执行{}内的程序
YDQP.onEnterFrame = function( ){
    YDQP.startDrag(true);                 //允许鼠标拖曳“YDQP”影片剪辑实例
    i++;
    if (i>20) {                           //用来确定复制“YDQP”影片剪辑实例的个数,此处为 20 个
       i = 1;
    }
//复制“YDQP”影片剪辑实例,其名称为“ YDQP”加变量 i 的值
       YDQP.duplicateMovieClip("YDQP"+i,i);
       YDQPK=_root["YDQP"+i];             //将复制的影片剪辑实例赋给变量 YDQPK
//使复制的影片剪辑实例 YDQPK 等比例随机缩小
   YDQPK._xscale=YDQPK._yscale=Math.random( )*80+20;
};
```

如果没有将“移动气泡”影片剪辑元件实例放置在舞台工作区外，则必须要“YDQP._visible = false；”语句。如果不要“YDQP.onEnterFrame = function( )”和最后的“}”，则该影片不能够正常运行。使“图层 1”第 2 帧成为普通帧后，可以恢复影片的正常运行。

图 8-14 “雪花飘 2”影片播放后的画面

【实例 54】雪花飘 2

“雪花飘 2”影片播放后的画面与“雪花飘 1”影片播放后的画面基本相同，其中的一幅画面如图 8-14 所示。这些雪花除了飘落的路径是随机的外，雪花的大小和透明度也是随机变化的。该影片的制作方法如下。

（1）设置舞台工作区的高为 500 像素，宽为 400 像素，背景为白色，以名称“【实例 54】雪花飘 2.fla”

保存。

（2）打开“【实例 51】雪花飘 1.fla”Flash 文档，将其“库”面板中的“雪花”影片剪辑元件复制粘贴到“【实例 54】雪花飘 2.fla”Flash 文档的“库”面板中。

（3）选中“【实例 54】雪花飘 2.fla”Flash 文档“图层 1”的第 1 帧，将“库”面板中的“雪花”影片剪辑元件拖曳到舞台工作区右上角外边，“雪花”影片剪辑实例的上边缘与舞台工作区的上边缘对齐。

（4）选中“雪花”影片剪辑实例，通过其“属性”面板将该实例命名为“XH1”。

（5）选中“XH1”影片剪辑实例，调出“行为-影片剪辑”面板，在该面板的程序编辑区中输入如下程序。

```
//加载影片剪辑实例“XH1”后运行{}内的程序
OnClipEvent(load){
var n = 0;                                    //变量 n 用来保存复制“XH1”影片剪辑实例的个数
  var i = 0;                                  //定义变量 i
  var x = random(300)+1;                      //变量 x 用来保存水平变化的最大幅度,1～300 之间随机数
  var y = random(3);                          //变量 y 用来保存垂直移动量,0～3 之间随机数
  var c = Math.pow(-1,random(2));             //变量 c 保存 1 或者-1
}
//执行影片剪辑“XH1”后运行{}内的程序
OnClipEvent(enterFrame) {
    If(_name != "XH1") {                      //当影片剪辑实例的名称不等于“XH1”时运行下面的程序
        _x = x*c*Math.sin(i += 0.1)+300;      //确定影片剪辑实例的水平坐标值
        _y += y;//                            //确定影片剪辑实例的垂直坐标值，每次增加一个 y 值
    If(_y>450){                               //当 y 值大于 450 以后,删除该影片剪辑实例
        this.removeMovieClip( );              //删除该影片剪辑实例
        }
  } else {
        //当 n 大于 1000(即复制 1000 个影片剪辑实例“XH1”)后,n 赋值 0,否则 n 自动加 1
        n = (n>1000)? 0:n+1;
        this.duplicateMovieClip("XH1"+n,n);   //复制影片剪辑实例“XH1”
        XXH1 = _parent["XH1"+n];              //将复制影片剪辑实例保存到变量 XXH1 中
        XXH1._xscale = XXH1._yscale=Math.random( )*50+10;  //随机改变影片剪辑实例的大小
        XXH1._alpha = Math.random( )*71+30;   //随机改变影片剪辑实例的透明度
  }
  //延时程序
  var k;
  for(k=1;k<=100;k++){
  }
}
```

【相关知识】分支语句

1. if 语句

【格式 1】　if （条件表达式） {

```
            语句体}
```

【功能】如果条件表达式的值为 True，则执行语句体；如果条件表达式的值为 False，则跳到 if 语句，继续执行后面的语句。

```
【格式 2】  if （条件表达式） {
                语句体 1
          } else {
              语句体 2
          }
```

【功能】如果条件表达式的值为 True，则执行语句体 1；否则执行语句体 2。

```
【格式 3】   if （条件表达式 1） {
                 语句体 1
              } else if （条件表达式 2） {
                  语句体 2
              }
```

【功能】如果条件表达式 1 的值为 True，则执行语句体 1。如果条件表达式 1 的值为 False，则判断条件表达式 2 的值。如果其值为 True，则执行语句体 2；如果其值为 False，则退出 if 语句，继续执行上一层 if 后面的语句。

2. switch 语句

```
【格式】switch（expression）{
        [case  取值列表 1；
             语句序列 1；
             break；]
        [case  取值列表 2；
             语句序列 2；
          break；]
              ……
        [default；
             语句序列 n；
             break；]
        }
```

【功能】计算表达式 expression 的值，再将其值依次与每个 case 关键字后面的“取值列表”中的数据进行比较，如果相等，就执行该 case 后面的语句；如果都不相等，则执行 default 后面的语句。

思考与练习 8-1

（1）制作一个“跟随鼠标移动的星星”影片，该影片播放后的画面与【实例 53】“跟随鼠标移动的气泡”影片播放后的画面基本相同，只是随鼠标移动的不是变化的气泡，而是【实例 52】“生日快乐”影片中的不断变化的“星星”影片剪辑元件。

（2）制作一个“枫叶飘”影片，该影片播放后，在一片枫树林中，一些枫叶沿着随机的路径从上向下飘落，枫叶的旋转角度不断变化。

8.2 循环语句

【实例 55】迎接北京奥运

“迎接北京奥运”影片播放后的两幅画面如图 8-15 所示。可以看到，屏幕中间的立体文字“2000 年”由小变大显示。接着，文字从“2001 年”到“2008 年”依次变化，同时文字的发光颜色由金黄色变为蓝色，在文字发生变化后，背景图像也随之更换，同时由小变大。当文字变至最大后暂停一会，再进入下一个数字变化。该影片的制作方法如下。

图 8-15 “迎接北京奥运”影片播放后的两幅画面

1. “迎接北京奥运 1”程序设计

（1）设置舞台工作区宽为 400 像素，高为 300 像素，背景色为浅绿色。将 9 幅风景图像（名称为“P1”…“P9”）导入到当前影片的“库”面板中。

（2）进入名称为“背景图像”影片剪辑元件的编辑窗口。将“库”面板中的“P1”图像拖曳到舞台工作区，形成一个实例，调整该实例的大小和位置，使其刚好将整个舞台工作区覆盖。选中“图层 1”的第 2 帧，按 F7 键，创建一个空白关键帧，将“库”面板中的“P2”图像拖曳到舞台工作区中，调整第 2 帧图像的大小和位置与第 1 幅图像一样。

按照相同的方法，创建第 3 帧到第 9 帧为关键帧，各帧内均导入一幅图像，图像大小和位置与第 1 幅图像相同。然后单击⇦按钮，回到主场景。

（3）选中主场景“图层 1”图层的第 1 帧，将“库”面板中的“背景图像”影片剪辑元件拖曳到舞台工作区中。在该实例“属性”面板的“实例名称”文本框中输入实例的名称“PC”，选择“颜色”下拉列表框中的 Alpha 选项，调整 Alpha 值为 70%。

（4）输入红色标题文字“迎接北京 2008 年奥运”，为文字添加斜角和发光滤镜效果。选中“图层 1”的第 70 帧，按 F5 键。

（5）创建并进入“文本”影片剪辑元件的编辑状态，选择工具箱中的“文本工具”A，单击舞台工作区，添加一个动态文本框，设置字体为 Georgia、加粗，颜色为红色，字号为 30，设置文本变量的名称为“text1”。选择工具箱中的“选择工具”，选中动态文本，为其添加斜角和金黄色滤镜效果，再将其拖曳到舞台工作区中间。然后单击⇦按钮，回到主场景。

（6）在“图层 1”上添加一个名称为“图层 2”的图层。选中“图层 2”的第 1 帧，按 F7 键，创建一个空关键帧。将“库”面板中的“文本”影片剪辑元件拖曳到舞台工作区的中心处，形成一个实例，设置该实例的名称为“wenzi”。

（7）制作“图层 2”第 1～70 帧的动作动画。选中“图层 2”的第 2 帧，将该帧的文本框调小，为其添加斜角和金黄色滤镜效果。选中“图层 2”的第 70 帧，将该帧的文本框调大，为其添加斜角和浅蓝色滤镜效果。

（8）在“图层 2”上添加一个名称为“图层 3”的图层。选中“图层 3”的第 1 帧，调出其“动作–帧”面板，输入如下脚本程序，实现初始化。

```
n=0;
m=1999;
```

（9）在“图层 3”的第 2 帧，按 F7 键，创建一个空关键帧，添加如下脚本程序，用来实现数字的不断变化和图像切换。

```
n++;
if(n==10){                          //如果 n 等于 0
  gotoAndPlay(1);                   //跳转到第 1 帧继续播放
}
wenzi.text1=m+n+"年";               //将变量 n 的值赋给动态文本框 text
PC.gotoAndStop(n)                   //播放 PC 影片剪辑实例的第 n 帧画面
```

（10）在“图层 3”的第 70 帧添加如下脚本程序，用来显示的数字暂停和播放头跳转，构成一个循环。

```
var x;
for(x=1;x<=10000;x++){
}                                     //延时程序
gotoAndPlay(2);
```

“迎接北京 2008 年奥运”影片的时间轴如图 8–16 所示。

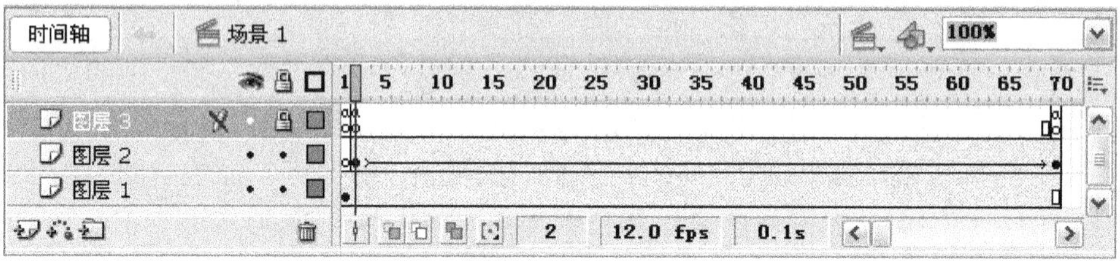

图 8–16 “迎接北京 2008 年奥运”影片的时间轴

2. “迎接北京奥运 2”影片设计 2

打开“迎接北京 2008 年奥运”影片，以名称“【实例 55】迎接北京 2008 年奥运 2.fla”保存。选中“图层 3”的第 2 帧，将“动作”面板中的程序用下面的程序替代。

```
n++;
if(n==10){                          //如果 n 等于 0
  gotoAndPlay(1);                   //跳转到第 1 帧继续播放
}
wenzi.text1=m+n+"年";               //将变量 n 的值赋给动态文本框 text
//播放 PC 影片剪辑实例的第 n 帧画面
With(_root.PC){
    GotoAndStop(n);
}
```

【实例 56】求连续偶数的和

“求连续偶数的和”影片播放后的两幅画面如图 8-17 所示（还没有数据）。该影片播放后，在“起始”和“终止”文本框内分别输入一个偶数，单击“计算”按钮，即可求出这两个偶数之间的所有偶数的和，并在下面的文本框中输出。该影片的制作方法如下。

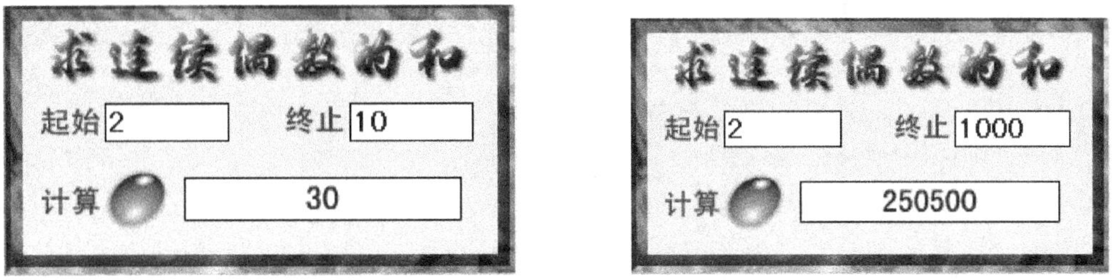

图 8-17 “求连续偶数的和”影片播放后的两幅画面

（1）设置舞台工作区的宽为 300 像素，高为 160 像素，背景色为黄色。

（2）选中“图层 1”的第 1 帧，导入一幅框架图像，创建红色立体文字“求连续偶数的和”，调整它们的大小和位置。

（3）在“图层 1”上添加一个名称为“图层 2”的图层。选中“图层 2”的第 1 帧，添加 3 个静态文本框，在文本框内分别输入文字“起始”、“终止”和“计算”，字体为红色、黑体、加粗、18 磅。在“起始”和“终止”文字的右边分别添加一个输入文本框，在它们的“属性”面板的“变量”文本框中分别输入“N”和“M”。通过“属性”面板，设置两个输入文本框的字体为黑体，大小为 18，颜色为蓝色。“N”文本框的“属性”面板设置如图 8-18 所示。

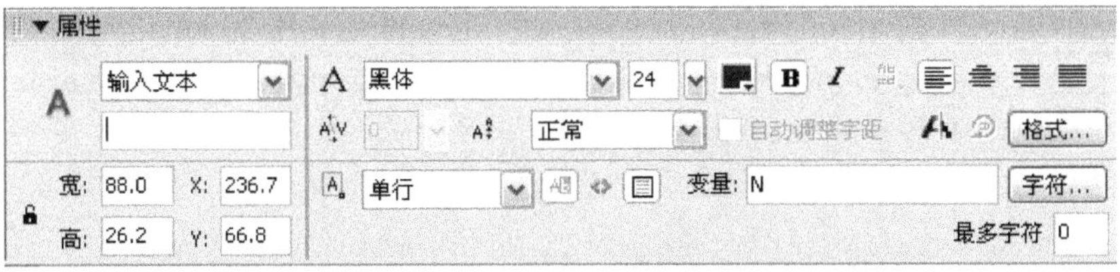

图 8-18 “N”文本框的“属性”面板设置

（4）将 Flash 公用库中的一个按钮拖曳到“计算”文字的右边，形成一个按钮实例，如图 8-17 所示。将该按钮实例的名称命名为“AN1”。在按钮的右边创建一个动态文本框，在其“属性”面板的“变量”文本框中分别输入“SUM”。设置该动态文本框的字体为黑体，大小为 18，颜色为蓝色。

（5）选中该动态文本框，单击其“属性”面板中的“嵌入”按钮，弹出“字符嵌入”对话框。选中该对话框中的“数字”，在“包括这些字符”文本框内输入“-”和“e”，如图 8-19 所示。然后单击“确定”按钮。从而设置该动态文本框内只可以输出数字、小数点、负号“-”和小写英文字母“e”。

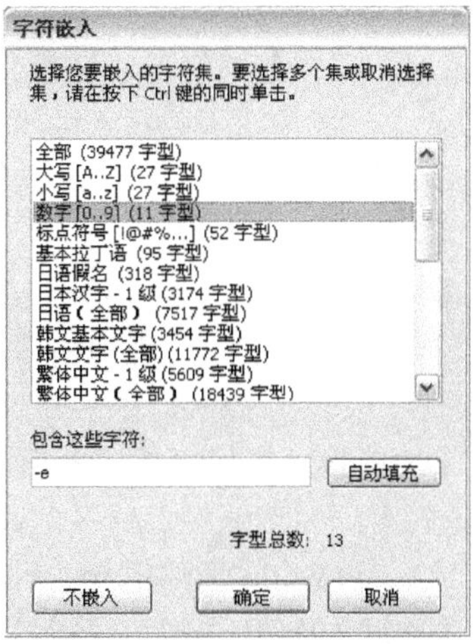

图 8-19 “字符嵌入”对话框

（6）选中第 1 帧，调出“动作-帧”面板，输入如下程序。

```
//给输入文本框变量赋空字符串初值的目的是使程序运行后该文本框内不显示内容
N="";                                    //给变量 N 赋空字符串初值
M="";                                    //给变量 N 赋空字符串初值
L=0;                                     //给变量 L 赋 0 初值
Stop( );                                 //使程序暂停运行
//单击按钮 AN2 后执行大括号内的程序
AN1.onPress=function( ){
  SUM = 0;                               //给变量 SUM 赋初值 0
//计算 N+(N+1)+(N+2)*******+M 的值
  for(L=Number(N);    L<=Number(M); L++){
      SUM = SUM+L;                       //进行求和计算
      L++                                //变量 L 自动加 1
  }
}
```

【相关知识】循环语句

1. for 循环语句

【格式】for （init； condition； next） {

语句体；}

【功能】for 括号内由 3 部分组成，每部分都是表达式，分别用分号隔开，其含义如下。

init 用于初始化一个变量，可以是一个表达式，也可以是用逗号分隔的多个表达式。init 总是只执行一次，即第一次执行 for 语句时最先执行它。condition 用于 for 语句的条件测试，可以是一个条件表达式，当表达式的值为 False 时结束循环。在每次执行完语句体时执行 next，可以是一个表达式，一般用于计数循环，举例如下。

```
var sum=0;
var x;
for(x=1;x<=200;x++){
    sum=sum+x;
}
trace(sum);                         //该程序用于计算 1～200 的和
```

2. while 循环语句

（1）while 循环语句：

【格式】while（条件表达式）{

语句体

}

【功能】当条件表达式的值为 True 时，执行语句体，再返回 while 语句；否则执行语句体后退出循环。

（2）do while 循环语句：

【格式】do {

语句体

```
}while（条件表达式）
```

【功能】当条件表达式的值为 True 时，执行语句体，再返回 do 语句，否则退出循环。

3. break 和 continue 语句

（1）break 语句：其经常在循环语句中使用，用于强制退出循环。例如：

```
var count=0;
while(count<160){
count++;
if(count=100){
break;}
}                                          //结束循环
trace(count);                              //本程序运行后,count 的值为 100
```

（2）continue 语句：强制循环回到开始处。例如：

```
var sum=0;
var x=0
while(x<=100){
  x++;
  if((x%5)= =0){
     continue;
  }
  sum=sum+x;
}
trace(sum);                                //计算 100 以内的不能被 5 整除的数的和
```

思考与练习 8-2

（1）制作一个“求阶乘”影片，该影片播放后的两幅画面如图 8-20 所示（还没有数据）。在“起始数”文本框中输入一个自然数（例如，5）。然后单击“求阶乘”按钮，即可显示 5!=1*2*…*5 的值，如图 8-20 左图所示。

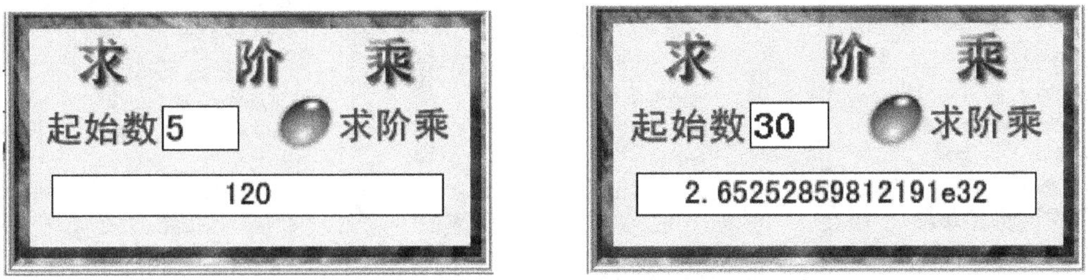

图 8-20 “求阶乘”影片播放后的两幅画面

（2）制作一个“求偶数积”影片，该影片播放后，输入 N 和 M 两个正整数，单击“计算”按钮，即可显示 *N* 到 *M* 之间所有偶数的积。

（3）制作一个“倒计时”影片，该影片播放后，透明的数字 6 在屏幕中间，逐渐由红色变为绿色显示，同时透明的模拟指针在不断旋转。接着，透明数字从 5～1 依次递减变化。在透明文字发生变化后，背景图像也随之更换。当文字变为绿色后，会暂停一会，然后进入下一个数字变化。当数字变为 1，同时透明模拟指针也转完一圈后，一幅新的图像逐渐显示出来，将原来的图像完全覆盖。该影片播放后的画面如图 8-21 所示。

（4）制作一个“春雨”影片，该影片播放后的画面如图 8-22 所示。可以看到，春天细雨绵绵的景色。

图 8-21 “倒计时”影片的画面

图 8-22 “春雨”影片播放后的画面

8.3 “其他”全局函数求和

【实例 57】2 位数四则运算练习

“2 位数四则运算练习”影片播放后的 3 幅画面如图 8-23 所示。在等号按钮右边的输入文本框内输入计算结果，再单击“=”按钮，即可判断计算是否正确，如果正确，则在“您做对了”文字的右边增加一个数字，如图 8-23 中图所示。单击“加法”、“减法”、“乘法”或“除法”文字按钮，可以重新出一道相应的随机题，加、减法是两位随机整数的加减运算题，乘法是一位数乘 2 位数题，除法是 2 位数除以一位数题，同时在上边显示题目数，运算符号也会随之改变，如图 8-23 中图所示。在答题的过程中，一直显示答题所用的时间（单位为秒），如图 8-23 所示。可以在左边的两个文本框内输入数值，来自己出题。该影片的制作方法如下。

图 8-23 “2 位数四则运算练习”影片播放后的 3 幅画面

1. 制作界面

（1）设置舞台工作区的宽为 400 像素，高为 300 像素，背景色为白色。选中“图层 1”的第 1 帧，导入一幅框架图像和制作红色立体文字“2 位数四则运算练习”，调整它们的大小和位置。

（2）输入“您已经做了”、“道题”、“您做对了”、“道题”、“已经用时：”和“秒”文字，字体为红色、18 号字、黑体，如图 8-23 所示。

（3）制作 4 个名称分别为“加法”、“减法”、“乘法”和“除法”的文字按钮，这些按钮中的文字分别是“加法”、“减法”、“乘法”和“除法”，按钮不同状态的颜色不同。然后再创建一个文字按钮，其显示一个“=”字符，按钮不同状态的颜色不同。

（4）在“图层 1”上添加一个名称为“图层 2”的图层。选中“图层 2”的第 1 帧，在舞台工作区中创建 3 个文本框，它们的文本变量分别命名为 JS1、JS2 和 JSJG。

（5）在左边的两个输入文本框之间添加一个动态文本框，在文本框内输入“+”字符，文本变量名称为 YSFH。4 个文本框的字体为黑体，大小为 18，颜色为蓝色。再在“已经用时：”和“秒”文字之间添加一个动态文本框，文本变量名称为 time1。

（6）在“您正在做第”和“道题”文字之间创建一个动态文本框，文本变量名称为 TH；在“您做对了”和“道题”文字之间创建一个动态文本框，文本变量名称为 ZDTS。

（7）选中第 1 个文本框，单击“属性”面板中的“嵌入”按钮，弹出“字符嵌入”对话框，选中该对话框中的“数字”，在“包括这些字符”文本框内输入“-”，然后单击“确定”按钮。设置该输入文本框内只可以输入数字、小数点和负号“-”。使用相同方法，设置其他两个输入文本框只可以输入数字、小数点和负号“-”。

（8）在第 2 个和第 3 个文本框之间放置“=”按钮的实例，实例的名称为“AN1”。将“库”面板中的 4 个文字按钮拖曳到舞台工作区中，形成 4 个按钮实例，如图 8-23 所示。

2. 输入程序

（1）选中“图层 2”的第 1 帧，调出“动作-帧”面板，然后输入如下程序。

```
JS2=random(89)+10;        //变量 JS1 用来存储一个随机的两位自然数
JS1=random(89)+10;        //变量 JS2 用来存储一个随机的两位自然数
YSFH="+";                 //变量 YSFH 用来保存“+”或“-”符号
JSJG="";                  //变量 YSFH 用来保存计算结果
TH=1;                     //变量 TH 用来保存题目的号码
ZDTS=0;                   //变量 ZDTS 用来保存做对的题数
time1=getTimer( )/1000l;  //给文本框变量“time1”存储所用的时间
```

在程序中，为了使文本框内是空的，给第 3 个文本框变量 JSJG 赋值为空字符串。为了使两个文本框变量 JS1、JS2 和 JSJG 的数据能够进行加法或减法运算，使用 Number 函数将字符型数据转换为数值型数据。

（2）选中“加法”按钮，弹出其“动作-按钮”面板，然后输入如下程序。

```
on (release){
  YSFH="+";                //给文本变量 YSFH 赋值“+”
  JSJG="";                 //给文本变量 JSJG 赋空字符串
  TH=TH+1;                 //题号自动加 1
  JS1=random(9)+10;        //变量 JS1 用来存储一个随机的两位自然数
  JS2=random(89)+10;       //变量 JS2 用来存储一个随机的两位自然数
}
```

（3）选中“减法”按钮，弹出其“动作-按钮”面板，然后输入如下程序。

```
on(release){
  YSFH="-";                //给文本变量 YSFH 赋值“-”
  JSJG="";                 //给文本变量 JSJG 赋空字符串
  TH=TH+1;                 //题号自动加 1
  JS1=random(89)+10;       //变量 JS1 用来存储一个随机的两位自然数
```

```
    JS2=random(89)+10;          //变量 JS2 用来存储一个随机的两位自然数
}
```

（4）选中“乘法”按钮，弹出其“动作-按钮”面板，然后输入如下程序。

```
on(release) {
    YSFH="*";                 //给文本变量 YSFH 赋值“*”
    JSJG="";                  //给文本变量 JSJG 赋空字符串
    TH=TH+1;                  //题号自动加 1
    JS1=random(9)+1;          //变量 JS1 用来存储一个随机的一位自然数
    JS2=random(89)+1;         //变量 JS2 用来存储一个随机的一位或两位自然数
}
```

（5）选中“除法”按钮，弹出其“动作-按钮”面板，然后输入如下程序。

```
on(release){
    YSFH="*";                 //给文本变量 YSFH 赋值“*”
    JSJG="";                  //给文本变量 JSJG 赋空字符串
    TH=TH+1;                  //题号自动加 1
    JS1=random(9)+1;          //变量 JS1 用来存储一个随机的一位自然数
    JS2=random(89)+1;         //变量 JS2 用来存储一个随机的一位或两位自然数
}
```

（6）选中“乘法”按钮，弹出其“动作-按钮”面板，然后输入如下程序。

```
on(release){
    YSFH="/";                     //给文本变量 YSFH 赋值“/”
    JSJG="";                      //给文本变量 JSJG 赋空字符串
    TH=TH+1;                      //题号自动加 1
    JS2=random(9)+1;              //变量 JS2 用来存储一个随机的一位自然数
    JS1=JS2*(random(9)+1);        //变量 JS1 用来存储一个随机的一位或两位自然数
}
```

（7）进入“时间”影片剪辑元件的编辑状态，选中“图层 1”的第 1 帧，调出“动作-帧”面板，输入如下程序。选中“图层 1”的第 5 帧，按 F5 键，创建普通帧，目的是为了可以不断执行“图层 1”第 1 帧内的程序。然后回到主场景舞台工作区。

```
_root.time1=getTimer( )/1000;
```

（8）选中“图层 1”的第 1 帧，将“库”面板中的“时间”影片剪辑元件拖曳到主场景舞台工作区，形成一个小圆点，即“时间”影片剪辑元件的实例。

【相关知识】“其他”全局函数

1. escape( )函数

【格式】escape(expression);

【功能】将表达式 expression 转换为 ASCII 码字符，并返回字符串。

2. unescape( )函数

【格式】unescape(*x*);

【功能】将 URL 编码的字符串 *x* 转换为字符串，并以 URL 编码方式输出，除了英文与数字，其余的字符将以十六进制编码方式表示。

3. eval( )函数

【格式】eval(expression);

【功能】将括号内的参数 expression 的内容返回。expression 可以是变量、属性、对象或影片剪辑实例的名称。

```
NS1="ABCDEFG";
NS2="NS1";
//将变量 NS2 的值“NS1”取出来,替代 eval(NS2),即将 NS1 变量的值赋给文本框变量 TEXT1
TEXT1=eval(NS2);
//执行该程序后,文本框变量 TEXT1 的值为“ANCDEFG”
```

4. getTimer( )函数

【格式】getTimer( );

【功能】返回影片播放后所经过的时间，单位为毫秒。

5. trace( )函数

【格式】trace(expression);

【功能】将表达式 expression 的值传递给“输出”面板，在面板中显示表达式的值。

例如，在某个影片内按钮的帧程序中加入 trace（“2+4+6”）命令，选择“控制”→“测试影片”命令，进入影片的测试界面，当执行 trace（“2+4+6”）命令时，将弹出“输出”面板，并在该面板中显示“12”。再例如：

```
Trace("鼠标指针 x 坐标值："+_ymouse);      //在“输出”面板内显示鼠标指针的 X 坐标值
```

思考与练习 8-3

（1）改进【实例 57】“2 位数四则运算练习”影片，使该影片在做完 10 道题后给出做对的题数、分数和所用的时间。

（2）制作一个“猜数游戏”影片，该影片播放后，计算机产生一个随机数，屏幕显示如图 8-24 所示，提示玩游戏者在 1～100 之间猜数。用鼠标单击白色的文本框，然后输入一个 1～100 之间的自然数，输入完后单击文本框左边的按钮或按 Enter 键，计算机会马上根据输入的数据进行判断，给出一个提示。如果猜错了，则显示的提示是：“太大了！”或“太小了！”，如图 8-24 中图所示；如果猜对了，会显示“正确!”，并显示您共用的次数，如图 8-24 所示。猜完一个数后，可单击右上角的按钮，产生下一个随机数。玩游戏者可重复上述猜数过程。

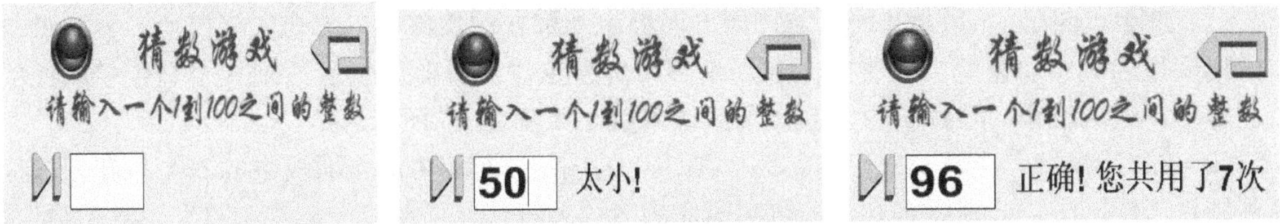

图 8-24　“猜数游戏”影片播放后的 3 幅画面

8.4 “浏览器/网络”全局函数

【实例 58】显示外部一组图像

“显示外部一组图像”影片播放后的两幅图像如图 8-25 所示，在一幅立体框架图像框内，通过单击按钮，显示 6 幅图像，显示方式是从中间向四周以圆形形状逐渐展开。按钮有 6 个，可以浏览 6 幅图像。该影片的制作方法如下。

图 8-25 “显示外部一组图像”影片播放后的两幅画面

1. 制作按钮和影片剪辑

（1）加工 6 幅图像，使其大小均为宽 230 像素，高 200 像素，文件名分别为“TU1.jpg”…“TU6.jpg”，放置在该 Flash 8 影片文件所在文件夹下的“TU”文件夹内。

（2）设置舞台工作区的宽为 300 像素，高为 300 像素，背景色为白色。将其保存名称为“【实例 58】显示外部一组图像.fla”的 Flash 文档。

（3）打开“【实例 42】图像动画展示.fla”文档，将该文档“库”面板中的所有按钮和框架图像复制粘贴到“【实例 58】显示外部一组图像.fla”Flash 文档的“库”面板中。

（4）将“【实例 58】显示外部一组图像.fla”Flash 文档“库”面板中的“按钮 1”按钮复制两个，名称分别改为“按钮 5”和“按钮 6”，按钮显示的数字也改为“5”和“6”。

（5）进入“图像”影片剪辑元件的编辑窗口，不绘制和导入任何内容，回到主场景，创建一个空的“图像”影片剪辑元件，用来为加载的外部图像定位。

（6）创建一个名称为“圆遮罩”的影片剪辑元件，它是一个白色圆形，宽为 30 像素，高为 30 像素。该影片剪辑元件是用来制作遮罩的。

2. 制作动画

（1）选中“图层 1”的第 1 帧，将“库”面板中的框架图像拖曳到舞台工作区中。然后调整该框架图像的大小与位置，使该图像刚好将整个舞台工作区覆盖。然后绘制一个金色轮廓线的白色矩形，组成组合，将框架图像的显示区域覆盖，如图 8-25 所示。

（2）在“图层 1”上添加一个名称为“按钮”的图层，再将“库”面板中的 6 个按钮依次拖曳到舞台工作区中，分别给这 6 个按钮实例命名为“AN1”、“AN2”、“AN3”、“AN4”、“AN5”和“AN6”。

（3）在“按钮”图层上添加“图层 2”。将“库”面板中的“图像”影片剪辑元件拖曳到舞台工作区白色矩形的左上角。因为“图像”影片剪辑元件是一个空元件，所以它形成的实例也是空的，但会显示出一个很小的圆，如图 8-26 所示。影片播放时不会显示出来。然后，将该实例命名为“PIC”。

图 8-26 “PIC”实例的位置

（4）在“图层 2”上添加“图层 3”。单击选中“图层 3”的第 1 帧，绘制一个黑色矩形，将框架图像内部的白色矩形完全覆盖。然后将该图层设置为遮罩图层，“图层 2”成为被遮罩图层。

（5）在“图层 3”上添加“图层 4”。按住 Ctrl 键，选中“图层 4”的第 2 帧和第 3 帧，按 F7 键，创建两个空关键帧。选中“图层 4”的第 2 帧，将“库”面板中的“圆遮罩”影片剪辑元件拖曳到舞台工作区图像框架的外边。然后将该实例命名为“WW”。

（6）选中“图层 4”的第 1 帧，调出“动作-帧”面板，然后输入如下程序。

```
stop( );
x1=150;                                   //确定图像显示中心的水平坐标值
y1=175;                                   //确定图像显示中心的垂直坐标值
K=0;
AN1.onPress=function( ){
 _root.PIC.loadMovie("TU\\TU1.jpg");      //调外部图像文件
 gotoAndPlay(2);                          //转到第 2 帧去执行
}
AN2.onPress=function(2){
 _root.PIC.loadMovie("TU\\TU2.jpg");      //调外部图像文件
    gotoAndPlay(2);
}
AN3.onPress=function(2){
 _root.PIC.loadMovie("TU\\TU3.jpg");      //调外部图像文件
     gotoAndPlay(2);
}
AN4.onPress=function( ){
 _root.PIC.loadMovie("TU\\TU4.jpg");      //调外部图像文件
gotoAndPlay(2);
}
AN5.onPress=function( ){
 _root.PIC.loadMovie("TU\\TU5.jpg");      //调外部图像文件
gotoAndPlay(2);
}
AN6.onPress=function( ){
 _root.PIC.loadMovie("TU\\TU6.jpg");      //调外部图像文件
 gotoAndPlay(2);
}
```

程序中的“_root.PIC.loadMovie（"TU\\TU1.jpg"）；”语句的作用是：将外部当前文件夹下

"TU"目录中的"TU1.jpg"图像导入，加载到"PIC"影片剪辑实例中。

（7）选中"图层 4"的第 2 帧，调出"动作–帧"面板，然后输入如下程序。

```
SetProperty(_root.WW,_x，x1);          //给影片剪辑实例 WW（遮罩）定水平位置
SetProperty(_root.WW,_y，y1);          //给影片剪辑实例 WW（遮罩）定垂直位置
_root.PIC.setMask(_root.WW);           //设置影片剪辑实例 WW 实例为"PIC"实例的遮罩
WW._XHight =WW._XHight+K*1.5;          //改变影片剪辑实例 WW（遮罩）的高度大小
WW._width=WW._width+K*1.5;             //改变影片剪辑实例 WW（遮罩）的宽度大小
```

在程序中，setProperty 命令是用来改变实例的属性，"_x"是实例的水平坐标值，"_y"是实例的垂直坐标值，"_width"是实例的宽度，"_XHight"是实例的高度。变量 k 用来逐渐调整遮罩实例的大小。

注意

setMask 是影片剪辑实例对象的一个方法。

（8）选中"图层 4"的第 3 帧，单击鼠标右键，弹出其快捷菜单，选择快捷菜单中的"动作"命令，弹出"动作–帧"面板。然后输入如下程序。

```
/*在程序中,当变量 K 大于 160 时,遮罩已经放大到可以将被遮罩的图像完全遮盖住。此时,可以返回第 1 帧,再导入下一幅图像,同时变量 k 赋初值 0。*/
if(60)
 gotoAndStop(1)                    //转至第 1 帧停止
}
else{
    K++;                           //变量 K 自动加 1
    GotoAndPlay(2)                 //转至第 2 帧播放
}
```

【实例 59】滚动文本

"滚动文本"影片播放后的两幅画面如图 8–27 所示。单击第 1 个按钮或按光标上移键，文本框内的文字会自动向上滚动 1 行。单击第 2 个按钮或按光标上移键，文本框内的文字会自动向下滚动 1 行。单击第 3 个按钮或按 Ctrl+PageUp 组合键，文本框内的文字会自动向上滚动 8 行。单击第 4 个按钮或按 Ctrl+PageDown 组合键，文本框内的文字会自动向下滚动 8 行。单击第 4 和第 5 个按钮，可更换文本框内的文字。文字是调用该影片所在目录下"TXT"文件夹中的"text1.txt"和"text2.txt"文本文件的内容。该影片的制作方法如下。

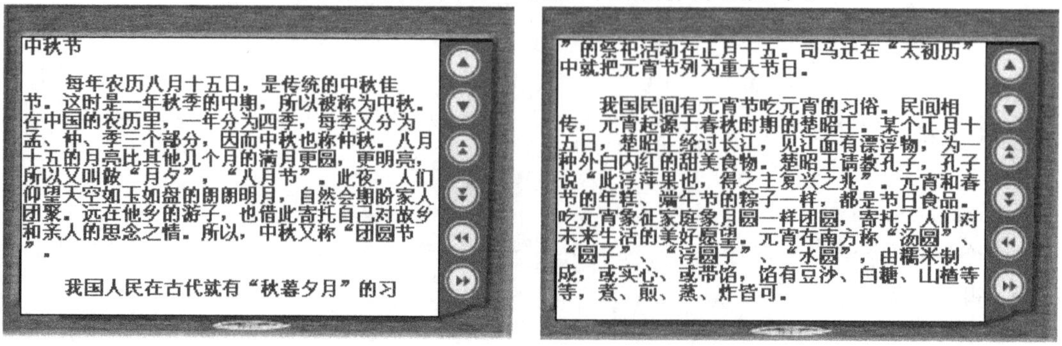

图 8–27 "滚动文本"影片运行后的两幅画面

1. 设计界面和素材

（1）设置舞台工作区的宽为 400 像素，高为 250 像素，背景色为白色。

（2）选中“图层 1”的第 1 帧，导入一幅框架图像，调整其大小和位置，如图 8-27 所示。选中“图层 1”的第 2 帧，按 F5 键。

（3）在“图层 1”上添加一个“图层 2”，选中“图层 2”的第 2 帧，按 F7 键，创建一个关键帧。在舞台工作区中添加一个动态文本框。在其“属性”面板中，设置变量的名称为“text1”，字体大小为 18，颜色为黑色，加边框线，在“线条类型”下拉列表框中选择“多行”选项。单击“属性”面板中的“编辑格式选项”按钮¶，弹出“格式选项”对话框，在“行距”文本框中输入 0。

（4）将按钮公用库中的 3 个按钮各拖曳到舞台工作区两次，将其中的两个按钮顺时针旋转 90 度，另外两个按钮逆时针旋转 90 度，再将它们排列好，如图 8-27 所示。给最下边的两个按钮实例分别命名为“ATX1”和“ATX2”。

（5）打开记事本程序，输入文字，注意，在文字的一开始应加入“text1=”文字，如图 8-28 所示。“text1=”是文本框变量的名称。

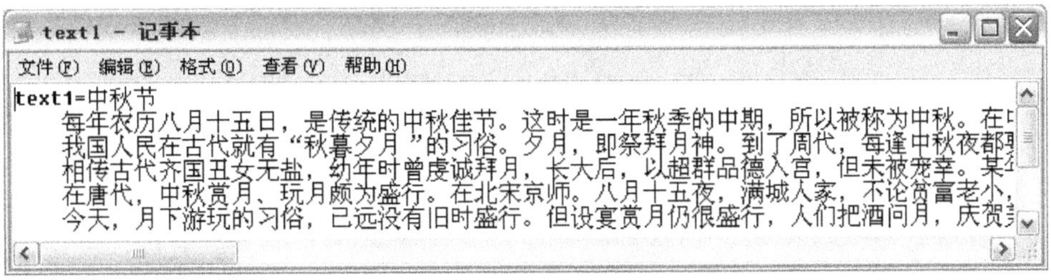

图 8-28　记事本内的文字

（6）选择记事本程序中的“文件”→“另存为”命令，弹出“另存为”对话框，在该对话框中的“编码”下拉列表框中选择“UTF-8”选项，选择 Flash 文档保存目录下的“TXT”目录，输入文件名称“text1.txt”，然后单击“保存”按钮。

按照上述方法，再建立“text2.txt”文本文件。

2. 设计程序

（1）选中“图层 2”的第 1 帧，调出其“动作-帧”面板，在该面板内输入如下程序。

```
loadVariablesNum("TXT/text1.txt",0);          //调“TXT”文件夹内的“text1.txt”文本文件
text1.scroll=0;                               //给文本文件定位在初始位置
```

（2）选中“图层 2”的第 1 帧，调出它的“动作-帧”面板，在该面板内输入如下程序。

```
stop( );
ATX1.onRelease=function( ){
    loadVariablesNum("TXT/text1.txt",0);      //调“text1.txt”文本文件
    text1.scroll=0;                           //给文本文件定位在初始位置
}
ATX2.onRelease=function( ){
    loadVariablesNum("TXT/text2.txt",0);      //调“text2.txt”文本文件
    text1.scroll=0;                           //给文本文件定位在初始位置
}
```

（3）选中上边的按钮，调出其“动作-按钮”面板，双击命令列表区中“全局函数”→“影片剪辑控制”目录中的“on”函数，使其出现在程序编辑区中。单击“脚本助手”按钮，按照图 8-29 所示设置事件，并输入程序。输入的程序如下。

```
On(release,keyPress "<Up>") {
 text1.scroll=text1.scroll+1;    //文本框内的文字向上移动一行
}
```

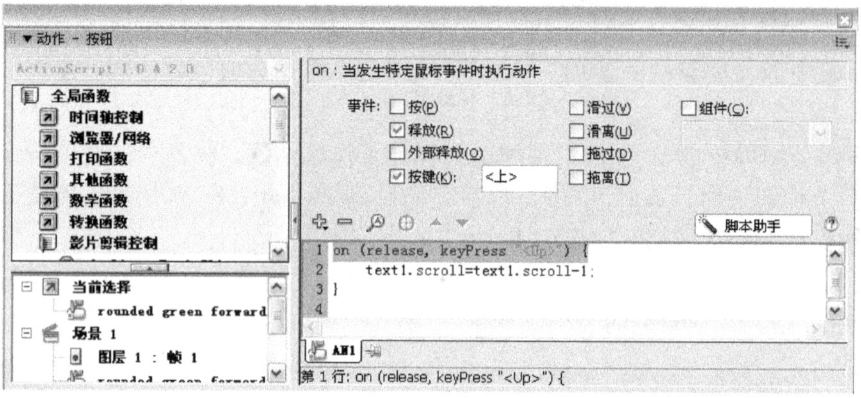

图 8-29　第 1 个按钮的“动作-按钮”面板设置

注意

在设置按键事件时，可以选择“按键”复选框，再单击其右边的文本框，然后按相应的按键。例如，按光标上移键，则文本框内会显示“<上>”，在程序中会显示“<Up>”。

（4）选中第 2 个按钮，调出其“动作-按钮”面板，双击命令列表区中“全局函数”→“影片剪辑控制”目录中的“on”函数，使其出现在程序编辑区中，然后输入如下程序。

```
on(release,keyPress "<Down>"){
 text1.scroll=text1.scroll-1;  //文本框内的文字向下移动一行
}
```

（5）选中第 3 个按钮，调出其“动作-按钮”面板，输入的程序如下。

```
on(release,  keyPress "<PageUp>"){
 for(x=1;x<=8;x++){
     text1.scroll=text1.scroll+1;
 }
}
```

（6）选中第 4 个按钮，调出其“动作-按钮”面板，输入的程序如下。

```
on(release,keyPress "<PageDown>"){
 for(x=1;x<=8;x++){
        text1.scroll = text1.scroll-1;
 }
}
```

【实例 60】Flash 作品欣赏网页

“Flash 作品欣赏网页”影片是一个可以选择浏览 Flash 影片的网页，全部用 Flash 8 制作。

可以播放预下载的小动画，边播放，边继续下载。当整个网页影片的所有帧全下载完后，再开始播放网页的主页。网页预下载影片的画面是：在上边有发光颜色不断由黄色变为绿色的立体文字“Flash 8 作品欣赏”；中间是由大到小 8 个自转彩珠环不断围绕一个中心不断自转；下边是不断由绿色变为红色的文字“现在正在下载网页，请稍等……”，其中的一幅画面如图 8-30 所示。

图 8-30　动画播放后的预下载画面

当整个电影下载完后，网页的主页面会显示出来，在一个图像上，立体发光文字“Flash 8 作品欣赏”由小变大，由上向中间移动，接着 6 个按钮逐渐显示出来，同时背景图像逐渐消失，文字逐渐向上移到顶部，其中的一幅画面如图 8-31 左图所示。当鼠标指针移到按钮上时，会显示出相应的提示文字，单击按钮，即可弹出本书中的一个相应的动画实例。单击第 6 个按钮，可以清除演示的 Flash 作品画面。该影片的制作方法和测试影片及发布主页的方法介绍如下。

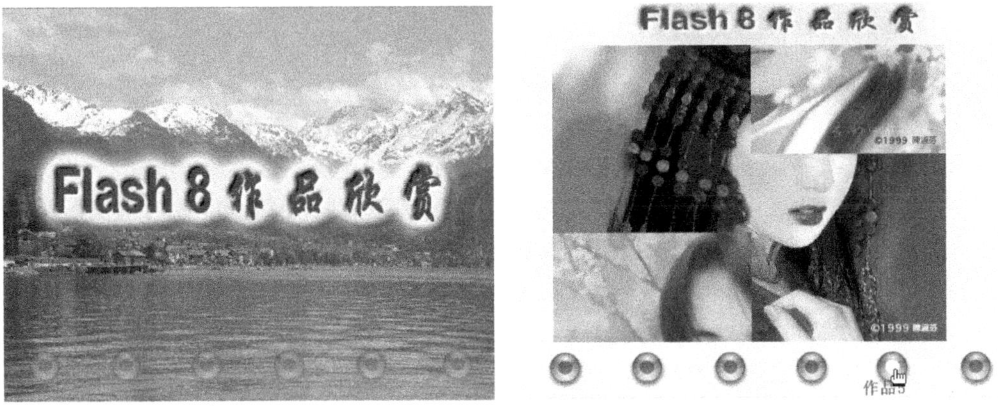

图 8-31　“Flash 作品欣赏网页”影片播放后的两幅画面

1. 制作预下载网页影片

（1）设置影片页面宽为 500 像素，高为 400 像素，背景色为白色。然后以名称“【实例 60】Flash 作品欣赏网页.fla”保存。打开“【实例 10】自转彩珠环.fla”Flash 文档，用鼠标右键单击“图层 1”的第 1 帧，弹出帧快捷菜单，选择该快捷菜单中的“复制帧”命令，将第 1 帧复制到剪贴板中。

（2）回到“【实例 60】Flash 作品欣赏网页.fla”Flash 文档，创建并进入“预览”影片剪辑元件的编辑窗口，用鼠标右键单击“图层 1”的第 1 帧，弹出帧快捷菜单，选择该快捷菜单中的“粘贴帧”命令，将剪贴板中的内容粘贴到“图层 1”的第 1 帧中。然后，回到主场景。

（3）创建并进入“正在下载”影片剪辑元件的编辑窗口，选中“图层 1”的第 1 帧，输入文字“现在正在下载网页，请稍等……”字体为绿色、华文行楷、37 磅，如图 8-32 所示。在“图层 1”上添加“图层 2”和“图层 3”，将“图层 1”的第 1 帧复制粘贴到“图层 2”的第 1 帧，再将绿色圆点的颜色改为红色，如图 8-33 所示。

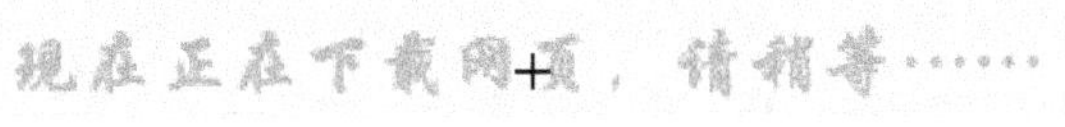

图 8-32　绿色文字

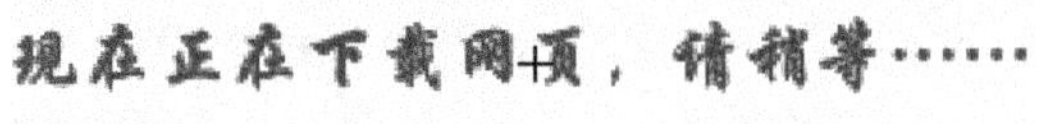

图 8-33　红色文字

（4）在“图层 3”的第 1 帧绘制一个灰色矩形，并移到文字的左边，如图 8–34 所示。然后制作“图层 3”第 1 帧到第 60 帧的运动动画，使灰色矩形从文字的左边移到文字之上，并将文字完全覆盖住。再将“图层 3”设置成遮罩图层，使“图层 2”成为被遮罩图层。然后，回到主场景。

图 8–34　一个灰色的矩形

（5）进入名称为“Flash 文字”的影片剪辑元件的编辑窗口中，制作一个立体文字发光由金黄色变为绿色的变色动画，制作该动画需要使用滤镜效果，这由读者自行完成，然后回到主场景。至此，影片剪辑元件“预览”、“正在下载”和“Flash 文字”制作完毕。

（6）选中主场景“图层 1”的第 1 帧，将“库”面板中的“预览”、“正在下载”和“Flash 文字”影片剪辑元件拖曳到舞台工作区中，适当调整它们的位置。预览影片制作完毕。

2. 网页主页画面的制作

（1）选中“图层 1”的第 2 帧，按 F6 键，使该帧成为关键帧。再导入一幅图像作为网页主页背景图像，调整该图像的大小和位置，使其刚好将舞台工作区完全覆盖。选中“图层 1”的第 60 帧，按 F5 键，使第 2 到第 60 帧的内容都相同。

（2）创建“图层 1”第 60 帧到第 89 帧的动作动画，使背景图像逐渐消失。

（3）在“图层 1”上添加“图层 2”。创建“图层 1”第 2 帧到第 60 帧的动作动画，使立体发光文字“Flash 作品欣赏”逐渐变大，同时逐渐由上边移到中间。

（4）创建“图层 1”第 60 帧到第 90 帧的动作动画，使立体发光文字“Flash 作品欣赏”逐渐由中间移到上边，逐渐变小。

（5）在“图层 2”上添加“图层 3”。在“图层 3”的第 30 帧的舞台工作区下边添加 Flash 8 系统库中的 6 个按钮。创建“图层 3”第 30 帧到第 90 帧的动作动画，使按钮逐渐显示。

（6）双击“库”面板中的一个按钮图标，弹出按钮的编辑窗口。然后，在最下边添加一个新图层，在该图层的第 1 帧输入相应的提示文字“作品 1”。然后，为其他 5 个按钮的第 1 帧也输入相应的文字“作品 2”…“作品 5”和“返回”。然后，回到主场景。

（7）选中“图层 1”的第 1 帧，调出“动作–帧”面板。在该面板的程序编辑区输入如下程序。

```
Mouse.hide( );           //隐藏鼠标指针
//如果网页影片下载到影片的总帧数时，开始继续播放影片的第 2 帧
if(_framesloaded>=_totalframes){
    Mouse.show( );  //使鼠标指针显示
    gotoAndPlay(2); //转到第 2 帧播放影片
}
```

（8）双击按钮，进入按钮的编辑窗口。单击左边的第 1 个按钮，在其“属性”面板的“实例名称”文本框中输入按钮实例的名称“AN1”。再依次为其他按钮实例命名“AN2”、…、“AN6”。

（9）制作一个名称为“LOAD”的影片剪辑元件，其没有任何内容。再制作一个舞台工作区很小（1×1 像素）的 Flash 文档，将其保存在与本程序同一目录下，名称为“空.swf”。

（10）在“图层 3”上添加“图层 4”，选中“图层 4”的第 90 帧，按 F6 键，创建一个关键帧。将“库”面板中的“LOAD”的影片剪辑元件拖曳到舞台工作区左上角处，形成一个很小的小圆（播放时不会显示出来），将该实例命名为“load”。加载的 SWF 影片放置的位置会由影片剪辑实例“load”所在的位置（即小圆圈所在位置）来确定。

（11）选中“图层 4”的第 90 帧，在“动作-帧”面板程序编辑区输入如下程序。

```
stop( );
Mouse.show( );        //隐藏鼠标指针
AN1.onPress=function( ){
    loadMovie("SWF/空.swf",_root.load)
     loadMovie("SWF/彩珠环内滚动图像 1.swf",_root.load)
}
AN2.onPress=function( ){
    loadMovie("SWF/空.swf",_root.load)
    loadMovie("SWF/热爱大自然.swf",_root.load)
}
AN3.onPress=function( ){
    loadMovie("SWF/空.swf",_root.load)
    loadMovie("SWF/生日快乐.swf",_root.load)
}
AN4.onPress=function( ){
    loadMovie( "SWF/空.swf",_root.load)
    loadMovie( "SWF/求连续偶数的和.swf",_root.load()
}
AN5.onPress=function( ){
    loadMovie( "SWF/空.swf", _root.load()
    loadMovie( "SWF/上下移出图像切换.swf",_root.load()
}
AN6.onPress=function( ){
    loadMovie( "SWF/空.swf",_root.load)
}
```

注意

程序中调用的各 SWF 文件一定要放在当前的 Flash 文档存放的目录下的“SWF”文件夹中。

至此，整个电影制作完毕。此时影片主场景的时间轴如图 8-35 所示。

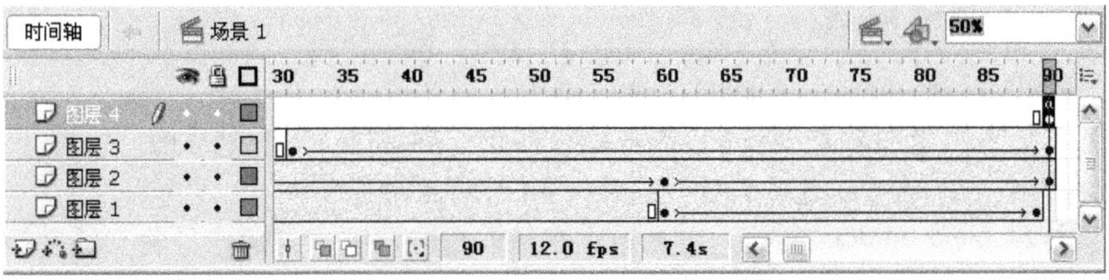

图 8-35　“Flash 作品欣赏网页”影片主场景的时间轴

3. 测试影片和发布主页

（1）选择“控制”→“测试影片”命令，进入影片测试状态。选择“视图”→“下载设置”→“56k（4.7kb/s）”命令，设置下载速度为 56k。然后选择“视图”→“模拟下载”命令，就可以观看到影片模拟下载的效果。

（2）选择“文件”→“发布设置”命令，弹出“发布设置”对话框，切换到“HTML”选项卡，再在“HTML”标签右边的文本框中输入文件名称“预下载网页.html”，其他设置使用默认参数。然后单击该对话框中的“发布”按钮，即可生成 HTML 网页文件。

【相关知识】setMask( )函数和“浏览器/网络”全局函数

1. setMask( )函数

【格式】myMovieClip.setMask(maskMovieClip)

【功能】用来指定一个影片剪辑实例对象为另一个影片剪辑实例对象的遮罩。其中，myMovieClip 是作为被遮罩的影片剪辑实例对象的名称，maskMovieClip 是作为遮罩的影片剪辑实例对象的名称。

【说明】setMask 方法可以指定一个包含多个帧和多重图层的影片剪辑实例对象作为遮罩。在时间轴上，通过遮罩图层可以对多个图层进行遮罩效果，但是无法使用 setMask 方法对多个图层进行遮罩效果。如果在作为遮罩的影片剪辑实例对象中有文字，它们仍然会显示出来，不产生遮罩效果。如果要取消遮罩效果，可以再使用一次 setMask 方法，括号中的参数为 null。

关于影片剪辑实例对象的其他方法，将在下一章介绍。

2. loadMovie( )函数

【格式】loadMovie("url"，target [，method])

【功能】该函数用来从当前播放的影片外部加载 SWF 影片到指定的位置。

【参数】url 是被加载的外部 SWF 文件或 JPEG 文件的绝对或相对 URL 路径，相对路径必须相对于级别 0 处的 SWF 文件。绝对 URL 必须包括协议引用，例如 http://或 file:///。通常需要将被加载的影片与被加载的外部文件放到同一个文件夹中。

参数 target 是可选参数，用来指定目标影片剪辑实例的路径。目标影片剪辑实例将替换为加载的 SWF 文件或图像。被加载的影片将继承被替换掉的影片剪辑元件实例的属性。

method 可选参数，用来指定用于发送变量的 HTTP 方法。该参数必须是字符串 GET 或 POST。如果没有要发送的变量，则省略此参数。GET 方法将变量追加到 URL 的末尾，其用于发送少量的变量。POST 方法在单独的 HTTP 标头中发送变量，用于发送大量的变量。

例如，loadMovie(显示外部一组图像.swf"，"mySWF")。其中，“显示外部一组图像.swf”是要加载的外部影片，“mySWF”是要被外部加载影片所替换的影片剪辑实例名。

3. loadMovieNum( )函数

【格式】loadMovieNum(url [，level， method])

【功能】该函数用来加载外部 SWF 影片到目前正在播放的 SWF 影片中，位置在当前 SWF 影片的左上角。

【参数】参数 level 是可选参数，用来指定在播放的影片中，外部影片将加载到播放影片的哪个层。参数 method 也是可选参数，指定发送变量传送的方式 GET 或 POST。

4. getURL( )函数

【格式】getURL(url [，　window][，"variables"])

【功能】启动一个 url 定位，经常使用来调用一个网页，或者用来调用一个邮件。调用网页的格式是在双引号中添加网址，调用邮件可以在双引号中添加“mailto：”，再跟一个邮件地址，例如，“mailto：Flash@yahoo.com.cn”。

【参数】url 是设置调用的网页网址 URL，参数 window 是设置浏览器网页打开的方式（指定网页文档应加载到浏览器的窗口或 HTML 框架）。该参数可以有 4 种设置方式。

◎ _self：在当前 SWF 影片所在网页的框架，当前框架将被新的网页所替换。

◎ _blank：打开一个新的浏览器窗口，显示网页。

◎ _parent：如果浏览器中使用了框架，则在当前框架的上一级显示网页。

◎ _top：在当前窗口中打开网页，即覆盖原来框架的内容。

5. unloadMovie( )函数

【格式】unloadMovieNum(target)

【功能】该函数用来删除加载的外部 SWF。参数 target 是 SWF 影片载入时指定的目标路径。

6. unloadMovieNum( )函数

【格式】unloadMovieNum(level)

【功能】该函数用来删除加载的外部 SWF。参数 level 是 SWF 影片载入时指定的层号。

思考与练习 8-4

（1）制作一个“鼠标控制的探照灯”影片，该影片播放后会显示一幅很暗的园林图像和 4 个按钮。单击左下角的按钮，会出现一个圆形的探照灯光，可用鼠标拖曳探照灯光，单击左下角的第 1 个按钮，可使探照灯光变小，单击左下角的第 2 个按钮，可使探照灯光变大，如图 8-36 左图所示。单击右下角的按钮，会出现一个五角星形的探照灯光，如图 8-36 右图所示。可以用鼠标拖曳移动模拟的探照灯光。单击左下角的第 1 个按钮，可使探照灯光变大。单击左下角的第 2 个按钮，可使探照灯光变小。

图 8-36 “鼠标控制的探照灯”影片播放后的两幅画面

（2）修改【实例 58】“显示外部一组图像”影片，使其可以浏览 12 幅图像，后 6 幅图像的切换方式应该与前面 6 幅图像的切换方式不同。

（3）修改【实例 59】“滚动文字”影片，使其可以每次向上和向下滚动 10 行文字，可以浏览外部 10 个文本文件，同时可以显示浏览的外部文本文件的名称和序号。

（4）修改“鼠标控制的探照灯”影片，在其画面中添加两个按钮，单击这两个按钮，可以切换不同的背景图像。

（5）制作一个名称为“北京 2008 年奥运”的网站，该网站由 5 个网页组成，使用一帧制作一个网页，5 个网页之间有链接，可以互相调用。鼠标指针用闪烁的、大小和颜色不断变化的星星替代。

（6）制作一个“中国名胜”的网站。该网站由 5 个网页组成，使用一帧制作一个网页，5 个网页之间有链接，可以互相调用。鼠标指针用闪烁的、大小和颜色不断变化的星星替代。

第 9 章　面向对象的程序设计

9.1　面向对象编程和字符串对象

【实例 61】滚动文字

“滚动文字”影片播放后的画面如图 9-1 所示（还没有下边红色的文字）。画面的上边是立体标题文字，文字下边是我国的一些名胜图像。单击左下方的按钮，在按钮的左边显示红色的文字“元宵节”和滚动文字的长度为 229 像素，在两个按钮之间，一些关于“元宵节”的文字不断地从右向左滚动显示，如图 9-1 所示。再单击按钮，文字发生了变化，仍然滚动显示，但按钮的左边显示的文字改为“春节”，其左边显示滚动文字的长度为 211 像素，如图 9-2 所示。再次单击按钮又可以显示原来的文字。单击右下方的按钮，可使文字暂停滚动，再单击该按钮又可以使文字继续滚动。该影片的制作方法如下。

图 9-1 “滚动文字”影片播放后的画面 1

图 9-2 “滚动文字”影片播放后的画面 2

（1）新建一个 Flash 文档，设置舞台工作区宽为 800 像素，高为 160 像素，背景色为白色。选中“图层 1”的第 1 帧，导入 4 幅名胜图像，调整它们的大小均为高为 130 像素，宽为 200 像素，再调整它们的位置，使它们排成一排，作为背景图像，如图 9-1 所示。

（2）将 Flash 公用库中的两个按钮拖曳到舞台工作区中，调整它们的大小，宽和高均为 40 像素。将按钮实例命名为“AN1”，将按钮实例命名为“AN2”。

（3）在“图层 1”上添加名称为“图层 2”的图层。选中“图层 2”的第 2 帧，按 F7 键。在舞台工作区的左下角添加两个动态文本框，变量名分别为 LN 和 MC，字体设置为 Arial，大小设置为 20，颜色设置为红色，加粗。在两个按钮之间添加一个动态文本框，其变量名为 S1，字体为黑体，大小为 22，颜色为红色。

（4）选中“图层 1”的第 1 帧，在“动作-帧”面板中输入如下初始化程序。

```
S1="";                                //给变量 S1 赋初值
n=1;                                  //给变量 n1 赋初值
k=0;                                  //给变量 k 赋初值
```

（5）选中“图层 2”的第 2 帧，在“动作-帧”面板中输入如下程序。

```
S1=S1.substr(1,LN)+ S1.substr(0,1)              //将第一个字符或汉字移到字符串的最后边
AN1.onPress=function( ){
n++;
if(Math.ceil(n/2)==n/2){                        //判断 n 是否为奇数
        S1=new String（"正月十五日，是中国的传统节日元宵节。正月为元月，古人称夜为“宵”，而十五
        日又是一年中第一个月圆之夜，所以称正月十五为“元宵节”，又称为“上元节”。按中国民间的传
        统，在一元复始、大地回春的节日夜晚，天上明月高悬，地上彩灯万盏，人们观灯、猜谜、吃元宵，
        合家团聚、其乐融融。吃元宵象征家庭像月圆一样团圆，寄托了人们对未来生活的美好愿望。元宵在南
        方称“汤圆”、“圆子”、“浮圆子”、“水圆”，由糯米制成，或实心，或带馅，馅有豆沙、白糖、
        山楂等，煮、煎、蒸、炸皆可。"）;
        S1=loadVariablesNum("TXT/text1.txt",0);
   MC="元宵节";
   LN=S1.length                                  //将字符串 S1 的长度赋给变量 LN
} else {
   S1=new String（"春节，顾名思义就是春天的节日。春天来临，万象更新，新一轮播种和收获季节又要
      开始。我国古代民间虽然早已有过年的风俗，但那时并不叫做春节。因为那时所说的春节，指的是二
      十四节气中的“立春”。正月初一还有上日、正朝、三朔、三始等别称，意即正月初一是年、月、日
      三者的开始。南北朝则把春节泛指为整个春季。据说，把农历新年正式定名为春节，是辛亥革命后的
      事。由于那时要改用阳历，为了区分农、阳两节，所以只好将农历正月初一改名为“春节”。"）;
        MC="春节";
        LN=S1.length                             //将字符串 S1 的长度赋给变量 LN
}
}
AN2.onPress=function( ){
k++;
if(Math.ceil(k/2)<>k/2){
      stop( );
}else{
   Play( );
}
}
```

（6）按住 Ctrl 键，选择“图层 1”的第 19 帧，按 F5 键，创建一个普通帧。选中“图层 2”的第 20 帧，按 F7 键，创建一个空白关键帧，在“动作-帧”面板中输入如下程序。

```
gotoAndPlay(2);                 //转至第 2 帧播放
```

【相关知识】面向对象编程和字符串对象

1. 面向对象编程的基本概念

在 20 世纪 80 年代提出了面向对象的程序设计（Object Oriented Programming，OOP），它能够有效地改进结构化程序设计中存在的问题，它通过面向对象的方法来解决问题，不再将问题分解为过程，而是将问题分解为对象。在结构化的程序设计中，要解决某一个问题，是将问题进行分解，然后用许多功能不同的函数来实现，数据与函数是分离的。面向对象程序设计方法的思考方式是面向问题的结构，它认为现实世界是由对象组成的，要解决某个问题，必须首先确定这个问题是由哪些对象组成的。

对象是现实世界中可以独立存在的、可以被区分的一个实体（也可以是一些概念上的实体），它有自己的属性、作用于对象的操作（即作用于对象的方法）和对象响应的动作（即事件）。对象之间的相互作用通过消息传送来实现。因此面向对象编程的设计模式为“对象+消息”。

在面向对象的编程中，有几个很重要的基本概念：类、对象、属性、方法、实例和继承等。所谓的“类”，可以打一个比喻，月饼模子可以看成是一个“类”，扣出的月饼是对象，每个月饼都继承了模子（类）的属性，比如模子的形状是菱形，那扣出来的月饼就是菱形。每个月饼对象都具有其自己的特有属性，例如，某个月饼的馅有蛋黄，某个月饼的馅有枣泥。通过一些方法可以改变这些属性，例如，把月饼切成四份等。

在面向对象的编程中，对象是属性和方法的集合，程序是由对象组成的。实例是类的对象，Flash 中的按钮、影片剪辑和图形实例都是类的对象。类的每个实例都继承了类的属性和方法，例如，所有影片剪辑实例都是 MovieClip 类的实例，可以将 MovieClip 类的任何方法和属性应用于影片剪辑实例。属性是对象的特性，方法是与类关联的函数，是为了完成对对象属性进行操作的函数，通过函数改变对象属性的值。面向对象的程序设计是将问题抽象成许多类，将对象的属性和方法封装成一个整体，供程序设计者使用。Flash 元件库中的元件就是“类”，由元件在舞台工作区内产生实例，通过实例的“属性”面板为实例起一个名称，这个过程就是做一次 new 操作，将一个元件对象（类）实例化，产生对象。

2. 创建对象和访问对象

（1）创建对象：可以使用 new 操作符通过 Flash 内置对象类来创建一个对象。“myDate=new date( );”这条语句就是使用了 Flash 8 的日期类创建了一个新对象（也叫实例化）。这里，对象 myDate 可以使用内置对象 date( )的 getDate( )等方法和属性。

使用 new 操作符来创建一个对象需要使用构造函数（构造函数是一种简单的函数，用来创建某一类型的对象）。ActionScript 的内置对象也是一种提前写好的构造函数。

（2）访问对象：可以使用点操作符来访问对象的属性，在点操作符的左边写入对象名，点操作符右边写入要使用的对象。例如在下面程序中，Sound1 是对象，setVolume( )是方法，通过点操作符来连接。

```
Sound1=new sound(this);   //实例化一个声音对象 Sound1
Sound1.setVolume(30);     //设置声音对象 Sound1 的音量为 30
```

3. 字符串（String）对象的定义和属性

（1）字符串（String）对象的定义：在使用 String 之前，必须将 String 对象实例化，然后使用字符串的对象实例进行字符串的连接、分隔和大小写转换。字符串对象可以从“动作”面板命令列表区的“ActinScript 2.0 类”→“核心”→“String”目录中找到。

【格式】new String(value);

【功能】定义一个字符串对象，并给它赋初值。例如，下面这两种方法均有效。

```
S1=new String( );                //定义 S1 为字符串对象
S2= new String("ABCDEFG");       //定义 S2 为字符串对象,并给它赋初值“ABCDEFG”
S3="ABCDEFGHIJK";                //定义 S3 为字符串对象,并给它赋初值“ABCDEFGHIJK”
```

（2）字符串（String）对象的属性：该对象的属性只有一个 length，它可以返回字符串的长度。例如，在舞台工作区创建一个动态文本框，其变量名称为 LN，在“图层 1”的第 1 帧添加如下程序，运行程序后，文本框内会显示 26。

```
S1=new String("ABCDEFGHIJKLMNOPQRSTUVWXYZ");
LN=S1.length
```

4. 字符串对象的方法

String 对象的方法有 12 个，下面介绍其中的 10 个。

（1）charAt 方法

【格式】String.charAt(*n*)

【功能】返回字符串中指定位置的字符，指定索引数字 *n* 指示的字符。字符的数目从 0 到字符串长度减 1。例如，在舞台工作区添加一个动态文本框，其变量名称为 LN，在“图层 1”的第 1 帧添加如下程序，运行程序后，文本框内会显示字母 D。

```
S1=new String("ABCDEFGHIJKLMNOPQRSTUVWXYZ");      //定义字符串 S1
LN=S1.charAt(10)                                  //将返回字母 K
```

（2）concat 方法

【格式】String.concat(String1);

【功能】将两个字符串（String 和 String1）组合成一个新的字符串。例如，在舞台工作区添加一个动态文本框，其变量名称为 LN，在“图层 1”的第 1 帧添加如下程序，运行程序后，文本框内会显示字母“ABCDEFG123456”。

```
myString="1234567890";
LN=myString.concat("ABCDE");  //将返回一个“1234567890ABCDE”字符串
```

（3）substr 方法

【格式】String.substr(start[，length]);

【功能】返回指定长度的字符串。参数 start 是一个整数，指示字符串 String 中用于创建子字符串第 1 个字符的位置，以 0 为开始点，start 的取值范围是字符串 String 长度减 1。length 是要创建子字符串中的字符数。如果没有指定 length，则子字符串包括从 start 开始直到字符串结尾的所有字符。从字符串 String 的 start 开始，截取长为 length 的子字符串。字符的序号从 0 到字符串长度（字符个数）减 1。如果 start 为一个负数，则起始位置从字符串的结尾开始确定，−1 表示最后一个字符。

例如，在舞台工作区添加一个动态文本框，其变量名称为 LN，在“图层 1”的第 1 帧添加如下程序，运行程序后，文本框内会显示字母“DEFGHIJKL”。

```
S1=new String("ABCDEFGHIJKLMNOPQRSTUVWXYZ");
LN=S1.substr(3,9);                //将返回一个“DEFGHIJKL”字符串
```

（4）substring 方法

【格式】String.substring(from[，to]);

【功能】返回指定位置的字符串。from 是一个整数，指示字符串 String 中用于创建子字符串第 1 个字符的位置，以 0 为开始点，from 的取值范围是字符串 String 长度减 1。to 是要创建子字符串的最后一个字符位置加 1，to 的取值范围是字符串 String 长度加 1。如果没有指定 to，则子字符串包括从 from 开始直到字符串结尾的所有字符。如果 to 为负数或 0，则子字符串是字符串 String 中前 from 个字符。

例如，在舞台工作区中添加一个动态文本框，其变量名称为 LN，在“图层 1”的第 1 帧添加如下程序，运行程序后，文本框内会显示字母“FGHI”。

```
S1=new String("ABCDEFGHIJKLMNOPQRSTUVWXYZ");
LN=S1.substring(3,9);   //将返回一个"DEFGHI"字符串
```

（5）charCodeAt 方法

【格式】String.charCodeAt(index);

【功能】返回指定位置字符串 String 的 ASCII 码，范围是 0～65 535 之间。index 是指定位置的索引值，其索引范围是 String.length−1。如果索引值 index 超出字符串长度，则返回 N aN。

（6）fromCharCode 方法

【格式】String.fromCharCode(c1，c2，c3…cn);

【功能】返回 ASCII 码 c1，c2，c3…cn 对应的字符。参数 c1，c2，c3…cn 是要返回字符的 ASCII 码。例如，在舞台工作区添加一个动态文本框，其变量名称为 Stringtext，在“图层 1”的第 1 帧添加如下程序，运行程序后，文本框内会显示一个随机的大写英文字母。

```
myNum=Math.random( )*26+65;
Stringtext=String.fromCharCode(myNum);
```

（7）indexOf 方法

【格式】String.indexOf(value[，start]);

【功能】在字符串 String 中查找指定字符的位置，如果没有找到，则返回−1。参数 value 是要查找的字符，参数 start 是查找指定字符的起始位置。

（8）lastIndexOf 方法

【格式】String.lastIndexOf(value[，start]);

【功能】在字符串 String 中查找指定字符最后出现的位置，如果没有找到，则返回−1。

（9）toLowerCase 方法

【格式】String.toLowerCase( );

【功能】将字符串 String 中的字符转换为小写字母。

（10）toUpperCase 方法

【格式】String.toUpperCase( );

【功能】将字符串 String 中的字符转换为大写字母。

思考与练习 9-1

（1）修改【实例 61】“滚动文字”影片，使其可以滚动显示 3 段文字。

（2）制作一个“随机字母三角形”动画，该动画播放后可以显示由不同字母组成的三角形。

9.2 数组对象

【实例 62】字母猜猜看 1

“字母猜猜看 1”影片播放后，计算机产生一个随机字母，屏幕显示如图 9–3 所示，提示玩游戏者在字母 A 到字母 Z 之间猜字母。

图 9–3 “字母猜猜看 1”影片播放后的两幅画面

屏幕左上角显示玩游戏已经用的时间，单位为秒。屏幕的下边显示正在猜的是第几个随机字母。单击白色的文本框，然后输入一个 A 到 Z 之间的一个大写字母，然后单击文本框左边的按钮或按 Enter 键，计算机会马上根据输入的字母进行判断，给出一个提示。如果猜错了，则显示的提示是“太大!”或“太小!”，如图 9–3 所示。如果猜对了，会显示“正确!”，并显示您共用的次数，如图 9–4 左图所示。单击左下角的按钮，会在左下角显示要猜的字母，如图 9–4 右图所示。单击右上角的“下一个”按钮，会产生一个新的随机字母。

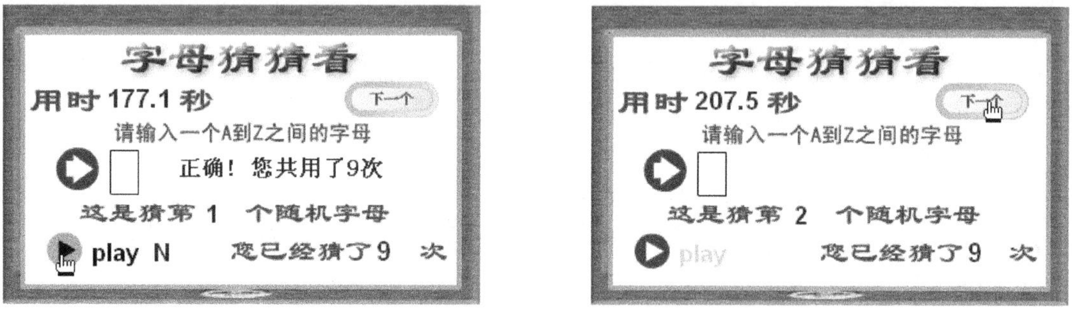

图 9–4 “字母猜猜看 1”影片播放后的两幅画面

（1）设置舞台工作区宽为 400 像素，高为 280 像素，背景色为黄色。单击舞台空白处，调出其“属性”面板，单击该面板中的“设置”按钮，弹出“发布设置”（Flash）对话框，在“版本”下拉列表框中选择“Flash Player 8”选项，设置播放器版本为“Flash Player 8”。

（2）选中“图层 1”的第 1 帧，导入一幅框架图像，调整该图像的大小和位置，使该图像刚好将舞台工作区完全覆盖。然后在框架图像内框绘制一个金黄色轮廓线，填充白色的矩形，再将该矩形组合，并移到框架图像上。

（3）在“图层 1”上添加一个名称为“图层 2”的图层，选中“图层 1”的第 1 帧，在舞台工作区输入一些红色、隶书（或其他字体）、加粗、30 磅的文字，添加 Flash 系统库中的 3 个按钮。3 个按钮实例的名称分别为 AN1、AN2 和 AN3（从上到下）。

（4）添加 6 个文本框。第 2 行左边的文本框名称为 textsj，是不加框的动态文本框，用来输出已经用的时间。第 2 行输入红色、宋体、加粗、18 号字的文字，作为提示信息。第 4 行左边的文本框名称为 text1，是加框的输入文本框，用来输入要猜的字母。第 4 行右边的文本框名称为 text2，是不加框的动态文本框，用来输出提示信息。第 5 行中间的文本框名称为 textcs，是不加框的动态文本框，用来输出产生随机字母的个数；第 6 行左边的文本框名称为 sc1，是不加框的动态文本框，用来输出产生的随机字母；第 6 行右边的文本框名称为 textcs1，是不加框的动态文本框，用来输出猜的次数。此时的舞台工作区如图 9-5 所示。

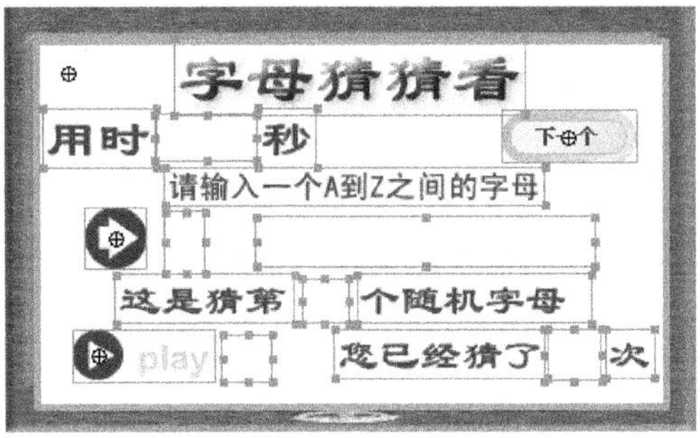

图 9-5　第 1 帧画面

（5）选中“图层 2”的第 1 帧，调出“动作–帧”面板，输入如下程序。

```
//初始化程序，并产生第 1 个随机字母
k=1;                        //变量 k 用来存储猜了随机字母的个数
nn=0;                       //变量 nn 用来存储是否猜对了字母,如果猜对了,则 nn=1,否则为 0
n=0;                        //变量 n 用来存储猜随机字母的次数
sj1=getTimer( ) ;           //启动游戏后至此所用时间(单位为千分之一秒)存入变量 sj1 中
su=random(26)+65;           //变量 su 用来存储 A 到 Z 之间随机字母的 ASCII 码
sc=chr(su);                 //变量 sc 用来存储 A 到 Z 之间的随机字母
textcs=k;                   //给文本框变量“textcs”存储随机字母的个数
textcs1=n;                  //给文本框变量“textcs1”存储猜随机字母的次数
sc1="";                     //给文本框变量“sc1”存储空字符
text1="";                   //给文本框变量“text1”存储空字符
text2="";                   //给文本框变量“text2”存储空字符
```

（6）选中“图层 2”的第 2 帧，按 F6 键，创建一个关键帧，调出“动作–帧”面板，输入如下程序。

```
stop( );                          //暂停动画播放，即播放指针停在第 1 帧,按钮还起作用
AN1.onPress=function( ){
  if(nn==1){
    su=random(26)+65;       //猜对数后产生一个新的 A 到 Z 之间随机字母的 ASCII 码
    sc=chr( );              //将 ASCII 码转换成相应的字符,并赋给变量 sc
    k++;                    //变量 k 自动加 1
    textcs=k;               //给文本框变量“textcs”存储随机字母的个数
    textcs1=n;              //给文本框变量“textcs1”存储猜随机字母的次数
    n=0;                    //变量 n 赋初值 0
    nn=0;                   //变量 nn 赋初值 0
    text1="";               //文本框变量 text1 赋初值为空字符串
    text2="";               //文本框变量 text2 赋初值为空字符串
    sc1="";                 //文本框变量 sc1 赋初值为空字符串
  }
}
AN3.onPress=function( ){
```

```
    sc1=sc; //单击该按钮后将 sc 存储的随机字母赋给文本框变量 sc1,以显示随机数
}
```

（7）选中第 4 行的按钮实例 AN2，调出“动作-按钮”面板，输入如下程序。

```
//单击按钮或按回车键后执行下面大括号内的程序
On(press,keyPress "<Enter>"){
    n++;                    //统计每回猜字母的次数,保存在变量 n 内
   nn=0;                    //变量 nn 赋初值 0
    textcs1=n;              //给文本框变量;“textcs1”存储猜随机字母的次数
    //如果猜的字母小于随机字母,则将“太小!”文字赋给文本框变量“text 2”
    if(text1<sc){
        var text2 = "太小!";
     }
    //如果猜的字母大于随机字母,则将“太大!”文字赋给文本框变量“text2”
   if(text1>sc){
        var text2 = "太大!";
    }
    /*如果猜的字母等于随机字母,则将“正确!您共用了”文字与变量 n 的值和“次”字连接在一起,
    并赋给文本框变量“text2”*/
   if(text1==sc){
          var text2 = "正确! 您共用了"+n+"次";
          nn=1;             //变量 nn 等于 1 时,表示猜对了,可以再产生新的随机数
    }
    var text1 =""
}
```

（8）上述动画制作完后还不能随时显示所用的时间，这是因为执行第 1 帧后不再执行第 1 帧中的程序，因此文本框变量 textsj 不会被刷新。为了刷新文本框变量 textsj 的内容，可以使用下述方法来解决。

创建一个新的影片剪辑元件，名称为 sj。在该影片剪辑元件“图层 1”的第 1 帧添加如下程序。注意，变量前面一定要加“_root.”，“_root”与变量之间有点操作符。

```
//给文本框变量“textsj”存储所用的时间
_root.textsj= Math.floor((getTimer()-_root.sj1)/100）/10;
```

选中“图层 1”的第 5 帧，按 F5 键，创建普通帧。

将“库”面板中的影片剪辑元件 sj 拖曳到主场景舞台工作区内或外边，会有一个黑点或圆圈产生。在动画播放时不会显示出来。这样，可以不断播放这个影片剪辑实例，也就不断执行上述的程序，刷新文本框 textsj。

【实例 63】字母猜猜看 2

“字母猜猜看 2”影片播放后的画面与“字母猜猜看 1”影片播放后的画面相同，猜字母的方法也相同，只是增加了统计功能。在猜完一个字母后，可单击右上角的按钮，进行统计，并产生下一个随机字母。玩游戏者可重复猜字母过程。当猜完 4 个字母后，计算机会自动显示出 4 次猜字母所用的次数和相应的成绩，如图 9-6 所示。该影片的制作方法如下。

（1）打开“【实例 62】字母猜猜看 1”影片，以名称“【实例 63】字母猜猜看 2.fla”保存。

（2）选中“图层 1”的第 1 帧，调出其“动作–帧”面板，在程序的开始添加下述语句。

```
myArray = new Array( );          //定义一个名称为“myArray”的数组
cj=0;                            //变量 cj 用来存储成绩
nh=0;                            //变量 nh 用来存储总次数
```

（3）选中“图层 1”的第 2 帧，调出其“动作–帧”面板，将原程序进行如下修改。

在“if （nn==1）{;”语句的下边添加一条将猜字母的次数保存到数组 myArray 中的语句。

```
myArray[k]=n;                    //将上次猜字母的次数保存到数组 myArray 中
```

（4）选中“图层 1”的第 2 帧，在按钮 AN1 单击响应事件函数“AN1.onPress=function( ){}”内程序的最后边，添加如下一段程序，用来实现在猜完 4 个随机字母后转到第 3 帧播放。

```
AN1.onPress=function( ){
   If(nn==1){
      su=random(26)+65;   //猜对数后产生一个新的 A 到 Z 之间的随机字母的 ASCII 码
      sc=chr(su);         //将 ASCII 码转换成相应的字符,并赋给变量 sc
      myArray[k]=n;       //将上次猜字母的次数保存到数组 myArray 中
      k++;                //变量 k 自动加 1
      textcs=k;           //给文本框变量“textcs”存储随机字母的个数
      textcs1=n;          //给文本框变量“textcs1”存储猜随机字母的次数
      n=0;                //变量 n 赋初值 0
      nn=0;               //变量 nn 赋初值 0
      text1="";           //文本框变量 text1 赋初值为空字符串
      text2="";           //文本框变量 text2 赋初值为空字符串
      sc1="";             //文本框变量 sc1 赋初值为空字符串
   }
   //如果猜了 4 个随机字母,则进行统计:变量 nh 用来存储总次数
   if(k==5){
     nh= myArray[1]+ myArray[2]+ myArray[3]+ myArray[4];
     cj=int(2400/nh);       //变量 cj 用来存储成绩
     sj=Math.floor((getTimer( )-_root.sj1)/100)/10; //变量 sj 用来存储所用的总时间（单位为秒）
     gotoAndPlay(3);        //转到第 3 帧播放
   }
}
```

（5）选中“图层 1”的第 2 帧，按 F5 键。选中“图层 2”的第 2 帧，按 F7 键，创建空白关键帧。然后在“图层 2”第 3 帧的舞台工作区添加标题文字和 7 个动态文本框，文本框的名称分别是：“t1”、“t2”、“t3”、“t4”、“t5”、“t6”和“t7”。此时的舞台工作区如图 9–7 所示。

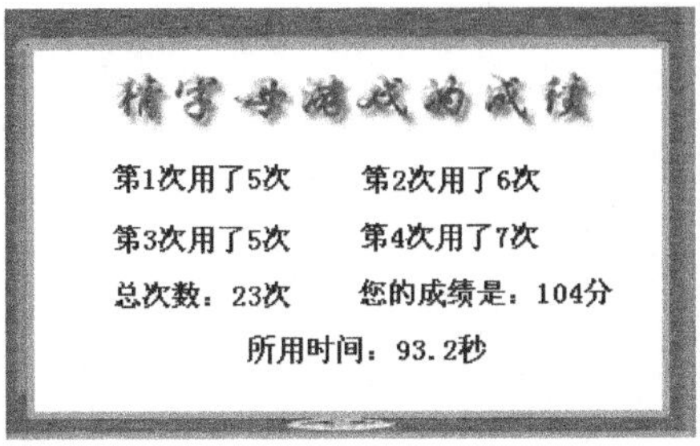

图 9–6　影片播放“字母猜猜看 2”后的画面

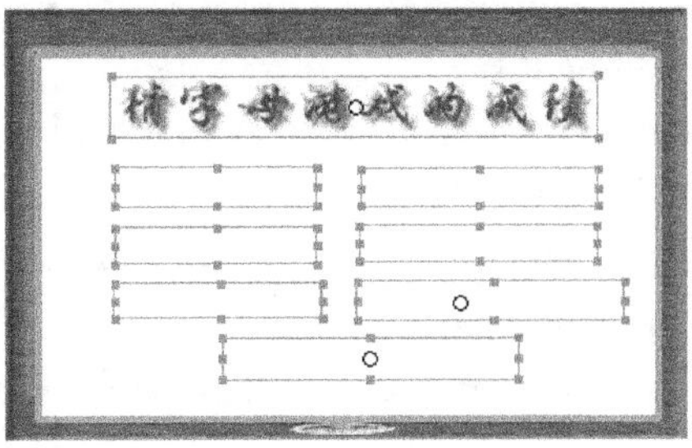

图 9–7　影片第 3 帧画面

（6）选中“图层 1”的第 3 帧，调出其“动作−帧”面板，输入如下程序。

```
stop( );
//将文字和数组变量 myArray[1]内的数据连接并赋给文本框变量 t1
t1 = "第 1 次用了"+myArray[1]+"次";
//将文字和数组变量 myArray[2]内的数据连接并赋给文本框变量 t2
t2 = "第 2 次用了"+myArray[2]+"次";
//将文字和数组变量 myArray[3]内的数据连接并赋给文本框变量 t3
t3 = "第 3 次用了"+myArray[3]+"次";
//将文字和数组变量 myArray[4]内的数据连接并赋给文本框变量 t4
t4 = "第 4 次用了"+myArray[4]+"次";
//将文字和数组变量 myArray[5]内的数据连接并赋给文本框变量 t5
t5 = "总次数:"+nh+"次";
//将文字和数组变量 myArray[6]内的数据连接并赋给文本框变量 t6
t6 = "您的成绩是:"+cj+"分";
//将文字和数组变量 myArray[7]内的数据连接并赋给文本框变量 t7
t7 = "所用时间:"+sj+"秒";
```

【相关知识】数组（Array）对象

1. 数组（Array）对象

数组（Array）对象是一种很常用的 Flash ActionScript 内置对象，在数组元素“[”和“]”之间的名称叫做“索引”（index），数组通常用来储存同一类的数据。数组对象可以从“动作”面板命令列表区的“ActionScript 2.0 类”→“核心”→“Array”目录中找到。

（1）指定要使用对象属性的元素。例如，move[1]="a";，move[2]="b";，move[3]="c"; 等。

（2）使用 new Array( )创建一个数组对象并赋值。例如：

```
myArray=new Array( );
myArray[0]=11;
myArray[1]=22;
myArray[2]=33;
…
```

（3）数组对象的属性，数组对象的属性只有一个，即 length 属性。length 属性可以返回数组的长度。例如：

```
my_array = new Array( );
trace(my_array.length);    // 初始长度为 0
my_array[0] = 'A';
trace(my_array.length);    // 将 my_array.length 更新为 1
my_array[2] = 'AB';
trace(my_array.length);    // 将 my_array.length 更新为 3
my_array[8] = 'ABC';
trace(my_array.length);    // 将 my_array.length 更新为 9
```

2. 数组对象的方法

数组对象的方法有 12 个，下面简要介绍其中 5 个。

（1）concat 方法

【格式】my_array.concat(array1，…，array*N*);

【功能】用来连接 array1 到 array*N* 数组的值。

（2）join 方法

【格式】my_array.join([separator]);

【功能】返回数组中的数组元素，这些数组元素用 separator 作为分隔符分隔。如果省略此参数，则使用逗号作为默认分隔符。例如：

```
N1_array = new Array("One","Two","Three","Four","Five")
trace(N1_array.join( ));          // 返回 One，Two，Three，Four，Five
trace(N1_array.join(" * "));      // 返回 One*Two*Three*Four*Five
trace(N1_array.join(" + "));      // 返回 One+Two+Three+Four+Five
```

（3）pop 方法

【格式】my_array.pop( );

【功能】返回数组中最后一个数组元素的值，同时删除数组中最后一个数组元素。例如：

```
N1_array = new Array("One","Two","Three","Four","Five")
SN1 = N1_array.pop( );
trace(SN1);                       // 返回 Five
sN1 = N1_array.pop( );
trace(SN1);                       // 返回 Four
```

（4）push 方法

【格式】my_array. push（value，…）;

【功能】将一个或多个数组元素添加到数组的结尾，并返回该数组的新长度。value 参数是要追加到数组中的一个或多个数组元素值。例如：

```
N1_array = new Array("One","Two","Three","Four","Five")
SN1= N1_array.push("Six","Seven");
trace(SN1);                        //返回值为 7
```

（5）reverse 方法

【格式】my_array. reverse( );

【功能】将数组中的数组元素倒转。例如：

```
N1_array = new Array("One","Two","Three","Four","Five")
trace(N1_array.join( ));          //返回值为 Five,Four,Three,Two,One
```

思考与练习 9-2

（1）创建一个有 10 个数组元素的数组 shuzu，给各数组元素赋初值，然后将所有数组元素的数按顺序显示出来。

（2）创建一个有 10 个数组元素的数组 shuzu，给各数组元素赋随机的 2 位数字，将所有数组元素的数按顺序显示出来。然后将这 10 个数中最小的数用 0 替换，最大的数用 99 替换。

（3）制作一个“选票统计”影片，该影片播放后的画面如图 9-8 左图所示。单击左下角的“初始化”按钮后，演示窗口的显示效果如图 9-8 右图所示。在“投票”输入文本框（右下

角两个按钮之间的输入文本框）内输入候选人的选号（有 6 个候选人）。

图 9-8 “选票统计”影片播放后的两幅画面

输入选号后，单击“投票”文本框左边的按钮或按 Enter 键，即可看到候选人的票数发生变化，如图 9-9 左图所示。再按照上述方法继续输入候选人的选号，如此不断。选举完成后，单击“投票”文本框右边的按钮，即可显示所有候选人的票数、当选人（只选一人）的姓名和票数，如图 9-9 右图所示。

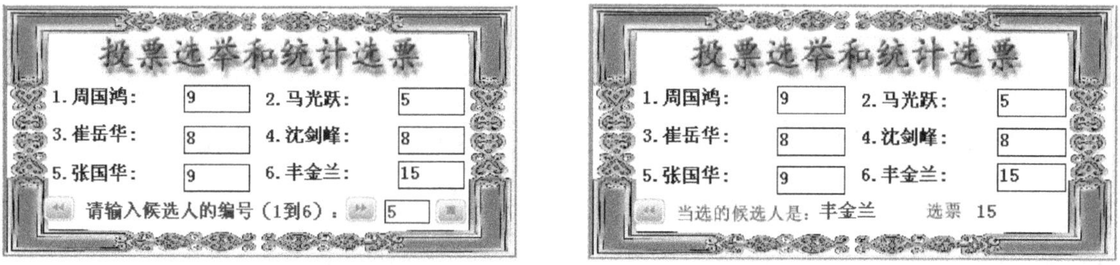

图 9-9 “选票统计”影片播放后的两幅画面

9.3 键盘对象和鼠标对象

【实例 64】按键控制水中游鱼

“按键控制游鱼”影片运行后，按键盘方向键可以控制几条小鱼移动的方向。影片播放后的画面如图 9-10 所示。按键盘左移键，可以使小鱼向左移动；按键盘右移键，可以使小鱼向右移动；按键盘下移键，可以使小鱼向下移动；按键盘上移键，可以使小鱼向上移动；按空格键，可以使小鱼逆时针旋转。

制作该影片主要使用了对影片剪辑实例的 enterFrame 事件（即执行影片剪辑实例的帧后产生响应）来触发动作。使用键盘对象的 Key.isDown（Key.Code）方法（即当键盘上的指定的按键按下的时候，返回 true 逻辑值）来判断用户按了哪个按键，从而产生相应的动作。本案例还采用了另外一种方法，即使用键盘侦听技术。该影片的制作方法如下。

图 9-10 “按键控制游鱼”影片播放后的画面

1. 方法 1

（1）打开“【实例 38】海底世界.fla”Flash 文档，以名称“【实例 64】按键控制游鱼 1.fla”保存。

（2）创建并进入名称为“小鱼”的影片剪辑元件的编辑状态，选中“图层 1”的第 1 帧，绘制一幅如图 9–11 左图所示的图形；选中“图层 1”的第 2 帧，绘制一幅如图 9–11 中图所示的图形；选中“图层 1”的第 3 帧，绘制一幅如图 9–11 右图所示的图形。然后，回到主场景。

图 9–11 “小鱼”影片剪辑元件内的图形

（3）进入名称为“小鱼群”的影片剪辑元件的编辑状态，将“库”面板中的“小鱼”影片剪辑元件拖曳到舞台工作区中 8 次，形成 8 个“小鱼”影片剪辑元件的实例，适当调整它们的大小和位置，调整它们的颜色。然后，回到主场景。

（4）在时间轴的最上边添加一个新图层，将该图层命名为“小鱼”。选中“小鱼”图层的第 1 帧，将“库”面板中的“小鱼群”影片剪辑元件拖曳到舞台工作区的正中间。

（5）选中“小鱼群”影片剪辑实例，调出“动作–影片剪辑”面板，输入如下程序。

```
// 针对“小鱼群”影片剪辑元件实例的事件响应
onClipEvent(enterFrame){
  //如果按下键盘右移键,则使影片剪辑实例右移 2 个像素
  if(Key.isDown(Key.RIGHT)) {
    this._x=_x+2;
  //如果按下键盘下移键,则使影片剪辑实例下移 2 个像素
  } else if(Key.isDown(Key.DOWN)) {
     this._y=_y+2;
   //如果按下键盘左移键,则使影片剪辑实例左移 2 个像素
  } else if(Key.isDown(Key.LEFT)){
    this._x=_x-2;
  //如果按下键盘上移键,则使影片剪辑实例上移 2 个像素
  } else if(Key.isDown(Key.UP)){
    this._y=_y-2;
  //如果按下空格键,则使影片剪辑实例逆时针旋转 0.5 度
  }else if(Key.isDown(Key.SPACE)){
   this._rotation=_rotation-0.5;
 }
}
```

2. 方法 2

在上面影片制作的基础上，使用键盘侦听技术来制作“按键控制游鱼”影片，方法如下。

（1）打开“【实例 64】按键控制游鱼 1.fla”Flash 文档，以名称“【实例 64】按键控制水中游鱼 2.fla”保存。

（2）选中“小鱼群”影片剪辑元件的实例。将该实例命名为“YU”。调出“动作–影片剪辑”面板，删除其中的所有程序。

（3）选中“小鱼”图层的第 1 帧，调出“动作–帧”面板，输入如下程序。

```
myListener=new Object( );    //建立一个 Listener 对象
myListener.onKeyDown = function( ) {           //当按键按下时，执行下面的程序
//如果按下键盘右移键,则使影片剪辑实例右移 2 个像素
if    (Key.isDown(Key.RIGHT )){
       YU._x=YU1._x+2;
       //如果按下键盘下移键,则使影片剪辑实例下移 2 个像素
} else if (Key.isDown(Key.DOWN)) {
        YU._y=YU1._y+2
        //如果按下键盘左移键,则使影片剪辑实例左移 2 个像素
} else if (Key.isDown(Key.LEFT)){
        YU._x=YU1._x-2;
        //如果按下键盘上移键，则使影片剪辑实例上移 2 个像素
} else if (Key.isDown(Key.UP)){
        YU._y=YU._y-2;
  //如果按下空格键,则使影片剪辑实例都逆时针旋转 0.5 度
}else if (Key.isDown(Key.SPACE)){
       YU._rotation=YU1._rotation-0.5;
  }
};
Key.addListener(myListener);    //注册一个侦听器，建立按键与 myListener 函数对象的关联
```

【实例 65】转动眼睛的小狗

“转动眼睛的小狗”影片播放后的两幅画面如图 9-12 示，可以看到，可以用鼠标拖曳冒着热气的烤肉，随着鼠标的移动，小狗的眼睛也随之转圈。该影片的制作方法如下。

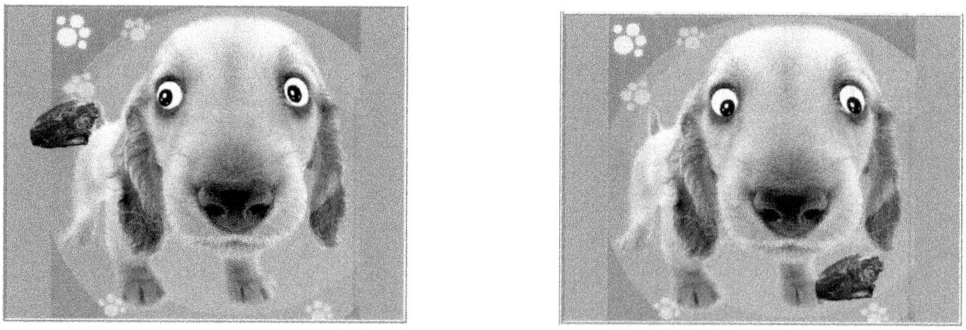

图 9-12 “转动眼睛的小狗”影片播放后的两幅画面

（1）设置舞台工作区宽为 450 像素，高为 350 像素，背景色为浅棕色。以名称“【实例 65】转动眼睛的小狗. fla”保存。然后添加两个图层。给 3 个图层分别命名为“小狗”、“眼睛”和“烤肉”（从下到上）。

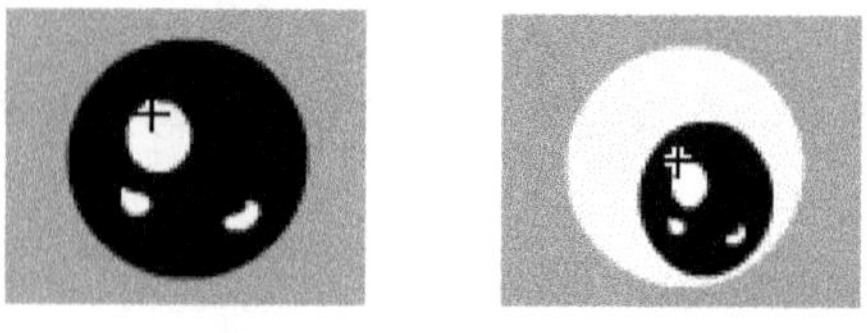

图 9-13 “瞳孔”和“眼睛”影片剪辑元件画面

（2）创建名称为“瞳孔”的影片剪辑元件，进入“瞳孔”的影片剪辑元件的编辑状态，绘制一幅眼睛瞳孔的图形，如图 9-13 左图所示。然后，回到主场景。

（3）创建并进入“眼睛”的影片剪辑元件的编辑状态，选中“图层 1”的第 1 帧，绘制一幅浅黄色的

椭圆形图形，再将“库”面板中的“瞳孔”影片剪辑元件拖曳到舞台工作区中，如图 9–13 右图所示。将“瞳孔”影片剪辑元件实例的名称命名为 yjwz。

（4）选中“图层 1”的第 1 帧，调出“动作–帧”面板，输入如下程序。然后，回到主场景。

```
//计算鼠标指针 X 和 Y 的坐标值的平方和再开方,即由坐标点离中心的距离,赋给变量 n
n = Math.sqrt(_xmouse*_xmouse+_ymouse*_ymouse);
yjwz._x = 12/n*_xmouse;      //修改影片剪辑实例“yjwz”的水平位置
yjwz._y = 12/n*_ymouse;      //修改影片剪辑实例“yjwz”的垂直位置
```

（5）选中“图层 1”的第 2 帧，按 F5 键，创建一个普通帧。然后，回到主场景。

（6）创建并进入“烤肉”的影片剪辑元件的编辑状态，选中“图层 1”的第 1 帧，导入一幅烤肉图像，将该图像打碎，擦除一些无关的图像。选中“图层 1”的第 30 帧，按 F5 键。

（7）在“图层 1”上添加“图层 2”，选中该图层的第 1 帧，导入一幅云彩图像，创建“图层 2”第 1 帧到第 30 帧的动画，使云彩缓慢向上移动。然后，回到主场景。

（8）选中“小狗”的第 1 帧，导入一幅小狗图像，适当调整该图像的大小和位置。选中“眼睛”图层的第 1 帧，将“库”面板中的“眼睛”影片剪辑元件拖曳到舞台工作区，调整其大小、位置并旋转角度，效果如图 9–12 所示。

（9）选中“烤肉”图层的第 1 帧，将“库”面板中的“烤肉”影片剪辑元件拖曳到舞台工作区中，调整其大小和位置，效果如图 9–12 所示。将该实例的名称命名为 kaorou。选中“烤肉”影片剪辑元件实例 kaorou，调出“动作–影片剪辑”面板，输入如下程序。

```
onClipEvent(mouseMove){
    Mouse.hide( );     //隐藏鼠标指针
    //允许拖曳影片剪辑实例“kaorou”
    startDrag("_root.kaorou", true,0,0,410,310);
}
```

【相关知识】键盘（Key）对象

键盘（Key）对象不需要经过 new 声明就可以使用其方法和常数。键盘对象可以从“动作”面板命令列表区的“ActionScript 2.0 类”→“影片”→“Key”目录中找到。

1. 键盘对象的常用属性

键盘（Key）对象常用的常数如表 9–1 所示。

表 9–1　Key 对象常用的常数

Key.BACKSPACE：作为一个常量，值为 8	Key.CAPSLOCK：作为一个常量，值为 20
Key.CONTROL：作为一个常量，值为 17	Key.DELETE：作为一个常量，值为 46
Key.DOWN：作为一个常量，值为 40	Key.END：作为一个常量，值为 35
Key.ENTER：作为一个常量，值为 13	Key.ESCAPE：作为一个常量，值为 27
Key.HOME：作为一个常量，值为 36	Key.INSERT：作为一个常量，值为 45
Key.LEFT：作为一个常量，值为 37	Key.PGDN：作为一个常量，值为 34
Key.PGUP：作为一个常量，值为 33	Key.RIGHT：作为一个常量，值为 39
Key.SHIFT：作为一个常量，值为 16	Key.SPACE：作为一个常量，值为 32
Key.TAB：作为一个常量，值为 9	Key.UP：作为一个常量，值为 38

2. 键盘对象的常用方法

键盘（Key）对象的常用方法及功能如表 9-2 所示。

表 9-2 Key 对象的常用方法

Key 对象的常用方法	功 能
Key.isDown(keycode)	当键盘上的任意键按下的时候，返回 True 逻辑值。Keycode 是被检测的按键的按键值
Key.isToggled(keycode)	当小键盘大小写锁定键（Capslook，按键值 20）或数字锁定键（Numlock，按键值 144）按下时，返回 True
Key.getAscII( )	返回最后按下键的 ASCII 码
Key.getCode( )	返回最后按下键的按键值（VirtualKey 码）

3. 键盘对象的侦听器

键盘（Key）对象侦听器（Listener）是用来侦听键盘的敲击状态的。使用它涉及 4 个方法。

（1）addListener 方法

【格式】Key.addListener(newListener);

【功能】用来注册一个侦听器（Listener）对象，以接受来自 onKeyDown 和 onKeyUp 的状态。当某个按键按下或松开时，不论输入的方式如何，它会视状况调用 addListener 中注册对象的 onKeyDown 和 onKeyUp 两个方法。可以同时有多个对象来侦听键盘的敲击状态。参数 newListener 是一个具有 onKeyDown 和 onKeyUp 两个方法的函数对象名称。例如：

```
Key.addListener(myListener);    //将具有 onKeyDown 和 onKeyUp 两个方法的函数 myListen
                                //er 指定为侦听键盘按键的函数对象
```

（2）removeListener 方法

【格式】Key.removeListener(Listener);

【功能】用来删除参数 Listener 指定的与侦听器（Listener）关联的函数关联，删除成功时返回 True，否则返回 False。例如：

```
Key.removeListener(myListener); //删除函数 myListener
```

（3）onKeyDown 方法

【格式】someListener.onKeyDown = function( ){…语句…};

【功能】用来产生当键盘的按键被按下时的后续动作。使用前必须先建立一个 Listener 对象，再定义一个函数给这个对象，并使用 addListener 方法注册键盘（Key）对象为 Listener。someListener 是要设置为 Listener 的对象（Object）名称。例如：

```
myListener=new Object( );           //建立一个 Listener 对象
myListener. onKeyDown = function( ) {myval=true};    //当按键按下时,myval 的值为 true
Key.addListener(myListener);         //注册一个侦听器,建立按键与 myListener 函数对象的关联
```

（4）onKeyUp 方法

【格式】someListener.onKeyUp= function( ){…语句…}

【功能】用来产生当键盘的按键被松开时的后续动作。

【相关知识】鼠标（Mouse）对象

鼠标（Mouse）对象不需要实例化。可以从“动作”面板命令列表区的“ActionScript 2.0 类”→“影片”→“mouse”目录中找到。

1. 方法

（1）hide 方法

【格式】mouse.hide( );

【功能】隐藏鼠标指针。

（2）show 方法

【格式】mouse.show( );

【功能】显示鼠标指针。

（3）addListener 方法

【格式】mouse.addListener(newListener);

【功能】用来注册一个侦听器（Listener）对象，以接受来自 onMouseDown、onMouseUp 和 onMouseMove 的状态。当某个按键按下、松开或经过时，不论输入的方式如何，它会视状况调用 addListener 内注册对象的 onMouseDown、onMouseUp 和 onMouseMove 3 个方法。可以同时有多个对象来侦听鼠标的按键状态。参数 newListener 是一个具有 onMouseDown、onMouseUp 和 onMouseMove 3 个方法的函数对象名称。例如：

```
mouse.addListener(myListener);   //将具有 onMouseDown、onMouseUp 和 onMouseMove
                                 //三个方法的函数 myListener 指定为侦听鼠标的按键状态的函数
```

（4）removeListener 方法

【格式】mouse.removeListener(Listener);

【功能】用来删除参数 Listener 指定的与侦听器（Listener）关联的函数关联，删除成功时返回 True，否则返回 False。例如：

```
mouse.removeListener（myListener）；//删除函数 myListener
```

2. 侦听器

（1）onMouseDown 方法

【格式】someListener.onKeyDown = function( ){…语句…};

【功能】用来产生当鼠标的按键被按下时的后续动作。使用前必须先建立一个 Listener 对象，再定义一个函数给这个对象，并使用 addListener 方法注册鼠标（Mouse）对象为 Listener。someListener 是要设置为 Listener 的对象（Object）名称。

（2）onKeyUp 方法

【格式】someListener.onKeyUp= function( ){…语句…};

【功能】用来产生当鼠标的按键被松开时的后续动作。

思考与练习 9-3

（1）制作一个“按键控制小鸟”影片，该影片播放后，按光标移动键可以控制飞翔小鸟移动的方向。按空格键，可以使飞翔小鸟逆时针旋转。

（2）制作一个“显示 ASCII 码”影片，该影片播放后，输入按键，即可显示相应的 ASCII 码和按键值（VirtualKey 码）。

（3）制作一个“键盘控制汽车”影片，影片播放后，按光标移动键可以控制汽车本身的方向和移动方向，一共有 8 种状态。按不同的按键，屏幕中会显示相应的文字，说明汽车的状态。“键盘控制汽车移动”影片运行后的 3 幅画面如图 9-14 所示。

图 9-14 “键盘控制汽车”影片播放后的 3 幅画面

（4）制作一个“鼠标控制变色电风扇”影片，该影片播放后的两幅画面如图 9-15 所示。随着鼠标指针的移动，扇叶不断变色的电风扇会以不同角度旋转，同时扇叶不停地转动。拖曳红色滑块，滑块会在滑槽中移动，同时电风扇也随之旋转。按下鼠标左键，扇叶会停止转动；松开鼠标左键，扇叶又开始转动。拖曳鼠标，电风扇也会以不同角度旋转，但扇叶不旋转。

图 9-15 “鼠标控制变色电风扇”影片播放后的两幅画面

9.4 颜色对象

【实例 66】电视墙配色

“电视墙配色”影片播放后的两幅画面如图 9-16 所示。拖曳下边滑槽中的 3 个滑块，可以改变上边图像中电视墙的颜色，同时在 3 个滑槽右边显示相应的 R、G、B 数值（在 0～255 之间）。该影片的制作方法如下。

（1）将舞台工作区的大小调整为宽 400 像素，高 400 像素，背景为白色。将“图层 1”的名称改为“背景”。选中“背景”图层的第 1 帧，导入一幅如图 9-16 所示的图像，调整该图像的宽为 400 像素，高为 300 像素，位置如图 9-16 所示。

（2）在“背景”图层上添加一个新图层，命名为“电视墙”。将“背景”图层第 1 帧内的图像打碎，使用工具箱内的“套索工具”将该图像中的电视墙部分选出来，复制粘贴到“电视墙”图层的第 1 帧，如图 9-17 所示。

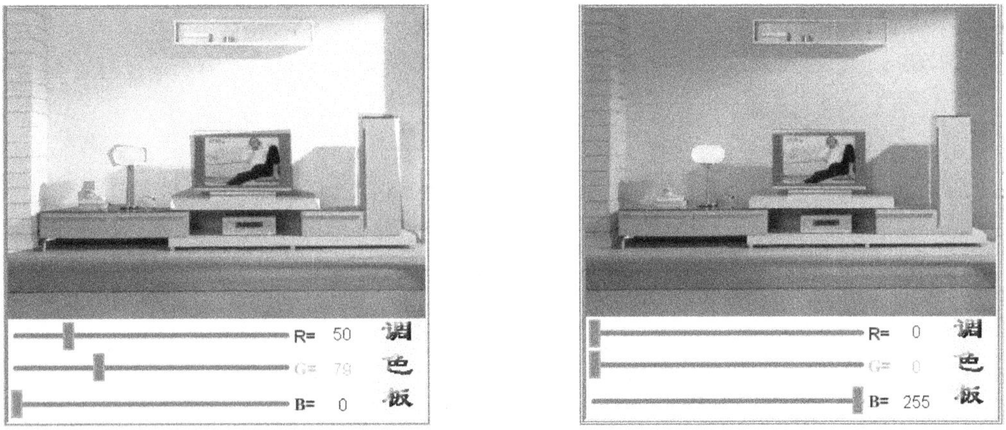

图 9-16　影片播放后显示“电视墙配色”的两幅画面

（3）将“电视墙”图层第 1 帧的电视墙图像转换为“电视墙”影片剪辑元件的实例，将该实例命名为 xiaoyuan。

图 9-17　电视墙图像

（4）创建一个名称为“滑块”的按钮元件，在其“弹起”帧中绘制一个红色矩形图形。创建并进入“滑块 1”影片剪辑元件的编辑状态，绘制一个棕色的矩形图形。再将“库”面板中的“滑块”按钮元件拖曳到舞台工作区中，调整其大小和位置，使其与绘制的棕色矩形图形完全重合。然后，回到主场景。

（5）在“电视墙”图层上添加一个新图层，命名为“滑槽”。选中“滑槽”图层的第 1 帧，绘制一条棕色、5 pts 的水平直线，直线的长度为 260 像素。再复制 2 条相同的直线，使它们均匀排列，如图 9-16 所示。通过“属性”面板，将 3 条棕色垂直直线的大小和坐标位置调整如图 9-18 所示。

图 9-18　3 条棕色水平直线的大小和坐标位置的调整

（6）在 3 条垂直直线的右边分别输入红色“R”、绿色“G”和蓝色“B”字母，在 3 个字母的右边分别添加 3 个动态文本框，它们的变量名称分别为“R”、“G”、“B”。在“R”、“G”、“B”文字的右边，输入竖排文字“调色板”，并添加斜角和发光滤镜处理。

（7）在“滑槽”图层上添加“滑块”图层，选中“滑块”图层的第 1 帧，3 次将“库”面板中的“滑块 1”影片剪辑元件拖曳到舞台工作区 3 个棕色垂直直线的上边。通过“属性”面板，分别将这些影片剪辑实例的名称命名为“hk1”、“hk2”和“hk3”，将它们的大小和坐标位置分别调整到各自滑槽的左边。

（8）选中“滑块”图层的第 1 帧，在源程序的下边添加如下程序。

```
xcolor = new Color("xiaoyuan");     //给影片剪辑实例 xiaoyuan 定义名称为 xcolor 的颜色对象
R=_root.hk1._x-13;                  //将滑块“hk1”影片剪辑实例的垂直坐标位置的值减 13 后赋给变量 R
```

```
G=_root.hk2._x-13;                //将滑块“hk2”影片剪辑实例的垂直坐标位置的值减 13 后赋给变量 G
B=_root.hk3._x-13;                //将滑块“hk3”影片剪辑实例的垂直坐标位置的值减 13 后赋给变量 B
//将 R、G、B 的值和 Alpha 的值组合在一起赋给变量 x1
x1={ra:'100',rb:R,ga: '100', gb:G,ba:'100',bb:B,aa:'100',ab:'255'};
xcolor.setTransform(x1);          //将 R、G、B 颜色值赋给 xcolor 颜色对象
xiaogou= xcolor.getTransform( );  //将 xcolor 颜色对象的颜色赋给“xiaoyuan”实例
```

（9）选中“hk1”影片剪辑实例，调出其“动作-影片剪辑”面板，输入如下程序。

```
on (press){
  startDrag(_root.hk1,true,13,305,268,305);
}
on (release){
  stopDrag( );
}
```

（10）选中“hk2”影片剪辑实例，调出其“动作-影片剪辑”面板，输入如下程序。

```
on (press){
  startDrag(_root.hk2,true,13,337,268,337);
}
on (release){
  stopDrag( );
}
```

（11）选中“hk3”影片剪辑实例，调出其“动作-影片剪辑”面板，输入如下程序。

```
on (press){
  startDrag(_root.hk3,true,13,369,268,369);
}
on (release){
  stopDrag( );
}
```

（12）按住 Ctrl 键，选中所有图层的第 2 帧，按 F5 键，目的是使影片可以不断执行第 1 帧内的程序。

【相关知识】颜色对象

颜色（Color）对象可以从“动作”面板命令列表区的“ActionScript 2.0 类”→“影片”→“Color”目录中找到。

1. 颜色对象实例化的格式

【格式】myColor=new Color(target);

【功能】实例化一个颜色对象 target。参数 target 是用来指定影片剪辑实例的颜色名称。

例如，在舞台中创建了一个红色方块的影片剪辑实例，并命名为“S1”。然后使用“myColor=new Color（S1）;”语句实例化一个 myColor 对象实例。通过这个实例的一些属性可以得到“S1”影片剪辑实例中红色方块的颜色值。

2. Color 对象常用的方法

（1）getRGB 方法

【格式】myColor.getRGB( );

【功能】获得颜色对象 myColor 的颜色值。

（2）setRGB 方法

【格式】myColor.setRGB(0xRRGGBB);

【功能】通过括号中的十六进制数来设置影片剪辑实例对象的颜色。RR、GG、BB 取值在 00～ff 之间。例如：

```
myColor.setRGB(0xFF0000);   //将影片剪辑实例设置为红色。
```

（3）setTranform 方法

【格式】myColor.getTranform(colorTranformObject);

【功能】指定颜色变化值给特定的影片剪辑实例。参数 colorTranformObject 是以 Object 对象建立的颜色值的对象所应有的参数。这些参数及含义如下。

参数 ra：红色颜色元素的百分比，取值范围是-100～100；

参数 rb：红色颜色元素的值，取值范围是-255～255；

参数 ga：绿色颜色元素的百分比，取值范围是-100～100；

参数 gb：绿色颜色元素的值，取值范围是-255～255；

参数 ba：蓝色颜色元素的百分比，取值范围是-100～100；

参数 bb：蓝色颜色元素的值，取值范围是-255～255；

参数 aa：Alpha 的百分比，取值范围是-100～100；

参数 ab：Alpha 的值，取值范围是-255～255。

（4）getTranform 方法

【格式】myColor.getTranform( );

【功能】获得颜色对象 myColor 的颜色变化值。

思考与练习 9-4

（1）制作一个“变色汽车”影片，该影片播放后，单击汽车图像下边的色块，即可将汽车图像（不包括背景色）的颜色改变为相应的颜色。

（2）在“变色汽车”影片的基础上，添加 3 组滑块和滑槽，用鼠标拖曳 3 个滑块，可以改变汽车的颜色，同时给出颜色的 R、G、B 数值。

9.5　时间对象

【实例 67】数字表

“数字表”影片播放后如图 9-19 左图所示。数字表显示计算机系统当前的年、月、日、星期、小时、分钟和秒数值，同时显示一幅卡通动物图像，单击右下角的按钮，会弹出定时面板，如图 9-19 右图所示。在两个文本框内分别输入定时的小时和分钟数，单击右下角的按钮，回到图 9-19 左图所示的状态。到了定时时间，卡通动物运动 1 分钟。该影片的制作方法如下。

图 9–19 “数字表”影片播放后的两幅画面

1. 制作外形

（1）设置舞台工作区宽为 300 像素，高为 120 像素，背景色为白色。

（2）进入“卡通 1”影片剪辑元件的编辑状态，在舞台工作区导入一个圣诞老人的 GIF 格式动画。然后回到主场景。

（3）将“库”面板中的“卡通 1”影片剪辑元件复制一份，命名为“卡通 2”。进入该影片剪辑元件的编辑状态，将“图层 1”中除了第 1 帧外的所有帧内容删除。然后回到主场景。

（4）选中“图层 1”的第 1 帧，导入一幅框架图像，调整其大小和位置，使其刚刚将舞台工作区完全覆盖。选中“图层 1”的第 2 帧，按 F5 键。

（5）在“图层 1”上添加“图层 2”。选中“图层 2”的第 1 帧，将“库”面板中的“卡通 1”和“卡通 2”影片剪辑元件依次拖曳到舞台工作区，调成相同大小（高为 87 像素，宽为 117 像素），移到框架图像的左边。将“卡通 1”影片剪辑实例命名为“TUXIANG1”，将“卡通 2”影片剪辑实例命名为“TUXIANG2”。

（6）在“图层 2”上添加“图层 3”。选中“图层 3”的第 1 帧，将按钮公用库中的一个按钮拖曳到框架右下角，将按钮实例命名为“AN1”。选中“图层 3”的第 2 帧，按 F7 键，将按钮公用库中的一个按钮拖曳到框架右下角，将按钮实例命名为“AN2”。

（7）选中“图层 3”的第 1 帧，添加 3 个动态文本框，它们的变量名称分别为“DATE1”、“WEEK1”和“TIME1”（按照从上到下，从左到右的顺序）。设置 3 个文本框的字体为宋体，大小为 20 磅，颜色为红色。

（8）选中“图层 3”的第 2 帧，添加一个静态文本框，输入文字“定时时间（时：分）”和冒号“：”，字体为宋体，大小为 18，颜色为红色。在冒号“：”文本框两边分别创建一个输入文本框，字体为宋体，大小为 20，颜色为红色。输入文本框用来输入定时的小时和分钟数。输入文本框的变量名称分别为“HOUR2”和“MINUTE2”。

2. 制作核心程序

选中“图层 3”的第 1 帧，调出“动作–帧”面板，输入如下程序。

```
stop( );                                   //使播放头暂停
_root.onEnterFrame=function( ){
  mydate = new Date( );                    //创建日期对象 mydate
  myyear = mydate.getFullYear( );          //获取年份,存储在变量 myyear 中
  mymonth = mydate.getMonth( )+1;          //获取月份,存储在变量 mymonth 中
  myday = mydate.getDate( );               //获取日子,存储在变量 myday 中
  myhour = mydate.getHours( );             //获取小时,存储在变量 myhour 中
  myminute = mydate.getMinutes( );         //获取分钟,存储在变量 myminute 中
  mysec = mydate.getSeconds( );            //获取秒,存储在变量 mysec 中
```

```
  myarray = new Array("日", "一", "二", "三", "四","五", "六");     //定义数组
  myweek = myarray[mydate.getDay( )];  //获取星期，存储在变量 myweek 中
  DATE1=myyear+"年"+mymonth+"月"+myday +"日";           //获取日期,存储在文本框变量 DATE1 中
  WEEK1="星期"+myweek;                                  //显示星期
  TIME1=myhour +":"+myminute +":"+mysec;                 //显示时间
  //如果到了定时的时间,则隐藏实例“TUXIANG2”,显示实例“TUXIANG1”,否则反之
if (myhour==HOUR2 && myminute==MINUTE2){
      setProperty(this.TUXIANG2, _visible, false);           //隐藏实例“TUXIANG2”
      setProperty(this.TUXIANG1, _visible, true);            //显示实例“TUXIANG1”
   } else{
      setProperty(this.TUXIANG12, _visible,true);            //显示实例“TUXIANG12”
      setProperty(this.TUXIANG1, _visible,false);            //隐藏实例“TUXIANG1”
   }
}
AN1.onPress=function( ){
gotoAndStop(2);
}
```

上述程序是该影片的核心程序，程序解释如下。

（1）因为动画不停地执行第 1 帧，所以不断触发帧事件_root.onEnterFrame = function( ){}，所以时间不断变化。如果不使用_root.onEnterFrame = function( ){}语句，则时间不会变化。

（2）myyear = mydate.getFullYear( )语句：获得当前系统的年份数，其值赋给变量“myyear”。

（3）mymonth = mydate.getMonth( )+1 语句：获得当前系统月份数，其值赋给变量“mymonth”。月份数的范围是 0～11，0 对应一月、1 对应二月、2 对应三月，依次类推，11 对应十二月。所以在获得系统的月份后，还应该加 1，即得到当前月份。

（4）myday = mydate.getDate( )语句：获得当前系统的日期数，其值赋给变量“myday”。其值的范围是 1～31，随系统大月或者小月而改变。

（5）myhour = mydate.getHours( )语句：获得当前系统的小时数，值赋给变量“myhour”。

（6）myminute=mydate.getMinutes( )语句：获得当前系统的分钟数，其值赋给变量“myminute”。

（7）mysec = mydate.getSeconds( )语句：获得当前系统的秒数，其值赋给变量“second”。

（8）myarray = new Array（"日"，"一"，"二"，"三"，"四"，"五"，"六"）语句：它定义了一个数组对象实例 myArray。当使用 myArray 数组时，myArray[0]的值是文字“日”，myArray[1]的值是文字“一”，myArray[2]的值是文字“二”，myArray[3]的值是文字“三”，myArray[4]的值是文字“四”，myArray[5]的值是文字“五”，myArray[6]的值是文字“六”。

（9）myweek = myarray[mydate.getDay( )]语句：获得当前系统的星期数，其数值范围是 0～6，其中 0 对应星期日、1 对应星期一、2 对应星期二、3 对应星期三、4 对应星期四、5 对应星期五、6 对应星期六。通过 ydate.getDay( )”的值确定了数组的值，赋给变量 myweek。

（10）选中“图层 3”的第 2 帧，调出“动作–帧”面板，输入如下程序。

```
stop( );
AN2.onPress=function( ){
gotoAndStop(1);
}
```

【实例 68】荧光数字表

“荧光数字表”影片播放后的两幅画面如图 9-20 所示。它是一个荧光数字表，两组荧光点每隔 1 秒钟闪动一次。同时还有“上午”和“下午”的文字显示和图像切换。该影片的制作方法如下。

图 9-20 “荧光数字表”影片播放后的两幅画面

1. 制作基本元件

（1）设置舞台工作区宽为 720 像素，高为 200 像素，背景色为黑色。

（2）创建一个名称为“点”的图形元件，绘制两个荧光渐变色立体球图形，如图 9-21 左图所示。创建一个名称为“线”的图形元件，绘制一个荧光渐变色线条图形，如图 9-21 右图所示。

（3）创建并进入一个名称为“点闪”的影片剪辑元件的编辑状态，选中“图层 1”的第 1 帧，将“库”面板中的“点”图形元件拖曳到舞台工作区两次，如图 9-22 所示。调出其“动作-帧”面板，输入“stop( );”。选中“图层 1”的第 2 帧，按 F7 键，创建一个空白关键帧，调出其“动作-帧”面板，输入“stop( );”。然后，回到主场景。

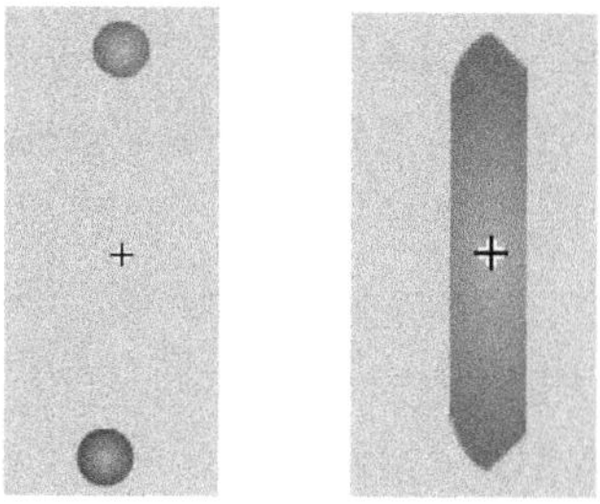

图 9-21 荧光色立体球和线条图形

图 9-22 荧光色线条图形

（4）创建并进入“表盘”图形元件的编辑状态，在“图层 1”的第 1 帧，绘制一幅黑色矩形图形。然后，回到主场景。

（5）创建并进入“单个数字”影片剪辑元件的编辑状态，将“图层 1”的名称改为“背景”。选中“背景”图层的第 1 帧，将“库”面板中的“线”图形元件拖曳到舞台工作区 7 次，进行大小、位置和旋转的调整，组成 7 段数码字“8”。利用它们的“属性”面板将 Alpha 值调整为 15%，效果如图 9-23 左图所示。

（6）在“背景”图层上添加名称为“7 段”的图层，将“背景”图层第 1 帧的内容复制粘贴

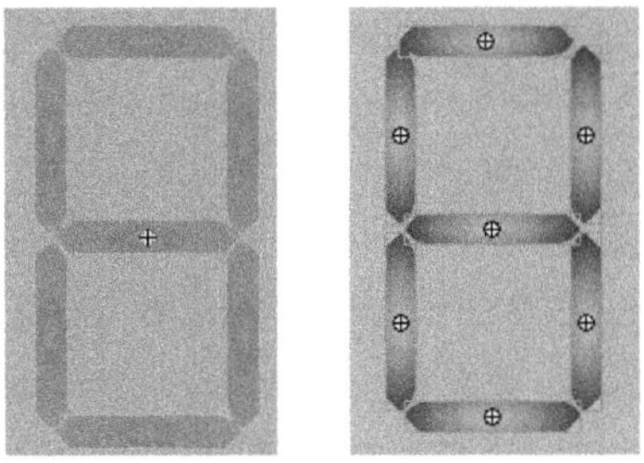

图 9–23　单个数字图形

到“7 段”图层的第 1 帧。选中“7 段”图层第 1 帧内粘贴的图形，通过其“属性”面板将 Alpha 值调整为 100%，效果如图 9–23 右图所示。

（7）选中“7 段”图层第 2 帧到第 10 帧，按 F6 键，创建 9 个新关键帧，其内容相同。选中“背景”图层的第 10 帧，按 F5 键，创建普通帧。

（8）选中“7 段”图层的第 1 帧，删除中间的横线，得到荧光字“0”图形。选中“7 段”图层的第 2 帧，删除中间的所有横线和左边的竖线，得到荧光字“0”图形。按照相同的方法，进行各帧图形的加工。最后，第 1 帧的数码为“0”，第 2 帧的数码为“1”，第 3 帧的数码为“2”，第 4 帧的数码为“3”，第 5 帧的数码为“4”，第 6 帧的数码为“5”，第 7 帧的数码为“6”，第 8 帧的数码为“7”，第 9 帧的数码为“8”，第 10 帧的数码为“9”。

（9）选中“7 段”图层的第 1 帧，调出其“动作–帧”面板，输入程序“stop( );”。

（10）单击元件编辑窗口中的⇦按钮，回到主场景。

2. 制作“数字表”影片剪辑元件

（1）创建并进入“数字表”影片剪辑元件的编辑状态，将“图层 1”的名称改为“表盘”。选中“表盘”图层的第 1 帧，将“库”面板中的“表盘”图形元件拖曳到舞台工作区中，进行大小和位置的调整。然后，在“表盘”图形实例的右下角添加一个动态文本框，设置该文本框颜色为红色，字体为黑体，大小为 22 磅，加粗，最后效果如图 9–24 所示。

（2）在“表盘”图层上添加“数字”图层，选中“数字”图层的第 1 帧，将“库”面板中的“单个数字”影片剪辑元件拖曳到舞台工作区 6 次，再将“库”面板中的“点闪”影片剪辑元件拖曳到舞台工作区中，调整它们的大小、位置和倾斜，效果如图 9–25 所示。

图 9–24　“表盘”图形实例和动态文本框

图 9–25　6 个“单个数字”和“点闪”影片剪辑实例

（3）通过“属性”面板，从右到左分别将“单个数字”影片剪辑元件实例命名为“S1”、“S2”、“M1”、“M2”、“H1”和“H2”。将“点闪”影片剪辑元件命名为“DS”。

（4）在“数字”图层上添加“图像 1”图层，选中“图像 1”图层的第 1 帧，导入一幅图像，调整其大小和位置，将其移到动态文本框的上边；在“图像 1”图层上添加“图像 2”图层，选中“图像 2”图层的第 1 帧，导入一幅图像，调整其大小和位置，将其移到动态文本框的上边，与前面导入的图像大小和位置相同。

（5）将这 2 幅图像转换为影片剪辑实例，再通过“属性”面板，分别将两个影片剪辑元件实例命名为“TU1”、“TU2”。

3. 制作动画

（1）选中主场景“图层 1”的第 1 帧，将“库”面板中的“数字表”影片剪辑元件拖曳到舞台工作区中。调出“属性”面板，将“数字表”影片剪辑实例命名“VIEW”。

（2）选中“图层 1”的第 1 帧，调出其“动作–帧”面板，输入如下程序。

```
mydate = new Date( );                //实例化一个 mydate 日期对象
sec = mydate.getSeconds( );          //获取秒,存储在变量 sec 中
minute = mydate.getMinutes( );       //获取分钟,存储在变量 minute 中
hour = mydate.getHours( );           //获取小时,存储在变量 hour 中
//上下午图像和文字切换
if(hour >12) {
   _root.VIEW.SXW="下  午";
   setProperty(_root.VIEW.TU2, _visible,1);    //显示实例“TU2”
   setProperty(_root.VIEW.TU1, _visible,0);    //隐藏实例“TU1”
   hour= hour-12;                              //将 24 小时制转换为 12 小时制
}else{
   _root.VIEW.SXW="上  午";
   setProperty(_root.VIEW.TU1, _visible,0);    //显示实例"TU1"
   setProperty(_root.VIEW.TU2, _visible,1);    //隐藏实例"TU2"
}
//下面两行程序是控制数码钟的秒
_root.view.S1.gotoAndStop(Math.floor(sec%10)+1);
_root.view.S2.gotoAndStop(Math.floor(sec/10+1));
//下面两行程序是控制数码钟的分
_root.view.M1.gotoAndStop(Math.floor(minute%10)+1);
_root.view.M2.gotoAndStop(Math.floor(minute/10+1));
//下面两行程序控制数码钟的小时
_root.view.H1.gotoAndStop(Math.floor(hour%10)+1);
_root.view.H2.gotoAndStop(Math.floor(hour/10)+1);
//每秒小点闪一次
if (miao<>mydate.getSeconds( )){
    _root.VIES.DS.play( );
    miao=mydate.getSeconds( )
}
```

在程序中，“_root.view.h1.gotoAndStop(int(mydate.getHours( )%10)+1);”语句是将小时的个位取出，然后控制影片剪辑元件播放哪一帧，假如现在是 14 点，则 14 与 10 取余，结果为 4，将 4 加 1（因为影片剪辑元件的第 1 帧是从 0 开始），然后影片剪辑实例“h1”播放并停止在第 5 帧，这一帧的数码字显示 4。

“_root.view.h2.gotoAndStop(int(mydate.getHours( )/10)+1);”语句是将小时的十位取出，然后控制影片剪辑元件播放哪一帧，假如现在是 14 点，则用 14 除以 10 再取整，结果为 1，再将计算结果加 1，然后影片剪辑实例“h2”播放并停止在第 2 帧，这一帧的数码显示 1。

其他的数码字，如秒、分钟的原理都与小时类似。

（3）同时选中“图层 1”和“图层 2”的第 2 帧，按 F5 键，创建一个普通帧，为的是让程序可以不断地执行“图层 1”第 1 帧的程序。然后，回到主场景。

【实例 69】指针表

“指针表”影片播放后会显示一幅指针表，这个指针表除了有时针、分针和秒针外，还有钟

摆来回摆动。指针表内的指针不停地随时间的变化而转动，其中的两幅画面如图 9–26 所示。该影片的制作方法如下。

图 9–26 “指针表”影片播放后的两幅画面

1. 制作影片剪辑元件

（1）设置舞台工作区大小为宽 420 像素，高 560 像素，背景色为白色。

（2）创建并进入“second”影片剪辑元件的编辑状态。在舞台工作区绘制一条红色的细线、蓝色的坠和一个立体小圆，并将它们组合，如图 9–27 左图所示。

（3）创建一个名称为“minute”的影片剪辑元件，绘制一个带有圆环的黑色指针，如图 9–27 中图所示。

（4）创建一个名称为“hour”的影片剪辑元件，绘制一个如图 9–27 右图所示的指针。

2. 制作“指针表”影片剪辑元件

（1）创建并进入“指针表”影片剪辑元件的编辑状态。将“图层 1”的名称改为“表盘”。选中“表盘”图层的第 1 帧，导入一幅表盘图像，适当调整该图像的大小和位置，如图 9–28 所示。

（2）在“表盘”图层的上边创建一个名称为“指针”的新图层，选中“指针”图层的第 1 帧，将“hour”、“minute”和“second”影片剪辑元件依次从“库”面板中拖曳到舞台工作区中。然后调整这些影片剪辑的宽和高，再按顺序依次将时针、分针和秒针移到钟表盘的中心处。这样在指针旋转时，指针才会围绕时钟中心旋转。

注意

钟表盘的中心应与舞台工作区的中心十字重合，如图 9–29 所示。

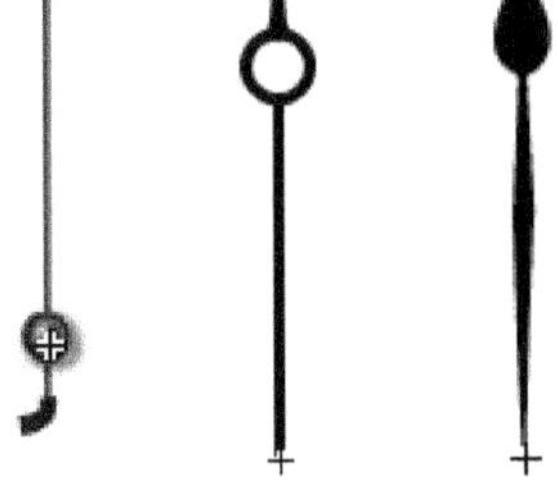

图 9–27　秒针、分针和时针

图 9–28　表盘

图 9–29　指针与表盘中心重合

（3）通过它们的“属性”面板，分别将“hour”影片剪辑实例命名为“hourhand”，“minute”影片剪辑实例命名为“minutehand”，“second”影片剪辑实例命名为“secondhand”。

（4）在“秒针”图层上添加一个名称为“Action”的图层，选中“Action”图层的第 1 帧。调出“动作-帧”面板，输入如下程序。然后，设置舞台工作区的背景色为浅蓝色。

```
mydate=new Date( );                  //将日期(Date)类实例化一个名称为 mydate 的实例
sec=mydate.getSeconds( );            //获取当前秒数,赋给变量 sec
minute=mydate.getMinutes( );         //获取当前分钟数,赋给变量 minute
hour=mydate.getHours( );             //获取当前小时数,赋给变量 hour
secondhand._rotation=sec*6;          //按照当前时间旋转秒针
minutehand._rotation=minute*6;       //按照当前时间旋转分针
hourhand._rotation=hour*30           //按照当前时间旋转时针
//根据 hour 的值是否大于 12,确定是上午还是下午,并显示相应的文字
sw = "上午";
if(hour>12){
   hour = hour-12;
   sw = "下午";
}
```

（5）按住 Ctrl 键，选中各图层的第 2 帧，按 F5 键，插入普通帧。

（6）单击元件编辑窗口中的⇦按钮，回到主场景。

（7）将“库”面板中的“指针表”影片剪辑元件拖曳到舞台工作区中，形成一个实例，调整它们的位置和大小。

3. 程序解释

（1）“secondhand._rotation = sec*6;”语句：因为秒针旋转一周是 360 度，而时钟的秒一周是 60 个基本单位，一个基本单位是 6 度（360 除以 60，等于 6）。所以必须进行换算，将时钟的秒基本单位乘以 6。

（2）“minutehand._rotation = minute*6;”语句：因为分针旋转一周是 360 度，而时钟的分一周是 60 个基本单位，一个基本单位是 6 度（360 除以 60，等于 6）。所以必须进行换算，将时钟的分基本单位乘以 6。

（3）“hourhand._rotation = hour*30;”语句：由于时针一周是 12 小时，即 12 个基本单位，一个基本单位为 30 度（360 除以 12 等于 30），还要进行转换，将 hour 乘以 30。

（4）第 9 到第 13 句：因为“getHours( )”的值范围是 0～23，而钟表的时针一周是 12 小时，必须使用“if (hour>12) { hour= hour−12; }”语句，当超过 12 小时时减去 12，得到当前十二进制时间。例如，15 点即下午 3 点（15−12=3）。

上午时，给动态文本框变量“SW”赋“上午”文字；下午时，给动态文本框变量“SW”赋“下午”文字。

【相关知识】时间（Date）对象

时间（Date）对象是将计算机系统的时间添加到对象实例中去。时间对象可以从“动作”面板命令列表区的“ActionScript 2.0 类”→“核心”→“Date”目录中找到。

1. 时间（Date）对象实例化的格式

【格式】myDate=new date( );

2. 时间对象的常用方法

时间对象的常用方法如表 9-3 所示。

表 9-3　Date 对象的常用方法

方法或属性	功　能
getDate( )	获取当前日期
getDay( )	获取当前星期，其值为 0～6，0 代表星期一，1 代表星期二等
getFullYear( )	获取当前年份（四位数字如：2002）
getHours( )	获取当前小时数（24 小时制，0～23）
getMilliseconds( )	获取当前毫秒数（0～999）
getMinutes( )	获取当前分钟数（0～99）
getMonth( )	获取当前月份，0 代表一月，1 代表二月等
GetSeconds( )	获取当前秒数，值为 0 到 59
getTime( )	根据系统日期，返回距离 1970 年 1 月 1 日 0 点的秒数
getTimer( )	返回自 SWF 文件开始播放时起已经过的毫秒数
getYear( )	获取当前缩写年份（用年份减去 1900，得到两位年数）
new Date( )	实例化一个日期对象。new 操作符的实例化过程
setDate( )	设置当前日期
setFullYear( )	设置当前年份（四位数字）
setHours( )	设置当前小时数（24 小时制，0～23）
setMilliseconds( )	设置当前毫秒数
setMinutes( )	设置当前分钟数
setMonth( )	设置当前月份（0–Jan，1–Feb…）
setSeconds( )	设置当前秒数
setYear( )	设置当前缩写年份（当前年份减去 1900）

思考与练习 9-5

（1）修改“【实例 67】数字表”影片，使该影片的定时设置可以到秒。当时间与定时设置的时间相同时，表框四周的彩灯闪亮一分钟。

（2）修改“【实例 68】荧光数字表”影片，使该数字表还可以显示日期和星期。还使该影片具有定时功能。当时间与定时设置的时间相同时，会显示一个小动画。

（3）发挥想象力，制作一个“荧光数字表”影片。使该影片播放显示时，显示日期和时间的每一位数字均占 2 位。例如，5 月 8 日，应显示为“05 月 08 日”；8 点 9 分 6 秒，应显示为“08：09：06”。另外，每小时会自动调出一个影片，播放 1 分钟。

9.6　声音对象

【实例 70】小小 MP3 播放器

“小小 MP3 播放器”影片播放后的画面如图 9-30 所示，在框架中显示一幅图像和 5 个按钮。

单击“Play1”按钮，可以播放第 1 首 MP3 音乐；单击其他按钮，可以播放其他 MP3 音乐。该影片的设计方法如下。

图 9-30 “小小 MP3 播放器”影片播放后的画面

（1）设置影片页面大小为宽 400 像素，高 50 像素，背景色为黄色。将“图层 1”的名称改为“框架”。选中“框架”图层的第 1 帧，绘制一幅立体框架图像，由读者自行完成。

（2）在“框架”图层上添加“按钮”图层。选择“窗口”→“公用库”→“按钮”命令，弹出“库-按钮”面板。在“库-按钮”面板中，找到“classic buttons”→“circle buttons”元件文件夹，将“play”和“stop”按钮元件拖曳到舞台工作区中。

（3）将“库”面板中的“play1”按钮元件复制粘贴 3 个，名称分别为“play2”、“play3”和“play4”。双击“库”面板中的“play2”按钮元件，进入其编辑窗口，将“play1”文字改为“play2”，颜色改为红色。然后，回到主场景。

（4）按照上述方法，在“库”面板内再复制两个按钮，名称分别为“play3”和“play4”。然后将它们按钮上的文字分别改为“play3”和“play4”，颜色改为红色。将“库”面板中的“play2”、“play3”和“play4”按钮元件拖曳到舞台工作区内，效果如图 9-30 所示。然后给按钮实例分别命名为“AN1”、“AN2”、“AN3”和“AN4”。

（5）导入 4 个 MP3 格式（或 WAV 等格式）的声音文件到“库”面板中，此处导入的 4 个文件分别为“MP31.mp3”、“MP32.mp3”、“MP33.mp3”和“MP34.mp3”。

（6）单击“库”面板中的“MP31”元件，单击鼠标右键，弹出其快捷菜单，选择该快捷菜单中的“链接”命令，弹出如图 9-31 所示的“链接属性”对话框。选择其中的第 1 和第 3 个复选框，在文本框内输入“MP31”文字，单击“确定”按钮。按照上述方法，设置“库”面板中其他 3 个 MP3 文件的链接标识符分别为“MP32”、“MP33”和“MP34”。

（7）选择“窗口”→“行为”命令，弹出“行为”面板，如图 9-32 所示。单击“play1”按钮，单击“行为”面板中的“添加行为”按钮，弹出其菜单，如图 9-33 所示。

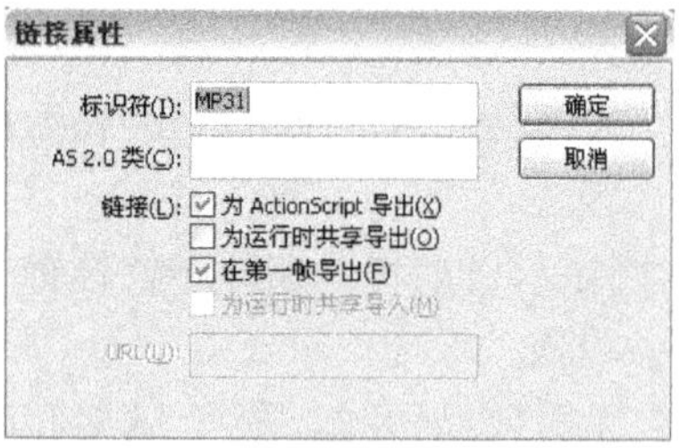

图 9-31 “链接属性”对话框

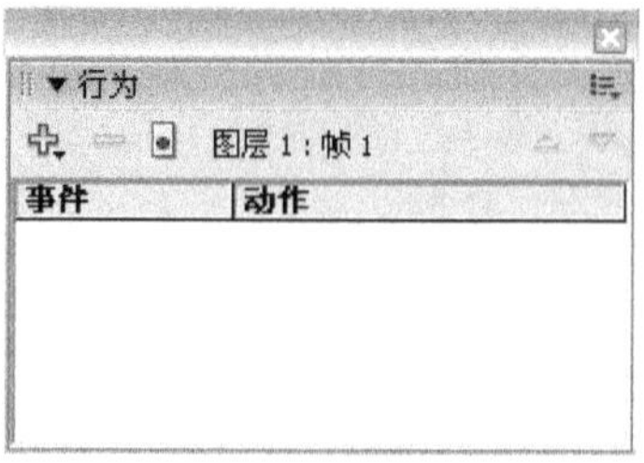

图 9-32 “行为”面板

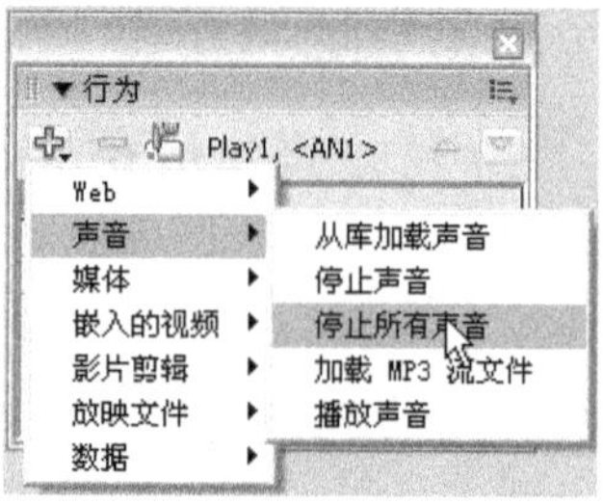

图 9-33 “添加行为”菜单

（8）选择“添加行为”菜单中的“声音”→“停止所有声音”命令，弹出“Stop All Sounds”对话框，如图 9-34 所示。然后，单击该对话框中的“确定”按钮。

（9）单击“事件”栏右边的箭头按钮，弹出“事件”菜单，如图 9-35 示。选择该菜单中的“按下时”命令，重新设置按钮事件。此时的“行为”面板如图 9-36 所示。

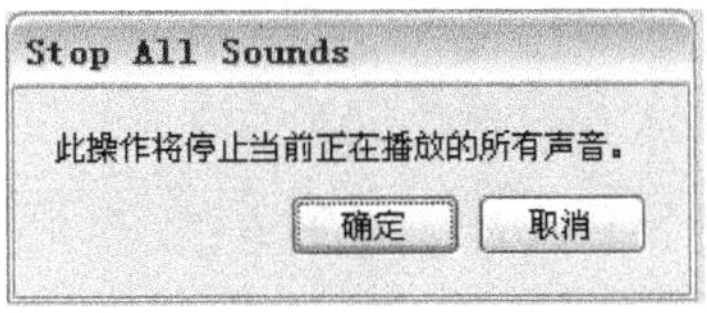

图 9-34　“Stop All Sounds”对话框

图 9-35　“事件”菜单

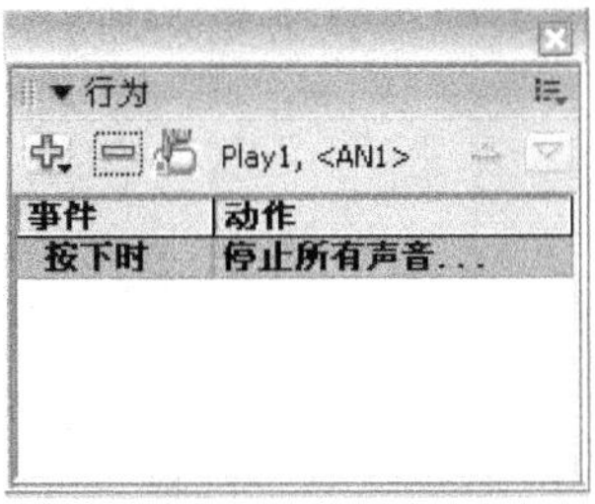

图 9-36　“行为”面板

（10）选择“添加行为”菜单中的“声音”→“从库加载声音”命令，弹出“从库加载声音”对话框。在该对话框的第 1 个文本框中输入要链接的 MP3 声音的链接标识符，在第 2 个文本框中输入声音实例的名称，如图 9-37 所示。然后，单击“从库加载声音”对话框中的“确定”按钮。

（11）单击“事件”栏右边的箭头按钮，弹出事件菜单，如图 9-35 所示。选择该菜单中的“释放时”命令，重新设置按钮事件。此时的“行为”面板如图 9-38 所示。

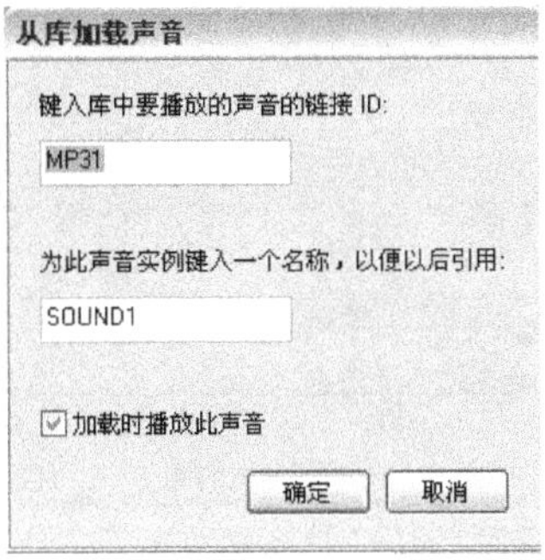

图 9-37　“从库加载声音”对话框

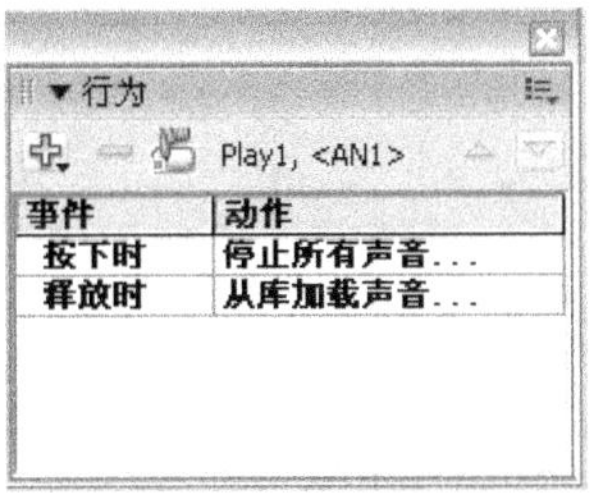

图 9-38　“行为”面板

单击“行为”面板中的按钮，可以将选中的动作向上移动；选择“释放时”命令，重新设置按钮事件。单击“行为”面板中的按钮，可以将选中的动作向下移动。单击“行为”面板中的按钮，可以将选中的动作删除。

（12）按照上述方法，通过“行为”面板给其他按钮添加时间和动作，“stop”按钮添加的动作是“停止所有声音”。

Flash 会在各按钮的“动作-按钮”面板中自动添加相应的程序，实现控制声音播放的功能。

【实例 71】播放外部 MP3

“播放外部 MP3”影片播放后的两幅画面如图 9-39 所示。单击“MP11”……“MP14”按钮中的任意一个按钮，即可播放一首与外部相应的 MP3 音乐，同时右边会自动切换到相应的图像。单击“停止”按钮，即可停止音乐的播放。另外，在播放器中间还显示每首乐曲播放的剩余时间。MP3 文件应存放在该影片所在目录下的“MP3”文件夹中。该影片的设计方法如下。

图 9-39 “播放外部 MP3”影片播放后的两幅画面

1. 制作“数码字表盘”的影片剪辑元件

（1）进入“数码数字”影片剪辑元件的编辑状态，将“图层 1”的名称改为“背景”。选中“背景”图层第 1 帧，然后在该图层的舞台工作区中，绘制一个宽为 30 像素，高为 60 像素的灰色长方形（无填充色），如图 9-40 所示。在该图层的第 10 帧，创建一个普通帧。

（2）在“背景”图层上添加一个名称为“数字”的图层，在该图层的第 1 帧绘制一个数码字 0，数码字的宽为 30 像素，高为 60 像素。在该图层中，第 2 帧绘制数码字 1，第 3 帧绘制数码字 2，第 4 帧绘制数码字 3，第 5 帧绘制数码字 4，第 6 帧绘制数码字 5，第 7 帧绘制数码字 6，第 8 绘制数码字 7，第 9 帧绘制数码字 8，第 10 帧绘制数码字 9，分别如图 9-41 所示。

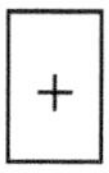

图 9-40 灰色长方形

图 9-41 各帧绘制的数码字

在以后的动画设计中，要用程序控制数码字的播放，实现数码字时钟的效果。“数码数字”影片剪辑元件的时间轴如图 9-42 所示。然后，回到主场景。

（3）创建一个影片剪辑元件，命名为“数码字表盘”，进入该影片剪辑元件的编辑状态，创建一个新的图层，命名为“背景”，在该图层的舞台工作区中，绘制一个浅蓝色长方形，宽为 200 像素，高为 120 像素。并在长方形上绘制两个红色的小点，如图 9-43 所示。

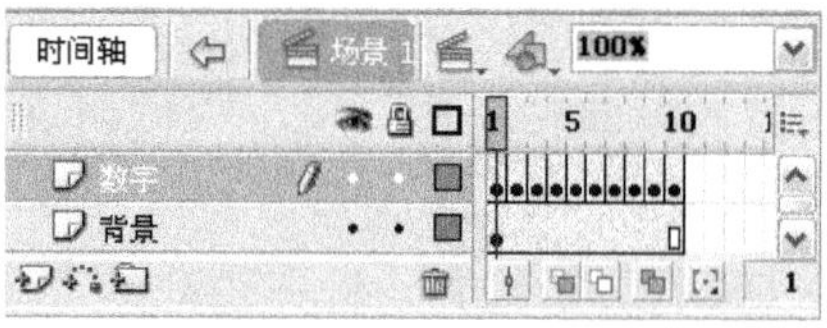

图 9-42 “数码数字”影片剪辑元件的时间轴

图 9-43 “数码字表盘”影片剪辑元件

（4）在“背景”图层上添加一个新的图层，命名为“数码字”。选中图层的第 1 帧，将“数码数字”影片剪辑元件从“库”面板中拖曳到舞台工作区的灰色长方形上，一共拖曳 6 个，如图 9-43 所示。为这几个“数码数字”影片剪辑实例命名，从右向左分别命名为“s1”、“s2”、“m1”、“m2”、“h1”和“h2”。然后，回到主场景。

（5）创建一个影片剪辑元件，命名为“Action”，进入这个影片剪辑元件的编辑状态，在这个影片剪辑元件的舞台工作区中，不绘制任何对象。选中“图层 1”的第 1 帧，调出其“动作-帧”面板，输入如下程序。

```
var m;  //定义一个变量 m
//计算音乐播放的剩余时间,赋给变量 m
```

```
m=Math.floor((_root.mySound1.duration–_root.mySound1.position)/1000);
//计算秒的个位和十位数字,分别赋给变量 s1 和 s2
_root.numview.s1.gotoAndStop(Math.floor(math.floor(m%60)%10)+1);
_root.numview.s2.gotoAndStop(Math.floor(math.floor(m%60)/10)+1);
//计算分的个位和十位数字，分别赋给变量 m1 和 m2
_root.numview.m1.gotoAndStop(Math.floor(math.floor(m/60)%10)+1);
_root.numview.m2.gotoAndStop(Math.floor(math.floor(m/60)/10)+1);
```

（6）选中“图层 1”的第 2 帧，按 F5 键，为的是让程序可以不断执行“图层 1”第 1 帧的程序，动态更新“数码字表盘”的时钟数据。然后，回到主场景。

2. 制作 MP3 播放器

（1）设置动画页面大小为宽 180 像素，高 400 像素，背景色为白色。

（2）进入“图像”影片剪辑元件的编辑状态，在“图层 1”的第 1 帧到第 4 帧内分别导入一幅图像，调整这些图像的大小和位置完全一样。选中“图层 1”的第 1 帧，调出其“动作–帧”面板，输入“stop( );”。然后，回到主场景。

（3）将“图层 1”的名称改为“背景”，选中“背景”图层第 1 帧，绘制一幅立体框架图像，由读者自行完成。然后，适当调整图像的大小和位置，如图 9–39 所示。

（4）在“背景”图层上添加一个“时间”图层。选中“时间”图层的第 1 帧，将“库”面板中的“数码字表盘”影片剪辑元件拖曳到舞台工作区中，如图 9–39 所示。调出“属性”面板，为“数码字表盘”影片剪辑实例命名“view”。

（5）在“时间”图层上添加一个“图像”图层。选中“图像”图层的第 1 帧，将“库”面板中的“图像”影片剪辑元件拖曳到主场景的舞台工作区中。适当调整它的大小和位置，如图 9–39 所示。

（6）在“图像”图层上添加一个“按钮”图层。选中“按钮”图层的第 1 帧，选择“窗口”→“公用库”→“按钮”命令，调出“库–按钮”面板。将 5 个按钮元件拖曳到舞台工作区中，如图 9–39 所示。然后利用“属性”面板分别给按钮实例命名为“AN1”、“AN2”、“AN3”、“AN4”和“AN5”。

（7）选中“按钮”图层的第 1 帧，调出其“动作–帧”面板，输入如下程序。

```
mySound1 = new Sound( );      //实例化一个 mydate 日期对象
AN1.onPress = function( ){
    _root.mySound1.stop( );      //停止播放音乐
    _root.mySound1.loadSound("MP3/MP11.mp3",true);      //加载外部 MP3 音乐
    _root.mySound1.start( );      //开始播放音乐
    _root.TU.gotoAndStop(1);  //显示“TU”实例第 1 帧图像
};
AN2.onPress = function( ){
    _root.mySound1.stop( );      //停止播放音乐
    _root.mySound1.loadSound("MP3/MP12.mp3", true );      //加载外部 MP3 音乐
    _root.mySound1.start( );      //开始播放音乐
    _root.TU.gotoAndStop(2);  //显示“TU”实例第 2 帧图像
};
AN3.onPress = function( ){
```

```
    _root.mySound1.stop( )      //停止播放音乐
    _root.mySound1.loadSound("MP3/MP13.mp3",true);    //加载外部 MP3 音乐
    _root.mySound1.start( );    //开始播放音乐
    _root.TU.gotoAndStop(3);  //显示"TU"实例第 3 帧图像
};
AN4.onPress = function( ){
    _root.mySound1.stop( );     //停止播放音乐
    _root.mySound1.loadSound("MP3/MP14.mp3",true);    //加载外部 MP3 音乐
    _root.mySound1.start( );    //开始播放音乐
    _root.TU.gotoAndStop(4);  //显示"TU"实例第 4 帧图像
};
AN5.onPress = function( ){
    _root.mySound1.stop( );     //停止播放音乐
};
```

【相关知识】声音（Sound）对象的构造函数

1. 声音（Sound）对象的构造函数

【格式】new Sound([target]);

其中的参数 target 是 Sound 对象操作的影片剪辑实例。此参数是可选的。可采用“mySound=new Sound( );”或“mySound=new Sound（target);”命令。

【功能】使用 new 操作符实例化 sound 对象，即为指定的影片剪辑创建新的 Sound 对象。如果没有指定目标实例 target（目标），则 Sound 对象控制影片中的所有声音。如果指定 target，则只对指定的对象起作用。

例 1：下面的实例创建了一个名称为 oalsound 和 Sound 对象的新实例。程序中的第二行调用 setVolume 方法并将影片中的所有声音的音量调整为 50%。

```
sound = new Sound( );
hosound.setVolume(50);
```

例 2：下面的实例创建 Sound 对象的新实例，将目标影片剪辑 myMovie 传递给它，然后调用 start 方法，播放 myMovie 中的所有声音。

```
moviesound = new Sound(myMovie);
moviesound.start( );
```

2. 声音（Sound）对象的方法和属性

（1）mySound.attachSound 方法

【格式】mySound.attachSound("idName");

【功能】将“库”面板中指定的声音元件载入场景。也就是将“库”面板中的一个声音元件绑定，绑定后就可以用声音的其他方法来控制声音的各个属性。其中，“idName”是指库中声音元件的链接标识符（即 ID 号）名称，它是在“链接属性”对话框“标识符”文本框中输入的。

在“库”面板中的声音元件上，单击鼠标右键，弹出快捷菜单，选择“链接”命令，会弹出如图 9-44 所示的“链接属性”对话框。在“标识符”文本框中输入元件的链接标识符名称，

再选择第 1 和第 3 个复选框，需要的话还应该在“URL”文本框内输入 URL 数据，单击“确定”按钮退出。

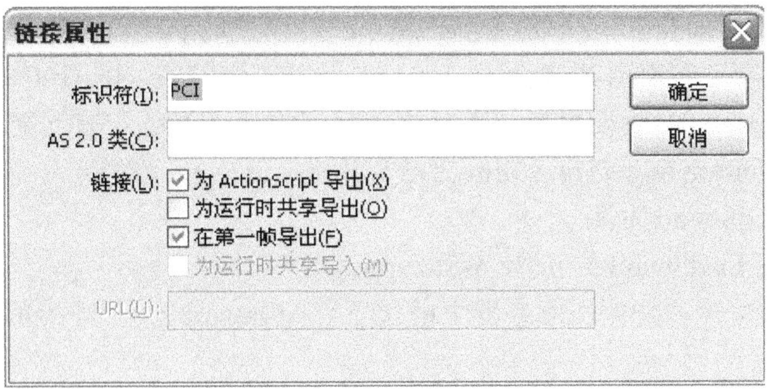

图 9-44 “链接属性”对话框

（2）start 方法

【格式】sound.start( )

功能：开始播放当前的声音对象。

（3）stop 方法

【格式】sound.stop( )

【功能】停止正在播放的声音对象。

（4）setVolume 方法

【格式】sound.setVolume(*n*)

【功能】用来设置当前声音对象音量的大小。其中参数 *n* 可以是一个整数值或一个变量，其值为 0～100 之间的整数，0 为无声，100 是最大音量。

（5）sound.getVolume 方法

【格式】sound.getVolume( )

功能：返回一个 0～100 之间的整数，该整数是当前声音对象的音量，0 是无音量，100 是最高音量。可以将 sound.getVolume( )的值赋给一个变量。它的默认值是 100。

（6）mySound.setPan 方法

【格式】mySound.setPan（pan）

其中，参数 pan 是一个整数，它指定声音的左右均衡。它的有效值范围为-100～100，其中−100 表示仅使用左声道，100 表示仅使用右声道，而 0 表示在两个声道间平均地均衡声音。

【功能】用来确定声音在左右声道（扬声器）中是如何播放的。对于单声道声音，pan 确定声音通过哪个扬声器（左或右）进行播放。例如，下面的实例创建一个声音（Sound）对象实例 S，并附加一个来自“库”面板的链接标识符为“SOUND1”的声音。它还调用 setVolume 和 setPan 方法来控制“SOUND1”声音。

```
onClipEvent(mouseDown){
  S= new Sound(this);  //创建一个声音对象 S
  S.attachSound("SOUND1");
  S.setVolume(80);
  S.setPan(−70);
  S.start( );              //开始播放声音对象
}
```

（7）mySound.getPan 方法

【格式】mySound.getPan( )

【功能】这个方法返回在上一次使用 setPan 方法时设置的 pan 值，它是一个在-100～100 之间的整值，这个值代表左右声道的音量，-100～0 是左声道的值，0～100 是右声道的值（零值平衡地设置左右声道）。该面板设置控制影片中当前和将来声音的左右均衡。

此方法是用 setVolume 或 setTransform 方法累积的。

（8）mySound.loadSound 方法

【格式】mySound.loadSound（"url"，isStreaming）;

其中，url 是 MP3 声音文件在服务器上的位置。isStreaming 是一个布尔值，它指示声音是事件声音还是流声音。

【功能】将 MP3 文件加载到声音（Sound）对象的实例中。可以使用 isSteaming 参数指示该声音是一个事件（Event）声音还是一个流（Streaming）声音。

事件声音在完全加载后才能播放。流声音在下载的同时播放。当接收的数据足以启动解压缩程序时，播放开始。与事件声音一样，流声音仅存在于虚拟内存中，不能将其下载到硬盘。例如，下面的实例是加载事件声音。

```
s.loadSound("http://serverpath:port/mp3filename",false);
```

例如：下面的实例是加载流声音。

```
s.loadSound("http://serverpath:port/mp3filename",true);
```

（9）mySound.setTransform 方法

【格式】mySound.setTransform（soundTransformObject）;

其中，参数 soundTransformObject 是一个使用 Object 对象创建声音变化对象的名称。

【功能】用来设置声音对象的变化值，其中 mySound 是一个使用声音对象创建的对象名称。

其中属性有：ll（控制左声道进入左扬声器音量）、lr（控制右声道进入左扬声器音量）、rr（控制右声道进入右扬声器音量）、rl（控制左声道进入右扬声器音量）。它们的取值为-100～100。

通过下面的公式可以计算左右音量的大小：左输出=左输入×ll+右输入×lr，右输出=右输入×rr+左输入×rl。如果不指定这几个属性，系统默认为：ll=100，lr=0，rr=100，rl=0。

可以首先使用 Object 对象创建一个声音变化对象，然后再通过这个声音变化对象设置声音对象 mySound 的 4 个属性。例如：

```
mySound.attachSound("thisSong");  //利用 attachSound 方法绑定一个声音
myTransformObject=new Object( );  //构造一个声音变化对象 myTransformObject
myTransformObject.ll=50;
myTransformObject.lr=50;
myTransformObject.rr=50;
myTransformObject.rl=50;
//将立体声音的左右输入平均分配给扬声器,形成单声道
mySound.setTransform(myTransformObject);
//将声音变化对象 myTransformObject 传递给 setTransform 方法
```

（10）mySound.getTransform 方法

【格式】mySound.getTransform( );

【功能】返回最后一次 mySound.setTransform 方法所设置的声音对象的变化值。

（11）Sound.getBytesLoaded 方法

【格式】Sound.getBytesLoaded( );

【功能】返回指示所加载字节数的整数。返回为指定声音（Sound）对象加载（进入流）的字节数。可以比较 getBytesLoaded 的值与 getBytesTotal 的值，以确定已加载声音的百分比。

（12）Sound.getBytesTotal 方法

【格式】Sound.getBytesTotal( );

【功能】返回一个整数，以字节为单位指示指定声音（Sound）对象的总大小。

（13）duration 属性

【格式】mySound.duration

【功能】它是只读属性。给出声音的持续时间，以毫秒为单位。

（14）position 属性

【格式】mySound.position

【功能】它是只读属性。给出声音已播放的毫秒数。如果声音是循环的，则在每次循环开始时，位置将被重置为零。

思考与练习 9-6

（1）修改【实例 70】“小小 MP3 播放器”影片，使该影片增加播放音乐的个数。

（2）将【实例 71】“播放外部 MP3”影片中的“数码数字”的影片剪辑实例更换成【实例 89】“荧光数字表”影片中的“数字表”影片剪辑实例。

第 10 章 组件和模板

10.1 组件简介和 UIScrollBar 与 ScrollPane 组件

【实例 72】“端午节简介”滚动文本

“端午节简介”滚动文本影片播放后的两幅画面如图 10–1 所示。用鼠标拖曳滚动条内的滑块、单击滚动条内的按钮或者拖曳文字，都可以浏览文本框中的文本，还可以在文本框中输入、删除、剪切、复制、粘贴文本。该影片的制作方法如下。

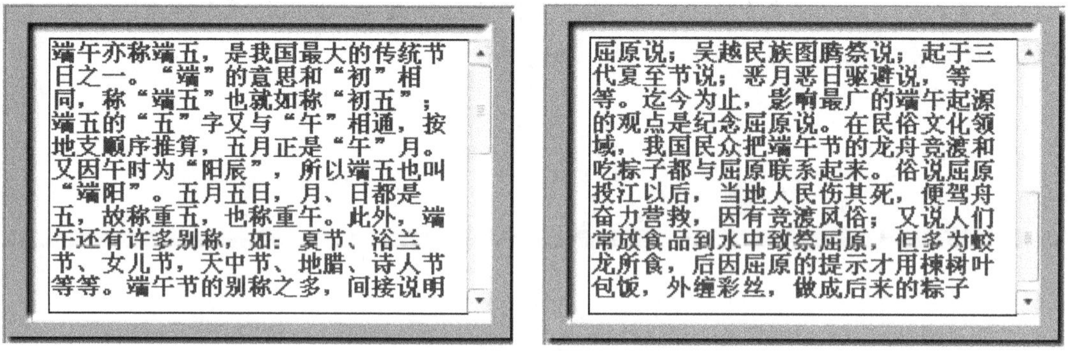

图 10–1 “端午节简介”滚动文本影片播放后的两幅画面

（1）设置舞台工作区的大小为 330 像素宽，220 像素高，背景色为白色。

（2）选中“图层 1”的第 1 帧，绘制一幅立体框架图像，由读者自行完成。

（3）使用工具箱内的文本工具A，在“属性”面板的“文本类型”下拉列表框中选择“动态文本”选项，然后在舞台工作区内拖曳鼠标，创建一个动态文本框，如图 10–2 左图所示。用鼠标拖曳动态文本框右下角有一个空心正方形控制、调整动态文本框的宽度和高度。

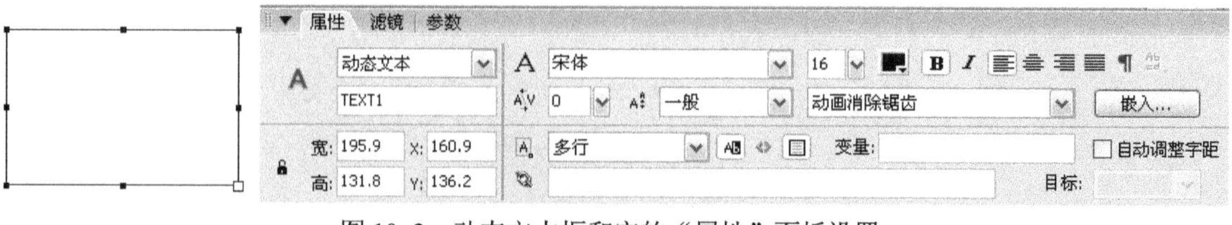

图 10–2 动态文本框和它的“属性”面板设置

（4）选中动态文本框，在“属性”面板的“实例名称”文本框中输入该动态文本框的名称“TEXT1”。单击“属性”面板的“行类型设置”下拉列表框，选择“多行”选项，设置文本框为多行文本，且可以换行。再单击“属性”面板的按钮，设置文本框为显示边框方式。然后设置字体、字号、颜色等，设置好的“属性”面板如图 10–2 右图所示。

（5）选择“文本”→“可滚动”菜单命令，使创建的文本框成为可以用鼠标拖曳滚动文字的文本框。此时动态文本框右下角有一个黑色实心正方形控制柄，如图 10–3 所示（还没有输入文字）。用鼠标拖曳该控制柄，可以随意调整动态文本框的宽度和高度，在动态文本框中输入文字以后，仍然可以用鼠标拖曳该控制柄来调整动态文本框的宽度和高度。

（6）在 Word 软件中打开一个 Word 文档，选中部分文字，将选中的文字复制到剪贴板中。回到 Flash 8，使用工具箱内的文本工具 A，用鼠标右键单击动态文本框内部，调出它的快捷菜单，选择该菜单中的“粘贴”命令，将剪贴板中的文字粘贴到动态文本框内，如图 10–3 左图所示。

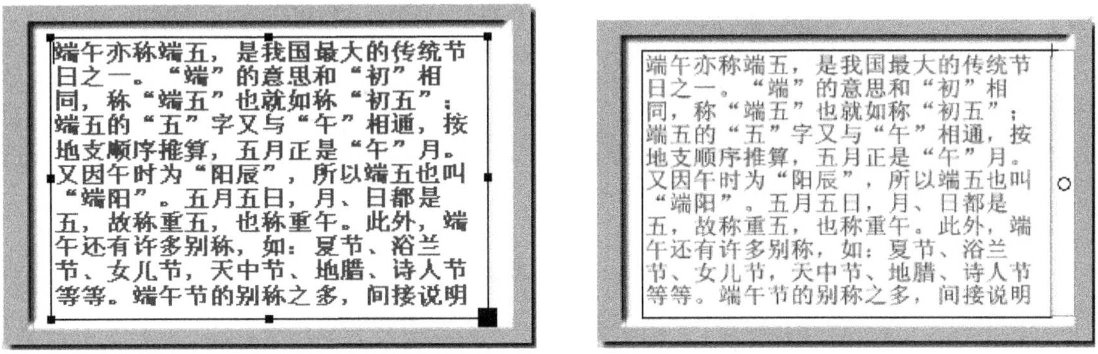

图 10–3　可滚动的动态文本框和添加 UIScrollBar（滚动条）组件实例

（7）调出“组件”面板，如图 10–4 所示，将“组件”面板中的 UIScrollBar（滚动条）组件拖曳到舞台工作区动态文本框内，它会自动移到动态文本框的右边，自动调整高度，使滚动条的高度与动态文本框的高度一样，如图 10–4 所示。

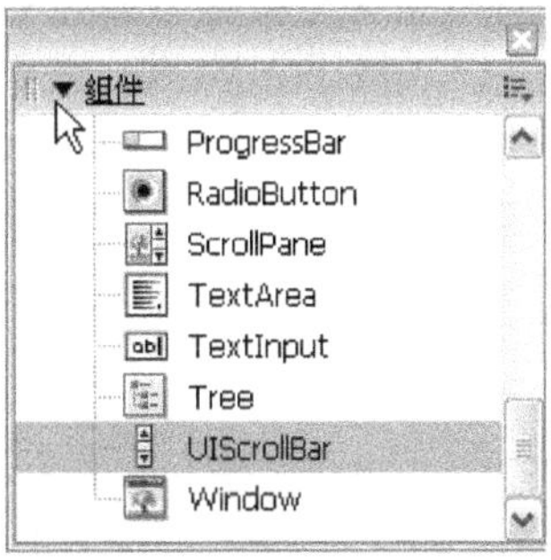

图 10–4　添加 UIScrollBar（滚动条）组件实例

（8）选中滚动条组件，调出“组件检查器”面板。在“组件检查器”面板中，主要有两列内容，其中“名称”列的内容是参数名称，“数值”列的内容是参数值。设置_targetInstanceName 参数值为“TEXT1”，用来确定该组件实例要控制的文本框的实例名称。设置 horizontal 参数值为 false，表示滚动条垂直方向摆放。此时，它的“组件检查器”面板设置如图 10–5 所示，它的“属性”（参数）面板设置如图 10–6 所示。

图 10–5　“组件检查器”面板

图 10–6　“属性”（参数）面板

【实例 73】滚动浏览多幅图像 1

“滚动浏览多幅图像 1”影片播放后的两幅画面如图 10–7 所示。它显示的是大幅图像的局部，可以拖曳垂直和水平的滚动条来浏览整幅的图像，框架中的图像可以被鼠标拖曳。单击“图像 1”按钮，可以浏览“TU”文件夹内的“TT1.jpg”图像；单击“图像 2”按钮，可以浏览“TU”文件夹内的“TT2.jpg”图像；单击“图像 3”按钮，可以浏览“TU”文件夹内的“TT3.jpg”图像。多次单击“11 幅图”按钮，可以浏览“TU”文件夹内的“TT1.jpg”……“TT11.jpg”图像。在浏览图像时，“11 幅图”按钮上边的文本框内会显示图像的序号。该影片的制作方法如下。

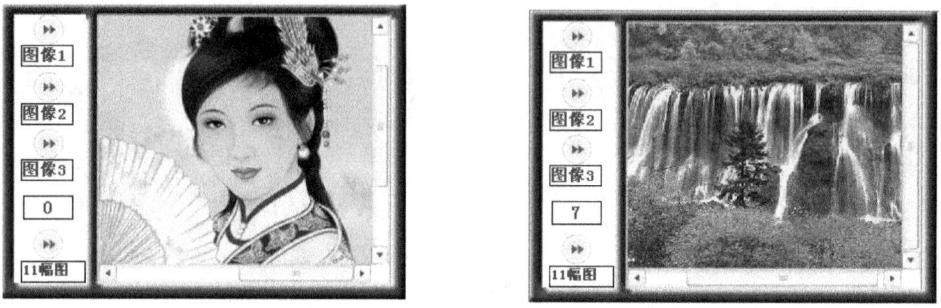

图 10–7 “滚动浏览多幅图像 1”影片播放后的两幅画面

1. 建立组件和元件的链接

（1）设置舞台工作区大小为 360 像素宽，260 像素高，背景色为白色。选中“图层 1”第 1 帧，绘制一幅立体框架图像，由读者自行完成，如图 10–7 所示。

（2）选择“插入”→“新建元件”命令，弹出“创建新元件”对话框。然后在其“名称”文本框中输入这个元件的名称“图像 1”，选中“影片剪辑”单选按钮，设置这个元件为影片剪辑元件。单击“高级”按钮，展开“创建新元件”对话框，如图 10–8 所示。

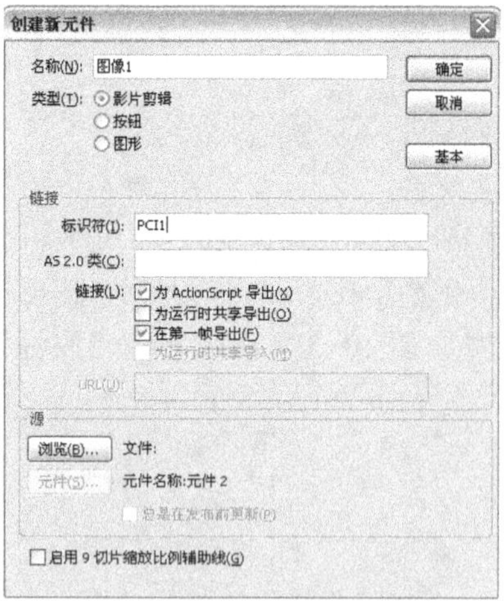

图 10–8 “创建新元件”对话框

选中“链接”选项组中的“为 ActionScript 导出”复选框，同时选择“在第一帧导出”复选框。在“链接”选项组的“标识符”文本框中输入这个元件的标识符名称，它在 ActionScript 中调用这个元件的名称，也是建立组件和这个元件链接的名称。在此输入“PCI1”，如图 10–8 所示。

（3）单击该对话框中的“确定”按钮，进入“图像 1”影片剪辑元件的编辑窗口。导入一幅图像，再将该图像的左上角与舞台工作区的中心点（十字线注册点）对齐，如图 10–9 所示。然后回到主场景。

（4）用鼠标右键单击“库”面板中的“图像 1”影片剪辑元件，调出它的快捷菜单，选择该菜单中的“链接”菜单命令，调出“链接属性”对话框，可以在该对话框内的“标识符”文本框中重新输入标识符名称，如图 10–10 所示。单击“确定”按钮，关闭该对话框。

图 10-9　图像的位置

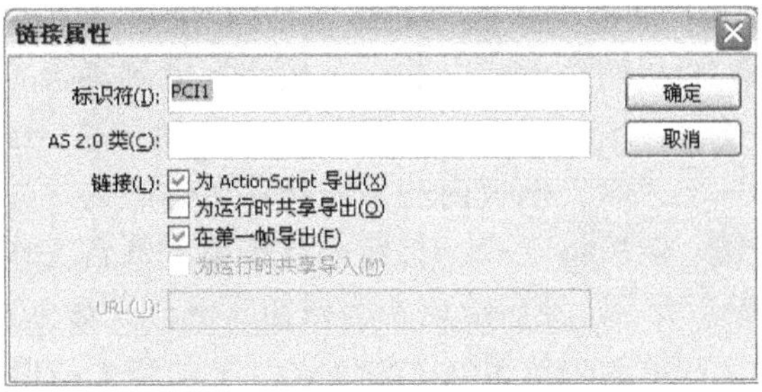

图 10-10　“链接属性”对话框

（5）在“图层 1”的上边添加一个“图层 2”，选中“图层 2”第 1 帧。选择“窗口”→“组件”菜单命令，调出“组件”面板，将“组件”面板中的“ScrollPane”（滚动窗格）组件拖曳到舞台工作区中。然后调整它的大小和位置，如图 10-11 所示。

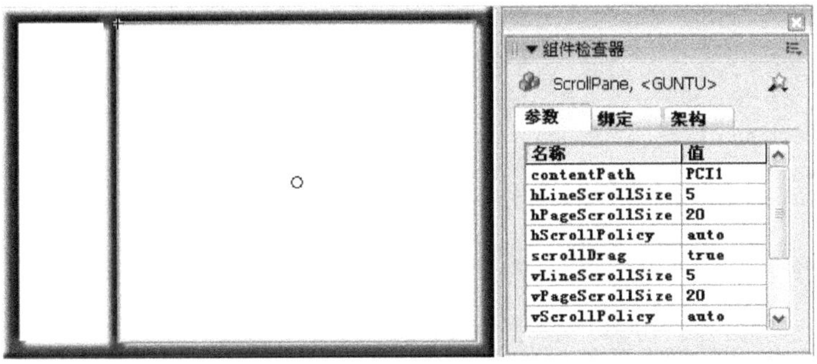

图 10-11　将“ScrollPane”组件拖曳到舞台工作区中和“组件”面板

（6）在舞台工作区中，选中滚动窗格组件实例，在其“属性”面板的“实例名称”文本框中输入该实例的名称“INTU”。选择“面板”→“组件检查器”命令，调出“组件检查器”面板，如图 10-12 左图所示。

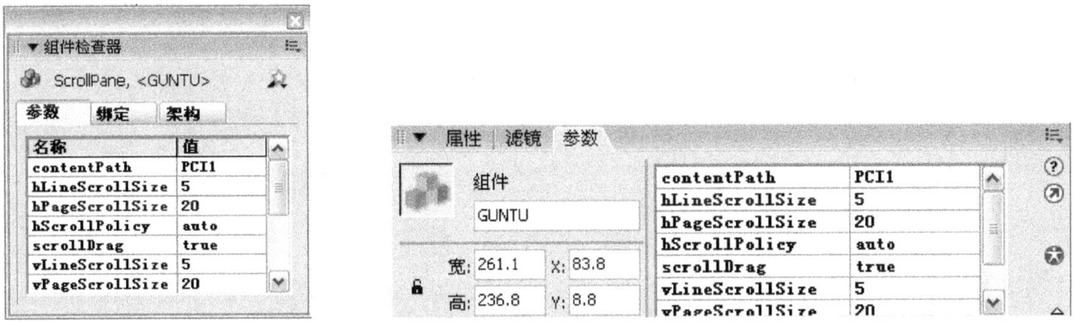

图 10-12　“ScrollPane”组件实例的“组件检查器”面板和“属性”（参数）面板设置

（7）在“组件检查器”面板内“contentPath”参数的设定值中，输入“库”面板中“图像 1”影片剪辑元件的标识符名称“PCI1”，建立该组件与“图像 1”影片剪辑元件的链接。设置 ScrollDrag 参数的值为“true”，表示框架中的图像可以被鼠标拖曳。设置好的“组件检查器”面板，如图 10-12 左图所示。“ScrollPane”组件实例参数还可以利用“属性”（参数）面板来设置，如图 10-12 右图所示。

2. 建立组件与外部图像的链接

（1）将 Flash 文档以名称“【实例 73】滚动浏览多幅图像 1.fla”保存。在该程序所在目录下的“TU”文件夹内保存名称为“TT1.jpg”……“TT11.jpg”的 11 个图像文件。

（2）将按钮公用库中的一个按钮拖曳到舞台工作区内，再将“库”面板内的按钮元件进行修改，使舞台工作区内的按钮实例如图 10−7 左上角按钮所示。

（3）将“库”面板内的按钮元件名称改为“按钮 1”，将该按钮进行复制和修改，获得 3 个新按钮，然后将 3 个新按钮一次拖曳到舞台工作区内，再调整 4 个按钮的位置和相对位置，如图 10−7 所示。然后给这 4 个按钮实例分别命名为 AN1、AN2、AN3 和 AN4。

（4）在第 4 个按钮的上边创建一个动态文本框，设置文本颜色为红色，字大小为 16 磅，字体为宋体、加粗，文本变量的名称为 N。

（5）在“图层 1”上添加一个“图层 2”，选中“图层 2”第 1 帧，调出“动作−帧”面板，输入如下程序。

```
N=0;    //定义变量 N,用来保存图像的序号
```

（6）选中“图层 2”的第 2 帧，按 F7 键，创建一个空关键帧。调出“动作−帧”面板，输入如下程序。

```
Stop( );
AN1.onPress = function( ){
    INTU.contentPath="TU/TT1.JPG"
    N=1;
}
AN2.onPress = function( ){
    INTU.contentPath="TU/TT2.JPG"
    N=2;
};
AN3.onPress = function( ){
    INTU.contentPath="TU/TT3.JPG"
    N=3;
};
AN4.onPress = function( ){
    N++;
    if (N==12){
        N=1;
}
INTU.contentPath="TU/TT"+N+".JPG"
};
```

【相关知识】组件简介和 UIScrollBar 及 ScrollPane 组件

1. 组件简介

组件是一些复杂的并带有可定义参数的影片剪辑元件。在使用组件创建影片时，可以直接定义参数，也可以通过 ActionScript 的方法定义组件的参数。每一个组件都有自己的预定义参数（不同的组件的参数会不一样），还有属于组件的属性、方法和事件，它们被称为应用程序接口 API。组件可以使程序设计与软件界面设计分开，提高了工作效率。

可以分别将这些组件加入到 Flash 8 的交互影片中，也可以将多个组件一起使用来创作完整的应用程序或者 Web 表单的用户界面。还能够使用几种方法自定义组件的外观。这些常用的组

件不仅减少了开发者的开发时间，提高了工作效率，而且能给 Flash 作品带来更加统一的标准化界面。同时用户也可以制作一些自己的组件供自己使用，或者发布出去以方便其他用户。

Flash 8 拥有一个“组件”面板，内置了“UI Components”（用户界面）和“Media-Player 6-7”（多媒体播放）等 5 类组件。例如，“UI Components”类组件中有 Label（标签）、CheckBox（复选框）、ComboBox（下拉列表框）、List（列表框）、Button（按钮）、RadioButton（单选按钮，也叫单选项）和 ScrollPane（滚动窗格）等。此外还可以使用外部组件。

2. 组件基本操作

选择“窗口”→“组件”命令，可以调出“组件”面板，如图 10-11 右图所示。将“组件”面板中的组件拖曳到舞台工作区中或双击“组件”面板中的组件图标，都可以将组件加入到舞台工作区中，形成一个组件实例。

当将一个或者多个组件加入到舞台工作区的时候，“库”面板中会自动加入该组件元件。从“库”面板中将组件拖曳到舞台工作区中，可以形成更多的组件实例。

可以使用“属性”面板浏览和设置加入到舞台工作区的组件实例的属性和参数，并可以通过“属性”面板给组件实例命名。在“属性”（参数）面板内可以设置组件实例的属性。单击“属性”面板的“参数”标签，切换到“属性”面板的参数选项卡，即“属性”（参数）面板。例如，“ScrollPane”（滚动窗格）组件实例的“属性”（参数）面板如图 10-12 右图所示。利用“属性”（参数）面板可以设置组件实例的常用参数。也可以通过调用“组件检查器”面板来设置组件实例的参数。选择“窗口”→“组件检查器”命令，可以调出“组件检查器”面板。例如，“ScrollPane”（滚动窗格）组件实例的“组件检查器”面板如图 10-12 左图所示。

根据设计要求，可以利用工具箱中的任意变形工具，调节舞台工作区中组件实例的大小及方向。所有的组件实例都可以通过“setStyleProperty”方法来改变它在舞台工作区中的属性，从而改变组件实例的形状和位置等。

3. UIScrollBar（滚动条）组件参数

（1）_targetInstanceName 参数：用来设置“UIScrollBar”组件实例要控制的文本框的实例名称。

（2）horizontal 参数：用来设置“UIScrollBar”组件实例是垂直方向摆放还是水平方向摆放。其值为 true 时，是垂直方向摆放；其值为 false 时，是水平方向摆放。

4. ScrollPane（滚动窗格）组件参数

（1）contentPath 参数：用来指示要加载到滚动窗格中的内容。该值可以是本地 SWF 或 JPEG 文件的相对路径，或 Internet 上文件的相对或绝对路径。它也可以是设置为“库”面板中的影片剪辑元件的链接标识符。

（2）hLineScrollSize 参数：用来设置单击水平滚动条箭头按钮时，图像水平移动的像素数。

（3）vLineScrollSize 参数：用来设置单击垂直滚动条箭头按钮时，图像垂直移动的像素数。

（4）hPageScrollSize 参数：用来设置单击滚动条的水平滑槽时，图像水平移动的像素数。

（5）vPageScrollSize 参数：用来设置单击滚动条的垂直滑槽时，图像垂直移动的像素数。

（6）hScrollPolicy 参数：单击该参数取值栏，其右边会显示一个箭头按钮，单击该按钮，可以在“auto”、“on”和“off”3 个选项中选择一个选项，如图 10-13 所示。

如果选择“auto”选项，则可以根据影片剪辑元件是否超出“ScrollPane”组件实例滚动窗口来决定是否要水平滚动条；如果选择“on”选项，则不管影片剪辑元件是否超出“ScrollPane”组件滚动窗口都显示水平滚动条；如果选择“off”选项，则不管影片剪辑元件是否超出“ScrollPane”组件滚动窗口都不显示水平滚动条。

（7）vScrollPolicy 参数：也有“auto”、“on”和“off”3 个选项，其作用与 hScrollPolicy 参数基本一样，只是它用来控制垂直滚动条何时显示。

（8）ScrollDrag 参数：单击该参数取值栏，其右边会显示一个箭头按钮，单击该按钮，可以在“false”和“true”两个选项中选择一个选项，如图 10-14 所示。选择“false”选项，则表示框架中的图像不可被拖曳；选择“true”选项，则表示框架中的图像可以被拖曳。

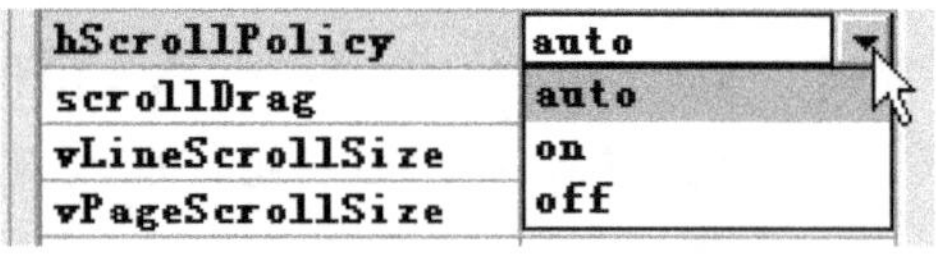

图 10-13　hScrollPolicy 参数选择

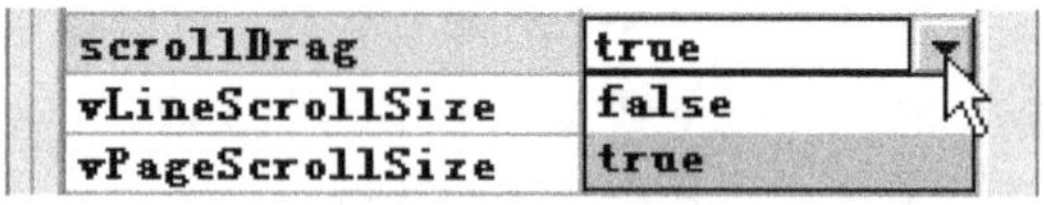

图 10-14　ScrollDrag 参数选择

（9）enabled 参数：也有“false”和“true”两个选项。选择“false”选项，则滚动条无效，选择“true”选项，则滚动条有效。此处选择“true”选项。

（10）visible 参数：也有“false”和“true”两个选项。选择“false”选项，则滚动条隐藏，选择“true”选项，则滚动条可以显示。此处选择“true”选项。

思考与练习 10-1

（1）将【实例 72】“端午节简介”滚动文本影片中的文字进行更换，而且可以通过单击按钮，浏览两个文本文件的内容。

（2）将【实例 73】“滚动浏览多图像 1”影片中的图像进行更换，而且可以浏览外部 20 幅图像。同时设置图像框内的图像不可以被鼠标拖曳。

10.2　RadioButton、CheckBox、Label 和 Button 组件

【实例 74】滚动浏览多幅图像 2

“滚动浏览多幅图像 2”影片播放后的两幅画面如图 10-15 所示。可以看到它是在【实例 73】“滚动浏览多幅图像 1”影片的基础上添加了可以控制是否可以拖曳图像的功能。选中“可以拖曳”单选按钮，即可以拖曳图像；选中“不可拖曳”单选按钮，则不可以拖曳图像。同时在图像下边还会显示相应的提示文字。该影片的制作方法如下。

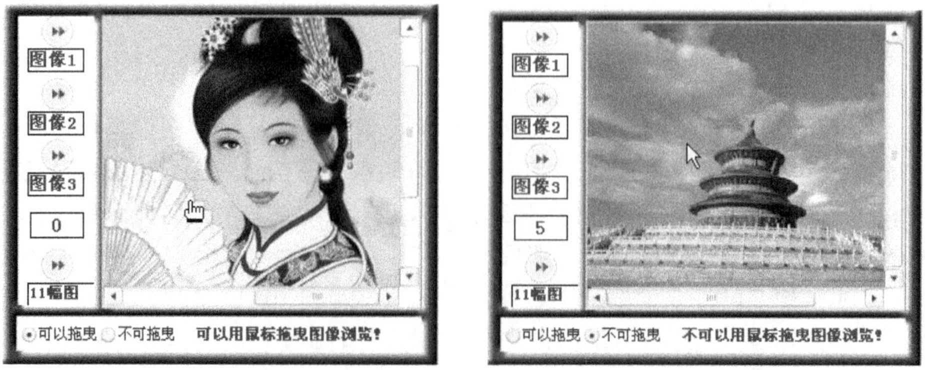

图 10-15　“滚动浏览多幅图像 2”影片播放后的两幅画面

（1）打开“【实例 74】滚动浏览多幅图像 1.fla”Flash 文档，再以名称“【实例 75】滚动浏览多幅图像 2.fla”保存。将舞台工作区大小调整为宽 360 像素，高 300 像素。

（2）双击框架图像，进入它的编辑状态，修改框架图像，如图 10-15 所示。

（3）将 Label（标签）组件从“组件”面板中拖曳到舞台工作区内，将该实例的名称命名为“label1”。调出它的“组件检查器”面板，按照图 10-16 所示进行设置。

（4）两次将 RadioButton（单选按钮）组件从“组件”面板中拖曳到舞台工作区中，将两个实例的名称分别命名为“te1”和“te2”。调出“组件检查器”面板。

（5）选中左边的 RadioButton（单选按钮）组件实例（te1），在它的“组件检查器”面板中设置相关参数，如图 10-17 所示。单击右边的 RadioButton（单选按钮）组件实例（te2），在它的“组件检查器”面板中设置相关参数，如图 10-18 所示。

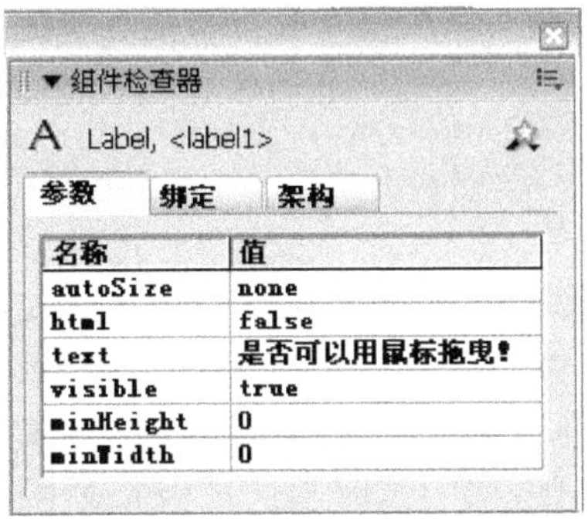

图 10-16　Label 组件实例参数设置

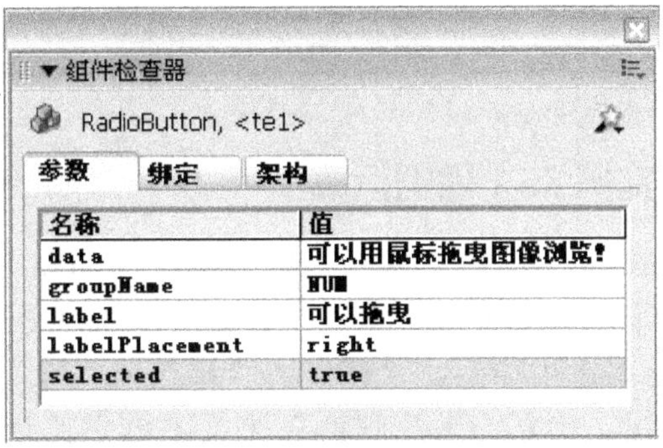

图 10-17　第 1 个 RadioButton 组件实例参数设置

（6）在“te1”组件实例的“data”参数项中输入“可以用鼠标拖曳图像浏览!”，“label”参数值为“可以拖曳”；在“te2”组件实例的“data”参数项中输入“不可以用鼠标拖曳图像浏览!”，“label”参数值为“不可拖曳”。

此处，两个“RadioButton”组件实例的“group Name”参数值处均输入“NUM”，表示它们是一个单选按钮组。两个“RadioButton”组件实例的“labelPlacement”参数都选择“right”选项。第 1 个“RadioButton”组件实例的“selected”参数项选择“true”选项，第 2 个“RadioButton”组件实例的“selected”参数项选择“false”选项。

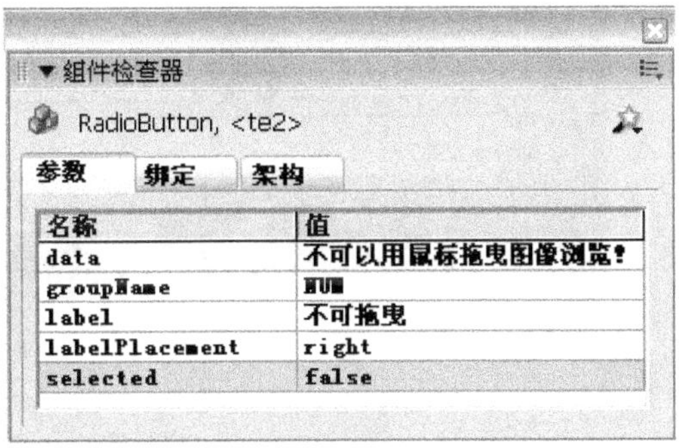

图 10-18　第 2 个 RadioButton 实例参数设置

（7）选中“图层 2”第 1 帧，在“动作-帧”面板，在原来程序的基础之上，修改程序如下。

```
N=0;                                    //定义变量 N,用来保存图像的序号
label1.setSize(200,40);                 //设置标签文本框宽 200 个像素,高 40 个像素
label1.setStyle("fontWeight","bold");   //设置标签文字字体为粗体
label1.setStyle("fontSize",12);         //设置标签文字大小为 12 磅
label1.setStyle("fontFamily", "宋体");  //设置标签文字字体为宋体
label1.setStyle("color","red");         //设置标签文字颜色为红色
```

（8）选中“图层 2”第 2 帧，在“动作-帧”面板中，在原来程序的基础上，添加如下程序（注意：将“stop( );”语句删除）。

```
//stop( );
```

```
if(te1.selected){
  INTU.scrollDrag=true
  label1.text=te1.data
}else{
    INTU.scrollDrag=false
   label1.text=te2.data
}
```

在程序中，第 6 条语句的含义是：如果“te1”单选按钮被选中，“te1”组件的 selected 属性值为 true，则执行其下边的两条语句；如果“te1”单选按钮没被选中（即“te2”单选按钮被选中），则“te1”组件的 selected 属性值为 false，则执行 else 下边的两条语句。

（9）选中“图层 2”第 3 帧，按 F6 键；选中“图层 1”第 3 帧，按 F5 键。选中“图层 2”第 3 帧，调出“动作–帧”面板，输入如下程序。

```
gotoAndPlay(2);
```

【实例 75】四则运算

“四则运算”影片播放后的两幅画面如图 10–19 所示（文本框中还没有数字和文字）。在第 1 个输入文本框中输入一个数（例如，13579），在第 2 个文本框中输入一个数（例如，2），再单击“加”、“减”、“乘”或“除”单选按钮，选定运算的类型，然后单击“计算”按钮，计算结果会在第 3 个文本框中显示出来，如图 10–19 所示。该影片的制作方法如下。

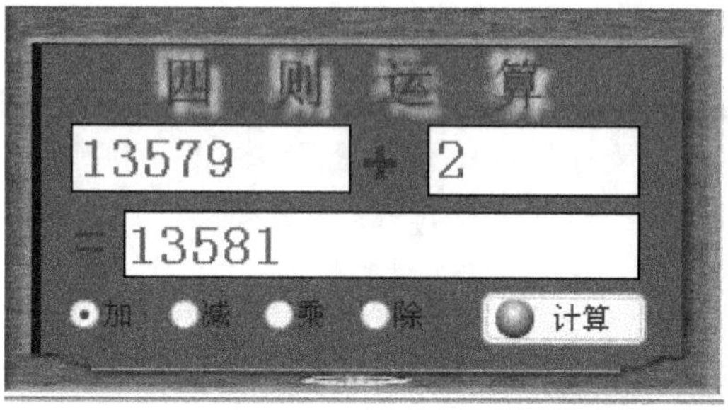

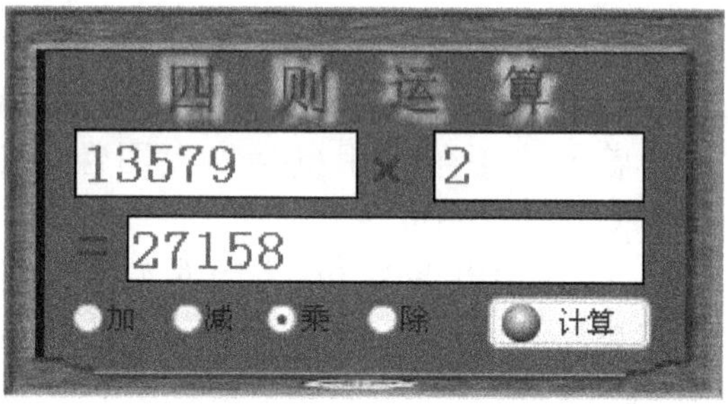

图 10–19 “四则运算”影片播放后的两幅画面

1. 方法 1

（1）设置舞台工作区大小为 300 像素宽，160 像素高，背景色为白色。选中“图层 1”的第 1 帧，绘制一幅框架图像和制作一个立体文字“四则运算”，调整它们的大小和位置，使框架图像刚好将舞台工作区完全覆盖，如图 10–19 所示，将这个图层锁定。

（2）在“图层 1”上添加一个“图层 2”。选中该图层第 1 帧，在舞台工作区从上到下创建两个输入文本框，再在第 2 个输入文本框的下边创建一个静态文本框和一个动态文本框。设置第 1 个输入文本框的变量名称为“SHU1”，第 2 个输入文本框的变量名称为“SHU2”，第 3 个静态文本框内输入字符“=”，第 4 个动态文本框的变量名称为“JSJG”。适当调整它们的大小和位置，设置各文本框的颜色为红色，字大小为 26 磅，字体为黑体，风格为加粗。第 1 个输入文本框的“属性”面板的设置如图 10–20 所示。

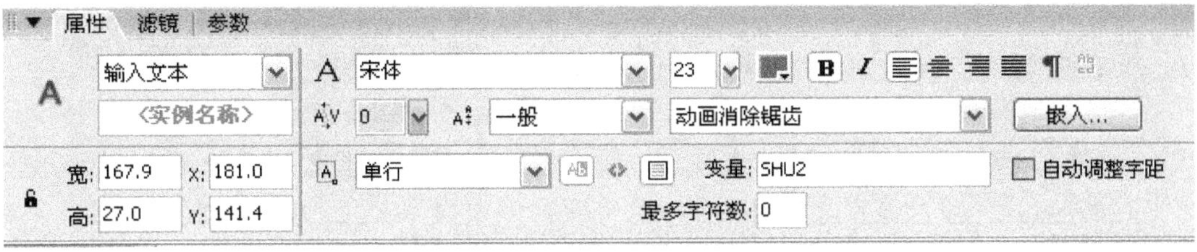

图 10-20　第 1 个输入文本框“属性”面板的设置

（3）在两个输入文本框之间添加一个 Label（标签）组件实例，该组件实例的名称为“label1”。选中该 Label（标签）组件实例，调出它的“组件检查器”面板，它的参数设置如图 10-21 所示。

（4）选择“插入”→“新建元件”命令，弹出“创建新元件”对话框，单击“高级”按钮，展开“创建新元件”对话框。在其“名称”文本框中输入这个元件的名称“图像 1”，选中“影片剪辑”单选按钮，选中“为 ActionScript 导出”和“在第一帧导出”复选框，在“链接”栏的“标识符”文本框中输入“shaph1”。然后单击“确定”按钮，进入一个名称为“图像 1”的影片剪辑元件编辑状态，在舞台工作区中心点偏下一点处绘制一个立体灰色球，然后回到主场景。这个“shaph1”名称是“Button”组件实例的“组件检查器”面板内“icon”参数的值，即可建立按钮和链接标识符名称为“shaph1”的按钮图标的链接。

（5）将“组件”面板中的“Button”组件拖曳到舞台工作区中，形成相应的实例，如图 10-22 左图所示。给该实例命名为“AN1”。单击选中舞台工作区中的 Button 组件实例，在“组件检查器”面板中设置它的参数，如图 10-22 右图所示。“icon”参数设置为“shaph1”，它是“库”面板中“shaph”影片剪辑的标识符名称；“label”参数设置为“计算”，它是按钮的标题文字。

图 10-21　Label 组件实例参数设置

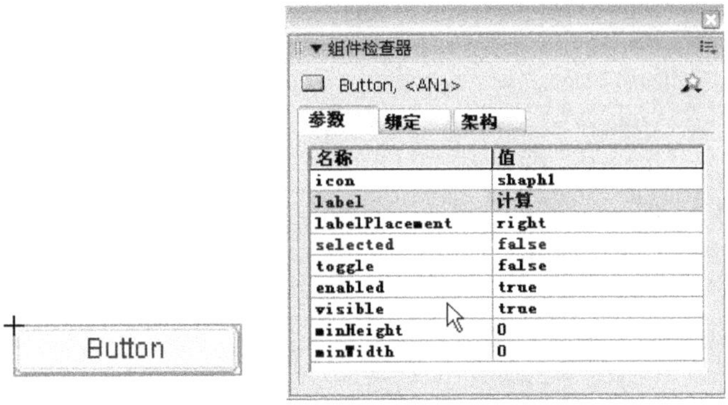

图 10-22　Button 组件实例外形和参数设置

（6）调出“组件”面板。4 次将“组件”面板中的“RadioButton”组件拖曳到舞台工作区中，形成组件实例，位置如图 10-19 所示。然后利用“属性”面板，将这 4 个“RadioButton”组件实例的名称分别命名为“te1”、“te2”、“te3”和“te4”。

（7）调出“组件检查器”面板。将第 1 个“RadioButton”组件实例的“组件检查器”面板设置如图 10-23 左图所示。第 2 个“RadioButton”组件实例的“组件检查器”面板设置如图 10-23 右图所示。其他两个“RadioButton”组件实例的“组件检查器”面板设置由读者完成。

图 10-23　两个“RadioButton”组件实例参数设置

（8）选中“图层”的第 1 帧，调出“动作-帧”面板，然后输入如下的脚本程序。

```
label1.setSize(80,80);                      //设置标签文本框宽 80 个像素,高 80 个像素
label1.setStyle("fontWeight","bold");       //设置标签文字字体为粗体
label1.setStyle("fontSize",26);             //设置标签文字大小为 26 磅
label1.setStyle("color","red");             //设置标签文字颜色为红色
label1.setStyle("fontFamily", "黑体");      //设置标签文字字体为黑体
label1.text="+";                            //设置标签文字内容为“+”

AN1.onRelease=function( ){
  if(te1.selected){
    JSJG=Number(SHU1)+ Number(SHU2);
    label1.text=te1.data                    //将" te1"单选按钮实例 data 值赋给动态文本框变量 text
  }
  if(te2.selected) {
    JSJG=Number(SHU1)–Number(SHU2);
    label1.text=te2.data                    //将"te2"单选按钮实例 data 值赋给动态文本框变量 text
  }
  if(te3.selected){
    JSJG=Number(SHU1)* Number(SHU2);
    label1.text=te3.data                    //将"te3"单选按钮实例 data 值赋给动态文本框变量 text
  }
  if(te4.selected) {
    JSJG=Number(SHU1)/Number(SHU2);
    label1.text=te4.data                    //将"te4"单选按钮实例 data 值赋给动态文本框变量 text
  }
}
```

2. 方法 2

上边的单击按钮事件这段程序也可以用下边这段程序替代。它是用 addEventListener 方法来侦听事件的。最后一行代码是将鼠标单击事件处理函数添加到按钮实例 AN1，也就是当鼠标单击按钮实例 AN1 后，执行函数 JJYS。

```
//定义一个函数 JJYS
```

```
function JJYS(evendobj){
    if(te1.selected){
      JSJG=Number(SHU1)+ Number(SHU2);
      text=te1.data        //将"te1"实例 data 属性的值赋给动态文本框变量 text
      label1.text="+";   //设置标签文字内容为"+"
      }
    if(te2.selected){
      JSJG=Number(SHU1)−Number(SHU2);
      label1.text=te2.data //将"te2"实例 data 值赋给动态文本框变量 text
      }
    if(te3.selected){
      JSJG=Number(SHU1)* Number(SHU2);
      label1.text=te3.data //将"te3"实例 data 值赋给动态文本框变量 text
      }
    if(te4.selected){
      JSJG=Number(SHU1)/Number(SHU2);
      label1.text=te4.data //将"te4"实例 data 值赋给动态文本框变量 text
      }
}
AN1.addEventListener("click",JYS)   //侦听按钮 AN1 是否被单击
```

【相关知识】RadioButton、CheckBox、Label 和 Button 组件

1. RadioButton（单选按钮）组件参数

（1）data 参数：可赋给文字或其他字符，该数据可以返给 Flash 系统，这里利用这个参数保存操作提示信息。

（2）groupName 参数：用来输入单选按钮的名称，一组单选按钮的组名称应该一样，在相同组的单选按钮中只可以有一个单选按钮被选中。这一项实际上决定了将这个单选按钮分到哪个组中，假如需要两组单选按钮，两组的单选按钮互相作用、互不干扰，那么就需要设置两个组内的单选按钮具有不同的“group Name”参数值。

（3）label 参数：用来确定单选按钮旁边的标题文字。单击“Label”参数的数值部分，同时该项进入可以编辑状态，然后输入文字，这个文字会出现在“RadioButton”组件在舞台工作区实例的标题上。

（4）labelPlacement 参数：用来确定单选按钮旁边文字的位置。选择“right”选项，表示文字在单选按钮的右边；选择“left”选项，表示文字在单选按钮的左边；选择“top”选项，表示文字在单选按钮的上边；选择“bottom”选项，表示文字在单选按钮的下边。

（5）selected 参数：用来确定单选按钮的初始状态。选择“false”选项，表示单选按钮的初始状态为没有选中；选择“true”选项，表示单选按钮的初始状态为选中。

2. CheckBox（复选框）组件参数

CheckBox（复选框）组件“属性”（参数）面板如图 10−24 所示。舞台工作区中的 CheckBox 组件实例如图 10−25 所示。CheckBox（复选框）组件参数含义如下。

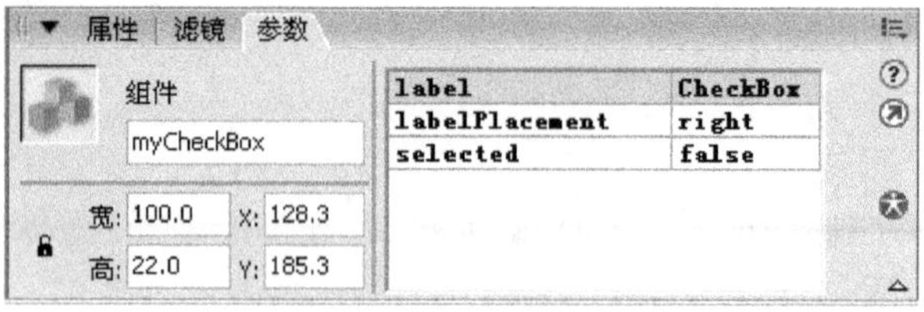

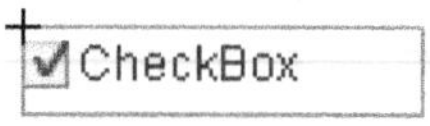

图 10-24　CheckBox 组件的“属性”（参数）面板　　　　图 10-25　CheckBox 组件实例

（1）label 参数：用来修改 CheckBox 组件实例标签的名称，例如，改为“复选框”。

（2）labelPlacement 参数：调出它的下拉列表框，利用它可以选择组件实例标签名称所处的位置。它有“right”、“left”、“top”和“bottom”4 个选项，分别用来设置组件实例标签名称在复选框的左边、右边、上边或下边。

（3）selected 参数：调出它的列表框，它有两个选项，用来设置复选框的初始状态。选择 true 选项，则初始状态为选中；选择 false 选项，则初始状态为没选中。

3. Label（标签）组件参数

Label（标签）组件“属性”（参数）面板，如图 10-26 左图所示。舞台工作区中的 Label（标签）组件实例如图 10-26 右图所示。Label（标签）组件参数的含义如下。

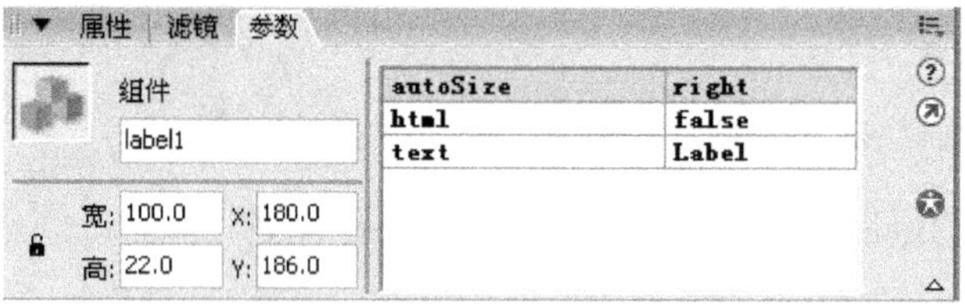

图 10-26　Label（标签）组件的“属性”（参数）面板和 CheckBox 组件实例

（1）autoSize 参数：用来设置标签文字相对于 Label（标签）组件实例外框（也叫文本框）的位置。它有 4 个值，none（不调整标签文字的位置，默认值为 none），left（标签文字与文本框的左边和底边对齐），center（标签文字在文本框内居中），right（标签文字与文本框的右边和底边对齐）。

（2）html 参数：用来指示标签文字是（true）否（false）采用 HTML 格式。如果此参数值为 true，则不能使用样式来设置标签的格式，但可以使用 font 标记将文本格式设置为 HTML。默认值为 false。

（3）text 参数：用来设置标签的文本内容，默认值是 Label。

4. 更改 Label 标签实例的外观

可以设置 Label 标签组件实例的样式属性来更改标签实例的外观。【实例 74】和【实例 75】中均采用过，举例如下（创建一个 Label 标签组件实例，名称设置为“label1”）。

```
label1.setSize(200,28);                    //设置标签文本框宽 200 个像素,高 28 个像素
label1.setStyle("fontWeight","bold");      //设置标签文字字体为粗体
label1.setStyle("fontSize",20);            //设置标签文字大小为 20 磅
label1.setStyle("color",0xff0000);         //设置标签文字颜色为红色
label1.setStyle("fontFamily","宋体");       //设置标签文字字体为宋体
label1.setStyle("embedFonts",false);       //指定字体不是嵌入字体
```

```
label1.text="标签实例外观的改变";       //设置标签文字内容为"标签实例外观的改变"
```

注意

Label 组件实例中的所有文本必须采用相同的样式。例如，对同一标签内的单词设置 color 样式时，不能将一个单词设置为“blue”，而将另一个单词设置为“red”。

embedFonts 样式是一个逻辑值，它指示在 fontFamily 样式中指定的字体是否为嵌入字体。如果 fontFamily 引用了嵌入字体，则此样式必须设置为 true。否则，将不使用该嵌入字体。如果此样式设置为 true，并且 fontFamily 不引用嵌入字体，则不会显示任何文本。默认值为 false。

Color 样式用来设置标签文字的颜色，它可以用 0xRRGGBB（RR、GG、BB 分别是两位十六进制数，分别表示红、绿和蓝色成分多少）或者颜色的英文表示颜色。例如，red 表示红色，green 表示绿色，blue 表示蓝色，black 表示黑色，white 表示白色，yellow 表示黄色，cyan 表示青色。其中，“0x”是数字 0 和英文小写字母“x”。

5. Button（按钮）组件参数

Button（按钮）组件实例的参数除了有“属性”面板内的 5 个外，在“组件检查器”面板内还有另外 3 个附加的参数（visible、minHeight 和 minWidth，后两个参数一般不用设置），如图 10-27 所示。Button 组件实例主要参数的含义如下。

图 10-27　Button 实例“组件检查器”面板

（1）icon 参数：为按钮添加自定义图标，该值是“库”面板中影片剪辑或图形元件的标识符名称。

（2）label 参数：用来修改按钮组件实例标签的名称，例如，改为“退出”。

（3）labelPlacement 参数：用来确定按钮标题文字在按钮图标的相对位置，它有“right”、“left”、“top”和“bottom”4 个选项。

（4）selected 参数：用来确定按钮的默认状态。当该值选择“false”选项时，表示按钮为按下状态；选择“true”选项时，表示按钮为释放状态。

（5）toggle 参数：用来确定按钮为普通按钮还是切换按钮。当该值选择“false”选项时，表示按钮为普通按钮；选择“true”选项时，表示按钮为切换按钮。对于切换按钮，单击按下按钮后，按钮就处于按下状态；再单击该按钮后，按钮才返回弹起状态。

（6）visible 参数：用来设置标签对象是（true）否（false）可见。默认值为 true。

图 10-28　“滚动浏览图像”动画画面

思考与练习 10-2

（1）参考【实例 74】“滚动浏览多幅图像 2”影片的制作方法，制作一个“滚动浏览图像”影片，它的图像框呈菱形，有两个复选框，如图 10-28 所示。选中“滚动”画框后，可以利用滚动条滚动浏览图像；单击选中“拖曳”幅画框后，可以使用鼠标拖曳浏览图像。

（2）参考【实例 75】“四则运算”影片的制

作方法，制作一个可以进行其他数学运算的影片。

10.3 ComboBox 和 List 组件

【实例 76】列表浏览图像

“列表浏览图像”影片播放后的两幅画面如图 10-29 所示。单击上边的下拉列表框中的一个选项，或单击下边的列表框中的选项，则与选项对应的图像即会显示在图像框中，同时当前操作的文字说明会显示在图像底部的文本框中，用鼠标拖曳滚动条的滑块或拖曳图像，可以调整图像的显示部分。另外，在选择下拉列表框中的选项后，列表中的当前选项（绿色）会随之改变；单击选中列表中的选项后，下拉列表框中的当前选项也会随之改变。显示的图像在该程序所在目录下的“TU”文件夹中。该影片的制作方法如下。

图 10-29 “列表浏览图像”影片播放后的两幅画面

1. 建立影片剪辑元件与“ScrollPane”组件的链接

（1）在“TU”文件夹内创建“图像 1.jpg”、“图像 2.jpg”…“图像 8.jpg”图像文件。

（2）设置舞台工作区宽为 420 像素，高为 280 像素，背景色为浅灰色。选中“图层 1”的第 1 帧，制作一幅立体框架图像和立体文字“列表浏览图像”，调整它们的大小和位置，使框架图像刚好将舞台工作区覆盖，如图 10-29 所示。将这个图层锁住，使其不能被编辑修改。

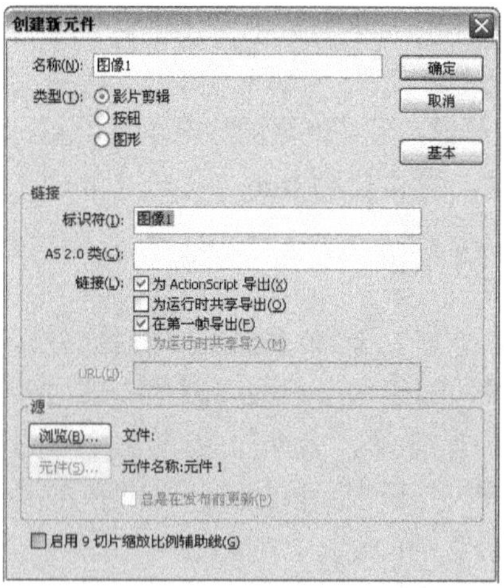

图 10-30 “创建新元件”对话框

（3）选择“插入”→“新建元件”命令，弹出“创建新元件”对话框。单击“高级”按钮，展开“创建新元件”对话框，按照如图 10-30 所示设置影片剪辑名称为“图像 1”，标识符为“图像 1”，选中第 1 和第 3 个复选框。单击该对话框中的“确定”按钮，进入“图像 1”影片剪辑元件的编辑窗口。导入“TU”文件夹内的“图像 1.jpg”图像到舞台工作区中，再将该图像的左上角与舞台工作区的中心点对齐。然后回到主场景。

（4）调出“组件”面板，从“组件”面板中将“ScrollPane”（滚动窗格）组件拖曳到舞台工作区中。选中滚动窗格组件实例，在其“属性”面板的“实例名称”文本框中输入该实例的名称“INTU”。然后调出“组件检查器”面板。

（5）在“组件检查器”面板的“contentPath”参数的设

定值中，输入“库”面板中“图像 1”影片剪辑元件的标识符名称“图像 1”，建立该组件与“图像 1”影片剪辑元件的链接。其他设置如图 10-31 所示。

2. “ComboBox”（组合框）组件设置

（1）将“ComboBox”（组合框）组件拖曳到舞台工作区中，形成组件实例，给该实例命名为“comboBox”。然后调出“组件检查器”面板，如图 10-32 所示（还没有设置）。

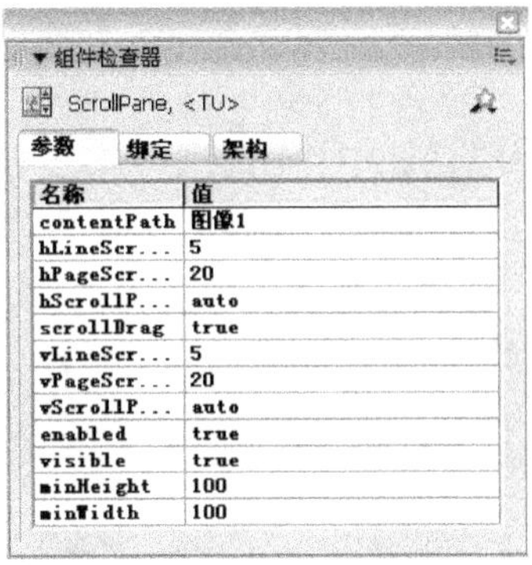

图 10-31　“组件检查器”面板之一

图 10-32　“组件检查器”面板之二

（2）选中“comboBox”组件实例，双击它的“组件检查器”面板内的“data”参数右边的数据区，调出“值”对话框，单击该对话框内第 0 行“值”栏文本框，输入“这是第 1 幅图像”文字。再单击 + 按钮，添加第 1 行。按照上述方法，输入其他行的文字，如图 10-33 所示。

在“值”对话框中，单击 - 按钮，可以删除选中的选项，单击 ▼ 按钮可以将选中的选项向下移动一行，单击 ▲ 按钮可以将选中的选项向上移动一行。

（3）双击“组件检查器”面板内的“labels”参数右边的数据区，调出“值”对话框。采用与上述相同的方法，给各行输入文字，如图 10-34 所示。

图 10-33　“值”对话框之一

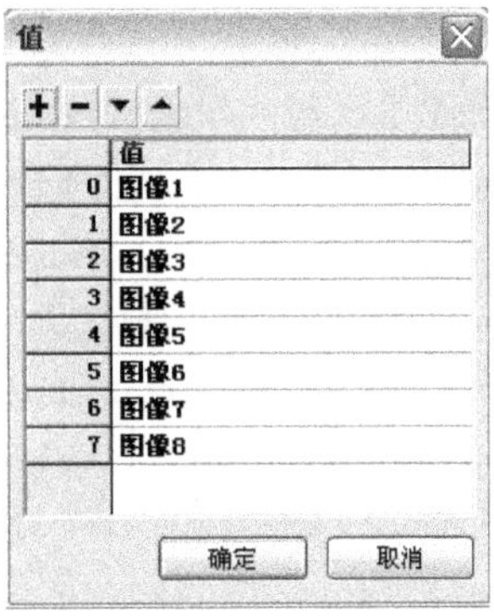

图 10-34　“值”对话框之二

3. “List”（列表框）组件和文本框设置

（1）将“List”（列表框）组件拖曳到舞台工作区中。选中“List”（列表框）组件实例，给该实例命名为“List1”。然后调出“组件检查器”面板，按照如图 10-35 所示进行设置。设置方法与“ComboBox”（组合框）组件的设置方法一样。

（2）在“List”（列表框）组件实例的下边创建一个动态文本框，设置它的大小为 26 磅，颜色为红色，变量名为 text，它的“属性”面板设置如图 10-36 所示。

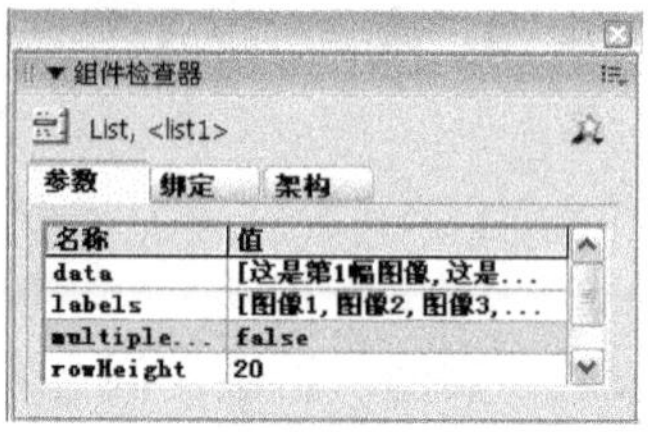

图 10-35 “组件检查器”面板

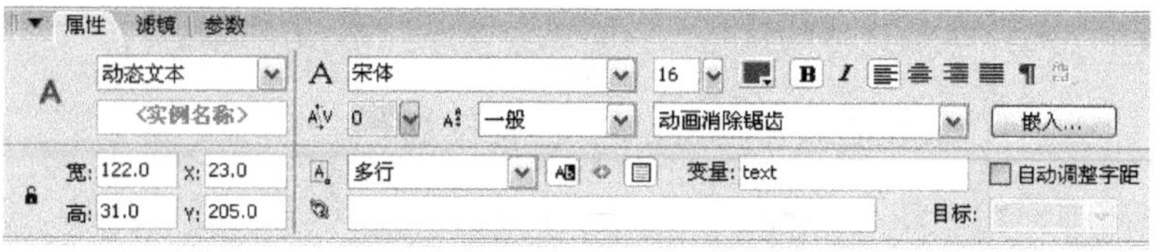

图 10-36 “属性”面板设置

4. 程序设计

（1）在“图层 1”的下边新建一个名称为“图层 2”的图层，选中“图层 2”第 1 帧，导入一幅框架图像，调整它的大小和位置，使它刚好将舞台工作区覆盖。然后调整各组件实例和文本框的大小和位置，如图 10-36 所示。

（2）选中“图层 1”的第 1 帧，调出“动作-帧”面板，输入如下程序。

```
//定义函数 change1
function change1( ){
    //设置 comboBox 组件实例当前的 label 参数值作为“ScrollPane”组件实例 contentPath 参数的值,从而在
    //滚动窗格内显示链接标识符为 label 参数值的图像
    INTU.contentPath ="TU/"+comboBox.selectedItem.label+".JPG";
    //用 comboBox 组件实例当前的 data 参数值改变动态文本框 text 的内容
    text=comboBox.selectedItem.data;
    //用 comboBox 组件实例当前的索引号改变 list1 组件实例当前的索引号
    list1.selectedIndex= comboBox.selectedIndex;
}
comboBox.addEventListener("change", change1);

//定义函数 change2
function change2( ){
    //设置 list1 组件实例当前的 label 参数值作为“ScrollPane”组件实例 contentPath 参数的值,从而在滚动窗
    //格内显示链接标识符为 label 参数值的图像
    INTU.contentPath ="TU/"+list1.selectedItem.label+".JPG";
    //用 list1 组件实例当前的 data 参数值改变动态文本框 text 的内容
    text=list1.selectedItem.data;
    //用 list1 组件实例当前的索引号改变 comboBox 组件实例当前的索引号
    comboBox.selectedIndex=list1.selectedIndex;
}
list1.addEventListener("change",change2);   //侦听组件实例发生变化的事件
```

在程序中，“comboBox.addEventListener（“change”，change1）；”语句的作用是将 comboBox 组件实例的“change”事件（改变 comboBox 组件实例后产生的事件）与自定义函数 change1 绑定。addEventListener 方法用来侦听事件。当 comboBox 组件实例发生变化后，执行 change1 函数。

“list1.addEventListener（“change”，change2）；”语句的作用是将 list1 组件实例的“change”事件（改变 list1 组件实例后产生的事件）与自定义函数 change2 绑定。

selectedItem 是 comboBox 和 list1 组件实例的属性，可以获取这两个组件实例的参数值。例

如，selectedItem.label 可以获取 label 参数值，selectedItem. data 可以获取 data 参数值。

【相关知识】ComboBox 和 List 组件

1. ComboBox（组合框）组件参数

（1）ComboBox（组合框）组件实例的“组件检查器”面板如图 10-37 左图所示。其中一些参数的作用如下。

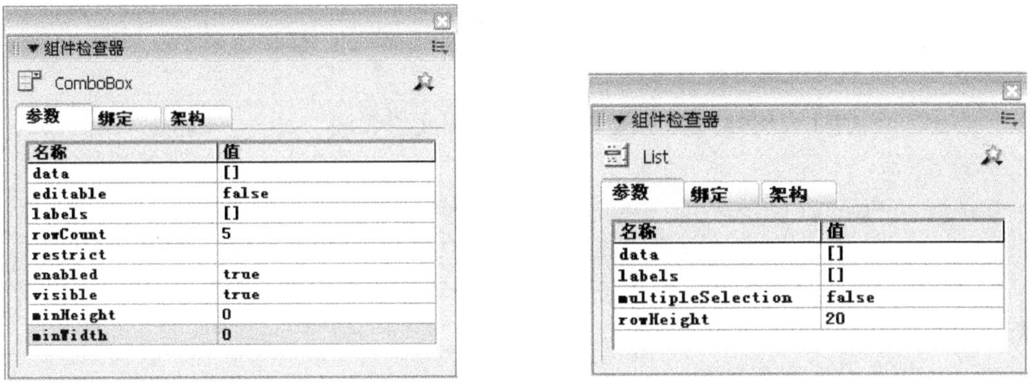

图 10-37　ComboBox（组合框）和 List（列表框）组件实例的“组件检查器”面板

◎ data 参数：用来将数据值与 ComboBox 组件中的每一个选项相关联。它是一个数组。

◎ editable 参数：设置 ComboBox 组件实例是可编辑的（true）还是只可以选择的（false）。默认值为 false。ComboBox 组件实例可编辑时，可以在其内修改数据。

◎ label 参数：利用该参数可以设置组合框（下拉列表框）内各选项的值。

◎ rowCount 参数：用来设置下拉列表框下拉后最多可以显示的选项个数。默认值为 5。

◎ restrict 参数：用来指示用户可在组合框的文本字段中输入的字符集。默认值为 undefined。

◎ enabled 参数：它是一个布尔值，指示组件是（true）否（false）可接收焦点和输入。默认值为 true。

◎ visible 参数：它是一个布尔值，指示对象是（true）否（false）可见。默认值为 true。

（2）ComboBox（组合框）组件实例的常用方法如表 10-1 所示。

表 10-1　ComboBox（组合框）组件实例的常用方法和属性

属　性	常 用 方 法
ComboBox.addItem( )	向组合框的下拉列表的结尾处添加选项
ComboBox.addItemAt( )	向组合框的下拉列表的结尾处添加选项的索引
ComboBox.change	当组件的值因用户操作而发生化时产生事件。也就是说，当 ComboBox.selectedIndex 或 ComboBox.selectedItem 属性因用户交互操作而改变时，向所有已注册的侦听器发送
ComboBox.open( )	当组合框的下拉列表打开时产生事件
ComboBox.close( )	当组合框的下拉列表完全回缩时产生事件
ComboBox.itemRollOut	当组合框的下拉列表指针滑离下拉列表选项时产生事件
ComboBox. itemRollOver	当组合框的下拉列表指针滑过下拉列表选项时产生事件
selectedIndex	属性，下拉列表中所选项的索引号。默认值为 0
selectedItem	属性，下拉列表中所选项目的值

2. List（列表框）组件参数

（1）List（列表框）组件是一个可滚动的单选或多选列表框。列表框还可以显示图形及其他组件。List（列表框）组件实例的一些参数、方法和属性与 ComboBox（组合框）组件实例基本一样。List（列表框）组件实例的“组件检查器”面板如图 10-29 右图所示。其中一些特有参数的作用如下。

◎ multipleSelection 参数：是一个逻辑值，它指示是（true）否（false）可以选择多个值。默认值为 false。

◎ rowHeight 参数：用来指示每行的高度，以像素为单位。默认值是 20。设置字体不会更改行的高度。

（2）“List”（列表框）组件外观的改变可以通过样式来完成，这与“Label”（标签）组件外观的改变方法相似。

◎ backgroundColor：用来设置列表的背景颜色。默认的颜色为白色。

◎ borderStyle：用来设置边框样式。

◎ backgroundDisabledColor：用来设置当组件的 enabled 属性设置为“false”时的背景颜色。默认值为 0xDDDDDD（中度灰）。

◎ color：用来设置文本颜色。

◎ disabledColor：用来设置文本禁用时的颜色。

◎ fontFamily：用来设置文本的字体名称。默认值为 "_sans"。

◎ fontSize：用来设置文本的字体大小，默认值为“10”。

◎ fontStylee：用来设置文本的字体样式，设置为 "normal" 或 "italic"。默认值为 "normal"。

3. TextInput（输入文本框）组件参数

TextInput（输入文本框）组件是一个文本输入组件，用户可以利用它输入文字或密码类型的字符。它的主要参数及其含义介绍如下。

（1）editable 参数：用来设置该组件是否可以编辑。其值为 true 时，可以编辑；其值为 false 时，不可以编辑。

（2）password 参数：用来设置输入的字符是否为密码。其值为 true 时，显示密码；其值为 false 时，输入的不是密码。

（3）text 参数：设置该组件中的文字内容。

4. TextArea（多行文本框）组件参数

TextArea（多行文本框）组件是一个多行文本框，它的主要参数及其含义介绍如下。

（1）editable 参数：用来设置该组件是否可以编辑。其值为 true 时，可以编辑；其值为 false 时，不可以编辑。

（2）html 参数：用来设置文本是否采用 HTML 格式。其值为 true 时，则可以使用 HTML 标签来设置文本格式；其值为 false 时，则不可以使用 HTML 标签来设置文本格式。

（3）text 参数：设置该组件中的文字内容。

（4）wordWrap 参数：用来设置是否可以自动换行。其值为 true 时，可以换行；其值为 false 时，不可以换行。

思考与练习 10-3

（1）修改【实例 76】“列表浏览图像”影片，使它可以浏览 20 幅图像。另外，将在“List”（列表框）组件实例下边的动态文本框改为 Label（标签）组件实例，设置它的文字大小为 26 磅，颜色为红色，字体为宋体。

（2）参考【实例 76】“列表浏览图像”影片的制作方法，制作一个“列表浏览动画”影片。该影片播放后，可以利用列表框和下拉列表框浏览制作的 Flash 动画。

（3）制作一个“个人信息调查表”影片，该影片运行后的画面如图 10-38 左图所示。这是一个网上调查表，供用户填写个人信息的表格。填写信息后的效果如图 10-38 右图所示。该调查表几乎使用了前面介绍过的所有组件。

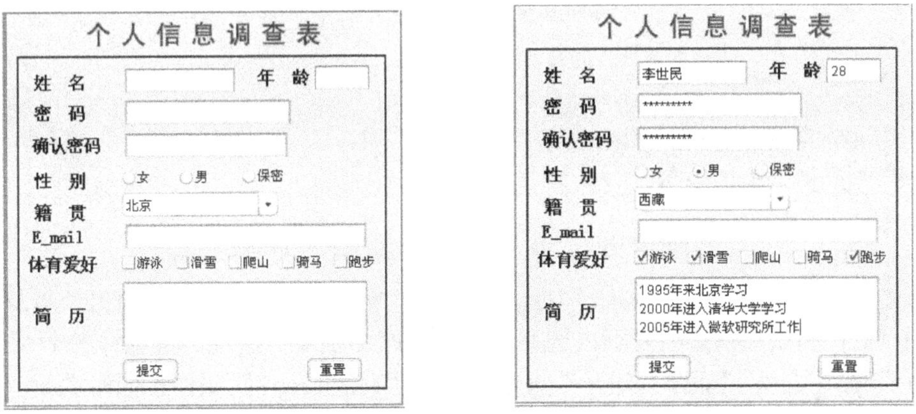

图 10-38　“个人信息调查表”影片运行后的两幅画面

10.4　音乐和视频组件

【实例 77】MP3 播放器 1

“MP3 播放器 1”影片运行后的两幅画面如图 10-39 所示。单击“播放”按钮，即可开始播放 MP3 音乐；单击“暂停”按钮，即可使 MP3 音乐暂停播放；拖曳右下角的滑块，可调整音量大小；拖曳上边的滑块，可调整 MP3 音乐播放的起始位置。该影片的制作方法如下。

图 10-39　“MP3 播放器 1”影片播放后的两幅画面

（1）设置舞台工作区大小为 300 像素宽，150 像素高，背景色为黄色。

（2）选择“开始”→“所有程序”→“Macromedia”→“Macromedia Flash 8 Video Encoder”命令，调出“Flash 8 Video Encoder”对话框，如图 10-40 所示（列表框内还没有文件名）。

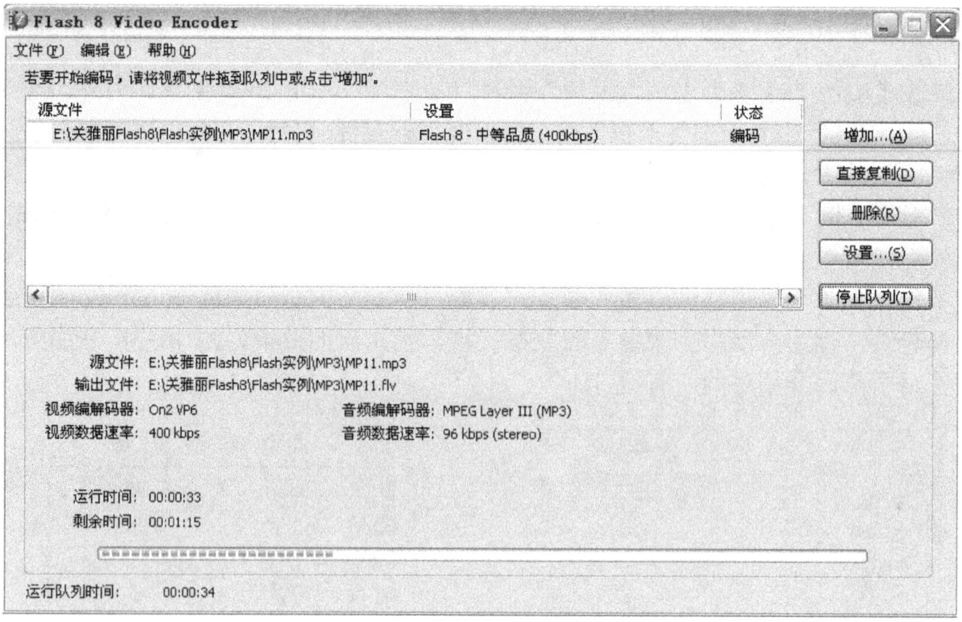

图 10-40 “Flash 8 Video Encoder”对话框

（3）单击“Flash 8 Video Encoder”对话框内的“增加”按钮，调出“打开”对话框，在该对话框内的“文件类型”下拉列表框内选择“所有文件（*.*）”选项，再选择一个 MP3 文件夹内的“MP11.mp3”文件，单击“打开”按钮，打开“MP11.mp3”文件，同时关闭“打开”对话框。此时“Flash 8 Video Encoder”对话框内会出现选择的文件名称和它的路径。

（4）单击“Flash 8 Video Encoder”对话框内的“开始队列”按钮，即可以打开的 MP3 文件“MP11.mp3”，生成相应的 FLV 文件（MP11.flv）。生成完成后，单击该对话框右上角的按钮，关闭“Flash 8 Video Encoder”对话框。

（5）调出“组件”面板。将“组件”面板中的“MediaPlayBck”组件拖曳到舞台工作区中，形成组件实例，如图 10-41 左图所示。然后调整“MediaPlayBck”组件实例的大小和位置。

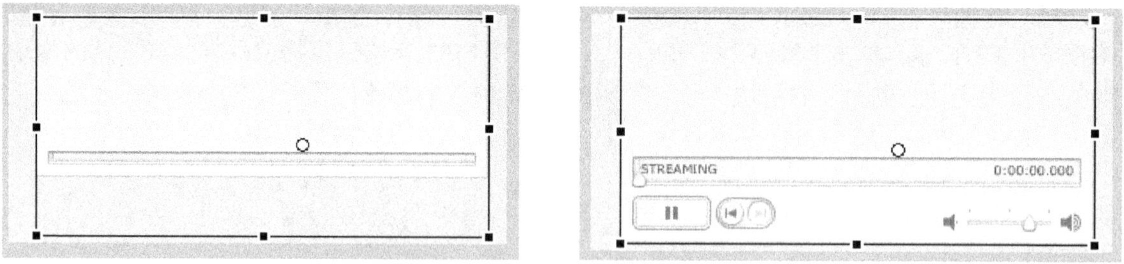

图 10-41 “MediaPlayBck”组件实例

（6）选中“MediaPlayBck”组件实例，调出它的“组件检查器”面板，按照图 10-42 所示进行设置，在“URL”文本框内输入“MP3/处女座.flv”。也可以在选择“MP3”单选按钮后，在“URL”文本框内输入“MP3/MP11.mp3”。

（7）在“组件检查器”面板内，选中“Milliseconds”复选框，采用默认的播放速率；选中“Automatically Play”复选框，设置让文件自动播放；选中“Use Preferred Media Size”复选框后，播放的视频可以按照媒体播放器的预设大小进行播放；选中“Control Placement”栏内的“Button”单选按钮，设置播放控制条在底部；选中“Control Visibility”栏内的“On”单选按钮，此时舞台工作区内的“MediaPlayBck”组件实例如图 10-41 右图所示。

【实例 78】MP3 播放器 2

“MP3 播放器 2”影片运行后的一幅画面如图 10-43 所示。单击“播放”按钮，可以播放 MP3 音乐；单击“暂停”按钮，可暂停播放；单击“上一个”按钮，可播放上一首乐曲；单击“下一个”按钮，可播放下一首乐曲；拖曳调整中的滑块，可调整音量；拖曳调整上边的滑块，可调整播放的起始位置，同时上边的显示条中还给出播放的时间。该影片的制作方法如下。

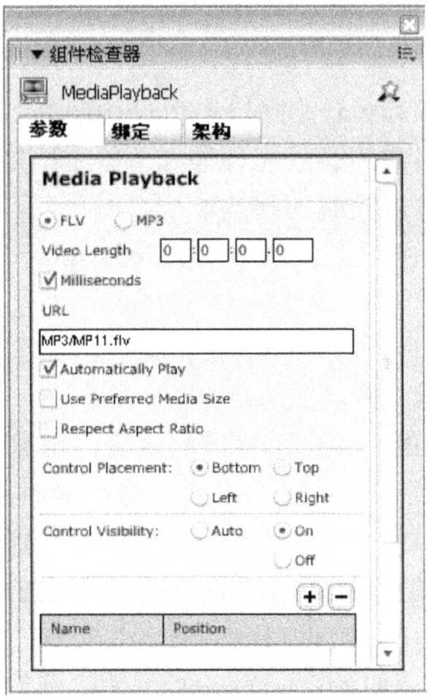

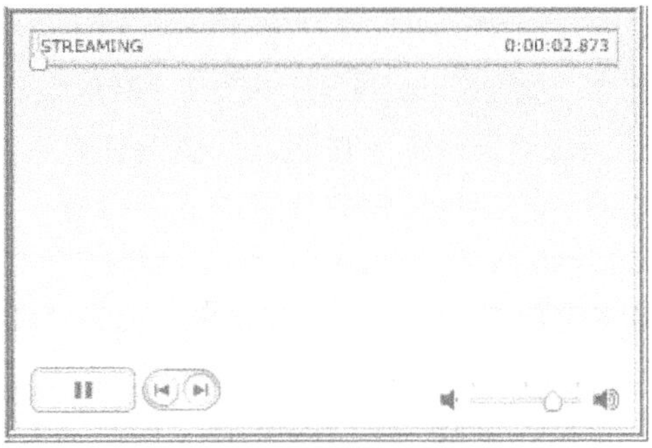

图 10-42　Media Playback 组件的“组件检查器”面板　　图 10-43　“MP3 播放器 2”影片播放的画面

（1）按照【实例 77】“MP3 播放器 1”影片的制作方法，创建 MediaPlayback 组件实例，在 MediaPlayback 组件实例的“组件检查器”面板内选中“MP3”、“Button”和“On”单选按钮，在“URL”文本框内不输入任何内容。

（2）单击选中 Media Playback 组件实例，在其“属性”面板内的“实例名称”文本框中输入“myMP3”，给 Media Playback 组件实例命名为“myMP3”。

（3）在“图层 1”上添加一个“图层 2”，单击选中“图层 2”的第 1 帧，调出它的“动作-帧”面板，输入如下程序。

```
//建立 MP3 格式文件的序列表,给出外部 MP3 格式文件的路径和文件名
var MP3ListL:Array = ["MP3/MP11.mp3","MP3/MP12.mp3","MP3/MP13.mp3"];
var n= 0;                          //变量 n 用来保存播放的 MP3 格式文件的序号
//设置 MP3 音乐播放指针
myMP3.contentPath = MP3List[n];
var CListen:Object = {};
//创建响应播放音乐变化事件的函数 CListen
CListen.playheadChange = function(eventObj:Object) {
    var MP3Len = MP3List.length;      //将 MP3 音乐的长度赋给变量 MP3Len
```

```
        //用来响应单击"上一个"和"下一个"按钮的事件,确定播放上一个或下一个乐曲
        eventObj.detail ? (n=++n%MP3Len):(n=Math.floor((—n+MP3Len)%MP3Len));
        eventObj.target.contentPath="";      //这里设置为空字符串,这是一个关键,不可少
        eventObj.target.contentPath = MP3List[n];
    };
    //侦听单击"上一个"和"下一个"按钮的事件,侦听播放的音乐(myMP3)是否改变
    myMP3.addEventListener("playheadChange",Clisten);//
```

【相关知识】"Media-Player 6-7"类组件

1. "Media-Player 6-7"类组件简介

"Media-Player 6-7"类组件有 MediaController、MediaDisplay 和 MediaPlayback 3 个，使用这 3 个组件可以将外部的 FLV 格式的流媒体文件和 MP3 格式的音乐文件添加到 Flash 文档中，并对 FLV 格式的流媒体文件和 MP3 格式的音乐文件进行可以控制的播放。

MediaController 组件只生成一个播放器，不可以直接用来进行播放；MediaDisplay 组件虽可以播放，但是不可以生成播放器；MediaPlayback 组件不但可以生成一个播放器，而且可以利用播放器对 FLV 格式的流媒体文件和 MP3 格式的音乐文件进行控制播放。播放器如图 10-39 所示。其中，按钮 ▶ 是"播放"按钮，按钮 ⏸ 是"暂停"按钮，按钮 ⏮ 是"上一个"按钮，按钮 ⏭ 是"下一个"按钮。拖曳调整音量滑块中的滑块，可以调整音量；用鼠标拖曳调整上边的滑块，可以调整播放的起始位置，同时上边的显示条中还给出播放进行的时间。

MediaDisplay 和 MediaPlayback 组件的参数不可以在"属性"（参数）面板中进行设置，只可以在"组件检查器"面板中进行设置。选中"FLV"单选按钮后的 MediaPlayback 组件实例的"组件检查器"面板如图 10-42 所示，选中"MP3"单选按钮后的 MediaPlayback 组件实例的"组件检查器"面板如图 10-44 左图所示，选中"FLV"单选按钮后的 MediaDisplay 组件实例的"组件检查器"面板如图 10-44 右图所示。选中"MP3"单选按钮后的 MediaDisplay 组件实例的"组件检查器"面板与图 10-44 右图所示基本一样，只是上边三行选项消失，另外一些选项变为无效。

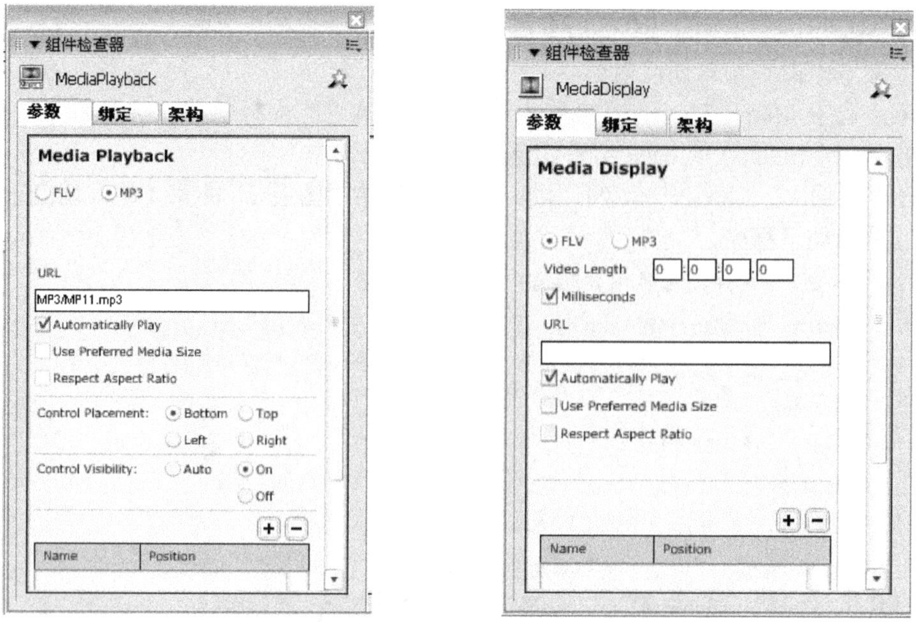

图 10-44 MediaPlayback 和 MediaDisplay 组件的"组件检查器"面板

2. MediaPlayback 和 MediaDisplay 组件参数设置

（1）“FLV”单选按钮：选中该单选按钮，可以加载外部 FLV 格式的流媒体文件。

（2）“MP3”单选按钮：选中该单选按钮，可以加载外部 MP3 格式的音乐文件。

（3）“Video Length”4 个文本框：用来输入“小时”、“分钟”、“秒”和“毫秒”数据（HH：MM：SS：MS），表示播放的视频文件的长度，即可以播放的时间。

（4）“Milliseconds”复选框：选中该复选框，可以采用视频默认的播放速率（FPS，帧/秒）；不选中该复选框，可以在它右边的下拉列表框中选择视频的播放速率（FPS，帧/秒）。

（5）“URL”文本框：用来输入外部 FLV 格式的流媒体文件或 MP3 格式的音乐文件的路径和文件名，可以是相对路径，也可以是绝对路径。

（6）“Automatically Play”复选框：选中该复选框后，可以让文件自动播放。

（7）“Use Preferred Media Size”复选框：选中该复选框后，加载的 FLV 视频为原始大小。

（8）“Respect Aspect Ratio”复选框；选中该复选框后，播放 FLV 视频文件可以按照媒体播放器的预设尺寸进行播放。

（9）“Control Placement”栏：用来设置播放控制条的位置。选中“Button”单选按钮后，播放控制条的位置在底部；选中“Top”单选按钮后，播放控制条的位置在顶部；选中“Left”单选按钮后，播放控制条的位置在左边；选中“Right”单选按钮后，播放控制条的位置在右边。

（10）“Control Visibility”栏：用来设置是否显示播放控制条。选择“Auto”单选按钮后，播放后显示播放控制条；选择“On”单选按钮后，显示播放控制条；选择“Off”单选按钮后，不显示播放控制条。

（11）在最下边的栏中可以用来设置 FLV 流媒体视频文件的视频提示点。

3. MediaController 组件参数设置

将“组件”面板中的 MediaController 组件拖曳到舞台工作区中，形成组件实例。选中 MediaController 组件实例，调出“组件检查器”面板，如图 10-45 所示。其中的参数含义如下。

（1）activePlayControl 参数：用来设置播放器的默认状态是“播放”按钮还是“暂停”按钮。

（2）backgroundStyle 参数：用来设置播放器是否要背景图像。

（3）controllerPolicy 参数：用来设置播放器是否有控制栏。

（4）horizontal 参数：用来设置播放器是水平放置还是垂直放置。

（5）enabled 参数：用来设置播放器的控件栏是否可以使用。

（6）visible 参数：用来设置播放器是否可见。

（7）minHeight 参数：用来设置播放器允许的最小高度。

（8）minWidth 参数：用来设置播放器允许的最小宽度。

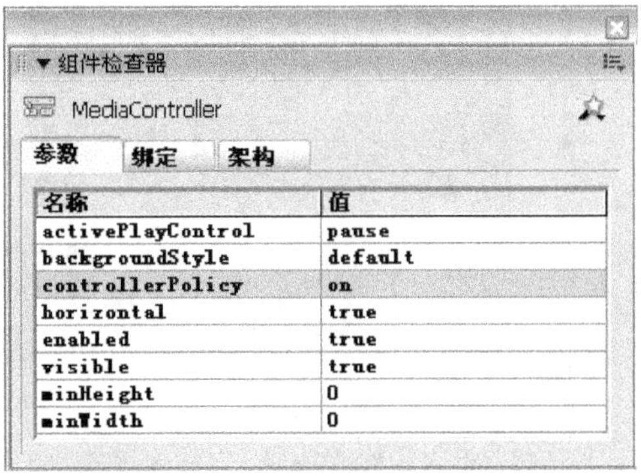

图 10-45　“组件检查器”面板设置

思考与练习 10-4

（1）参考【实例 77】“MP3 播放器 1”影片的制作方法，制作另外一个“MP3 播放器”影片，加载到该影片的是一个 MP3 文件。

（2）修改【实例 78】“MP3 播放器 2”影片，使该影片可以播放 6 首 MP3 乐曲。

（3）参考【实例 78】“MP3 播放器 2”影片的制作方法，制作一个“视频播放器”影片，该影片可以播放 5 个视频文件。

10.5 视频组件

【实例 79】视频播放器 1

“视频播放器 1”影片运行后的一幅画面如图 10-46 所示。操作方法与“MP3 播放器 1”影片的操作方法一样。采用相同的方法也可以播放 MP3 音乐。该影片的制作方法如下。

（1）设置舞台工作区宽为 330 像素，高为 320 像素，背景色为黄色，再以名称“【实例 79】视频播放器 1.fla”保存。

（2）将“动物世界.avi”文件生成“动物世界.flv”文件，方法与“【实例 79】MP3 播放器 1”影片中所采用的将 MP3 文件生成 FLV 文件的方法一样。“动物世界.flv”文件保存在“【实例 79】视频播放器. fla”Flash 文件所在文件夹内的“视频”文件夹中。

（3）将“组件”面板中的“MediaDisplay”组件拖曳到舞台工作区中，形成组件实例，调整组件实例的大小和位置。选中该组件实例，调出它的“组件检查器”面板，选择“FLV”单选按钮，在“URL”文本框内输入“视频/动物世界.flv”。选中“Automatically Play”等 3 个复选框。

（4）将“组件”面板中的“MediaController”组件拖曳到舞台工作区中，“MediaDisplay”组件实例的下边，调整该组件实例的大小和位置，使它们的宽度一样，如图 10-47 所示。选中“MediaController”组件实例，调出它的“组件检查器”面板，按照图 10-45 所示进行设置。

图 10-46 “视频播放器 1”动画播放的一幅画面

图 10-47 两个组件实例的大小和位置

（5）利用“属性”面板，给“MediaController”组件实例命名为“MediaController1”，给“MediaDisplay”组件实例命名为“MediaDisplay1”。

（6）选中“MediaController”组件实例，单击“行为”面板内的“添加行为”按钮，调出行为菜单，单击该菜单内的“媒体”→“关联显示”命令，调出“关联显示”对话框，选中“MediaDisplay1”选项，如图10–48所示。再单击“确定”按钮。

（7）选择“MediaDisplay”组件实例，单击“行为”面板内的“添加行为”按钮，调出行为菜单，选择该菜单内的“媒体”→“关联控制器”命令，调出“关联控制器”对话框，选中“MediaController1”选项，如图10–49所示，再单击“确定”按钮。

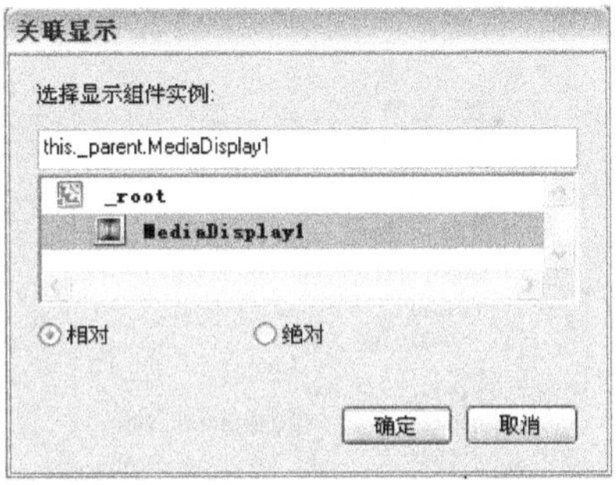

图 10–48 “关联显示”对话框

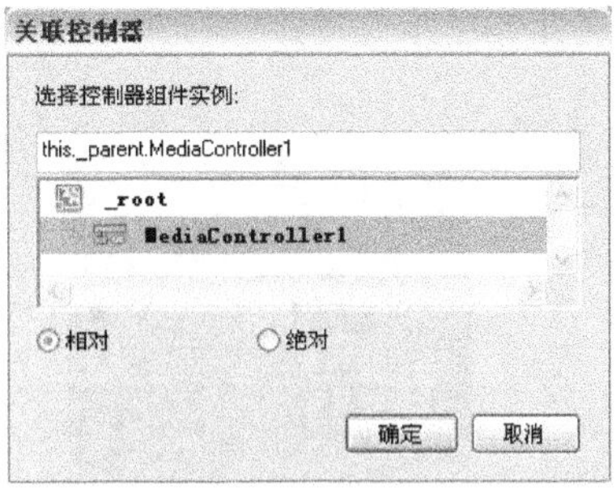

图 10–49 “关联控制器”对话框

上述操作的目的是建立两个组件实例的关联。关联后才可用播放控制器控制播放视频。

【实例 80】视频播放器 2

“视频播放器2”影片运行后的一幅画面如图10–50所示。操作方法与“MP3播放器1”影片的操作方法基本一样。采用相同的方法也可以播放MP3音乐。该影片的制作方法如下。

（1）设置舞台工作区为宽 280 像素，高为 180 像素，背景色为黄色，再以名称“【实例 80】视频播放器 2.fla”保存。

（2）选中“图层 1”第 1 帧，将“组件”面板内的 FLVPlayback 组件拖曳到舞台工作区内。调整它的大小，如图 10–51 所示。

图 10–50 “视频播放器 3”动画播放的一幅画面

图 10–51 FLVPlayback 组件

（3）选中FLVPlayback组件实例，调出“组件检查器”面板。双击“contentPath”参数，调出“内容路径”对话框，如图10–52所示（还没有输入文件名）。单击按钮，可以调出“浏览FLV文件”对话框，利用该对话框选择要加载的FLV文件“动物世界.flv”，再单击该对话框内的“打开”按钮，即可关闭“浏览FLV文件”对话框，回到“内容路径”对话框。

（4）双击skin参数，调出“选择外观”对话框，如图10–53所示。利用该对话框可以选择一种组件的外观。单击“确定”按钮，更改了FLVPlayback组件实例的外观。

此时的“组件检查器”面板如图10–54所示。

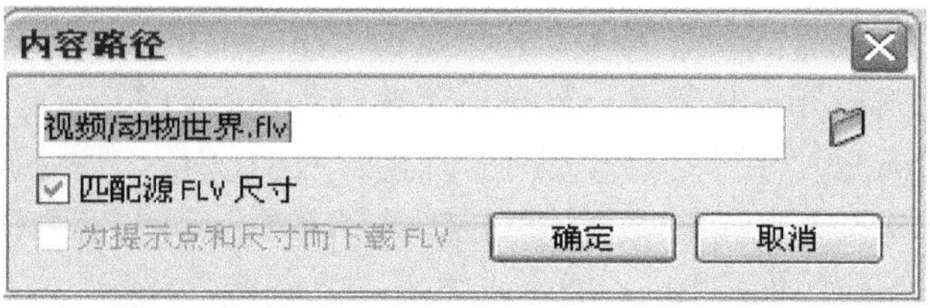

图 10-52 “内容路径”对话框

图 10-53 “选择外观”对话框

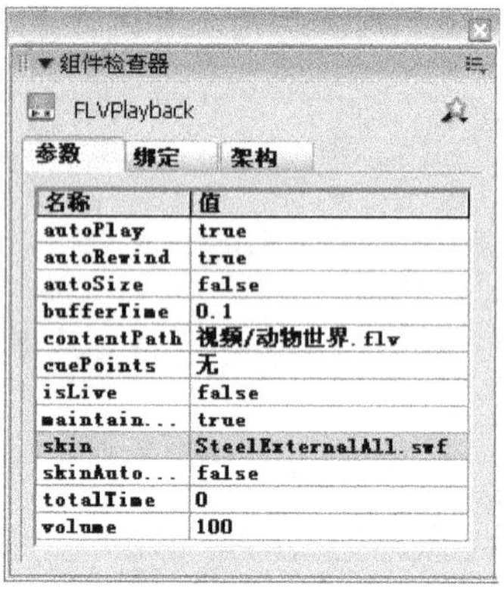

图 10-54 “组件检查器”面板

【相关知识】FLVPlayback 和 FLV Playback Custom UI 类组件

1. FLVPlayback 和 FLV Playback Custom UI 类组件简介

“组件”面板内“FLV Playback-Player 8”组件栏内的 FLVPlayback 组件和“FLV Playback Custom UI”类组件中的 10 个组件如图 10-55 所示。FLVPlayback 组件可以播放外部 FLV 流媒体视频文件，而不用将外部 FLV 流媒体视频文件导入到 Flash 文档中。FLVPlayback 组件包括 FLV 流媒体视频显示区域和视频播放控制器。该组件的视频播放控制器包括播放、暂停播放和停止播放等控件，这些控件也包含在“FLV Playback Custom UI”类组件中。

2. FLVPlayback 组件参数设置

FLVPlayback 组件实例参数的设置可以在它的“属性”（参数）面板和“组件检查器”面板内进行。它的“组件检查器”面板如图 10-56 所示。FLVPlayback 组件实例参数的含义如下。

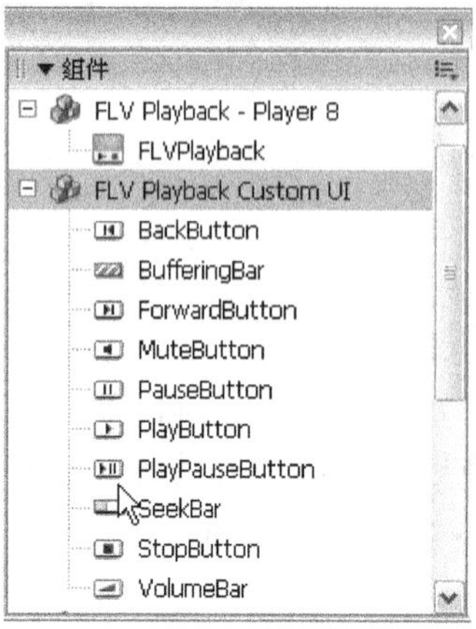

图 10-55 “组件”面板

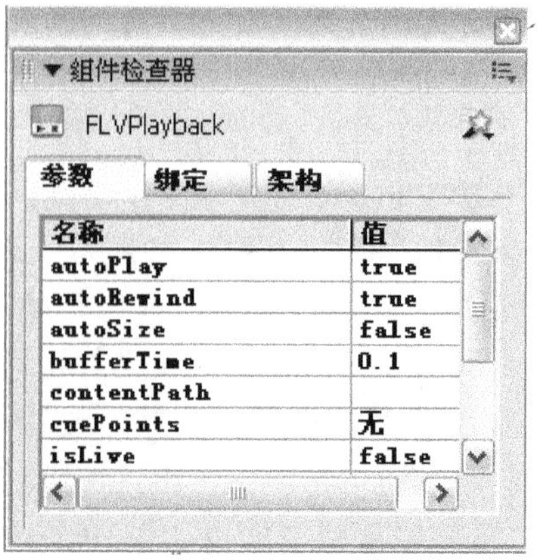

图 10-56 “组件检查器”面板

（1）autoPlay 参数：用来设置载入外部 FLV 流媒体视频文件后一开始是否进行播放。其值为 true 时，一开始就播放；其值为 false 时，一开始暂停。

（2）autoRewind 参数：用来设置 FLV 流媒体视频文件在完成播放后是否还自动重新播放。其值为 true 时，重新播放，播放头回到第 1 帧；其值为 false 时，不重新播放，停在最后一帧。

（3）autoSize 参数：用来设置 FLVPlayback 组件实例是否适应 FLV 流媒体视频的大小。其值为 true 时，适应 FLV 流媒体视频的大小；其值为 false 时，不适应 FLV 流媒体视频的大小。

（4）bufferTime 参数：用来设置播放 FLV 流媒体视频文件之前，在内存中缓冲 FLV 流媒体视频文件的秒数，默认值为 0.1。

（5）contentPath 参数：用来指定 FLV 流媒体视频文件的 URL 地址。双击该参数，可以调出“内容路径”对话框，如图 10-52 所示（还没有输入文件名）。单击按钮，可以调出“浏览 FLV 文件”对话框，利用该对话框选择要加载的 FLV 文件，再单击该对话框内的“打开”按钮，即可关闭“浏览 FLV 文件”对话框，回到“内容路径”对话框，在其文本框中显示出选择的文件的路径和名称。FLV 流媒体视频文件的 URL 地址可以是本地计算机上的路径、HTTP 路径或实时消息传输协议（RTMP）路径。

（6）cuePoints 参数：用来设置 FLV 流媒体视频文件的视频提示点。提示点是否允许用户同步包含 Flash 影片、图形或文本的 FLV 文件中的特定点。双击该参数，调出“Flash 视频提示点”对话框，如图 10-57 所示。利用它可以设置 FLV 流媒体视频文件的提示。

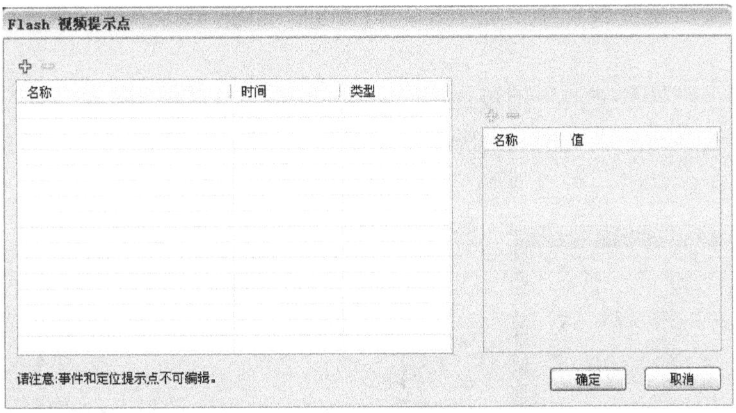

图 10-57　“Flash 视频提示点”对话框

（7）isLive 参数：用来设置是否从 Flash Communication Server 实时加载流。其值为 true 时，则从 Flash Communication Server 实时加载流；其值为 false 时，则不从 Flash Communication Server 实时加载流。

（8）maintainAspectRatio 参数：用来设置 FLVPlayback 组件实例中播放器的大小。其值为 true 时，则自动调整播放器的大小，以保持 FLV 流媒体视频原来的宽高比。

（9）skin 参数：用来设置 FLVPlayback 组件实例的外观，单击该参数，可以调出“选择外观”对话框。利用该对话框可以选择组件的外观。

（10）skinAutoHide 参数：用来设置 FLV 视频下方控制器区域是否隐藏控制器外观。其值为 true 时，则当鼠标指针不在 FLV 视频下方的控制器区域内时隐藏控制器外观；其值为 false 时，不隐藏控制器外观。

（11）totaTime 参数：用来设置 FLV 视频文件播放的总秒数，精确到毫秒，默认值为 0。

（12）valume 参数：用来设置 FLV 视频播放音量相对于最大音量的百分比，取值 0～100。

思考与练习 10-5

（1）修改【实例 80】“视频播放器 2”影片，更换播放器的外观和播放的视频。
（2）参考【实例 80】“视频播放器 2”影片的制作方法，制作一个“MP3 播放器”影片。

10.6 DateChooser 和 Alert 等组件及模板

【实例 81】日历

“日历”影片运行后的画面如图 10-58 所示。默认选中的是当前日期，文字的颜色是红色，字大小为 16 磅。该影片的制作方法如下。

（1）设置舞台工作区大小为 263 像素宽，240 像素高，背景色为绿色。选中“图层 1”的第 1 帧，绘制一幅与舞台工作区大小一样的立体框架图像。

（2）在“图层 1”上添加一个“图层 2”。选中该图层第 1 帧。调出“组件”面板，将“组件”面板中的“DateChooser”组件拖曳到舞台工作区中，形成一个日历组件实例，位置如图 10-58 所示。

（3）选中“DateChooser”组件实例，双击它的“组件检查器”面板内的“dayNames”参数右边的数据区，调出“值”对话框，单击该对话框内第 0 行的数值，将 S 改为“日”。采用相同的方法，将其他英文字母改为汉字，如图 10-59 所示。然后单击该对话框内的“确定”按钮，关闭该对话框。

（4）双击它的“组件检查器”面板内的“monthNames”参数右边的数据区，调出“值”对话框，将英文的月名称改为中文的月名称，如图 10-60 所示。然后单击该对话框内的“确定”按钮，关闭该对话框。这时，可以看到日历已经变为中文日历了。

图 10-58 “日历”动画运行后的画面

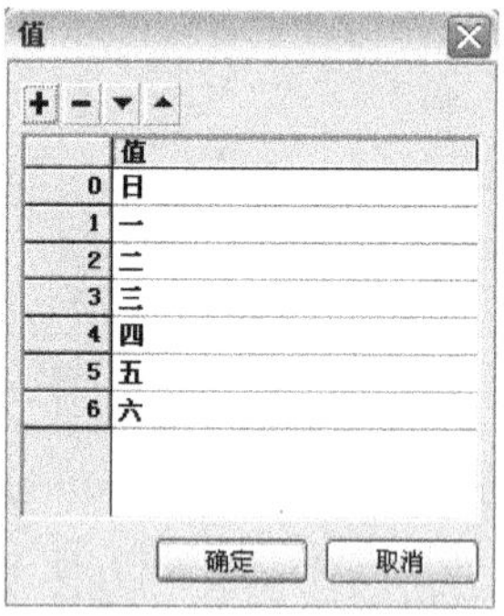

图 10-59 “值”对话框设置

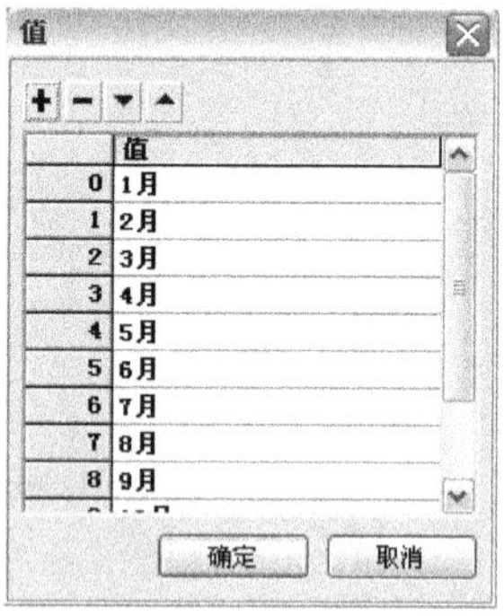

图 10-60 “值”对话框设置

在上述“值”对话框中，单击 - 按钮，可以删除选中的选项，单击 ▼ 按钮可以将选中的选项向下移动一行，单击 ▲ 按钮可以将选中的选项向上移动一行。

（5）选中“图层 1”，调出“动作-帧”面板，输入如下程序。

```
DATE1.setStyle("fontSize","16");         //设置日历字体为 16 磅
DATE1.setStyle("color","0xff0000");      //设置日历文字颜色为红色
```

【实例 82】进入暴风影音网站

“进入暴风影音网站”影片播放后，演示窗口内显示一幅风景图像，在风景图像上显示一个

提示框，如图 10-61 左图所示。单击“取消”按钮，关闭该提示框，显示另一幅风景图像，如图 10-61 右图所示。单击“是”按钮，可以进入暴风影音网站。该影片的制作方法如下。

图 10-61 “进入暴风影音网站”影片播放后的两幅画面

（1）调出“组件”面板，将“组件”面板中的“Alert”组件拖曳到舞台工作区中。“库”面板中就有了该组件，将舞台工作区中的“Alert”组件实例删除。

（2）选中“图层 1”第 2 帧，按 F6 键，创建一个关键帧，导入一幅风景图像。在该帧的“动作-帧”面板内输入“stop( );”语句。

（3）Alert 提示对话框可以包含“是”、“否”、“确定”和“取消”按钮的任意组合，按钮顺序为“确定”、“是”、“否”、“取消”，无法更改 Alert 窗口中按钮的顺序，单击其中的任何一个按钮，都可以关闭该提示对话框。可以通过使用 Alert.okLabel、Alert.yesLabel、Alert.noLabel 和 Alert.cancelLabel 属性来改变按钮的标签文字。例如：

```
Alert.cancelLabel = "取消";
Alert.okLabel = "确定";
Alert.yesLabel = "是";
Alert.noLabel = "否";
```

（4）选中“图层 1”第 1 帧，输入如下程序。

```
stop( );
import mx.controls.Alert;
var myObject;
myObject = new Object();    //创建一个 myObject 对象
myObject.click = function(ObjEvent) {
    //如果单击的是 Alert.YES 按钮,则
    if (ObjEvent.detail==Alert.YES) {
      getURL("http:// www.baofeng.com", "_blank");   //调网页
    }
   //如果单击的是 Alert.CANCEL 按钮，则
   if (ObjEvent.detail==Alert.CANCEL) {
     gotoAndStop(2);
   }
}
Alert.yesLabel = "是";          //改变按钮标签文字
Alert.cancelLabel = "取消";      //改变按钮标签文字
```

```
Alert.show("是否进入暴风影音网站！","提示信息",Alert.YES|Alert.CANCEL, this, myObject);   //显示提示对
                                                                                     //话框
```

【实例 83】中国名胜庐山

“中国名胜庐山”影片播放后，演示窗口内显示一幅框架图像、“中国名胜庐山”文字和 3 个按钮，如图 10-62 所示。单击右下角的按钮，会显示下一幅画面，如图 10-63 所示，它给出了庐山美景的名称，再单击右下角的按钮，会显示下一幅画面，即“庐山飞云”图像，如图 10-64 左图所示。如果单击“庐山飞云”文字，也可以调出图 10-64 左图所示的图像。单击中间的按钮回到图 10-63 所示的画面。单击如图 10-63 所示的庐山名胜名称文字，可以跳转到相应的画面。例如，单击“庐山瀑布”文字，可以调出如图 10-64 右图所示的画面。该影片的制作方法如下。

图 10-62 “中国名胜庐山”影片播放后的画面

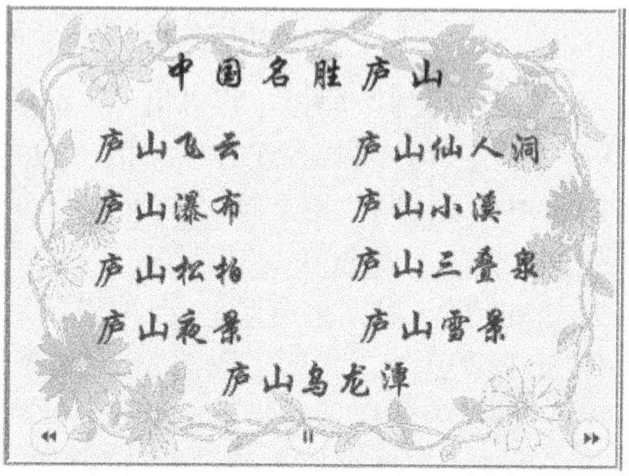

图 10-63 “中国名胜庐山”影片播放后的画面

图 10-64 “中国名胜庐山”影片播放后的两幅画面

1. 制作各个画面

（1）选择“文件”→“新建”命令，调出“新建文档”对话框，在该对话框内选择“Flash 幻灯片演示文稿”选项，如图 10-65 所示。然后单击“确定”按钮，关闭该对话框，创建一个新的幻灯片应用程序，如图 10-66 所示。图中，左边一栏是“屏幕轮廓”栏。

可以看到，在“屏幕轮廓”栏内自动创建了两个屏幕，“幻灯片 1”屏幕在“演示文稿”屏幕的下边，“演示文稿”屏幕的内容会在“幻灯片 1”屏幕内显示出来。

（2）设置舞台工作区大小为 400 像素宽，300 像素高，背景色为黄色。

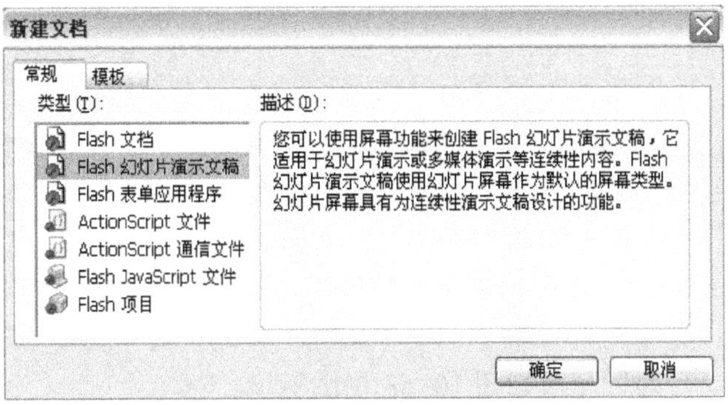

图 10-65　“新建文档”对话框

图 10-66　新建的幻灯片应用程序

（3）选中“屏幕轮廓”栏内的“演示文稿”屏幕，在舞台工作区内导入一幅框架图像，调整该图像的大小和位置，使它刚好将舞台工作区完全覆盖。然后将框架图像转换为影片剪辑实例，调整它的 Alpha 值为 24%。再导入 Flash 8 公用库内的 3 个按钮，如图 10-62 所示。

（4）选中“屏幕轮廓”栏内的“幻灯片 1”屏幕，在舞台工作区内输入红色、华文楷体、加粗、34 磅文字“中国名胜庐山”，调整文字的大小和位置，如图 10-62 所示。

（5）单击“屏幕轮廓”栏内的按钮✚，增加一个名称为“幻灯片 2”的屏幕，选中“屏幕轮廓”栏内的“幻灯片 2”屏幕，输入一些独立的文字，调整其位置，如图 10-63 所示。

（6）单击“屏幕轮廓”栏内的✚按钮，增加一个名称为“幻灯片 3”的屏幕，选中“屏幕轮廓”栏内的“幻灯片 3”屏幕，导入一幅“庐山飞云”图像，调整它的大小和位置。再输入竖排的蓝色文字“庐山飞云”，如图 10-64 左图所示。

按照上述方法，添加 12 个“幻灯片”屏幕，分别导入相应的图像和输入相应的文字。

（7）双击“屏幕轮廓”栏内的“幻灯片 1”文字，进入文字的编辑状态，将文字改为“欢迎”。双击“幻灯片 2”文字，进入文字的编辑状态，将文字改为“图片标题栏”。

按照上述方法，分别将 12 个“幻灯片”屏幕的名称改为与图像相符的文字。此时的“屏幕轮廓”栏和舞台工作区如图 10-67 所示。

图 10-67　“屏幕轮廓”栏和舞台工作区

2. 制作各种行为

（1）选中“屏幕轮廓”栏内的“演示文稿”屏幕，选中舞台工作区内左下角的按钮，调出“行为”面板，单击该面板内的按钮，调出它的菜单，选择该菜单内的“屏幕”→“转到前一幻灯片”命令，即可给该按钮添加相应的脚本程序。按钮事件是：当鼠标单击该按钮并释放后，行为是转到前一个幻灯片播放。此时的“行为”面板如图 10-68 左图所示。

（2）选中“演示文稿”屏幕，单击选中舞台工作区内右下角的按钮，调出“行为”面板，单击该面板内的按钮，调出它的菜单，该菜单内的“屏幕”→“转到下一幻灯片”命令，即可给该按钮添加相应的脚本程序。此时的“行为”面板如图 10-68 中图所示。

（3）选中“屏幕轮廓”栏内的“演示文稿”屏幕，选中舞台工作区内右下角的按钮，调出“行为”面板，单击该面板内的按钮，调出它的菜单，该菜单内的“屏幕”→“转到幻灯片”命令，调出“选择屏幕”对话框，在该对话框内选择“图片标题栏”选项，如图 10-68 左图所示。再单击该对话框内的“确定”按钮，即可给该按钮添加可以转到“图片标题栏”屏幕的脚本程序。此时的“行为”面板如图 10-68 右图所示。

图 10-68 “行为”面板

（4）选中“屏幕轮廓”栏内的“图片标题栏”屏幕，选中舞台工作区内的“庐山飞云”文字，调出“行为”面板，单击该面板内的按钮，调出它的菜单，该菜单内的“屏幕”→“转到幻灯片”命令，调出“选择屏幕”对话框，在该对话框内选择“庐山飞云”选项，如图 10-69 右图所示，再单击该对话框内的“确定”按钮，即可给“庐山飞云”文字添加可以转到“庐山飞云”屏幕的脚本程序。

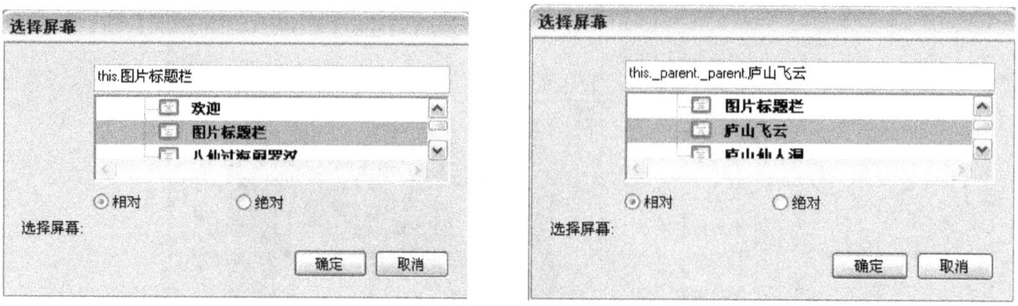

图 10-69 “选择屏幕”对话框

按照上述方法，将“图片标题栏”屏幕中的其他文字均与相应的图像屏幕建立链接。

（5）选中“屏幕轮廓”栏内的“庐山飞云”屏幕，调出“行为”面板，单击该面板内的按钮，调出它的菜单，该菜单内的“屏幕”→“转变”命令，调出“转变”对话框，在该对话框内进行图像切换转变的设置，如图 10-70 所示。再单击“确定”按钮，即可给“庐山飞云”屏幕设置一种图像切换方式。

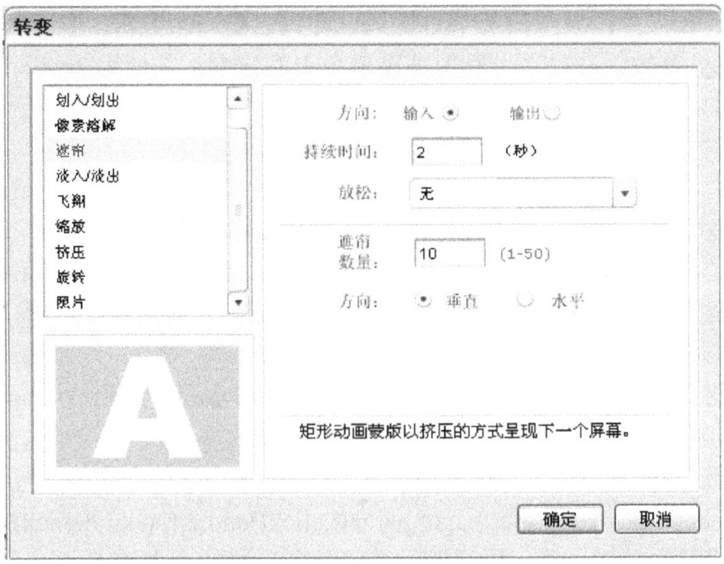

图 10-70 “转变”对话框

（6）按照上述方法，进行“屏幕轮廓”栏内其他屏幕的图像切换方式的设置。

【相关知识】DateChooser、Alert 和 Accordion 组件

1. DateChooser（日历）组件参数

在舞台工作区内创建一个 DateChooser（日历）组件实例，如图 10-71 所示。DateChooser（日历）组件实例的“组件检查器”面板如图 10-72 所示。

图 10-71 “DateChooser”组件实例

图 10-72 DateChooser 实例的“组件检查器”面板

DateChooser（日历）组件参数功能简介如下。

（1）datNames 参数：设置一星期中每一天中的名称。该参数是一个数组，默认值为[“S”，“M”，“T”，“W”，“T”，“F”，“S”]，其中第 1 个“S”表示星期天，第 2 个“M”表示星期一，其他类推。

（2）disabledDays 参数：设置一星期中禁用的各天。该参数是一个数组，最多有 7 个值，默认值为[ ]（空数组）。

（3）firstDayOfWeek 参数：设置一星期中的哪一天（其值为 0～6，0 是 datNames 参数中的第 1 个数值）显示在日历星期的第 1 列中。

（4）monthNames 参数：设置日历中月份的名称。它是一个数组，默认值为英文月份名称。

（5）showToday 参数：设置是否要加亮显示今天的日期，其值为 true（默认值）时，为加亮显示；其值为 false 时，为不加亮显示。

2. Alert 组件

Alert 组件能够显示一个提示对话框，该提示对话框向用户呈现一个由一个标题、一条消息和几个不同功能的按钮。提示框中这些内容都必须通过 Action 脚本程序来完成。将“组件”面板中的 Alert 组件拖曳到舞台工作区后，此时的“组件检查器”面板内没有参数显示。播放影片后，舞台工作区内没有任何显示。

要显示 Alert 组件的提示对话框，必须要通过 Action 脚本程序调用 Alert.shoe( )方法来显示。然后再使用 Action 脚本程序来修改 Alert 组件提示对话框的属性。

Alert.shoe( )方法简介如下。

【格式】Alert.show(message[,title[,flage[,parent[,clickHandier[,icon[,defaultButton]]]]]])

【功能】按照设置的属性，显示提示框。其中各项参数的含义如下。

（1）message 参数：提示对话框要显示的消息，即对话框内的说明文字。

（2）title 参数：提示对话框标题栏内的标题文字。

（3）flage 参数：确定提示对话框内要显示的一个或几个按钮。默认值是“Alert.OK”，它用来确定显示一个“确定”按钮。如果要显示多个按钮，则在各按钮的名称之间添加“|”符号，用“|”符号来分隔各按钮的名称。

（4）parent 参数：用来指定 Alert 组件实例的父级对象（父窗口）。Alert 窗口将自己置于父窗口的中心位置处。

（5）clickHandier 参数：单击按钮时，产生的 click 事件，表示接受 click 事件的对象。

除了标准的 click 事件对象的属性外，还有一个附加的 detal 属性。该属性包含了单击按钮式的值，其值为“Alert.OK”、“Alert.OK”、“Alert.CANCEL”、“Alert.YES”和“Alert.NO”。

（6）icon 参数：表示 Alert 实例使用的图标（使用方法与按钮类似），它给出要作为图标的库元件的链接标识符。

（7）defaultButton 参数：用来设置钮的选择状态，即按下 Enter 键时要执行的按钮。可以是“Alert.OK”、“Alert.OK”、“Alert.CANCEL”、“Alert.YES”和“Alert.NO”参数。

对于“库”面板中的 Alert 组件，动态创建 Alert 组件实例可输入如下程序。

```
import mx.controls.Alert;
Alert.show(messag,title,parent,clickHandler,icon,defaultButton);
```

3. Accordion 组件

Accordion 组件是包含一系列子项（一次只显示一个）的浏览器，它用于呈现多个部分的表单，与 Windows 中的选项卡类似。在舞台工作区中创建一个 Accordion 组件实例后，Accordion 组件实例的“组件检查器”面板如图 10–73 所示。其中的主要参数的含义如下。

图 10–73 “组件检查器”面板

（1）childIcons 参数：用来指定要作为 Accordion 组件实例标题中的图标所链接的标识符。默认为空数组。

（2）childLabels 参数：用来指定要作为 Accordion 组件

实例标题中使用的文本标题，即显示的菜单文本。默认为空数组。

（3）childNames 参数：用来指定 Accordion 组件实例子项的实例名称。默认为空数组。

（4）childSymbols 参数：用来指定 Accordion 组件实例子项的链接标识符。默认为空数组。

思考与练习 10-6

（1）修改【实例 81】“日历”影片，使显示的日历背景颜色、边框颜色和文字颜色为绿色、蓝色和黄色，文字字体为宋体，文字大小为 22 磅，文字加粗。

（2）参考【实例 82】“进入暴风影音网站”影片的制作方法，制作一个“绘画欣赏”影片，该影片运行后的画面中 2 个按钮。单击“国画”按钮，即可切换到显示一幅国画的画面，该画面内有一个“返回”按钮。单击“返回”按钮，又可以回到原画面。单击“油画”按钮，即可切换到显示一幅油画的画面，该画面内也有一个“返回”按钮。单击“返回”按钮，又可以回到原画面。

（3）参考【实例 83】“中国名胜庐山”影片的制作方法，制作一个可以浏览自己照片的相册，相册的框架选择其他类型。

读者意见反馈表

书名：中文 Flash 8.0 案例教程　　**主编**：洪小达　沈大林　　**策划编辑**：关雅莉

谢谢您关注本书！烦请填写该表。您的意见对我们出版优秀教材、服务教学，十分重要。如果您认为本书有助于您的教学工作，请您认真地填写表格并寄回。**我们将定期给您发送我社相关教材的出版资讯或目录，或者寄送相关样书。**

个人资料

姓名＿＿＿＿年龄＿＿联系电话＿＿＿＿＿＿（办）＿＿＿＿＿＿（宅）＿＿＿＿＿＿（手机）

学校＿＿＿＿＿＿＿＿＿＿＿＿专业＿＿＿＿＿＿职称/职务＿＿＿＿＿＿

通信地址＿＿＿＿＿＿＿＿＿＿＿＿邮编＿＿＿＿＿＿E-mail＿＿＿＿＿＿

您校开设课程的情况为：

本校是否开设相关专业的课程　□是，课程名称为＿＿＿＿＿＿＿＿＿＿　□否

您所讲授的课程是＿＿＿＿＿＿＿＿＿＿＿＿课时＿＿＿＿＿＿

所用教材＿＿＿＿＿＿＿＿＿＿出版单位＿＿＿＿＿＿＿＿印刷册数＿＿＿＿

本书可否作为您校的教材？

□是，会用于＿＿＿＿＿＿＿＿＿＿课程教学　□否

影响您选定教材的因素（可复选）：

□内容　□作者　□封面设计　□教材页码　□价格　□出版社

□是否获奖　□上级要求　□广告　□其他＿＿＿＿＿＿＿＿＿＿

您对本书质量满意的方面有（可复选）：

□内容　□封面设计　□价格　□版式设计　□其他＿＿＿＿＿＿

您希望本书在哪些方面加以改进？

□内容　□篇幅结构　□封面设计　□增加配套教材　□价格

可详细填写：＿＿＿＿＿＿＿＿＿＿＿＿＿＿＿＿＿＿＿＿＿＿

＿＿＿＿＿＿＿＿＿＿＿＿＿＿＿＿＿＿＿＿＿＿＿＿＿＿＿＿

您还希望得到哪些专业方向教材的出版信息？

＿＿＿＿＿＿＿＿＿＿＿＿＿＿＿＿＿＿＿＿＿＿＿＿＿＿＿＿

感谢您的配合，可将本表按以下方式反馈给我们：

【方式一】电子邮件：登录华信教育资源网（http://www.hxedu.com.cn/resource/OS/zixun/zz_reader.rar）下载本表格电子版，填写后发至 ve@phei.com.cn

【方式二】邮局邮寄：北京市万寿路 173 信箱华信大厦 902 室　中等职业教育分社　（邮编：100036）

如果您需要了解更详细的信息或有著作计划，请与我们联系。

电话：010-88254475；88254591

反侵权盗版声明

举报电话：（010）88254396；（010）88258888

传　　真：（010）88254397

E-mail：　dbqq@phei.com.cn

通信地址：北京市万寿路 173 信箱

　　　　　电子工业出版社总编办公室

邮　　编：100036